河南省"十四五"普通高等教育规划教材

安 全 工 程 学

（第 2 版）

主　　编　袁东升　　程　磊

副 主 编　李　辉　　何　俊

参　　编　张飞燕　　蒋　方　　肖知国

　　　　　闫江伟　　李祥春　　王振江

中国矿业大学出版社

·徐州·

内 容 提 要

本书共分9章,主要包括安全科学基础、事故致因理论、系统安全定性分析、系统安全定量分析、系统安全评价、系统危险控制、安全管理技术、安全管理制度、安全经济学原理等内容,系统地阐述了安全科学的基本知识、基本原理和基本理论,可培养读者的安全思维与意识,提高读者的安全素养与技能。

本书为"河南省'十四五'普通高等教育规划教材",主要作为高等院校安全工程及相关专业的本科教学用书,也可作为高等院校安全知识普及的公共课教材,还可作为安全管理及技术人员的参考资料。

图书在版编目(CIP)数据

安全工程学 / 袁东升,程磊主编. — 2版. — 徐州:
中国矿业大学出版社,2022.11

ISBN 978 - 7 - 5646 - 5614 - 0

Ⅰ. ①安… Ⅱ. ①袁… ②程… Ⅲ. ①安全工程-高
等学校-教材 Ⅳ. ①X93

中国版本图书馆 CIP 数据核字(2022)第 211365 号

书　　名　安全工程学(第 2 版)
主　　编　袁东升　程　磊
责任编辑　陈红梅
出版发行　中国矿业大学出版社有限责任公司
　　　　　(江苏省徐州市解放南路　邮编 221008)
营销热线　(0516)83884103　83885105
出版服务　(0516)83995789　83884920
网　　址　http://www.cumtp.com　E-mail:cumtpvip@cumtp.com
印　　刷　徐州中矿大印发科技有限公司
开　　本　787 mm×1092 mm　1/16　**印张** 19.25　**字数** 480 千字
版次印次　2022 年 11 月第 2 版　2022 年 11 月第 1 次印刷
定　　价　48.00 元

(图书出现印装质量问题,本社负责调换)

前　言

　　安全是人类生存发展过程中永恒的主题,控制系统的风险、消除事故隐患是安全工作者的主要任务。安全工程学主要阐述安全科学的基础理论、基本原理、基本方法及应用,由安全学原理、安全系统工程、安全经济学、安全管理学、应急与事故调查等方面的相关内容整合而成,各部分内容相对独立,整体上围绕事故预防又自成体系,体现了原理、方法、技术、管理及应用的有机统一。

　　本书是"河南省'十四五'普通高等教育规划教材",较为全面地阐述了安全科学的基本概念、原理、方法和技术,能够满足各类高等学校安全工程专业教学及各类安全教育培训的需要。

　　本书是在《安全工程学》第一版的基础上,根据新时代人才培养的新特点和新要求,吸收学科发展新知识、科技发展新成果,结合编写人员长期的教学、科研实践,借鉴国内外部分同类专著、教材的优秀经验编写而成的。本书内容上注重学科交叉,符合认知规律,体现内在逻辑,形式结构上注重特色创新、图文并茂、理例结合,总体上体现了思想性、目的性、科学性、系统性、实践性、适用性的有机统一,使读者对安全科学的基本轮廓、知识体系、学科前沿具有更为清晰、深刻的认识。

　　本书修编工作由河南理工大学袁东升、程磊、何俊、张飞燕、蒋方、肖知国、闫江伟,上海应用技术大学李辉,中国矿业大学(北京)李祥春和河南工程学院王振江共同完成。具体编写分工如下:第一、二章由肖知国、程磊、袁东升编写,第三章由程磊、何俊、王振江编写,第四至第六章由蒋方、何俊、袁东升编写,第七、八章由张飞燕、闫江伟、李辉编写,第九章由何俊、李祥春编写,全书内容体系与结构安排由袁东升、程磊、张飞燕共同确定,最后由袁东升、蒋方负责统稿。

　　本书在编写过程中引用了国内外许多专家、同行的学术著作和成果,特致谢意!

河南省教育厅对本教材的立项、编写、出版、验收给予全过程的指导并为教材出版提供了资助,在此深表感谢!

中国矿业大学出版社、河南理工大学为本书修编和出版提供多方面的大力支持,在此一并深表感谢!

安全科学是一门发展中的新兴综合交叉科学,其理论尚需不断完善、发展。虽然笔者在本书的系统性、完整性和实用性等方面尽了最大努力,做了一些有益的尝试和探索,但由于学术水平及经验等方面的限制,书中的不足之处在所难免,恳请读者批评指正。

编 者

2022 年 9 月

目　录

第一章
安全科学基础

【知识框架】

【学习目标】

本章通过回顾国内外安全生产及安全科学的发展历程,建立安全科学从无到有、快速发展并成为现代社会一个重要的交叉学科领域的认识,理解安全科学的发展阶段;了解安全科学的研究对象及研究方法;理解安全的科学定义和安全科学的哲学基础。

【重、难点梳理】

1. 安全科学发展的三阶段学说;
2. 安全的科学定义;
3. 安全问题研究时运用的辩证唯物主义哲学观;
4. 安全问题研究对象的多样性和复杂性。

第一节　我国安全生产发展历程及安全科学的发展

一、安全生产发展历程

(一)国外安全生产发展历程

工业革命前,生产力和自然科学都处于自然和发散发展的状态,人类对自身的安全问题还未能自觉去认识和主动采取安全技术措施,生产主要是以个体劳动或手工作坊为主,在生产活动中劳动人民逐渐总结出一些安全防护的方法和技术。由于生产规模不大,安全问题不是很突出,防止事故的技术和方法当然也比较简单。

工业革命后,生产中开始使用大型动力机械和能源,但技术的发展也给人类带来了新的灾难,如采矿业发展导致矿山灾害事故等,迫使人们对这些局部人为危害问题深入认识并采取专门的安全技术措施。

这一时期蒸汽机的发明与投入使用,致使传统的手工业劳动逐渐被大规模的机器生产

— 1 —

所代替。机器使生产率空前提高,但同时也增加了伤害的可能性,加之在资本主义初期资本家为了榨取最大利润,常常采用提高劳动强度、延长工作时间、滥用女工和童工等手段残酷剥削工人,致使工人的劳动条件十分恶劣,伤亡事故频繁发生。这样就迫使工人起来反抗,以维护自身的安全和健康,工人用种种办法和资本家进行斗争,如罢工、破坏机器等。由于工人的不断斗争,资本家不得不做出让步,采取了一些改善劳动条件的措施,一些国家为此制定并颁布了安全法规。另外,由于事故所造成的巨大经济损失以及在事故诉讼中所支付的巨额费用,超过了资本家所能承受的利益损失,资本家出于自身的利益,被迫地也要考虑安全问题,如在机器上安装防护装置、要求研究防止事故和职业危害的方法等。所有这些都促使了安全科学与技术的发展,如 19 世纪英国化学家戴维(H. Davy)发明了著名的矿坑安全灯。

由于军事工业和航空工业的发展,特别是核能和航天技术等复杂的生产系统和机器系统,局部的安全认识和单一的安全技术措施已无法解决其安全问题,因此需要系统地认识安全问题。在社会化大生产的发展过程中,产品种类和生产规模不断扩大,技术不断更新,新设备、新工艺和新材料不断被采用,技术的进步一方面提高了生产效率,但另一方面也带来了新的危害和危险。1984 年 12 月 3 日,在印度发生了一起震惊世界的大惨案,这就是美国联合碳化物公司在印度博帕尔市的农药厂所发生的毒气泄漏事件,给人们造成了难以估量的损失。

在社会化大生产的情况下,如果仅靠劳动者个人凭着经验和直觉就想保证生产中的安全是不可能的,必须不断发展安全科学及技术,才有可能不断提高安全生产水平,尽可能地减少事故伤害和职业危害。

随着现代科技特别是高科技的发展,需要更深入地采取动态的安全系统工程技术措施进行安全系统认识。

(二)我国安全生产发展历程

1. 安全生产方针和管理体制初创时期(1949—1965)

1949 年 11 月,第一次全国煤矿工作会议提出了"煤矿生产,安全第一"。

1952 年,第二次全国劳动保护工作会议明确要坚持"安全第一"方针和"管生产必须管安全"的原则。

1963 年,国务院颁布了《关于加强企业生产中安全工作的几项规定》,恢复重建安全生产秩序,事故明显下降。

2. 受冲击时期(1966—1977)

1966—1977 年,我国安全生产和劳动保护受到冲击,造成企业事故频发。这一时期的安全工作也受到了最严重的破坏。比如安全专业队伍被解散、安全技术干部都被下放到车间劳动,伤亡事故大幅度上升。

1975 年 9 月,国家劳动总局成立,内设劳动保护局、锅炉压力容器安全监察局等安全工作机构。1976 年 10 月,国家经济开始恢复,生产得到了较快的发展。但一些部门与企业的领导人只抓生产,不顾安全,以致 1976—1977 年安全生产形势仍然严峻,职业危害严重,伤亡事故频繁,甚至导致严重的恶性事故发生。

3. 恢复和创新发展时期(1978 年至今)

从 1978 年开始,我国安全生产开始向好的方向发展,安全工作进入了全面整顿恢复和发展提高的崭新阶段。

(1)恢复和整顿提高阶段(1978—1991)。我国颁布并实施了《矿山安全监察条例》和《职工伤亡事故报告和处理规定》等法规,成立了全国安全生产委员会。

（2）适应建立社会主义市场经济体制阶段（1992—2002）。1993年，国务院决定实行"企业负责、行业管理、国家监察、群众监督"的安全生产管理体制，相继颁布了《中华人民共和国矿山安全法》《中华人民共和国劳动法》等多项法律、法规。2000年以来，我国经济建设发展的速度加快，但经济体制改革却带来一系列新的问题，事故有所上升，职业病有所增加，安全工作依然面临着相当严峻的形势，这引起了党和国家的高度重视，并且努力保证安全工作继续向好的方向发展。2002年11月，我国颁布并实施了《中华人民共和国安全生产法》。

（3）创新发展阶段（2003年至今）。2003年，国家安全生产监督管理局（国家煤矿安全监察局）成为国务院直属机构；2004年，国务院做出了《关于进一步加强安全生产工作的决定》；2005年，国家安全生产监督管理局升格为国家安全生产监督管理总局；2006年，国家安全生产应急救援指挥中心成立；2018年3月，中华人民共和国应急管理部设立。

二、国内外安全科学的发展历程

（一）国外安全科学的发展历程

19世纪末到20世纪初，工人们的斗争和社会公众的关切与支持，迫使资本家不得不做出某些努力来改善安全卫生的状况，安全立法、组织建设以及科学研究等逐渐得到了发展。

20世纪初，许多西方国家已经建立了与安全科学（实际应为技术）有关的组织和科研机构（据有关机构1977年统计，德国建立了36个，英国建立了44个，美国建立了31个，法国建立了46个，荷兰建立了13个）。从内容上看，设有安全工程、卫生工程、人机工程、灾害预防处理、预防事故的经济学、职业病理论分析和科学防范等机构。

1. 美国

1867年，马萨诸塞州建立了美国国内第一个工厂检查部门；1908年，美国建立了匹兹堡采矿与安全研究所；1910年，为减少煤矿事故，美国成立了煤矿管理局；1911年，美国威斯康星州通过了第一个对工人进行赔偿的有效法案；1913年，美国劳工部和全国工业安全委员会（不久改为全国安全委员会）成立；1915年，美国安全工程师协会成立；1969年，美国颁布了《联邦煤矿安全与卫生法》，这是美国第一个有关职业安全卫生的具体立法；1970年12月29日，美国国会通过了《职业安全与卫生法》，于1974年4月28日生效。

美国的安全教育发展较快，到20世纪70年代末，一部分大学设立了卫生工程、安全工程、安全管理、毒物学和安全教育方面的硕士和博士学位授权点。

2. 日本

日本在研究安全方面虽起步较晚，但发展较快。第二次世界大战后，日本处于经济恢复和高速发展时期，工伤事故状况十分严重，每年因工伤事故死亡人数基本在6 000人以上，1961年达历史最高纪录，死亡6 712人。随后，日本通过一系列安全卫生工作对策，其安全工作成效不但赶上且超过了美国，而且居于世界领先的地位。到了1977年，其大学中开设有关安全工程学课程或学科的总计为48个；20世纪90年代末，日本国内与安全工程有关的大学教育院系和研究机构达76个，杂志36种，学会和协会33个。由于坚持安全工程学的研究和实践，日本数十年来产业事故的发生频率和死亡人数在逐年下降，持续居世界较低水平，安全工程学在日本日益受到人们的重视。

由此可见，为了解决生产过程中劳动者的安全和健康问题，国外对安全科学的研究已有足够的深度和广度，安全科学作为一门真正的交叉科学正日益受到越来越多人的重视。

（二）我国安全科学的发展历程

从中华人民共和国成立到20世纪70年代末，劳动保护的行政管理和业务监督、监察都得到了较好的发展。但是,安全科学研究和专业人才的培养教育工作刚刚起步。

1980年至今,劳动保护的行政管理和宣传教育工作得到加强,普遍建立了劳动保护宣传教育中心,安全工程专业高等教育发展速度已明显加快。1984年,全国已有6所大学成立安全工程相关的本科专业,并在部分院校开始招生。

目前,安全工程专业在国内已具有一定规模,全国设置安全工程本科专业的学校有180余所,其分布遍及煤炭、地质、石油、机械、化工及兵器等行业,形成了包括学历教育(本科、硕士、博士)、继续工程教育(安全专业人员的短期培训)、职工安全教育和管理人员安全教育(任职资格安全教育和安全意识教育)完整的教育体系。

安全科学的发展历程从理论上讲大体分为以下几个阶段:

1. 经验型阶段

长期以来,人们认为安全仅仅以技术形式依附于生产,从属于生产,仅在事故发生后进行调查研究、统计分析和整改,以经验作为科学,安全处于被动局面,人们对安全的理解与追求是自发的、模糊的。

2. 事后预测型阶段

人们对安全有了新的认识,运用事件链分析、系统过程化分析、动态分析与控制等方法,达到预防事故发生的目的。该阶段的安全技术建立在事故统计基础上,基本属于一种纯反应式的。安全科学缺乏理性,人们仅仅在各种产业的局部领域发展和应用不同的安全技术,以至于对安全规律的认识停留在相互隔离、重复、分散和彼此缺乏内在联系的状态。

3. 综合系统论阶段

事故是人、技术与环境的综合功能残缺所致,安全问题的研究应放在开放系统中建立其科学性、系统性和动态性;同时,从事故的本质出发去防止事故发生,揭示各种安全机理,并将其变成指导解决各种具体安全问题的科学依据。在这一阶段中,安全科学涉及人体科学、思维科学、行为科学、自然科学和社会科学等许多的学科门类。

第二节 安全科学的基本概念

安全科学以安全系统工程、安全人机工程和安全管理等为手段,对系统风险进行分析、评价、控制,以期实现系统及其全过程安全。

一、安全

安全,顾名思义,"无危则安,无缺则全",即安全意味着没有危险且尽善尽美,这是与人的传统的安全观念相吻合的。随着人们对安全问题研究的逐步深入,对安全概念也有了更深的认识,并从不同的角度给出了各种定义。

1. 安全是指客观事物的危险程度能够为人们普遍接受的状态

该定义明确指出了安全的相对性及安全与危险之间的辩证关系,即安全与危险不是互不相容的。当系统的危险性降低到某种程度时,该系统便是安全的,而这种程度是人们普遍接受的状态。例如,骑自行车的人不戴头盔并非没有头部受伤的危险,只是人们普遍接受了该危险发生的可能性;而对于骑摩托车,交通法规明确规定骑乘者必须戴头盔,这是因为发生事故的严重性和可能性都难以接受;自行车赛车运动员必须戴头盔,也是国际自行车联合会在经历了一系列的事故及伤害之后所做出的决策。同样是骑车,要求却不一样,体现了安全与危险的相对性。

2．安全是指没有引起死亡、伤害、职业病或财产、设备的损坏或损失或环境危害的条件

该定义来自美国军用标准《系统安全大纲要求》（MIL-STD-882E），此标准是美国军方与军品生产企业签订订购合同时约束企业保证产品全寿命周期安全性的纲领性文件，也是系统安全管理基本思想的典型代表。该标准从1964年问世以来，对安全的定义也从开始时仅仅关注人身伤害，进而发展到关注职业病、财产或设备的损失，直至环境危害，体现了人们对安全问题认识进化的全过程，也从一个角度说明了人类对安全问题研究的不断扩展。

3．安全是指不因人、机、环境的相互作用而导致系统损失、人员伤害、任务受影响或造成时间的损失

可以看出，第三种说法又进一步把安全的概念扩展到任务受影响或时间损失，这意味着系统即使没有遭受直接的损失，也可能是安全科学关注的范畴。

综上所述，随着人们认识的不断深入，安全的概念已不是传统的职业伤害或疾病，也并非仅仅存在于企业生产过程之中，安全科学关注的领域应涉及人类生产、生活、生存活动中的各个领域。职业安全问题是安全科学研究关注的最主要的领域之一，如果仅局限于企业生产安全之中，那么会在某种程度上影响我们对安全问题的理解与认识。

二、安全性

从人、机、环境三者构造的生产系统出发，安全是指在人类生产过程中，将系统的运行状态对人类的生命、财产、环境可能产生的损害控制在人类能接受水平以下的状态。安全性是指确保安全的程度，是衡量系统安全程度的客观量。

与安全性对立的概念是描述系统危险程度的指标——危险性。假定系统的安全性为S，危险性为H，则：

$$S = 1 - H$$

显然，H值越小，S值就越大，反之亦然。因此，若在一定程度上消除了危险因素，就等于创造了安全条件，如图1-1所示。

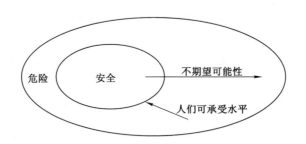

图1-1　安全与危险的关系示意图

安全性不同于可靠性，但它们之间有着密切的联系。可靠性是指系统、设备或元件等在规定的条件下和时间内完成指定功能的能力。从某种程度上讲，可靠性高的系统安全性通常也较高，许多事故之所以发生，就是系统可靠性较低所致。但是，可靠性不同于安全性，可靠性要求的是系统完成规定的功能，只要系统能够完成规定功能，它就是可靠的，而不管是否会带来安全问题。安全性则要求识别系统的危险所在，并将它从系统中排除。此外，故障的发生不一定导致损失，而且也存在这样的情形：当系统所有元件均正常工作时，也可能伴

有事故发生。例如,在安全防护不严的情况下,即使系统所有元件均处于正常工作状态,也有可能会发生事故。

三、系统

系统工程的研究对象是系统,它是由相互作用和相互依赖的若干组成部分结合成的且具有特定功能的有机整体。系统具有以下4个特性:

1. 整体性

系统是由两个或两个以上相互区别的要素(元件或子系统)组成的整体。构成系统的各要素虽然具有不同的性能,但它们通过综合、统一(而不是简单拼凑)形成一个有机的整体就具备了新的特定功能。系统作为一个整体才能发挥其应有功能。

2. 相关性

系统内各要素之间是相互联系、相互依赖、相互作用的特殊关系,通过这些关系有机地联系在一起,发挥特定功能。

3. 目的性

任何系统都是为完成某种任务或实现某种目的而建立的。要达到系统的既定目的,就必须赋予系统规定的功能,这就需要在系统的整个生命周期,即系统的规划、设计、试验、制造和使用等阶段,对系统采取最优规划、最优设计、最优控制、最优管理等优化措施。

4. 环境适应性

任何一个系统都处于一定的物质环境之中,系统必须适应外部环境条件的变化。在研究系统时,必须重视环境对系统的影响。

四、系统安全

所谓系统安全,是指在系统生命周期的所有阶段,以使用效能、时间和成本为约束条件,应用工程和管理的原理、准则和技术,使系统获得最佳的安全性。

系统安全是为保证系统在整个生命周期内的安全性所做的工作。需要强调的是:

(1)系统安全强调的是系统全寿命周期的安全性,而绝非只是某个阶段的安全性。所谓全寿命周期,是指系统的设计、试验、生产、使用、维护直至报废各个阶段的总称。作为系统的设计者,应当在设计阶段就对系统生命周期内各阶段的风险进行全面的分析评价,并通过设计或管理手段保证系统总体风险的最小化,这也是系统安全管理的最主要目的所在。

(2)人们应当使系统在符合性能、时间及成本要求的条件下达到最佳安全水平,而非一味追求安全,忽视经济效益,使安全与效益相脱节。

(3)人们应当使系统总体安全效果最佳——使系统的总体风险最小化,而非仅仅消除系统局部的危险。

第三节 安全科学的研究对象、内容及方法

一、安全科学的研究对象

安全科学作为一门科学技术,有它本身的研究对象。任何一个生产系统都包括以下三个部分:从事生产活动的操作人员和管理人员,生产必需的机器设备、厂房等物质条件

以及生产活动所处的环境。它们构成一个人-机-环境系统,且每个部分都是该系统的一个子系统,分别为人子系统、机器子系统和环境子系统。

1. 人子系统

该子系统的安全与否涉及人的生理和心理因素以及规章制度、规程标准、管理手段、方法等是否适合人的特性,是否为易于人们所接受的问题。研究人子系统时,不仅把人当作"生物人""经济人",更要把人看作"社会人",必须从社会学、人类学、心理学、行为科学角度分析问题、解决问题;不仅把人子系统看作系统固定不变的组成部分,更要看到人是一种自尊自爱、有感情、有思想、有主观能动性的高级动物。

2. 机器子系统

对于该子系统,不仅要从工件的形状、大小、材料、强度、工艺、设备的可靠性等方面考虑其安全性,而且要考虑仪表、操作部件对人提出的要求,还要从人体测量学、生理学、心理与生理过程有关参数方面对仪表、操作部件的设计提出要求。

3. 环境子系统

该子系统主要考虑环境的理化因素和社会因素。理化因素主要有:噪声、振动、粉尘、有毒气体、射线、光、温度、湿度、压力、热、化学有害物质等;社会因素主要有:管理制度、工时定额、班组结构、人际关系等。

三个子系统相互影响、相互作用的结果使系统总体安全性处于某种状态。例如,理化因素不但影响机器的寿命、精度,甚至损坏机器,而且机器产生的噪声、振动、温度、粉尘等又影响人和环境;人的心理状态、生理状况往往是引起误操作的主观因素;环境的社会因素又会影响人的心理状态,给安全带来潜在危险。也就是说,3 个相互联系、相互制约、相互影响的子系统构成了一个有机整体。分析、评价、控制人-机-环境系统的安全性,只有从 3 个子系统内部关联出发,才能真正解决系统的安全问题。因此,安全科学的研究对象就是人-机-环境系统。

二、安全科学的研究内容

安全科学是专门研究如何确保实现系统安全功能的科学技术。其主要技术手段有系统安全分析、系统安全评价和系统风险控制与安全措施等。

1. 系统安全分析

要提高系统的安全性,使其不发生或少发生事故,其前提条件就是预先发现系统可能存在的危险因素,全面掌握其基本特点,明确其对系统安全性影响的程度。只有这样才有可能抓住系统存在的主要危险,采取有效的安全防护措施,改善系统的安全状况。这里强调的预先,是指无论系统生命过程处于哪个阶段,都要在该阶段开始之前进行系统的安全分析,发现并掌握系统的危险因素。

2. 系统安全评价

系统安全评价往往要以系统安全分析为基础,从而了解和掌握系统存在的危险因素,但不一定要对所有危险因素采取措施。通过评价掌握系统的事故风险大小,以此与预定的系统安全指标相比较。如果事故风险超出指标,则应对系统的主要危险因素采取控制措施,使其降至指标以下。

3. 系统风险控制与安全措施

任何一项系统安全预测技术、系统安全分析技术或系统安全评价技术,如果没有一种强有力的管理手段和方法,就不能发挥其应有的作用。因此,在出现系统安全预测技术、系统安全分析和系统安全评价技术的同时,也出现了系统风险控制。其最大的特点是从系统的整体性、相关性和目的性出发,对系统实施全面、全过程的安全管理,实现对系统的安全目标控制。

安全措施是根据安全评价的结果,针对存在的问题进行系统调整,对危险点或薄弱环节加以改进。安全措施主要有两个方面:一是预防事故发生的措施,即在事故发生之前采取适当的安全措施,排除危险因素,避免事故发生;二是控制事故损失扩大的措施,即在事故发生之后采取补救措施,避免事故继续扩大,使损失减到最小。

三、安全科学的研究方法

安全科学的研究方法是依据安全学理论,在总结过去经验型安全方法的基础上日渐丰富和成熟。它概括起来可以归纳为以下 5 个方面:

1. 从系统整体出发的研究方法

安全科学的研究方法必须从系统的整体性观点出发,从系统的整体考虑解决安全问题的方法、过程和要达到的目标。例如,对每个子系统安全性的要求,要与实现整个系统的安全功能和其他功能的要求相符合。在系统研究过程中,子系统和系统之间的矛盾以及子系统与子系统之间的矛盾都要采用系统优化方法寻求各方面均可接受的满意解;同时,要把安全科学的优化思路贯穿到系统的规划、设计、研制和使用等各个阶段。

2. 本质安全方法

本质安全是安全技术追求的目标,也是研究安全科学的核心。由于安全系统把安全问题中的人-机-环境作为一个系统来考虑,因此不管是从研究内容来考虑,还是从系统目标来考虑,核心问题就是本质安全化。本质安全方法是研究与实现系统本质安全的方法和途径。

3. 人-机匹配法

在影响系统安全的各种因素中,至关重要的是人-机匹配。在产业部门研究与安全有关的人-机匹配,称为安全人机工程;在人类生存领域研究与安全有关的人-机匹配,称为生态环境和人文环境问题。显然,从安全的目标出发,考虑人-机匹配以及采用人-机匹配的理论和方法是安全系统工程方法的重要支撑点。

4. 安全经济方法

由于安全的相对性原理,所以安全的投入与安全(目标)在一定经济、技术水平条件下有一定的对应关系。也就是说,安全系统的优化同样受制于经济。但是,由于安全经济的特殊性(安全性投入与生产性投入的渗透性、安全投入的超前性与安全效益的滞后性、安全效益评价指标的多目标性、安全经济投入与效用的有效性等),要求安全系统工程方法在考虑系统目标时要有超前的意识和方法,还要有指标(目标)多元化的表示方法和测算方法。

5. 系统安全管理方法

从学科的角度讲,安全系统工程是技术与管理相交叉的横断学科;从系统科学原理的角度讲,它是解决安全问题的一种科学方法。安全系统工程是理论与实践紧密结合的专业技术体系,系统安全管理方法则贯穿到安全的规划、设计、检查与控制的全过程。因此,系统安全管理方法是安全系统工程方法的重要组成部分。

第四节　安全科学的哲学基础

一、安全与危险的统一性和矛盾性

安全与危险在所要研究的系统中是一对矛盾共同体,它们相伴存在。安全是相对的,危险是绝对的。安全的相对性表现在以下 3 个方面:

(1) 绝对安全的状态是不存在的,系统的安全是相对危险而言的。

(2) 安全标准是相对人的认识和社会经济的承受能力而言的,抛开社会环境讨论安全是不现实的。

(3) 人的认识是无限发展的,对安全机理和运行机制的认识也在不断深化,即安全对于人的认识而言具有相对性。

危险的绝对性表现在事物一诞生危险就存在,中间过程中危险可能变大或变小,但不会消失,危险存在于一切系统的任何时间和空间中。不论我们的认识多么深刻,技术多么先进,设施多么完善,危险始终不会消失,人、机和环境综合功能的残缺始终存在。

安全与危险具有矛盾的所有特性:一方面,双方互相反对、互相排斥、互相否定,安全度越高,危险就越小,反之危险就越大;另一方面,安全与危险二者互相依存,共同处于一个统一体中,存在向对方转化的趋势。安全与危险这对矛盾的运动、变化和发展推动着安全科学的发展和人类安全意识的提高。

二、安全科学的联系观和系统观

客观世界普遍联系的观点是唯物辩证法总的特征之一。在系统中对安全与危险造成影响的因素很多,因果关系错综复杂,安全科学要反映其内在规律性,就必须全面地分析各要素,利用各个学科已取得的研究成果,对开放的大系统进行分析和综合,找出安全的客观规律和实现途径。应注意区分主要原因和次要原因、内因和外因、直接原因和间接原因、客观原因和主观原因等。在全面分析因果联系的基础上,应集中力量抓住事物内部的主要矛盾进行分析和研究。

根据安全科学自身的特点,我们必须用系统的观点进行分析。系统最大的特点就是它具有整体性、有机性和层次性。整体的运动特征应在比其组成要素更高的层次上进行描述,整体的功能不等于各组成要素的性质和功能的简单叠加,而是大于部分之和,它具有其他要素所不具有的性质和功能。尤其对危险而言,一危害因子与另一危害因子相加不等于两个危害因子。系统的整体性是由各个要素综合作用决定的,是系统内部各要素相互作用、相互联系产生某种协同效应。系统整体性的强弱由各要素之间协同作用的大小决定。在安全领域中,各种安全和危险要素很多,叠加在一起的整体影响力会大大增加。所以,为了实现系统总体功能向有利的方向发展,我们必须对各要素统筹兼顾,增强安全因子的整体功能,削弱危险因子的整体功能,不能"头痛医头"、彼此隔离,那样会大大降低系统的安全功能。

要素以一定的结构形成系统,各要素在系统中的地位会有一定的差异。尤其在复杂系统中,各要素的地位就更加复杂,如在人的生命系统中,一根神经和一根头发在人体中的地位和对人体的贡献大不相同。头发掉了并不影响整体,神经断了就会丧失相应的功能,中枢神经如果出了问题,就会危及整体生命质量。所以,在安全这个复杂的大系统中,有些要素处于主导地位和支配地位,有些要素处于从属地位和被支配地位,应注意各要素之间的关系,以利于实现系统的整体安全。

三、安全中的质变与量变

在安全科学中,哲学中的量变与质变表现为流变与突变,其现象普遍存在。另外,人们往往只习惯流变,而不习惯突变,因为流变给人的感觉不明显,而突变会对人造成严重的冲击和伤害。

恩格斯在《自然辩证法》中研究了流变和突变的范畴,认为流变是一种缓慢的变化过程,突变则是流变过程的中断,是质的飞跃。流变和突变是量变和质变在自然界中的具体表现。因此,流变和突变的范畴与量变和质变的范畴属于不同的层次。一般来说,流变相当于量变,突变相当于质变。由此可见,无论是量变还是质变,都可能出现流变和突变两种形式,都是流变和突变的统一。其统一性主要表现在以下 3 个方面:

1. 流变与突变的相对性

作为一对对立的概念,流变与突变是相互依存的。在安全科学的研究过程中,没有绝对的流变和突变。离开了流变,就无所谓突变;离开了突变,流变也无从谈起。事实上,要把影响安全的因素划分出流变和突变的界限是很困难的,因为事物的发展总保持自身的连续性,总在一切对立概念所反映的客观内容之间存在中间过渡环节。从这个意义上讲,一切对立都是相对的。如河流的水位总在一定的范围内变化,没有超过河床,就什么事也不会发生;如果河水溢出了河床,就成了洪水。总之,在空间规模、时间速度、结构、形态及能量变化程度上或采取的形式上,流变与突变都只有相对意义。

2. 流变和突变的层次性

在讨论事物安全度的流变和突变时,总是要联系某一具体的物质层次。在同一物质层次,流变和突变有其具体的表现形式,可以进行严格的界定。从这个意义上讲,不同物质层次的流变和突变有其不同的表现形式和质的规定。某种具体的安全变化过程,在低层次可以称为突变,而在高层次则属于流变。例如,人体某一器官受到损伤,针对小区域来说,是一次突变事件;对整个人体而言,是综合功能的流变。

3. 流变和突变的相互转化

在一定条件下,流变可以转变为突变,突变也可以转变为流变。例如,生物演化过程是一个缓慢的流变过程,但几百年来因人类砍伐森林、捕杀动物、使用农药和排放废物造成了几次大量生物物种灭绝的突变事件。又如,人类依靠科学技术,有效地避免了许多危及人类生存和发展的自然界突变事件或减弱了突变事件的强度。

流变表现为事物微小而缓慢的量的变化,突变表现为显著而迅速的质的飞跃,在流变中往往也有部分质变,在质变中也伴随着量的变化。在质变发生之后,又会出现流变和突变的新周期,事物就是如此循环往复,以至于无穷地变化和转化。

流变向突变的转化,往往是在事物达到极端状态后出现的质变过程。看似完善的事物,由于某种随机因素的影响,猛然间会发生雪崩式的变化。突变向流变的转化与流变向突变的转化不同,突变向流变的转化往往是在事物发生突变后及新质的规定下出现平稳的变化状态,从而开始新的变化周期,这时微小的扰动和涨落对事物没有明显的影响。事物的流变和突变具有复杂性和多样性,在研究和处理时切忌千篇一律,要用不同的方法进行具体的研究。

四、安全问题的简单性和复杂性，精确性和模糊性

客观世界是复杂的，同时又是简单的。安全工程学所要研究的系统也是复杂和简单的统一体。一方面，系统中包含无穷多层次的安全和不安全矛盾，相互间形成极为复杂的结构和功能，同时与外部世界又有多种多样的联系，存在多种相互作用；另一方面，系统又是可以分解的，任何复杂多样的系统都可以分为简单要素、元素、单元，可以看作许多单一的集合，内、外部的联系和所遵循的基本规律往往又是简单的。

安全科学的认识总是从模糊走向精确，模糊和精确是辩证统一的。安全与危险之间没有精确的界限，是个模糊概念，但模糊又可用精确的数字进行解释。精确和模糊是一个问题的两个方面，模糊性可以说明精确性，适当的模糊反而精确。因此，定性描述可指导实施建设性的和组织上的安全措施，并且对安全工程的不断完善做出贡献。但是，就对技术装备的了解来说，模糊定性描述的边界太广。在具体情况下，这种边界将会降低安全程度，从而不能应用明确的相关准则。安全方面的欲求状态因此不能精确地确定，还会导致欲求状态和实际状态之间的界限模糊。这就是人们在观察同一实际情况时，为什么认为有的是安全的，有的是不安全的，因此有必要根据实际情况处理好精确性和模糊性的关系。

五、安全事件的必然性和偶然性

必然性就是客观事物的联系和发展中不可避免、一定如此的趋势。偶然性是在事物发展过程中由于非本质的原因而发生的情况，它在事物的发展过程中可能出现，也可能不出现；它可以这样出现，也可以那样出现。比如，具有自燃倾向的煤在富氧和蓄热的条件下必然自燃，但条件的具备带有很大的偶然性，这种偶然性完全服从于火灾系统内部隐藏的必然性。

必然性和偶然性不仅相互联系、相互依赖，而且在一定的条件下可以相互转化。在矿井通风中，通风机房的反风门正常情况下是可以上、下提升的安全门，灵巧自如地运转具有必然性，灾害发生时不能调节的情况则是偶然的。但由于疏于管理、未按规定维修、滑轮生锈、框架变形等，灾害发生时这一安全措施不能正常发挥作用是必然的，偶然性转化为必然性。这类事故在生产过程中时有发生，所以在处理系统安全问题时，对于有利的偶然因素我们应创造条件促使其发生，不能抱着侥幸的心理；对于有害的偶然因素，我们应尽可能地减弱和避免其影响，并做好应对突发事件的一切准备，做到有备无患。

复习思考题

1. 安全科学的发展历程从理论上可以分为哪几个阶段？
2. 简述安全科学的研究对象、内容和方法。
3. 简述安全与危险的对立统一关系。
4. 简述安全的流变与突变的规律。
5. 简述安全事件的必然性与偶然性。
6. 如何理解"系统安全"的概念？

第二章
事故致因理论

【知识框架】

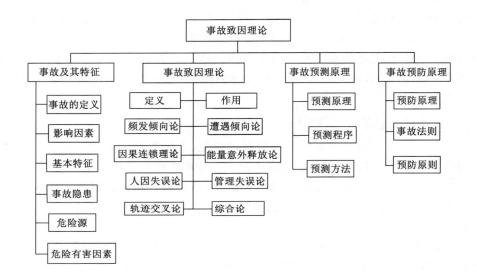

【学习目标】

通过本章的学习,掌握事故的定义,理解事故的影响因素及其基本特征;理解事故隐患、危险源及危险有害因素等专业名词的概念;掌握常用事故致因理论的思想和特点;了解事故预测的原理和方法;掌握事故预防的方法和原则。

【重、难点梳理】

1. 事故的定义及其影响因素;
2. 事故的基本特征及其对事故预防的指导作用;
3. 海因里希因果连锁理论的优缺点;
4. 能量意外释放理论的思想及其对事故预防的指导作用;
5. 瑟利模型的主要思想及其对事故预防的指导作用;
6. 劳伦斯模型的主要思想及其对事故预防的指导作用;
7. 轨迹交叉论的主要思想及其对事故预防的指导作用;
8. 管理失误论的主要思想及其对事故预防的指导作用;

9. 综合论的主要思想及其对事故预防的指导作用；

10. 事故预测的原理和常用方法；

11. 事故法则；

12. 事故预防的对策。

第一节　事　故

现代科学技术和工业生产迅猛发展,在丰富人类的物质生活的同时,也隐藏着众多的潜在危险,致使各类工业生产事故频繁发生。为了防止事故的发生,人们必须对事故及其影响因素有所了解,这样才能有针对性地制定防止事故发生的措施。

一、事故的概念

在《辞海》中,事故是指意外的变故或灾祸。陈宝智在《安全原理》一书中提出"事故是一种可能给人类带来不幸后果的意外事件"。伯克霍夫(Berckhoff)认为,事故是人(个人或集体)在为实现某种意图而进行的某种活动中突然发生的、违反人的意志的、迫使活动暂时或永久停止的事件。斯奇巴(R. Skiba)则认为,事故是工作场所内由于人和物相互作用并有能量释放而导致人员伤亡和物质损失的事件。目前,安全行业普遍认为,事故是人们在实现其有目的的行动过程中突然发生的、迫使其有目的的行动暂时或永久终止的一种意外事件。事故具有以下特点:

(1) 事故是一种发生在人类生产、生活活动中的特殊事件,人类的任何生产、生活活动过程中都可能发生事故。因此,人们若想把活动按自己的意图进行下去,就必须努力采取措施来防止事故发生。

(2) 事故是一种突然发生的、出乎人们意料的意外事件。这是由于事故发生的原因非常复杂,往往是由许多偶然因素引起的,因而事故的发生具有随机性。在一起事故发生之前,人们无法准确预测什么时候、什么地方发生什么样的事故。由于事故发生具有随机性,人们认识事故、弄清事故发生的规律及防止事故发生成为一件非常困难的事情。

(3) 事故是一种迫使进行着的生产、生活活动暂时或永久停止的事件。事故中断、终止活动的进行,必然给人们的生产、生活带来某种形式的影响。因此,事故是一种违背人们意志的、人们不希望发生的事件。

(4) 事故这种意外事件除了影响人们的生产、生活活动顺利进行之外,往往还可能造成人员伤害、财物损坏或环境污染等其他后果。

需要指出的是,事故和事故后果是具有因果关系的两件事情。由于事故的发生产生了某种事故后果,但在日常生产和生活中,人们往往把事故和事故后果看作一件事件,这是不正确的。之所以产生这种认识,是因为事故的后果,特别是给人们带来严重伤害或损失的后果,给人们的印象非常深刻,相应地使人们注意了带来这种后果的事故。相反,当事故带来的后果非常轻微,没有引起人们注意,相应地也就使人们忽略了该事故。

二、事故的类别

参照《企业职工伤亡事故分类》(GB 6441—86),事故类别分为 20 类:

(1) 物体打击:指物体在重力或其他外力的作用下产生运动,打击人体,造成人身伤亡事故,不包括因机械设备、车辆、起重机械、坍塌等引发的物体打击。

（2）车辆伤害：指企业机动车辆在行驶中引起的人体坠落和物体倒塌、下落、挤压伤亡事故，不包括起重设备提升、牵引车辆和车辆停驶时发生的事故。

（3）机械伤害：指机械设备运动（静止）部件、工具、加工件直接与人体接触引起的夹击、碰撞、剪切、卷入、绞、碾、割、刺等伤害，不包括车辆、起重机械引起的机械伤害。

（4）起重伤害：指各种起重作业（包括起重机安装、检修、试验）中发生的重物（包括吊具、吊重）挤压、坠落、物体打击和触电等。

（5）触电：电流流过人体或人与带电体间发生放电引起的伤害，包括雷击。

（6）淹溺：包括高处坠落淹溺，不包括矿山、井下透水淹溺。

（7）灼烫：指火焰烧伤、高温物体烫伤、化学灼伤（酸、碱、盐、有机物引起的体内外灼伤）、物理灼伤（光、放射性物质引起的体内外灼伤），不包括电灼伤和火灾引起的烧伤。

（8）火灾：指造成人员伤亡的企业火灾事故。

（9）高处坠落：指在高处作业中发生坠落造成的伤亡事故，包括由高处落地和由平地落入地坑，不包括触电坠落事故。

（10）坍塌：指物体在外力或重力作用下，超过自身的强度极限或因结构稳定性破坏而造成的事故，如挖沟时的土石塌方、脚手架坍塌、堆置物倒塌等，不适用于矿山冒顶片帮和车辆、起重机械、爆破引起的坍塌。

（11）冒顶片帮：指矿山开采、掘进及其他坑道作业发生的顶板冒落、侧壁垮塌。

（12）透水：适用于矿山开采及其他坑道作业时因涌水造成的伤害。

（13）爆破：指爆破作业中发生的伤亡事故，包括因放炮引起的中毒。

（14）火药爆炸：火药、炸药及其制品在生产、加工、运输、储存中发生的爆炸事故。

（15）瓦斯爆炸：指火药、煤尘与空气混合形成的混合物的爆炸。

（16）锅炉爆炸：适用于工作压力在 0.07 MPa 以上、以水为介质的蒸汽锅炉的爆炸。

（17）容器爆炸：包括物理爆炸和化学爆炸。

（18）其他爆炸：可燃性气体、蒸汽、粉尘等与空气混合形成的爆炸性混合物的爆炸；炉膛、钢水包、亚麻粉尘的爆炸等。

（19）中毒和窒息：职业性毒物进入人体引起的急性中毒、缺氧窒息性伤害。

（20）其他伤害：上述范围之外的伤害事故，如冻伤、扭伤、摔伤、野兽咬伤等。

这是当前通用的分类方法，具有法定意义。它概括了全国工业生产的各个方面的事故，覆盖面很广，分类比较简单，但比较粗略，不利于事故的预防。

三、事故的影响因素

影响事故发生的因素有人、物、环境、管理和事故处理。其中，最主要的因素是前 4 项。

（1）人的因素：包括操作工人、管理人员、事故现场的在场人员和有关人员等。他们的不安全行为是事故的重要致因。

（2）物的因素：包括原料、燃料、动力、设备、工具等。物的不安全状态是构成事故的物质基础，它构成了生产中的事故隐患和危险源。

（3）环境因素：主要是指自然环境异常和生产环境不良等。不安全的环境是引起事故的物质基础，也是事故的直接原因。

（4）管理因素：管理的缺陷主要是指技术缺陷以及劳动组织、现场指导、操作规程、教育培训、人员选用等问题。

（5）事故处理因素：能否迅速地采取有效措施，对防止事态恶化和事故扩大有着重要影响。

物的不安全状态、人的不安全行为以及环境的恶劣状况都是事故发生的直接原因,管理是事故的间接原因,也是事故的直接原因得以存在的条件。

四、事故的基本特性

大量的事故调查、统计、分析表明,事故有其自身特有的属性。因此,掌握和研究这些特性对于指导人们认识事故、了解事故和预防事故具有重要意义。

1. 普遍性

自然界中充满着各种各样的危险,人类的生产、生活过程中也总是伴随着危险,所以发生事故的可能性普遍存在。危险是客观存在的,在不同的生产、生活过程中,危险性各不相同,事故发生的可能性也就存在差异。

2. 随机性

事故发生的时间、地点、形式、规模和事故后果的严重程度都是不确定的。何时、何地发生何种事故,其后果如何,都是很难预测的,也给事故的预防带来一定困难。但是,在一定的范围内,事故的随机性遵循数理统计规律,即在大量事故统计资料的基础上,可以找出事故发生的规律,预测事故发生的概率。因此,事故统计分析对制定正确的预防措施具有重要作用。

3. 必然性

危险是客观存在的,而且是绝对的。因此,生产、生活过程中必然会发生事故,只不过是事故发生的概率大小、人员伤亡的多少和财产损失的严重程度不同而已。人们采取措施预防事故,只能延长事故发生的时间间隔,降低事故发生的概率,而不能完全杜绝事故。

4. 因果相关性

事故是由系统中相互联系、相互制约的多种因素共同作用的结果。导致事故的原因多种多样,从总体上事故原因可分为人的不安全行为、物的不安全状态、环境的不良刺激作用;从逻辑上又可分为直接原因和间接原因等。这些原因在系统中相互作用、相互影响,在一定的条件下发生突变,即酿成事故。通过事故调查分析,探求事故发生的因果关系,搞清事故发生的直接原因、间接原因和主要原因,对于预防事故发生具有积极作用。

5. 突变性

系统由安全状态转化为事故状态实际上是一种突变现象。事故一旦发生,往往十分突然,令人措手不及。因此,制定事故预案,加强应急救援训练,提高作业人员的应急反应能力和应急救援水平,对于减少人员伤亡和财产损失尤为重要。

6. 潜伏性

事故的发生具有突变性,但在事故发生之前存在一个量变过程,即系统内部相关参数的渐变过程,所以事故具有潜伏性。一个系统可能长时间没有发生事故,但这并非就意味着该系统是安全的,因为它可能潜伏着事故隐患。这种系统在事故发生之前所处的状态不稳定,为了达到系统的稳定状态,系统要素在不断发生变化。当某一触发因素出现,即可导致事故。事故的潜伏性往往会引起人们的麻痹思想,从而酿成重大恶性事故。

7. 危害性

事故往往造成一定的人员伤亡或财产损失。严重者会制约企业的发展,带来不良影响。因此,人们会采取措施,预防事故的发生,追求安全状态。

8. 可预防性

尽管事故的发生是必然的,但可以通过采取控制措施来预防事故发生或者延缓事故发生的时间间隔。充分认识事故的这一特性,对于防止事故发生具有促进作用。通过事故调查,探求事故发生的原因和规律,采取预防事故的措施,可降低事故发生的概率,减少事故损失。

第二节 事故致因理论

事故致因理论是从本质上阐明事故的因果关系,说明事故的发生、发展过程和后果的理论。事故致因理论是从最早的单因素理论发展到不断增多的复杂因素的系统理论。其目的在于认识事故本质,指导事故调查与分析,提出事故预防措施。所以,事故致因理论是描述事故成因、经过和后果的理论,是研究人、物、环境、管理及事故处理这些基本因素如何作用而形成事故、造成损失的理论。

格林伍德(1919)和纽伯尔德(1926)都曾认为,事故在人群中并非随机分布,某些人比其他人更易发生事故,因而可以用某种方法将有事故倾向的工人与其他人区别开来。这种理论的缺点是过分地夸大了人的性格特点在事故中的作用,而且不能解释为何在同等危险暴露的情况下人们受伤害的概率并非都不相等。

1939 年,法默和凯姆伯斯又重复指出,一个有事故倾向的人具有较高的事故率,而与工作任务、生活环境和经历等无关。1951 年,阿布斯和克利克的研究指出,个别人的事故率具有明显的不稳定性,对具有事故倾向的个性类型的量度界限也难以测定。广泛的批评使这一单一因素理论——具有事故倾向的素质论,被排出事故致因理论的范畴。1971 年,邵合赛克尔主张将这一观点仅供工种考选的参考,他只着意于多发事故,而丝毫无意涉及人的个性参数。淘汰"多发事故人"是受泰勒的科学管理理论的影响。

1936 年,海因里希提出了多米诺骨牌原理研究人身受到伤害的五个顺序过程,即伤亡事故顺序五因素。

1953 年,巴尔将多米诺骨牌原理发展为事件链理论,认为事故的前级致因因素是一系列事件链,一环生一环,一环套一环,链的末端是事件后果——事故和损失。

1961 年,美国的沃森提出了以逻辑分析中的演绎分析法和逻辑电路的逻辑门形式绘制事故模型。

由于火箭技术发展的需要,系统安全工程应运而生。1962 年 4 月,美国首次公开了"空军弹道导弹系统安全工程"的说明书。1965 年,科洛德纳(Kolodner)在沃森的基础上系统地介绍了事故树分析;同年,雷希特(Recht)也介绍了事故树分析及故障类型和影响。这些系统安全分析方法实质上是事件链理论的发展。1970 年,德里森(Driessen)明确地将事件链理论发展为分支事件过程逻辑理论。需要说明的是,事故树分析等树枝图形实质上是分支事件过程的解析。

1961 年,由吉布森(Gibson)提出并在 1966 年由哈登(Haddon)完善的能量转移论指出了人体受到伤害只能是能量转移的结果,从而明确了事故致因的本质是能量逆流于人体。

1969 年,瑟利提出了 S-O-R 人因素模型,该模型包括两组问题(危险构成和显现危险),每组问题又分别包括 3 类心理:生理成分即对事件的感知、刺激(S);对事件的理解、响应和认识(O)；生理行为、响应或举动(H)。这就是系统理论的人因素致因模型(1978年，安德森又对上述模型进行了修正)。

1972年，贝纳提出了起因于"扰动"而促成事故的理论，即P理论，进而提出"多重线性事件过程图解法"。扰动起源论将事故看作相继发生的事件过程，以破坏自动调节的动态平衡——"扰动"为起源事件，以伤害或损坏而告终(终了事件)。该理论指出，事故的发生是系统运行中出现了失衡而扰动且对扰动失控造成的。在发生事故前改善环境条件，使之自动动态平衡，截断向事故后果发展的链条，即可防止事故发生。同年，威格里沃茨提出了以人因失误为主因的事故模型(人因事故模型)，主要以人的行为失误构成伤害为基础。他指出，人如果"错误地或不适当地响应刺激"就会发生失误，从而可能导致事故发生。

1974年，劳伦斯根据上述理论发展为能适用于自然条件复杂的、连续作业情况下的"矿山以人因失误为主因的事故模型"。

1975年，约翰逊从管理角度出发提出了管理失误和危险树，把事故致因质点放在管理缺陷上，指出造成伤亡事故的本质原因是管理失误。

多年来，学者们一致认为：事故的直接原因不外乎人的不安全行为(失误)和物的不安全状态(故障)两大因素作用的结果，即人与物两系列运动轨迹的交叉点就是发生事故的时空，轨迹交叉论应运而生。

我国的安全专家在事故致因理论上的综合研究方兴未艾，他们普遍认为：事故是多种因素综合造成的，是社会因素、管理因素和生产中的危险因素被偶然事件触发而形成的伤亡和损失的事件，事故致因的本质是基础原因。其中，"综合论"是在我国较受重视的事故致因理论。

目前，世界上有代表性的事故模式有十几种，下面介绍几种具有代表性的事故理论。

一、事故频发倾向理论

(一) 事故频发倾向

事故频发倾向是指个别人容易发生事故的、稳定的、个人的内在倾向。1919年，格林伍德和伍兹对许多工厂里伤害事故发生次数的资料按以下3种统计分布进行了统计检验：

(1) 泊松分布。当人员发生事故的概率不存在个体差异，即不存在事故频发倾向者时，一定时间内事故发生的次数服从泊松分布。在这种情况下，事故的发生是工厂里的生产条件、机械设备方面的问题以及一些其他偶然因素引起的。

(2) 偏倚分布。一些工人由于存在精神或心理方面的问题，如果在生产操作过程中发生过一次事故，则会造成胆怯或神经过敏。如果继续操作，就有重复发生第二次、第三次事故的倾向。造成这种统计分布的是人员中存在少数有精神或心理缺陷的人。

(3) 非均等分布。当工厂中存在许多特别容易发生事故的人时，发生不同次数事故的人数服从非均等分布，即每个人发生事故的概率不相同。在这种情况下，事故的发生主要是人的因素引起的。

为了检验事故频发倾向的稳定性，他们还计算了被调查工厂中同一个人在前3个月和后3个月发生事故次数的相关系数，结果发现：工厂中存在事故频发倾向者，并且前、后3个月事故次数的相关系数变化在 0.37 ± 0.12 到 0.72 ± 0.07，皆为正相关。

1926年，纽鲍尔德研究大量工厂中事故发生次数的分布，证明事故发生次数服从发生概率极小，且每人发生事故概率不等的统计分布。他计算了一些工厂中前5个月和后

5 个月里事故次数的相关系数,其结果为 0.04±0.09 到 0.71±0.06。之后,马勃跟踪调查了一个有 3 000 人的工厂,结果发现:第一年没有发生事故的工人在以后几年里平均每年发生 0.30～0.60 次事故;第一年发生过 1 次事故的工人在以后几年里平均每年发生 0.86～1.17 次事故;第一年出过 2 次事故的工人在以后几年里平均每年发生 1.04～1.42 次事故。这些都充分证明了事故频发倾向的存在。

1939 年,法默和凯姆伯斯提出了事故频发倾向的概念,认为事故频发倾向者的存在是工业事故发生的主要原因。

据国外文献介绍,事故频发倾向者往往表现为:感情冲动,容易兴奋;脾气暴躁;厌倦工作,没有耐心;慌慌张张,不沉着;动作生硬而工作效率低;喜怒无常,感情多变;理解能力低,判断和思考能力差;极度喜悦和悲伤;缺乏自制力;处理问题轻率、冒失;运动神经迟钝,动作不灵活。

日本的丰原恒男发现,容易冲动的人、不协调的人、不守规矩的人、缺乏同情心的人和心理不平衡的人发生事故次数较多,见表 2-1。

表 2-1　事故频发者的特征及发生事故概率　　　　　　　　　　　单位:%

性格特征	事故频发者	其他人	性格特征	事故频发者	其他人
容易冲动	38.9	21.9	缺乏同情心	30.7	0
不协调	42.0	26.0	心理不平衡	52.5	25.7
不守规矩	34.6	26.8			

根据事故发生次数是否符合非均等分布,可以判断企业中是否存在事故频发倾向者。根据非均等分布,对于一个人数为 N 的工厂,发生 r 次事故的人数分布为:

$$P(r) = N\left(\frac{C}{C+1}\right)\left[1 + \frac{r}{C+1} + \frac{r(r+1)}{2!}\frac{1}{(C+1)^2} + \frac{r(r+1)(r+2)}{3!}\frac{1}{(C+1)^3} + \cdots\right] \tag{2-1}$$

式中　C——发生事故的人数;

　　　r——发生事故的次数,$r = Cm$;

　　　m——每人平均发生的事故次数。

式(2-1)是一种理论分布公式,实际应用时计算很复杂。日本的青岛贤司给出如下近似计算公式,用于判断工厂里是否存在事故频发倾向者。

设工厂里一年中发生过 1 次事故的人数为 N_0,则发生事故的总人数为:

$$N_s = N_0\left(1 + \frac{1}{2} + \frac{1}{2^2} + \frac{1}{2^3} + \cdots + \frac{1}{2^{n-1}}\right) \tag{2-2}$$

发生事故总人数已知时由式(2-2)可以导出,当发生事故次数最多的人数。因此,一年中发生 n 次事故的人数为:

$$X_n = N_0\left(\frac{1}{2}\right)^{n-1} \tag{2-3}$$

应该注意的是,上述公式中的事故次数没有包括无休工的事故。

对于发生事故次数较多、可能是事故频发倾向者的人,可以通过一系列的心理学测试来判别。例如,日本曾采用内田-克雷佩林心理测验测试人员大脑工作状态曲线,通过 Y-G(矢田部-吉尔福德)性格测验测试工人的性格,从而判别事故频发倾向者。另外,也可以通过对日常工人行为的观察,从而发现事故频发倾向者。一般来说,具有事故频发倾向的人在进行生产操作时往往精神恍惚,注意力不能经常集中在操作上,因而不能适应迅速变化的外界条件。

(二)事故遭遇倾向

事故遭遇倾向是指某些人员在某些生产作业条件下容易发生事故的倾向。许多研究结果表明,不同时期事故发生次数的相关系数与作业条件有关。例如,罗奇发现工厂规模不同,生产作业条件也不同,大工厂的场合相关系数在 0.6 左右,小工厂则或高或低,表现出劳动条件的影响。我国学者考察了 6 年和 12 年间两个时间段事故频发倾向的稳定性,发现前后两段时间内事故发生次数的相关系数与职业有关,变化在 $-0.08 \sim 0.72$ 的范围。当从事规则的、重复性作业时,事故频发倾向较为明显。

明兹和布户姆建议用事故遭遇倾向取代事故频发倾向的概念,认为事故的发生不仅与个人因素有关,而且与生产条件有关。根据这一见解,克尔调查了 53 个电子工厂中 40 项个人因素及生产作业条件因素与事故发生频度和伤害严重度之间的关系,发现影响事故发生频度的主要因素包括搬运距离短、噪声严重、临时工多、工人自觉性差等;与事故后果严重度有关的主要因素是工人的"男子汉"作风,次要因素包括缺乏自觉性、缺乏指导、老年职工多、不连续出勤等,证明事故发生情况与生产作业条件有着密切关系。

研究表明,事故的发生与工人的年龄有关,青年人和老年人容易发生事故。此外,事故的发生还与工人的工作经验、熟练程度有关。米勒等人认为,对于一些危险性高的职业,工人要有一个适应期,在此期间内新工人容易发生事故。

许多研究结果证明,事故频发倾向者并不存在:

(1)当每个人发生事故的概率相等的概率极小时,一定时期内发生事故次数服从泊松分布。根据泊松分布,大部分工人不发生事故,少数工人只发生 1 次事故,只有极少数工人发生 2 次以上事故。大量的事故统计资料是服从泊松分布的。例如,莫尔等人研究了海上石油钻井工人连续两年的伤害事故情况,得到"受伤次数多的工人数没有超出泊松分布范围"的结论。

(2)某一段时间内发生事故次数多的人,在以后的时间里往往发生事故次数不再多了,并非永远是事故频发倾向者。数十年的实证研究表明,很难找出事故频发者稳定的个人特征。换言之,许多人发生事故是他们行为的某种瞬时特征引起的。

(3)根据事故频发倾向理论,防止事故的重要措施是人员选择。但将事故发生次数多的工人调离后,企业的事故发生率并没有降低。例如,韦勒对司机的调查和伯纳基对铁路调车员的调查都证实了调离或解雇发生事故多的工人并没有减少伤亡事故发生率。

在我国,企业职工队伍中存在少数容易发生事故的人,这一现象并不罕见。在实际安全工作中,也有通过调整这些人员工作来预防事故的例子。例如,某运输公司将发生事故多的司机定为"危险人物",规定这些司机不能担负长途运输任务,也取得了较好的预防事故效果。

其实,工业生产中的许多操作对操作者的素质都有一定的要求,或者说人员有一定的职业适合性。当人员的素质不符合生产操作要求时,人在生产操作中就会发生失误或不安全行为,从而导致事故发生。对于危险性较高的、重要的操作,特别要求人员具有较高的素质。例如,特种作业的场合,操作者要经过专门的培训、严格的考核,获得特种作业资格后才能上岗。因此,尽管事故频发倾向将把工业事故的发生归因于少数事故频发倾向者的观点是错误的,但是从职业适合性的角度来看,关于事故频发倾向的认识也有一定可取之处。

二、海因里希事故因果连锁理论

海因里希首先提出了事故因果连锁理论,用以阐明导致事故的各种因素之间及与事故、伤害之间的关系。该理论认为,伤害事故的发生不是一个孤立的事件,尽管伤害的发生可能在某个瞬间,却是一系列互为因果的原因事件相继发生的结果。

在事故因果连锁中,以事故为中心,事故的结果是伤害(伤亡事故的场合),事故的原因包括:直接原因、间接原因和基本原因。对事故各层次原因的认识不同,形成了不同的事故致因理论。因此,后来人们也经常用事故因果连锁的形式来表达某种事故致因理论。

1. 过程描述

最初,海因里希把工业伤害事故的发生、发展过程描述为具有如下因果关系的事件连锁:

(1)人员伤亡的发生是事故的结果。

(2)事故的发生是人的不安全行为或(和)物的不安全状态造成的。

(3)人的不安全行为、物的不安全状态是人的缺点造成的。

(4)人的缺点是不良环境诱发的,或者是先天的遗传因素造成的。

2. 过程因素

海因里希事故因果连锁过程包括如下 5 个因素:

(1)遗传及社会环境。可能造成鲁莽、固执、贪婪及其他性格上的缺点的遗传因素,妨碍教育、助长性格上的缺点发展的社会环境,是造成性格上的缺点的原因。

(2)人的缺点。鲁莽、过激、神经质、暴躁、轻率、缺乏安全操作知识等先天或后天的缺点是产生不安全行为或造成物的危险状态的直接原因。

(3)人的不安全行为或物的不安全状态。例如,在起重机的吊臂下停留、不发信号就启动机器、工作时间打闹或拆除安全防护装置等不安全行为,没有防护齿轮、扶手,照明不良等机械、物的不安全状态,这些是事故发生的直接原因。

(4)事故。事故是指物体、物质、人或放射线的作用或反作用,使得人员受到伤害或能受到伤害的、出乎意料的、失去控制的事件。

(5)伤害。直接由于事故而产生的人员伤害。

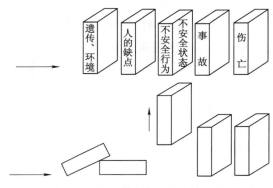

图 2-1 海因里希事故因果连锁理论

人们用多米诺骨牌来形象地描述了这种事故因果连锁理论,如图 2-1 所示。在多米诺骨牌系列中,一颗骨牌被碰倒了,则将发生连锁反应,其余的几颗骨牌相继被碰倒。如果移去连锁中的一颗骨牌,则连锁被破坏,事故过程被中止。海因里希认为,企业事故预防工作的中心就是防止人的不安全行为,消除机械或物质的不安全状态,中断事故连锁的进程而避免事故的发生。

海因里希事故因果连锁理论强调了消除不安全行为和不安全状态在事故预防工作中的重要地位,多少年来这一点一直得到广大安全工作者的赞同。但是,将不安全行为和不安全状态的发生完全归因于工人的缺点,则暴露了该理论的局限性。

三、能量意外释放理论

吉布森(1961)、哈登(1966)等人提出了解释事故发生物理本质的能量意外释放理论,认为事故是一种不正常的或不希望的能量释放。

(一)能量在事故致因中的地位

能量在人类的生产、生活中是不可缺少的,人类利用各种形式的能量做功以实现预定的目的。生产、生活中利用能量的例子随处可见:机械设备在能量的驱动下运转,把原料加工成产品;热能把水煮沸;等等。人类在利用能量时必须采取措施控制能量,使能量按照人们的意图产生、转换和做功。从能量在系统中流动的角度,应该控制能量按照人们规定的能量流通渠道流动。如果由于某种原因失去了对能量的控制,就会发生能量违背人的意愿意外释放或逸出,使进行中的活动中止而发生事故。如果发生事故时意外释放的能量作用于人体,并且能量的作用超过人体的承受能力,则将造成人员伤害。如果意外释放的能量作用于设备、建筑物、物体等,并且能量的作用超过它们的抵抗能力,那么将造成设备、建筑物、物体的损坏。

生产、生活活动中经常遇到各种形式的能量,如机械能、热能、电能、化学能、电离及非电离辐射、声能、生物能等,它们的意外释放都可能造成伤害或损坏。

1. 机械能

意外释放的机械能是导致事故时人员伤害或财物损坏的主要类型的能量,包括势能和动能。位于高处的人体、物体、岩体或结构的一部分相对于低处的基准面有较高的势能。当人体具有的势能意外释放时,可能会发生坠落或跌落事故;当物体具有的势能意外释放时,物体自高处落下可能发生物体打击事故;当岩体或结构的一部分具有的势能意外释放时,可能会发生冒顶、片帮、坍塌等事故。运动着的物体都具有动能,如各种运动中的车辆、设备或机械的运动部件、被抛掷的物料等,它们具有的动能意外释放并作用于人体,则可能发生车辆伤害、机械伤害、物体打击等事故。

2. 电能

意外释放的电能会造成各种电气事故,如可能使电气设备的金属外壳等导体引燃易爆物质而发生火灾、爆炸事故,强烈的电弧可能灼伤人体等。

3. 热能

现今的生产、生活中到处利用热能,而人类利用热能的历史可以追溯到远古时代。例如,失去控制的热能可能灼烫人体、损坏财物、引起火灾,而火灾是热能意外释放造成的最典型的事故。应该注意的是,在利用机械能、电能、化学能等其他形式的能量时,也可能产生热能。

4. 化学能

有毒有害的化学物质使人员中毒,是化学能引起的典型伤害事故。在众多的化学物质中,相当多的物质具有的化学能会导致人员急性、慢性中毒,甚至致病、致畸、致癌。火灾中化学能转变为热能,爆炸中化学能转变为机械能和热能。

5. 电离及非电离辐射

电离辐射主要包括α射线、β射线和中子射线等的辐射,它们会造成人体急性、慢性损伤。非电离辐射主要包括紫外线、红外线和宇宙射线等射线辐射。在工业生产中,常见的电焊、熔炉等高温热源放出的紫外线、红外线等有害辐射会伤害人的视觉器官。

麦克法兰特在解释事故造成的人身伤害或财物损坏的机理时认为,所有的伤害事故(损坏事故)都是因为以下两个方面:一是接触了超过机体组织(结构)抵抗力的某种形式的过量能量;二是有机体与周围环境的正常能量交换受到了干扰(如窒息、淹溺等)。因此,各种形式能量的意外释放构成了伤害的直接原因。

人体自身也是个能量系统,其新陈代谢过程是一个吸收、转换、消耗能量并与外界进行能量交换的过程;另外,人进行生产、生活活动时消耗能量。当人体与外界的能量交换受到干扰时,即人体不能进行正常的新陈代谢时,人员将受到伤害,甚至死亡。

表2-2为人体受到超过其承受能力的各种形式能量作用时受伤害的情况;表2-3为人体与外界的能量交换受到干扰而发生伤害的情况。

表2-2 能量类型与伤害

能量类型	产生的伤害	事故类型
机械能	刺伤、割伤、撕裂、挤压皮肤和肌肉、骨折、内部器官损伤	物体打击、车辆伤害、机械伤害、起重伤害、高处坠落、坍塌、冒顶、片帮、火药爆炸、瓦斯爆炸、锅炉爆炸、压力容器爆炸
热能	炎症、凝固、烧焦和焚化、伤及身体任何层次	灼伤、火灾
电能	干扰神经-肌肉功能、电伤	触电
化学能	化学性皮炎、化学性烧伤、致癌、致遗传突变、致畸、急性中毒、窒息	中毒和窒息、火灾

表2-3 干扰能量交换与伤害

影响能量交换类型	产生的伤害	事故类型
氧的利用	局部或全身生理损害	中毒和窒息
其他	局部或全身生理损害(冻伤、冻死)、热痉挛、热衰竭、热昏迷	

研究表明,人体对各种形式能量的作用都有一定的承受能力,或者说有一定的伤害阈值。例如,球形弹丸以4.9 N的冲击力打击人体时,只能轻微地擦伤皮肤;重物以68.6 N的冲击力打击人的头部时,会造成颅骨骨折。

事故发生时,在意外释放的能量作用下人体(结构)能否受到伤害(损坏)以及伤害(损坏)的严重程度如何,取决于作用于人体(结构)的能量的大小和集中程度、人体(结构)接触能量的部位、能量作用的时间和频率等。显然,作用于人体的能量越大、越集中,造成的伤害越严重;人的头部或心脏受到过量的能量作用时,会有生命危险;能量作用的时间越长,造成的伤害越严重。

该理论阐明了伤害事故发生的物理本质,指明了防止伤害事故就是防止能量意外释放,防止人体接触能量。根据该理论,人们要经常注意生产过程中能量的流动、转换以及不同形式能量的相互作用,防止发生能量的意外释放或逸出。

(二)防止能量意外释放的措施

从能量意外释放论出发,预防伤害事故就是防止能量或危险物质的意外释放,防止人体与过量的能量或危险物质接触。人们将约束、限制能量以及防止人体与能量接触的措施称为屏蔽,这是一种广义的屏蔽。

1. 屏蔽措施

在工业生产中,经常采用的防止能量意外释放的屏蔽措施主要有以下几种:

（1）用安全的能源代替不安全的能源。有时被利用的能源具有较高的危险性,这时可考虑用较安全的能源取代。例如,在容易发生触电的作业场所,用压缩空气动力代替电力,可以防止发生触电事故。应该注意的是,绝对安全的事物是没有的,以压缩空气作为动力虽然避免了触电事故,但压缩空气管路破裂、脱落的软管抽打等都带来了新的危害。

（2）限制能量。在生产过程中,尽量采用低能量的工艺或设备,这样即使发生了意外的能量释放,也不致发生严重伤害。例如,利用低电压设备以防止电击;限制设备运转速度以防止机械伤害;限制露天爆破装药量以防止个别飞石伤人;等等。

（3）防止能量蓄积。能量的大量蓄积会导致能量突然释放,因此要及时泄放多余的能量,防止能量蓄积。例如,通过接地消除静电蓄积;利用避雷针放电保护重要设施;等等。

（4）缓慢地释放能量。缓慢地释放能量可以降低单位时间内释放的能量,减轻能量对人体的作用。例如,各种减振装置可以吸收冲击能量,防止人员受到伤害。

（5）设置屏蔽设施。屏蔽设施是一些防止人员与能量接触的物理实体,即狭义的屏蔽。屏蔽设施可以被设置在能源上,如安装在机械转动部分外面的防护罩;也可以被设置在人员与能源之间,如安全围栏等。

（6）在时间或空间上把能量与人隔离。在生产过程中也有两种或两种以上的能量相互作用引起事故的情况。例如,一台吊车移动的机械能作用于化工装置,使化工装置破裂导致有毒物质泄漏,引起人员中毒。针对两种能量相互作用的情况,我们应该考虑设置两组屏蔽设施,其中一组设置于两种能量之间,防止能量到达人体。

（7）信息形式的屏蔽。各种警告措施等信息形式的屏蔽,可以阻止人员的不安全行为或避免发生行为失误,防止人员接触能量。

根据可能发生的意外释放的能量大小,可以设置单一屏蔽或多重屏蔽,并且应该尽早设置屏蔽,做到防患于未然。

2. 伤害事故类型及措施

从能量的观点出发,按能量与被害者之间的关系,可以把伤害事故分为 3 种类型,并采取不同的预防伤害的措施。

（1）能量在人们规定的能量流通渠道中流动,人员意外地进入能量流通渠道而受到伤害。其措施如下:设置防护装置防止人员进入,避免此类事故发生;警告、劝阻等信息形式的屏蔽可以约束人的行为。

（2）在与被害者无关的情况下,能量意外地从原来的渠道里逸脱出来,开辟新的流通渠道使人员受害。按事故发生时间与伤害发生时间之间的关系,又可分为以下两种情况:

① 事故发生的瞬间人员即受到伤害,甚至受害者尚不知发生了什么就遭受了伤害。在这种情况下,人员没有时间采取措施避免伤害。为了防止伤害,必须全力以赴地控制能量,避免事故的发生。

② 事故发生后人员有时间躲避能量的作用,可以采取恰当的对策防止受到伤害。例如,发生火灾、有毒有害物质泄漏事故的场合,远离事故现场的人们可以恰当地采取隔离、撤退或避难等行动,避免遭受伤害。在这种情况下,人员行为正确与否往往决定他们的生死存亡。

（3）能量意外地越过原有的屏蔽而开辟新的流通渠道;同时,被害者误进入新开通的能量渠道而受到伤害,实际这种情况较少。

（三）能量观点的事故因果连锁

调查伤亡事故原因发现，大多数伤亡事故都是因为过量的能量或干扰人体与外界正常能量交换的危险物质的意外释放引起的，并且这种过量能量或危险物质的释放都是人的不安全行为或物的不安全状态造成的。也就是说，人的不安全行为或物的不安全状态使得能量或危险物质失去了控制，是能量或危险物质释放的导火线。

美国矿山局的札别塔基斯依据能量意外释放理论，建立了新的事故因果连锁模型，如图 2-2 所示。

1. 事故

事故是能量或危险物质的意外释放，也是伤害的直接原因。为防止事故发生，可以通过技术改进来防止能量意外释放，也可以通过教育训练提高职工识别危险的能力，还可以通过穿戴个体防护用品来避免伤害。

2. 不安全行为和不安全状态

人的不安全行为和物的不安全状态是导致能量意外释放的直接原因，它们是管理缺欠、控制不力、缺乏知识、对存在的危险估计错误或其他个人因素等基本原因的具体反应。

3. 基本原因

（1）企业领导者的安全政策及决策。它涉及生产及安全目标，职员的配置，信息的利用，责任及职权范围，对职工的选择、教育、训练、安排、指导和监督，信息

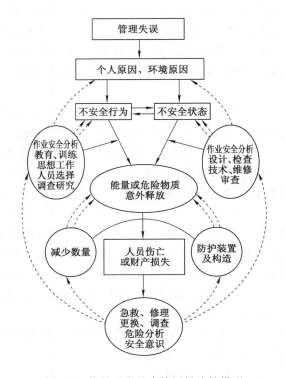

图 2-2　能量观点的事故因果连锁模型

传递，设备、装置及器材的采购、维修正常时和异常时的操作规程，设备的维修保养等。

（2）个人因素。它涉及能力、知识、训练，动机、行为，身体及精神状态反应时间，个人兴趣等。

（3）环境因素。为了从根本上预防事故，必须查明事故的基本原因，并针对查明的基本原因采取措施。

四、人因失误理论

这类事故理论都有一个基本观点，即人因失误会导致事故，而人因失误的发生是人对外界刺激（信息）的反应失误造成的。

（一）威格里沃斯模型

威格里沃斯（1972）提出，人因失误构成了所有类型事故的基础。他将人因失误定义为"人错误地或不适应地响应一个外界刺激"，认为在生产操作过程中各种各样的信息不断地作用于操作者的感官，给操作者以"刺激"。若操作者能够对刺激做出正确的响应，事故就不会发生；反之，如果错误或不恰当地响应了一个刺激（失误），就可能出现危险。危险是否会带来伤害事故，则取决于一些随机因素。

如图 2-3 所示,威格里沃斯事故模型给出了人因失误导致事故的一般模型。

研究表明,将由初始原因开始到最后结果为止的事故动态过程中所有因素联系在一起的理论体系或模型具有很大的实用价值。然而,若客观上存在不安全因素或危险,事故是否能造成伤害,这取决于各种机会因素,既可能造成伤亡,也可能是没有伤亡的事故。尽管这个模型突出了人的不安全行为来描述事故现象,但不能解释人为什么会发生失误,它也不适用于不以人因失误为主的事故。

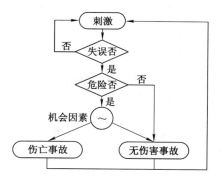

图 2-3　威格里沃斯事故模型

(二)瑟利模型

如图 2-4 所示,瑟利模型是美国人瑟利(1969)提出的,是一个典型的根据人的认知过程分析事故致因的理论。

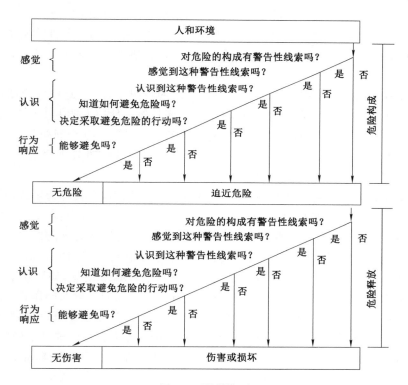

图 2-4　瑟利模型

该模型将事故的发生过程分为危险构成和危险释放两个阶段,它们各自包括一组类似的人的信息处理过程,即感觉、认识和行为响应。在危险出现阶段,如果人的信息处理的每个环节都正确,危险就能被消除或得到控制;反之,就会使操作者直接面临危险。

在危险释放阶段,如果每个环节人的信息处理都正确,虽然面临已经显现出来的危险,但仍然可以避免危险释放出来,不会带来伤害或损害;反之,危险就会转化成伤害或损害。

由图 2-4 可以看出,两个阶段具有相类似的信息处理过程,即 3 个部分。下面 6 个问题则分别是对这 3 个部分的进一步阐述。

（1）危险的出现（释放）有警告吗？这里，警告是指工作环境中对安全状态与危险状态之间的差异的指示。任何危险的出现或释放都伴随着某种变化，只是有些变化易于察觉，有些则不能。只有使人感觉到这种变化或差异，才有避免或控制事故的可能。

（2）感觉到这个警告了吗？该问题包括两个方面：一是人的感觉能力问题，包括操作者本身感觉能力，如视力、听力等集中于工作或其他方面的注意；二是工作环境对人的感觉能力的影响问题。

（3）认识到这个警告了吗？即操作者在感觉到警告信息之后，是否正确理解了该警告所包含的意义，进而较为准确地判断出危险的可能后果及其发生的可能性。

（4）知道如何避免危险吗？即操作者是否具备为避免危险或控制危险做出正确的行为响应所需要的知识和技能。

（5）决定要采取行动吗？危险的出现或释放是否会对人（系统）造成伤害或破坏是不确定的，而且在有些情况下，采取行动固然可以消除危险，却要付出相当大的代价。特别是对冶金、化工等企业，连续运转的系统更是如此。究竟是否采取立即的行动，应主要考虑两个方面的问题：一是该危险立即造成损失的可能性；二是现有的措施和条件控制该危险的可能性，包括操作者本人避免和控制危险的技能。当然，这种决策也与经济效益、工作效率紧密相关。

（6）能够避免危险吗？在操作者决定采取行动的情况下，能否避免危险则取决于人采取的行动是否迅速、正确、敏捷，是否有足够的时间等其他条件使人能做出行为响应。

上述 6 个问题中，前两个问题与人对信息的感觉有关，第 3～5 个问题与人的认识有关，最后一个问题与人的行为响应有关。这 6 个问题涵盖了人的信息处理全过程，并且反映了在此过程中有很多失误发生进而导致事故的机会。

瑟利模型不仅分析了危险出现、释放直至导致事故的原因，而且还为事故预防提供了一个良好的思路。要想预防和控制事故：首先，应采用技术的手段使危险状态充分地显现出来，使操作者能够有更好的机会感觉到危险的出现或释放，这样才有预防或控制事故的条件和可能；其次，应通过培训和教育的手段提高人感觉危险信号的敏感性，包括抗干扰能力等，同时也应采用相应的技术手段帮助操作者正确地感觉危险状态信息，如采用能避开干扰的警告方式或加大警告信号的强度等；再次，应通过教育和培训的手段使操作者在感觉到警告之后准确地理解其含义，并知道应采取何种措施避免危险发生或控制其后果，结合各方面的因素做出正确的决策；最后，应通过系统及其辅助设施的设计使人在做出正确的决策后，有足够的时间和条件做出行为响应，并通过培训的手段使人能够迅速、敏捷、正确地做出行为响应。这样，事故就会在相当大的程度上得到控制，取得良好的预防效果。

（三）金矿山人因失误模型

劳伦斯在威格里沃斯和瑟利等人提出的人因失误模型基础上，通过对南非金矿山中发生的事故研究，于 1974 年提出了针对金矿山企业以人因失误为主因的事故模型，如图 2-5 所示。可用于类似矿山生产的多人作业生产方式。在这种生产方式下，危险主要来自自然环境，而人的控制能力相对有限，在许多情况下，人们唯一的对策是迅速撤离危险区域。因此，为了避免发生伤害事故，人们必须及时发现、正确评估危险，并采取适当的行动。

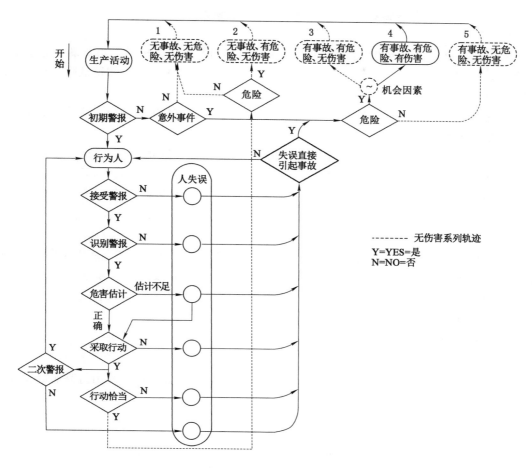

图 2-5　金矿山人因失误模型

该模型是以人失误为主因的事故模型,将辨识事故征兆、估计危险、采取直接控制措施和交流信息、矿工自救、矿山安全管理等有机地结合起来,阐述了不同事故后果。在采矿工业中,包括人的因素在内的连续生产活动,可能引起两种结果,即发生伤害和不发生伤害,所以"事故"的定义是:使正常生产活动中断的不测事件。在矿山安全工作中,常常将事故作为伤害的同义语。然而,事故是否发生伤害却取决于危险的情况(人体受伤害的概率)和机会因素。

该模型指出,一般矿山企业和其他企业中往往会产生某种形式的信息,向人们发出警告,如突然出现或不断扩大的裂缝、异常的声响、刺激性的烟气等,这种警告信息叫作初期警告。初期警告还包括各种安全监测设施发出的报警信号(突水征兆、突然出现或不断扩大的裂缝、异常的声响、瓦斯喷出等)。如果没有初期警告就发生了事故,往往是缺乏有效的监测手段或者管理人员事先没有提醒人们存在危险因素而造成的。行为人在不知道危险存在的情况下发生的事故属于管理失误事故。

(1)在正常的生产条件下,没有任何危险征兆,既没有初期警告,又没有意外事件,就是"无危险、无事故、无伤害",属于 1 型。

(2)如果在没有初期警告的情况下发生了意外事件,这将根据危险是否出现以及有关伤害的机会因素分别产生 3 型、4 型、5 型的结果。如有危险,则产生 3 型、4 型结果;如无危险,则产生 5 型结果。

（3）如果没有初期警告就发生了事故,不能简单归咎于矿工失误。由于缺乏有效的监测手段,或者管理人员事先没有提醒矿工存在着危险因素,行为人在不知道危险存在的情况下发生的事故,应定性为"管理失误事故"。

在发出了初期警告的情况下,行为人在接受、识别警告或对警告做出反应等方面出现失误,也都可能导致事故。

（4）如果发出了初期警告,矿工对这一警告接受与否,识别正确与否,是否充分而正确地估计了危险,是否对警告给予答复,是否直接采取应急措施（行为、行动）,这些将决定着是否可能发生事故。当行为人对危险估计不足,如果他采取了相应的行动,则仍然有避免事故发生的可能;反之,如果他麻痹大意,既对危险估计不足,又不采取行动,则会导致事故的发生。

（5）矿山生产作业往往是多人、连续作业。行为人在接受了初期警告、识别了警告并正确估计了危险性之后,除了自己采取适当的行动来避免伤害事故外,还应该向其他人员发出警告,提醒他们采取防止事故的措施。这种警告叫作二次警告。其他人接受 N 次警告后,也应按照正确的方式对警告加以响应。

五、管理失误理论

（一）博德事故因果连锁模型

在海因里希事故因果连锁理论的基础上,博德提出了反映现代安全观点的事故因果连锁模型,如图 2-6 所示。

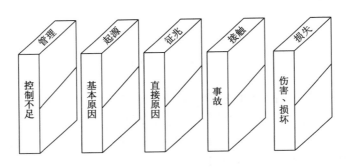

图 2-6　博德事故因果连锁模型

（1）控制不足——管理。事故连锁中一个最重要的因素是安全管理。安全管理人员应该充分理解,他们的工作要遵循专业管理的理论和原则。因此,安全管理人员应懂得管理的基本理论和原则。控制是管理机能（计划、组织、指导、协调及控制）中的一种机能。安全管理中的控制是指损失控制,包括对人的不安全行为、物的不安全状态的控制,它是安全管理工作的核心。

（2）基本原因——起源。管理系统是随着生产的发展而不断完善的,十全十美的管理系统并不存在。由于管理的缺欠,使得导致事故的基本原因出现,这既包括个人原因,也包括与工作有关的原因。个人原因包括缺乏知识或技能、动机不正确、身体上或精神上的问题。工作方面的原因包括操作规程不合适,设备、材料不合格,通常的磨损及异常的使用方法等。只有找出这些基本原因,才能有效地控制事故的发生。

(3)直接原因——征兆。不安全行为或不安全状态是事故的直接原因,这一直是最重要的、必须加以追究的原因。但是,直接原因只不过是深层原因的征兆,它是一种表面的现象。在实际工作中,如果只抓住了作为表面现象的直接原因而不追究其背后隐藏的深层原因,就永远不能从根本上杜绝事故的发生。另外,安全管理人员应该能够预测及发现这些作为管理缺欠的征兆的直接原因,采取恰当的改善措施。为了在经济上可能及实际可行的情况下采取长期的控制对策,必须努力找出其根本原因。

(4)事故——接触。这里把事故定义为最终导致人员肉体损伤、死亡和财物损失的不希望事件,是人体或构筑物、设备与超过其阈值的能量的接触,或者人体与妨碍正常生理活动的物质接触。于是,防止事故就是防止接触。为了防止接触,可以采取隔离、屏蔽、防护、吸收及稀释等技术措施。

(5)伤害、损坏——损失。博德模型中的伤害包括工伤、职业病以及对人员精神方面、神经方面或全身性的不利影响。人们将人员伤害及财物损坏统称为损失。

(二)亚当斯事故因果连锁模型

亚当斯提出了与博德事故因果连锁模型类似的事故因果连锁模型,见表2-4。

表 2-4 亚当斯事故因果连锁模型

管理体制	管理失误		现场失误	事故	伤害或损坏
	领导者在下述范围决策错误或未做决策	安全技术人员在下述范围管理失误或疏忽			
目标组织机能	政策 目标 权威 责任 职责 注意范围 权限授予	行为 责任 权威 规则 指导主动性 积极性 业务活动	不安全行为 不安全状态	伤亡事故 损坏事故 无伤害事故	对人 对物

在该事故因果连锁模型中,第四和第五个因素基本与博德事故因果连锁模型相似。这里,人们将事故的直接原因(人的不安全行为及物的不安全状态)称作现场失误。事实上,不安全行为和不安全状态是操作者在生产过程中的错误行为及生产条件方面的问题。采用"现场失误"这一术语旨在提醒人们注意不安全行为及不安全状态。

该理论的核心在于对现场失误的背后原因进行了深入的研究。研究表明,操作者的不安全行为及生产作业中的不安全状态等现场失误是企业领导者及事故预防工作人员的管理失误造成的。管理人员在管理工作中的差错或疏忽,企业领导人决策错误或没有做出决策等失误,对企业经营管理及事故预防工作具有决定性的影响。管理失误反映企业管理系统中的有关问题,它涉及管理体制,即如何有组织地进行管理工作,确定怎样的管理目标,如何计划、实现确定的目标等方面的问题。管理体制反映作为决策中心领导人的信念、目标及规范,它决定着各级管理人员安排工作的轻重缓急、工作基准及指导方针等重大问题。

六、扰动起源理论(P理论)

一个事件的发生势必由有关人或物造成,我们将有关人或物统称为行为者,将其举止活动称为行为。这样,一个事件可用术语行为者和行为来描述。行为者可以是任何有生命的机体,如车工、司机、厂长;也可以是任何非生命的物质,如机械、车轮、设计图。行为可以是发生的任何事,如运动、故障、观察或决策。事件必须按单独的行为者和行为来描述,以便将事故过程分解为若干部分加以分析综合。

P理论认为,事件是构成事故的因素。对于任何事故,当其处于萌芽状态时,就有某种非正常的扰动存在,此扰动为起源事件。事故形成过程是一组自觉或不自觉的,指向某种预期的或不可测结果的相继出现的事件链。这种事故进程包括外界条件及其变化的影响。相继事件过程是在一种自动调节的动态平衡中进行的。如果行为者行为得当或受力适中,则可维持能流稳定而不偏离,从而达到安全生产;如果行为者行为不当或发生过故障,则对上述平衡产生扰动,就会破坏和结束自动动态平衡而开始事故进程,一事件继发另一事件,最终导致终了事件——事故和伤害。这种事故和伤害或损坏又会依次引起能量释放或其他变化。

扰动起源理论将事故看作从相继事件过程中的扰动开始,最后以伤害或损坏而告终。

依照上述对事故起源、发生发展的解释,可按时间关系描绘出事故现象的一般模型,如图2-7所示。

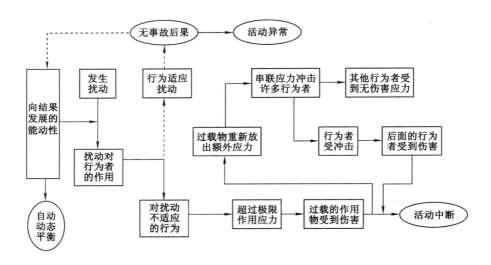

图2-7 扰动起源事故模型

七、轨迹交叉理论

系统中人的不安全行为是一种人因失误;物的不安全状态多为机械故障和物的不安全放置。人与物两系统一旦发生时间和空间上的轨迹交叉,就会造成事故。

轨迹交叉理论将人与物两系统看作两条事件链,其交叉点就是发生事故的"时空"。在多数情况下,由于企业安全管理不善,使得工人缺乏安全教育和训练或者机械设备缺乏维护、检修以及安全装置不完善,导致人的不安全行为或物的不安全状态。物的不安全状态由起因物引发施害物,然后与人的行动轨迹相交就造成了事故,如图2-8所示。

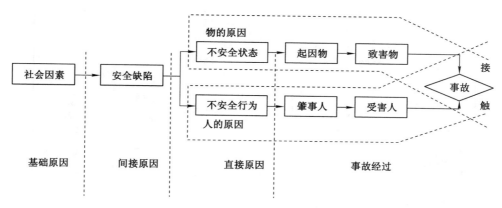

图 2-8 人与物两系统轨迹交叉形成的事故模型

若加强安全教育和技术训练,进行科学的安全管理,从生理、心理和操作技能上控制不安全行为的产生,从而砍断导致伤亡事故发生人的这条事件链。

只有加强设备管理,提高机械设备的可靠性,增设安全装置、保险装置和信号装置以及自控安全闭锁设施,控制设备的不安全状态,才能砍断设备方面的事件链。另外,物的安全放置、储运以及机动车的安全行驶等也是控制物的不安全状态的有效途径。

轨迹交叉论是一种从事故的直接和间接原因出发研究事故致因的理论,认为伤害事故是许多相互关联的事件顺序发展的结果。这些事件可分为人和物(环境)两个发展系列。当人的不安全行为和物的不安全状态在各自发展过程中,在一定时间、空间发生了接触,使能量逆流于人体时,伤害事故就会发生。然而,人的不安全行为和物的不安全状态之所以产生和发展,则是受多种因素作用的结果。如图 2-8 所示,轨迹交叉论反映了绝大多数事故的情况。统计数字表明,80%以上的事故既与人的不安全行为有关,也与物的不安全状态有关。从这个角度来看,如果我们采取相应的措施,控制人的不安全行为或物的不安全状态,避免二者在某个时间、空间上的交叉,就会在相当大的程度上控制事故的发生。这不失为一种极好的预防事故的思路,而且安全成本也会得到相应的降低。因此,轨迹交叉论对于指导事故的预防与控制、进行事故原因调查等工作,都是一种极为有效的概念和方法。

当然,在人与物两大系统的运动中,二者往往是相互关联、互为因果、相互转化的。有时人的不安全行为促进了物的不安全状态的发展,或者导致新的不安全状态的出现;而有时物的不安全状态也可以诱发人的不安全行为。因此,事故的发生并非完全如图 2-8 所示的那样简单地按人和物两条轨迹独立地运行,而是呈现较为复杂的因果关系,这也是轨迹交叉论的理论缺陷之一。

八、综合论事故模型

综合论认为,事故的发生绝不是偶然的,而是有其深刻原因的,包括直接原因、间接原因和基础原因。事故是社会因素、管理因素和生产中的危险因素被偶然事件触发所造成的结果,可用下式表达:

$$生产中的危险因素＋触发因素＝事故 \tag{2-4}$$

这种模式的结构如图 2-9 所示。

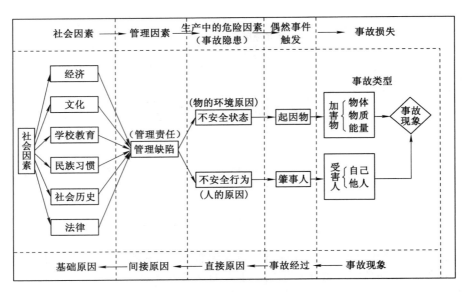

图 2-9　综合论事故模型

事故的直接原因是指不安全状态(条件)和不安全行为(动作)。这些物的、环境的和人的原因构成了生产中的危险因素(事故隐患)。

所谓间接原因,是指管理缺陷、管理因素和管理责任。造成间接原因的因素称为基础原因,包括经济、文化、学校教育、民族习惯、社会历史和法律。

所谓偶然事件触发,是指由于起因物和肇事人的作用,造成一定类型的事故和伤害的过程。

显然,该理论综合考虑了各种事故现象和因素,因而比较正确,有利于各种事故的分析、预防与处理,是当今世界上最为流行的理论。美国、日本和中国都主张按这种模式分析事故。

事故的发生过程为:由社会因素产生管理因素,进一步产生生产中的危险因素,通过偶然事件触发而发生伤亡和损失。

调查事故的过程则与此相反,应当通过事故现象查询事故经过,进而了解直接原因、间接原因和基础原因。

第三节　事故预测原理

一、事故预测的原理

任何客观事物的发展变化总有一定的规律性可循。一旦人们在实践中认识并掌握了某事物发展规律,就能够解释其历史和现状,还能预测其未来。事故的发展变化是极其复杂的,但在杂乱无章的背后往往隐藏着规律性。表面上事故具有随机性和偶然性,但其在本质上更具有因果性和必然性。个别事故具有不确定性,但对大样本空间则表现出规律性。通过应用概率论、数理统计与随机过程等数学理论,就可以研究具有统计规律性的随机事故的规律。

事故预测是在事故调查结果的基础上开展的。首先,通过对有关历史与现状的信息资料的分析研究,探索、揭示其中发展变化规律;然后,根据规律并应用一定的预测技术推断未来一定时期内发展前景、趋势;最后,得出符合逻辑的结论。因此,事故预测是为决策提供依据的活动。

事故预测的原理主要包括惯性原理、相关性原理、相似性原理及量变到质变原理。

1. 惯性原理

任何事物在发展过程中,从过去到现在以及延伸至将来,都具有一定的延续性,我们将这种延续性称为惯性。利用惯性原理可以研究事物或一个预测系统的未来发展趋势。例如,从一个单位过去的安全生产状况、事故统计资料,可以找出安全生产及事故发展变化趋势,以推测其未来安全状况。惯性越大,影响越大;反之,影响越小。一个系统的惯性是这个系统内的各个内部因素之间互相联系、互相影响、互相作用,按照一定的规律发展变化的一种状态趋势。因此,只有当系统是稳定的、受外部环境和内部因素的影响产生的变化较小时,其内在联系和基本特征才可能延续下去,该系统所表现的惯性发展结果才基本符合实际。但是,绝对稳定的系统是没有的,因为事物是发展的,惯性在受外力作用下可使其加速或减速,甚至改变方向。这样就需要对一个系统的预测进行修正,即在系统主要方面不变而其他方面有所偏离时,就应根据其偏离程度对所出现的偏离现象进行修正。

2. 相关性原理

相关性是指一个安全系统,其属性、特征与事故存在着因果的相关性。事物的因果相关性是普遍存在的,任何事物的变化都不是孤立的,而是相关事物在演变中相互影响的结果。事故和导致事故发生的各种原因(危险因素)之间存在着相关关系,表现为依存关系和因果关系。危险因素是原因,事故是结果,事故的发生是由许多因素综合作用的结果。深入分析事物的依存关系和因果关系以及影响程度,这是揭示其变化特征和规律的有效途径。

3. 相似性原理

相似性原理是根据两个或两类对象之间存在着某些相同或相似的属性,从一个已知对象具有某个属性推出另一个对象具有此种属性的一种推理过程,也叫作类推原理。如果两事件之间的联系可用数字来表示,就叫作定量类推;如果这种联系只能用性质来表示,就叫作定性类推。常用的类推方法包括平衡推算法、代替推算法、因素推算法、抽样推算法、比例推算法和概率推算法。

4. 量变到质变原理

任何一个事物在发展变化过程中都存在着从量变到质变的规律。同样,在一个系统中,许多有关安全的因素也存在着从量变到质变的过程。在预测一个系统的安全状况时,也都离不开量变到质变的原理。

二、事故预测的程序

预测是对客观事物发展前景的一种探索性的研究工作,它有一套科学的程序。预测对象不同,预测程序也不一样。一般来说,预测的程序可分为 4 个阶段、10 个步骤。

1. 确定预测目标和任务

预测总是为一定的任务和目标服务的,管理的目标和任务决定了预测的目标和任务。目标清楚,任务明确,才能进行有效的预测。这一阶段有 3 个步骤:

(1)确定预测目的。只有首先明确为解决什么问题而预测,才能确定收集什么资料、采取什么预测方法、应取得何种预测结果以及预测的重点在哪里等。

（2）制订预测计划。预测计划是预测目的的具体化，主要是规划预测的具体工作，包括选择和安排预测人员、预测期限、预测经费、预测方法和情报获取的途径等。

（3）确定预测时间。不仅要明确预测的起止时间，而且要根据预测的目的和预测对象的不同特点，明确预测是近期预测、中期预测，还是远期预测。只有这样才能使搜集的资料符合预测要求，及时完成预测任务。

2．输入信息阶段

根据确定的预测目标和任务，搜集必要的预测信息，是进行预测的前提。预测结果的准确性取决于输入信息的可靠程度和预测方法的正确性，如果输入的信息不可靠或者没有根据，预测的结果必然错误。这一阶段可分为两个步骤：

（1）搜集预测资料。预测所需的资料，有纵向的资料，也有横向的资料。纵向的资料是指反映事物发展的历史数据，如历史活动的统计资料。横向的资料是指某特定时间对同一预测对象所需的各种有关的统计资料。

（2）检验现有资料。对于已有资料要进行周密的分析检查，这是做好预测工作的关键之一。要检验资料的可靠性，去粗取精，去伪存真。一个假信息或失真的信息比没有信息更坏，它会对预测结果和决策的正确性造成严重危害。要检查统计资料的正确性和完整性，不正确的要做适当调整，不完整的要通过调查研究，填平补齐。

3．预测处理阶段

预测程序的核心正是在这一阶段中。在这一阶段中，根据收集的资料，应用一定的科学方法和逻辑推理，对事物未来发展的趋势进行预测。这一阶段分为3个步骤：

（1）选择预测方法。预测方法很多，选择什么样的预测方法，应依据预测目的、预测对象的特点、现有资料情况、预测费用以及预测方法的应用范围等条件来决定。有时还可以把几种预测方法结合起来，互相验证预测的结果，借以提高预测的质量。

（2）建立预测模型。通过分析资料和推理判断，揭示所预测对象的结构和变化规律，做出各种假设，最后制定和识别所预测对象的结构和变化模型，这是预测的关键。

（3）进行推理和计算。根据模型进行推理或具体运算，求出初步结果；考虑到模型中所没有包括的因素，应对初步结果进行必要的调整。

4．输出结果阶段

这个阶段既是对预测结果的修正、使之更符合客观实际情况的过程，又是检查预测系统工作情况的过程，是预测程序中必不可少的一个阶段。这一阶段分为两个步骤：

（1）预测结果的鉴定。毕竟预测是对未来事件的设想和推测，人的认识的局限性、预测方法的不成熟、预测资料的缺乏、预测人员的水平低等都会影响预测的准确性，使预测结果往往与实际有出入，从而产生预测误差。这种误差越大，预测的可靠性就越小，甚至失去预测的实际意义。因此，必须对预测结果进行鉴定，找出预测与实际之间的误差大小。

（2）修正预测结果。分析预测误差的目的在于观察预测结果与实际情况偏离的程度，并分析研究发生偏离的原因。如果是预测方法和预测模型不完善，就需要改进模型重新计算；如果是不确定因素的影响，则应在修正预测结果的同时，估计不确定因素的影响程度。

三、事故预测方法

预测分析是预测的重要组成部分，它是建立在调查研究或科学实验基础上的科学分析。对于任何事物，如果只有状态数据，没有科学的分析，就不能揭示事物演变的规律及其发展的趋势，也就不能有预测。预测分析包括定性分析、定量分析、定时分析、定比分析以及对预测结果的评价分析等。

1. 定性分析

定性分析是依靠个人经验、判断能力和直观材料,确定事物发展性质和趋势的一种方法,它也可以与定量分析结合起来应用,借以提高预测的可信程度。

2. 定量分析

定量分析是根据已掌握的大量信息资料,运用统计和数学的方法,进行数量计算或图解,来推断事物发展趋势及其程度的一种方法。

3. 定时分析

定时分析是对预测对象随时间变化情况的分析。通过对预测对象随时间变化情况的分析,预测未来事物的发展进程。。

4. 定比分析

比例是指不同经济事务之间相互影响的比例(结构量),如国民经济各部门之间的比例、消费与积累之间的比例、消费品结构比例、商品库存比例等。定比分析是用定比方法来研究和选择事物未来发展的结构关系。

5. 评价分析

在对预测目标进行了定性、定量、定时、定比等分析预测之后,还必须对预测结果进行评价——对预测结果可能产生的误差运用一定的科学方法进行计算,对预测结果实现的可能性做出估计,借以判断预测结果的准确程度。

四、典型事故预测方法

(一)主要预测方法及分类

事故的预测方法有 150 种以上,常用的也有 20~30 种。主要预测方法及分类如下:

(1)经验推断法:包括头脑风暴法、德尔菲法、主观概率法、试验预测法、相关树法、形态分析法、未来脚本法等。

(2)时间序列预测法:包括滑动平均法、指数滑动平均法、周期变动分析法、线性趋势分析法、非线性趋势分析法等。

(3)计量模型预测法:包括回归分析法、马尔柯夫链预测法、灰色预测法、投入产出分析法、宏观经济模型等。

(二)几种常用的预测方法

1. 德尔菲预测法

德尔菲(Delphi)预测法是第二次世界大战后发展起来的一种直观预测法,是根据有专门知识的人的直接经验对研究的问题进行判断、预测的一种方法,也称为专家调查法。它是美国兰德(RAND)公司于 20 世纪 40 年代发明并首先用于预测领域的。德尔菲是古希腊传说中的神谕之地,城中有座阿波罗神殿可以预卜未来,因而借用其名。德尔菲预测法既可以用于科技预测,又可以用于社会、经济预测;既可以用于短期预测,又可以用于长期预测。

(1)德尔菲预测法的实质是利用专家的知识、经验、智慧等无法数量化而带有很大模糊性的信息,通过通信的方式进行信息交换,逐步地取得较一致的意见,达到预测的目的。基本步骤如下:

① 第一步:提出要求,明确预测目标,用书面通知被选定的专家、专门人员。专家一般是指掌握某一特定领域知识和技能的人。要求每一位专家讲明有什么特别资料可用来分析

这些问题以及这些资料的使用方法;同时,也向专家提供有关资料,并请专家进一步提出需要的资料。

② 第二步:专家接到通知后,根据自己的知识和经验,对所预测事物的未来发展趋势提出自己的预测,并说明其依据和理由,书面答复主持预测单位。

③ 第三步:主持预测单位或领导小组根据专家的预测意见加以归纳整理,对不同的预测值分别说明其依据和理由(根据专家意见,但不注明哪个专家的意见),然后再寄给各位专家,要求专家修改自己原有的预测,并进一步提出要求。

④ 第四步:专家接到第二次通知后,就各种预测意见及其依据和理由进行分析,再次进行预测,进一步提出预测意见及其依据和理由。如此反复征询、归纳、修改,直到意见基本一致为止。修改的次数根据需要决定。

(2)德尔菲预测法是一个可控制组织集体思想交流的过程,使得由各个方面的专家组成的集体能作为一个整体来解答某个复杂问题。具体特点如下:

① 匿名性。德尔菲预测法采用匿名函询的方式征求意见。由于专家是背靠背提出各自意见的,因而可免除心理干扰影响。专家就像一台计算机,脑子里储存着许多数据资料,通过分析、判断和计算可以确定比较理想的预测值;同时,专家可以参考前轮的预测结果以修改自己的意见,由于匿名而无须担心有损自己的威望。

② 反馈性。运用德尔菲预测法时,一般要进行3~4轮征询专家意见。预测主持单位对每一轮的预测结果进行统计、汇总,并且将有关专家的论证依据和资料作为反馈材料发给每一位专家,供下一轮预测时参考。由于每一轮的反馈和信息沟通可进行比较分析,因而能达到相互启发,提高预测准确度的目的。

③ 统计性。为了科学地综合专家们的预测意见和定量表示预测结果,德尔菲预测法对各位专家的估计或预测数进行统计,然后采用平均数或中位数统计出量化结果。

(3)运用德尔菲预测法预测时应遵循以下原则:

① 专家代表面应广泛,人数要适当,通常应包括技术专家、管理专家、情报专家和高层决策人员。专家人数不宜过多,一般在20~50人为宜,小型预测8~20人,大型预测可达100人左右。

② 要求专家总体的权威程度较高,而且要有严格的专家的推荐与审定程序。

③ 问题要集中,要有针对性,不要过分分散,以便使各个事件构成一个有机整体。问题要按等级排列,先简单、后复杂,先综合、后局部,这样易于引起专家回答问题的兴趣。

④ 调查单位或领导小组意见不应强加于调查的意见之中,要防止出现诱导现象,避免专家的评价向领导小组靠拢。

⑤ 避免组合事件。如果一个事件包括两个方面,一方面是专家同意的,另一方面则是不同意的,这样专家就难以做出回答。

(4)德尔菲预测法的优缺点如下:

① 可以加快预测速度和节约预测费用。

② 可以获得各种不同但有价值的观点和意见。

③ 责任比较分散。

④ 专家的意见有时可能不完整或不切合实际。

2. 时间序列预测法

时间序列是指一组按时间顺序排列的有序数据序列。时间序列预测法的基本思想是将时间序列作为一个随机应变量序列的一个样本,用概率统计方法尽可能减少偶然因素的影响,或者消除季节性、周期性变动的影响,通过分析时间序列的趋势进行预测。该预测方法的一个明显特征是所用的数据都是有序的,预测精度偏低,通常要求系统相对稳定,历史数据量要大,数据的分布趋势较为明显。

① 时间序列预测法:从分析时间序列的变化特征等信息中选择适当的模型和参数,建立预测模型;根据惯性原理假定预测对象以往的变化趋势能够延续到未来,从而做出预测。

② 滑动平均法:一般情况下,我们认为未来的状况与较近时期的状况有关。根据这一假设,可采用与预测期相邻的几个数据的平均值,随着预测期向前滑动,相邻的几个数据的平均值也向前滑动,以此作为滑动预测值。

假设未来的状况与过去 t 个月的状况关系较大,而与更早的情况联系较少,因此可用过去 t 个月的平均值作为下个月的预测值,经过平均后可以减少偶然因素的影响。平均值可用下列公式计算:

$$\overline{x_{t+1}} = \frac{1}{t}\sum_{i=1}^{t}x_i \tag{2-5}$$

式中　$\overline{x_{t+1}}$——预测值;

　　　t——时间单位数;

　　　x_i——实际数据。

在这一方法中,对各项不同时期的实际数据是同等看待的。实际上,距离预测期较近的数据与较远的数据,它们的作用是不等的,尤其在数据变化较快的情况下更应该考虑到这一点。

为了克服上述缺点,可采用加权滑动平均法来缩小预测偏差。加权滑动平均法根据距离预测期的远近,预测对象的不同,给各期的数据以不同的权数,将求得的加权平均数作为预测值。

对不同月份数据进行加权后,其公式为:

$$\overline{x_{t+1}} = \frac{\sum_{i=1}^{t}c_i x_i}{\sum_{i=1}^{t}c_i} \tag{2-6}$$

式中　c_i——各期实际数据的权重权数。

3. 回归分析法

要准确地预测,就必须研究事物的因果关系。回归分析法就是一种从事物变化的因果关系出发的预测方法。它利用数理统计原理,在大量统计数据的基础上,通过寻求数据变化规律来推测、判断和描述事物未来的发展趋势。

事物变化的因果关系可用一组变量来描述,即自变量与因变量之间的关系。一般可以分为两大类。一类是确定的关系,其特点是自变量为已知时就可以准确地求出因变量,变量之间的关系可用函数关系确切地表示出来;另一类是相关关系,或者称为非确定关系,它的特点是,虽然自变量与因变量之间存在密切的关系,却不能由一个或几个自变量的数值准确地求出因变量,在变量之间往往没有明确的数学表达式,但可以通过观察,应用统计方法,大致地或平均地说明自变量与因变量之间的统计关系。回归分析法正是根据这种相互关系建立回归方程的。

比较典型的回归法是一元线性回归法,它是根据自变量(x)与因变量(y)的相互关系、用自变量的变动来推测因变量变动的方向和程度,其基本方程式是:

$$y = a + bx \tag{2-7}$$

式中 x——自变量;

y——因变量;

a,b——回归系数。

进行一元线性回归,应首先收集事故数据,并在以时间为横坐标的坐标系中,画出各个相对应的点,根据图中各点的变化情况,就可以大致看出事故变化的某种趋势,然后进行计算,求出回归直线方程。

如何确定式(2-7)中的两个系数 a 和 b 呢?人们总是希望寻求一定的规则和方法,使得所估计的样本回归方程是总体回归方程的最理想的代表。最理想的回归直线应该尽可能从整体来看最接近各实际观察点,即散点图中各点到回归直线的垂直距离,而因变量的实际值与相应的回归估计值的离差整体来说最小。由于离差有正有负,正负会相互抵消,通常采用观测值与对应估计值之间的离差平方总和来衡量全部数据总的离差大小。因此,回归直线应满足的条件是全部观测值与对应的回归估计值的离差平方的总和最小,即:

$$\sum_{i=1}^{n} (y_i - \hat{y}_i)^2 = \sum_{i=1}^{n} [y_i - (a + bx_i)]^2 \tag{2-8}$$

根据以上准则估计回归方程系数 a 和 b 的方法称为最小平方法或最小二乘法。显然,在给定了 x 和 y 的样本观察值之后,离差平方总和的大小依赖于 a 和 b 的取值,客观上总有一对 a 和 b 的数值能够使离差平方总和达到最小。利用微分法求函数极值的原理可得到满足式(2-8)的两个回归方程,即:

$$\begin{cases} \sum y_i = na + b \sum x_i \\ \sum x_i y_i = a \sum x_i + b \sum x_i^2 \end{cases} \tag{2-9}$$

解上述方程可以求得 a 和 b。通常将 a 和 b 的计算公式写成如下形式:

$$\begin{cases} b = \dfrac{\sum (x_i - \overline{x}_i)(y_i - \overline{y}_i)}{\sum (x_i - \overline{x}_i)^2} = \dfrac{n \sum x_i y_i - \sum x_i \sum y_i}{n \sum x_i^2 - (\sum x_i)^2}, \\ a = \dfrac{\sum y_i}{n} - b \dfrac{\sum x_i}{n} = \overline{y} - b\overline{x} \end{cases} \tag{2-10}$$

除了一元线性回归法外,还有一元非线性回归分析法、多元线性回归分析法、多元非线性回归分析法等。非线性回归的回归曲线有多种,选用哪一种曲线作为回归曲线则要看实际数据在坐标系中的变化分布形状,也可根据专业知识确定分析曲线。非线性回归的分析方法是通过一定的变换,将非线性问题转化为线性问题,然后利用线性回归的方法进行回归分析。

4. 马尔柯夫链预测法

马尔柯夫预测法是以俄国数学家马尔柯夫(A. Markov)名字命名的一种方法。它将时间序列看作一个随机过程,通过对事物不同状态的初步概率和状态之间转移概率的研究,确定状态变化趋势,从而预测事物的未来发展状况。若事物未来的发展及演变仅受当时状况的影响,即具有马尔柯夫性质,且一种状态转变为另一种状态的规律又是在可知的情况下,这样就可以利用马尔柯夫链的概念进行计算和分析,预测未来特定时刻的状态。

马尔柯夫链能够表征一个系统在变化过程中的特性状态,可用一组随时间进程而变化的变量来描述。如果系统在任何时刻上的状态是随机性的,则变化过程是一个随机过程,当时刻 t 变到 $t+1$,状态变量从某个取值变到另一个取值,系统就实现了状态转移。而系统从某种状态转移到另一种状态的可能性大小,可以用转移概率来描述。

马尔柯夫计算所使用的基本公式如下:

设系统在 $k=0$ 时所处的初始状态为已知,记作:

$$S^{(0)} = \begin{bmatrix} S_1^{(0)} & S_2^{(0)} & S_3^{(0)} & \cdots & S_n^{(0)} \end{bmatrix} \tag{2-11}$$

状态转移概率矩阵:

$$P = \begin{bmatrix} P_{11} & P_{12} & \cdots & P_{1n} \\ P_{21} & P_{22} & \cdots & P_{2n} \\ \vdots & & & \vdots \\ P_{n1} & P_{n2} & \cdots & P_{nn} \end{bmatrix} \tag{2-12}$$

状态转移概率矩阵是一个 n 阶方阵,它满足概率矩阵的一般性质,即:

(1) $0 \leqslant P_{ij} \leqslant 1$;

(2) $\sum_{j=1}^{n} P_{ij} = 1$。

满足这两个性质的行向量称为概率向量。状态转移矩阵的所有行向量都是概率向量;反之,所有行向量都是概率向量组成的矩阵称为概率矩阵。

一次转移向量 $S^{(1)}$ 为:$S^{(1)} = S^{(0)} P$

二次转移向量 $S^{(2)}$ 为:$S^{(2)} = S^{(1)} P = S^{(0)} P^2$

类似地,$S^{(k)} = S^{(k-1)} P = S^{(0)} P^k$

写成矩阵形式为:

$$S^{(k)} = S^{(0)} \begin{bmatrix} p_{11} & p_{12} & \cdots & p_{1n} \\ p_{21} & p_{22} & \cdots & p_{2n} \\ \vdots & \vdots & & \vdots \\ p_{n1} & p_{n2} & \cdots & p_{nn} \end{bmatrix}^k \tag{2-13}$$

马尔柯夫预测法在应用时必须将研究的问题归纳成独立的状态。要确定经过一个时期后,系统由一种状态转变为另一种状态的概率,并且这种概率必须满足下列条件:只与目前状态有关;与具体的时间周期无关;在预测期间,状态的个数必须保持不变。

如果研究的问题符合上述条件,则构成一阶马尔柯夫链,并可以据此建立预测模型,进行预测。具体步骤如下:确定系统的状态;确定转移概率矩阵;进行预测。

例题 2-1 某公司将最近 20 个月的商品销售额统计如下,试预测第 21 个月的商品销售额。

表 2-5 某公司商品销售额统计 单位:万元

月数	1	2	3	4	5	6	7	8
销售额	40	45	80	120	110	38	40	50

表2-5(续)

月数	9	10	11	12	13	14	15	16
销售额	62	90	110	130	140	120	55	70
月数	17	18	19	20				
销售额	46	80	110	120				

解 (1)划分状态

按销售额多少作为划分状态的标准。

状态1——滞销:销售额<60万元;

状态2——平销:60万元≤销售额≤100万元;

状态3——畅销:销售额>100万元。

(2)计算转移概率矩阵

各状态出现的次数为:$M_1=7$;$M_2=5$;$M_3=8$。

由状态 i 转移为状态 j 的次数为:

$M_{11}=3$;$M_{12}=4$;$M_{13}=0$;

$M_{21}=1$;$M_{22}=1$;$M_{23}=3$;

$M_{31}=2$;$M_{32}=0$;$M_{33}=5$。

从而得到状态转移矩阵为:

$$\boldsymbol{P}=\begin{bmatrix} 3/7 & 4/7 & 0 \\ 1/5 & 1/5 & 3/5 \\ 2/7 & 0 & 5/7 \end{bmatrix}$$

(3)预测

因为第20月的销售属状态3,而状态3经过一步转移达到状态1、2、3的概率分别为 $2/7$、0、$5/7$,$P_{33}≥P_{31}≥P_{32}$,所以第21月仍处于状态3的概率最大,即销售额超过100万元的可能性最大。

例题2-2 设某地区有甲、乙、丙三家企业,生产同一种产品,共同供应1 000家用户。假定在10月末经过市场调查得知,甲、乙、丙三家企业拥有的用户分别为250户、300户和450户,而11月份用户可能的流动情况如下:

表2-6 某地区客户流动情况

	甲	乙	丙	合计
甲	230	10	10	250
乙	20	250	30	300
丙	30	10	410	450

要求根据这些市场调查资料预测11月份和12月份、乙、丙三家企业市场用户各自的拥有量。

解

(1)根据调查资料,确定初始状态概率向量为:

$$\boldsymbol{S}^{(0)}=\begin{bmatrix} S_1^{(0)} & S_2^{(0)} & S_3^{(0)} \end{bmatrix}=\begin{bmatrix} \dfrac{250}{1\,000} & \dfrac{300}{1\,000} & \dfrac{450}{1\,000} \end{bmatrix}=\begin{bmatrix} 0.25 & 0.30 & 0.45 \end{bmatrix}$$

（2）根据市场调查情况，确定一次转移概率矩阵为：

$$\boldsymbol{P} = \begin{bmatrix} \dfrac{230}{250} & \dfrac{10}{250} & \dfrac{10}{250} \\ \dfrac{20}{300} & \dfrac{250}{300} & \dfrac{30}{300} \\ \dfrac{30}{450} & \dfrac{10}{450} & \dfrac{410}{450} \end{bmatrix} = \begin{bmatrix} 0.92 & 0.04 & 0.04 \\ 0.067 & 0.833 & 0.1 \\ 0.067 & 0.022 & 0.911 \end{bmatrix}$$

（3）利用马尔柯夫预测模型进行预测，11 月份三家企业市场占有率为：

$$\boldsymbol{S}^{(1)} = \begin{bmatrix} S_1^{(1)} & S_2^{(1)} & S_3^{(1)} \end{bmatrix} = \boldsymbol{S}^{(0)} \boldsymbol{P} = \begin{bmatrix} 0.25 & 0.3 & 0.45 \end{bmatrix} \begin{bmatrix} 0.92 & 0.04 & 0.04 \\ 0.067 & 0.833 & 0.1 \\ 0.067 & 0.022 & 0.911 \end{bmatrix}$$

$$= \begin{bmatrix} 0.28 & 0.27 & 0.45 \end{bmatrix}$$

所以 11 月份三家企业市场用户拥有量分别为：

甲：$1\,000 \times 0.28 = 280$（户）

乙：$1\,000 \times 0.27 = 270$（户）

丙：$1\,000 \times 0.45 = 450$（户）

若 12 月份用户的流动情况与 11 月份相同，即转移概率矩阵不变，则 12 月份三家企业市场占有率为：

$$\boldsymbol{S}^{(2)} = \begin{bmatrix} S_1^{(2)} & S_2^{(2)} & S_3^{(2)} \end{bmatrix}$$

$$= \boldsymbol{S}^{(0)} \boldsymbol{P}^2 = \boldsymbol{S}^{(1)} \boldsymbol{P}$$

$$= \begin{bmatrix} 0.28 & 0.27 & 0.45 \end{bmatrix} \begin{bmatrix} 0.92 & 0.04 & 0.04 \\ 0.067 & 0.833 & 0.10 \\ 0.067 & 0.022 & 0.911 \end{bmatrix}$$

$$= \begin{bmatrix} 0.306 & 0.246 & 0.448 \end{bmatrix}$$

12 月份 3 家企业市场用户拥有量分别为：

甲：$1\,000 \times 0.306 = 306$（户）

乙：$1\,000 \times 0.246 = 246$（户）

丙：$1\,000 \times 0.448 = 448$（户）

例题 2-3　某单位对 1 250 名接触矽尘人员进行健康检查时，发现职工的健康情况分布如表 2-7 所列。

表 2-7　年度接触矽尘职工健康情况统计

健康情况	健康	疑似矽肺	矽肺
人数	1 000	200	50

根据统计资料，前年到去年各种健康人员的变化情况如下：健康人员继续保持健康者为 70%，有 20% 变为疑似矽肺，10% 被定为矽肺，即：

$$P_{11} = 0.7, P_{12} = 0.2, P_{13} = 0.1$$

原有疑似矽肺者一般不可能恢复为健康者，仍保持原状者为 80%，有 20% 被正式认定为矽肺，即：

$$P_{21} = 0, P_{22} = 0.8, P_{23} = 0.2$$

原有矽肺者一般不可能恢复为健康或者返回疑似矽肺,即:
$$P_{31} = 0, P_{32} = 0, P_{33} = 1$$

状态转移概率矩阵为:
$$\boldsymbol{P} = \begin{bmatrix} 0.7 & 0.2 & 0.1 \\ 0 & 0.8 & 0.2 \\ 0 & 0 & 1 \end{bmatrix}$$

试预测来年接尘人员的健康状况。

解 一次转移向量:
$$\boldsymbol{S}^{(1)} = \begin{bmatrix} S_1^{(1)} & S_2^{(1)} & S_3^{(1)} \end{bmatrix}$$
$$= \boldsymbol{S}^{(0)} P$$
$$= \begin{bmatrix} 1\,000 & 200 & 50 \end{bmatrix} \begin{bmatrix} 0.7 & 0.2 & 0.1 \\ 0 & 0.8 & 0.2 \\ 0 & 0 & 1 \end{bmatrix}$$
$$= \begin{bmatrix} 700 & 360 & 190 \end{bmatrix}$$

一年后,健康者的人数为 700 人,疑似矽肺的人数为 360 人,矽肺患者的人数为 190 人。

5. 灰色预测法

灰色系统理论是我国著名学者邓聚龙教授于 20 世纪 80 年代初创立的一种兼备软硬科学特性的新理论。该理论将信息完全明确的系统定义为白色系统,将信息完全不明确的系统定义为黑色系统,将信息部分明确、部分不明确的系统定义为灰色系统。灰色系统内的一部分信息是已知的,另一部分信息是未知的,系统内各因素间具有不确定的关系。例如,构成系统安全的各种关系是一个灰色系统,各种因素和系统安全主行为的关系是灰色的,人、机、环境 3 个子系统之间的关系也是灰色关系,安全系统所处的环境也是灰色的。因此,人们就可以利用灰色预测模型对安全系统进行预测。

尽管灰色过程中所显示的现象是随机的,但毕竟是有序的,这一数据集合具备潜在的规律。灰色预测通过鉴别系统因素之间发展趋势的相异度,即进行关联分析,并对原始数据进行生成处理来寻找系统变动的规律,生成有较强规律性的数据序列,然后建立相应的微分方程模型,从而预测事物未来的发展趋势的状况。灰色系统预测是从灰色系统的建模、关联度及残差辨识的思想出发,获得关于预测的新概念、观点和方法。

第四节 事故预防原理

一、事故的可预防原理

事故预防可从两个方面考虑:一是排除妨碍生产的因素,促进生产的发展;二是排除不安全因素,保障人民生命财产的安全。前者是从经济效益考虑的,后者则是从保护劳动者考虑的。

(一)"事故可以预防"原理

这里,事故是指非自然因素引起的伤亡事故。实质上,安全技术和安全工程学的基本内容主要是事故预防问题,它是建立在"事故可以预防"这一基本原则的基础之上的,研究和解释事故发生的原因和过程,并且还研究防止事故发生的理论与对策,是一门严谨且系统的学科。我们应当从"事故可以预防"这一基本原则出发,一方面要考虑事故发生后减少或控制事故损失的应急措施,另一方面更要考虑消除事故发生的根本措施。前者称为损失预防措施,属于消极的对策;后者称为事故预防措施,属于积极的预防对策。

对于事故预防,以往多倾向于研究事故发生后的应急对策。例如,为了减少或控制火灾、爆炸事故发生后造成的损失,常见采取诸如用防火结构的构筑物,或者限制易燃、易爆物的储存数量,或者控制一定的安全距离,或者构筑防爆墙、防油堤等预防措施以及安装火灾报警设备、灭火机等,以便及早发现并及早扑灭火灾;预留安全避难设施、急救设施,以便进行事故后的紧急处理。当然,在事故预防工作中,这些消极的预防对策都是完全必要的,但这些措施都是应急措施。安全科学研究的重点是加强积极的预防对策的研究,如妥善管理事故发生源和危险物,使事故根本不可能发生,这才是事故预防的上策,而且这一切又是建立在"事故可以预防"这一总的认识的基础之上。

(二)"防患于未然"原理

事故与损失是偶然性的关系。任何一次事故的发生都是其内在因素作用的结果,但事故何时发生以及发生以后是否造成损失、损失的种类、损失的程度等都是由偶然因素决定的。即使是反复出现的同类事故,各次事故的损失情况通常也是各不相同的,有的可能造成伤亡,有的可能造成物质、财产损失,有的既有伤亡、又有物质财产的损失,也可能未造成损失(险肇事故)。如瓦斯爆炸事故发生以后,设备被破坏的范围及程度、人员受伤害的情况、有无火灾并发现象等,都是与爆炸的地点、人员所处的位置、周围可燃物的数量等偶然因素有关的,我们无法预先予以判断。由此说明,由于事故与后果存在偶然性关系,唯一的、积极的办法是防患于未然,因为只有完全防止了事故出现,才能避免由事故所引起的各种程度的损失。我们如果仅从事故后果的严重程度来分析事故的性质,以此作为判断事故是否需要预防的依据,这显然是片面的,甚至是错误的。因为它极少能反映事故前的不安全状态、不安全行为以及管理上的缺陷,所以从预防事故的角度考虑,绝对不能以事故是否造成伤害或损失作为是否应当预防的依据。对于未发生伤害或损失的险肇事故,如果不采取及时、有效的防范措施,则以后也必然会发生具有伤害或损失的偶然性事故。因此,对于已发生伤害或损失的事故以及未发生伤害或损失的险肇事故,均应全面判断隐患、分析事故原因。只有这样才能准确地掌握发生事故的倾向及频率,提出比较切合实际的预防对策。

(三)"事故的可能原因必须予以根除"原理

事故与其发生的原因是必然性关系。任何事故的出现总是有原因的,事故与原因之间存在必然性的因果关系。我们可按下述事故与原因的关系理解事故发生的经过:损失←事故←直接原因←间接原因←基础原因。

为了使预防事故的措施有效,首先应当对事故进行全面的调查和分析,准确地找出直接原因、间接原因以及基础原因。在事故调查报告中,一般只列出造成事故的直接原因,即在事故发生前的瞬间所做的或发生的事情,或者在时间上最接近事故发生的原因,而没有从管理缺陷及造成管理缺陷的基础原因去分析,所采取的预防对策往往只针对直接原因而言,所以预防措施常常是无效的。显而易见的直接原因几乎很少是事故的根本原因,如一台安装在走廊上的机器漏油,使走廊的路面上积了一大滩油迹,某工人踩着油迹滑倒摔伤。若对这次事故的分析不深入,就会仅针对直接原因"因有油迹而滑倒"采取预防措施——清扫走廊地面上的油迹。如果进一步分析,即可找出前一个原因之所以发生的根本原因——为什么会漏油。不难理解,真正的预防滑倒事故发生的措施应当是防止漏油,因为漏油才是引起事故的根源。这个简化了的例子说明,即使去掉了直接原因(暂时地),只要间接原因还存在,就会重新出现直接原因。所以,有效的事故预防措施来源于深入的原因分析。

二、事故的预防原则

如同一切事物,事故也有其发生、发展以及消除的过程,因而是可以预防的。事故的发展可归纳为 3 个阶段:孕育阶段、生长阶段和损失阶段。孕育阶段是事故发生的最初阶段,此时事故处于无形阶段,人们可以感觉到它的存在,而不能指出它的具体形式;生长阶段是由于基础原因的存在,出现管理缺陷,不安全状态和不安全行为得以发生,构成生产中事故隐患的阶段,此时事故处于萌芽状态,人们可以具体指出它的存在;损失阶段是生产中的危险因素被某些偶然事件触发而发生事故,造成人员伤亡和经济损失的阶段。

安全工作的目的是避免因发生事故而造成损失,并将事故消灭在孕育阶段和生长阶段。为了达到这一目的,首先就需要识别事故,即在事故的孕育阶段和生长阶段中明确识别事故的危险性,所以需要进行事故的分析和评价工作。

(一)事故法则

事故法则即事故的统计规律,又称为 1 : 29 : 300 法则,也称为海因里希法则、海因里希事故法则或海因法则。也就是说,在每 330 起意外事件中,会造成死亡或重伤事故 1 起,轻伤、微伤事故 29 起,无伤事故 300 起。这一法则是美国安全工程师海因里希统计分析了 55 万起机械事故提出的,其中死亡、重伤事故 1 666 起,轻伤事故 48 334 起,其余为无伤害事故,得到安全界的普遍承认。人们经常根据事故法则的比例关系绘制成三角形图,称为事故三角形,如图 2-10 所示。

事故法则告诉人们,要消除一起死亡、重伤事故以及 29 起轻伤事故,必须首先消除 300 起无伤事故。也就是说,防止灾害的关键,不在于防止伤害,而是要从根本上防止事故。因此,安全工作必须从基础抓起,如果基础安全工作做得不好,小事故不断,就很难避免大事故的发生。

图 2-10 事故三角形

上述事故法则是从一般事故统计中得出的规律,其绝对数字不一定适用于每一个行业事故。因此,为了进行行业事故的预测和评价工作,有必要对行业事故的事故法则进行研究。有关学者曾对这一问题做过一些初步研究,针对煤矿事故得出的结论如下:

对于采煤工作面所发生的顶板事故,其事故法则为:

$$死亡:重伤:轻伤:无伤=1:12:200:400$$

对于全部煤矿事故,其事故法则为:

$$死亡:重伤:轻伤=1:10:300$$

(二)预防原则

综上所述,事故有其固有规律,除了人类无法左右的自然因素造成的事故(如地震、山崩等)以外,在人类生产和生活中所发生的各种事故均可以预防。

事故的预防工作应该从技术、组织管理和安全教育3个方面考虑。

1. 技术原则

在生产过程中,客观上存在的隐患是事故发生的前提。因此,要预防事故的发生,就需要针对危险隐患采取有效的技术措施进行治理。在采取有效技术措施进行治理过程中,应当遵循的基本原则如下:

(1) 消除潜在危险原则。从本质上消除事故隐患,其基本做法是:以新的系统、新的技术和工艺代替旧的不安全的系统和工艺,从根本上消除发生事故的可能性。例如,用不可燃材料代替可燃材料,改进机器设备、消除人体操作对象和作业环境的危险因素,消除噪声、尘毒对工人的影响等,从而最大限度地保证生产过程的安全。

(2) 降低潜在危险严重度的原则。在无法彻底消除危险的情况下,最大限度地限制和降低危险程度。例如,手电钻工具采用双层绝缘措施,利用变压器降低回路电压,在高压容器中安装安全阀等。

(3) 闭锁原则。在系统中,通过一些元器件的机器联锁或机电、电气互锁,作为保证安全的条件。例如,冲压机械的安全互锁器、电路中的自动保护器以及煤矿上使用的瓦斯-电闭锁装置等。

(4) 能量屏蔽原则。在人、物与危险源之间设置屏障,防止意外能量作用到人体和物体上,以保证人和设备的安全。例如,建筑高空作业的安全网、核反应堆的安全壳等都应起到保护作用。

(5) 距离保护原则。当危险和有害因素的伤害作用随着距离的增加而减弱时,应尽量使人与危害源距离远一些。例如,化工厂建立在远离居民区,爆破时的危险距离控制等。

(6) 个体保护原则。根据不同作业性质和条件,配备相应的保护用品及用具,以保护作业人员的安全与健康。例如,配备安全带、护目镜、绝缘手套等。

(7) 警告、禁止信息原则。用光、声、色等其他标志作为传递组织和技术信息的目标,以保证安全。例如,设置警灯、警报器、安全标志、宣传画等。

此外,还有时间保护原则、薄弱环节原则、坚固性原则、代替作业人员原则等,可以根据需要,确定采取相关的预防事故的技术原则。

2. 组织管理原则

预防事故的发生不仅要遵循上述的技术原则,而且还要在组织管理上采取相关的措施,才能最大限度地减少事故发生的可能性。

(1) 系统整体性原则。安全工作是一项系统性、整体性的工作,它涉及企业生产过程中的各个方面。安全工作的整体性为:有明确的工作目标,综合地考虑问题的原因,动态地认识安全状况;落实措施要有主次,要有效地抓住各个环节,能够适应变化的要求。

(2) 计划性原则。安全工作要有计划和规划,近期的目标和长远的目标要协调进行。工作方案以及人、财、物的使用要按照规划进行,并且有最终的评价,形成闭环的管理模式。

(3) 效果性原则。安全工作的好坏,要通过最终成果的指标来衡量。由于安全问题的特殊性,安全工作的成果既要考虑经济效益,又要考虑社会效益。另外,正确认识和理解安全的效果性是落实安全生产措施的重要前提。

(4) 党政工团协调安全工作原则。党委制定正确的安全生产方针和政策,教育干部和群众遵章守法,了解和解决工人的思想负担,将不安全行为变为安全行为。政府实行安全监察管理职责,不断改善劳动条件,提高企业生产的安全性。工会代表工人的利益,监督政府和企业把安全工作搞好。青年是劳动力中的有生力量,青年工人中往往事故发生率高,动员青年开展事故预防活动则是安全生产的重要保证。

(5) 责任制原则。各级政府及相关的职能部门和企事业单位应当实行安全生产责任制,对违反劳动安全法规和不负责任的人员而造成的伤亡事故应当给予行政处罚(如《国务院关于特大安全事故行政责任追究的规定》),造成重大伤亡事故的应当根据刑法,追究刑事责任。只有将安全责任落到实处,安全生产才能得以保证,安全管理才能有效。

3. 安全教育原则

所谓教育对策,是指通过家庭、学校以及社会等途径的传授与培训,使人们掌握安全知识及正确的作业方法。每个人应当从幼年时期开始灌输安全知识,在大学也应当系统地学习必要的安全工程学知识;对在职人员,则应根据其具体的业务进行安全技术(包括事故管理技术)教育;对操作工人,应进行"三级"安全教育和特殊工种的培训教育。安全教育的内容包括安全知识、安全技能、安全态度等方面。

在上述对策中,首先必须提出技术对策。在事故预防对策中,应当将安全技术作为主要的研究对象,创造一种不发生事故的客观条件,或者说创造安全生产的良好物质基础。

综上所述,事故的预防要从安全技术、组织管理和安全教育多方面采取措施,从总体上提高预防事故的能力,这样才能有效控制事故,保证生产和生活的安全。

第五节 事故预防的对策

一、人为事故的预防

人为事故在工业生产发生的事故中占较大比例。因此,有效控制人为事故对保障安全生产发挥着重要作用。

所谓人为事故的预防和控制,是指在研究人与事故的联系及其运动规律的基础上要认识到人的不安全行为是导致与构成事故的要素。因此,要有效预防和控制人为事故的发生,可依据人的安全与管理的需求,运用人为事故规律以及预防和控制事故的原理,从而产生一种对生产事故进行超前预防和控制的方法。

(一) 人为事故的规律

在生产实践活动中,人既是促进生产发展的决定因素,又是生产中安全与事故的决定因素。人的安全行为能保证安全生产,人的异常行为会导致生产事故发生。因此,要想有效预防和控制事故的发生,必须做好人的预防性安全管理,强化和提高人的安全行为,改变和抑制人的异常行为,使之达到安全生产的客观要求,以致超前预防和控制事故的发生。

人为事故的基本规律见表2-7。为了深入研究人为事故的规律,人们还可以利用安全行为科学的理论和方法进行研究。

表 2-7 人为事故的基本规律

异常行为系列原因		内在联系	外延现象
产生异常 行为内因	静态始发致因	生理缺陷	耳聋、眼花、各种疾病、反应迟钝、性格孤僻等
	动态续发致因	安全技术素质差	缺乏安全思想和安全知识、技术水平低、无应变能力等
		品德不良	意志衰退、目无法纪、自私自利、道德败坏等
		违背生产规律	有章不循、执章不严、不服管理、冒险蛮干等
		身体疲劳	精神不振、神志恍惚、力不从心、打盹睡觉等
		需求改变	急于求成、图懒省事、心不在焉、侥幸心理等
产生异常 行为外因	外侵导发致因	家庭社会影响	情绪反常、思想散乱、烦恼忧虑、苦闷冲动等
		环境影响	高温、严寒、噪声、异光、异物、风雨雪等
		异常突然侵入	心慌意乱、惊慌失措、恐惧胆怯、措手不及等
	管理延发致因	信息不准	指令错误、警报错误等
		设备缺陷	技术性能差、超载运行、无安全技术设备、非标准等
		异常失控	管理混乱、无章可循、违章不纠等

在掌握了人们异常行为的内在联系及其运行规律后，为了加强人的预防性安全管理工作，有效预防和控制人为事故，可从以下几个方面加强管理：

（1）从产生异常行为静态始发致因的内在联系及其外延现象中得知，要想有效预防人为事故，必须做好劳动者的表态安全管理。例如，开展安全宣传教育、安全培训，提高人们的安全技术素质，使之达到安全生产的客观要求，从而为有效预防人为事故的发生提供基础保证。

（2）从产生异常行为动态续发致因的内在联系及其外延现象中得知，要想有效预防和控制人为事故，必须做好劳动者的动态安全管理。例如，建立、健全安全法规，开展各种不同形式的安全检查等，促使人们的生产实践规律运动，及时发现并及时改变人们在生产中的异常行为，使之达到安全生产要求，从而预防和控制由于人的异常行为而导致的事故发生。

（3）从产生异常行为外侵导发致因的内在联系及其外延现象中得知，要想有效预防和控制人为事故，还要做好劳动环境的安全管理。例如，发现劳动者因受社会或家庭环境影响思想混乱，有产生异常行为的可能时，要及时进行思想工作，帮助解决存在的问题，消除后顾之忧等，从而预防和控制由于环境影响而导致的人为事故发生。

（4）从产生异常行为管理延发致因的内在联系及其外延现象中得知，要想有效预防和控制人为事故，还要解决好安全管理中存在的问题。例如，提高管理人员的安全技术素质，消除违章指挥；加强工具、设备管理，消除隐患等，使之达到安全生产要求，从而有效预防和控制由于管理失控而导致的人为事故。

（二）强化人的安全行为，预防事故发生

强化人的安全行为，预防事故发生，通过开展安全教育提高人们的安全意识，使其产生安全行为，做到自我预防事故发生。主要应抓住两个环节：一是开展好安全教育，提高人们预防、控制事故的自卫能力；二是抓好人为事故的自我预防。

（1）劳动者要自觉接受教育，不断提高安全意识，牢固树立安全思想，为实现安全生产提供支配行为的思想保证。

（2）要努力学习生产技术和安全技术知识，不断提高安全素质和应变事故的能力，为实现安全生产提供支配行为的技术保证。

（3）必须严格执行安全规律，不能违章作业、冒险蛮干。也就是说，只有用安全法规统一自己的生产行为，才能有效预防事故的发生，实现安全生产。

（4）要做好个人使用的工具、设备和劳动保护用品的日常维护保养，使之保持完好状态，并要做到正确使用。当发现有异常情况时，要及时进行处理，控制事故的发生，保证安全生产。

（5）要服从安全管理，并敢于抵制他人违章指挥，保质保量地完成自己分担的生产任务。遇到问题要及时提出，求得解决，确保安全生产。

（三）改变人的异常行为，控制事故发生

改变人的异常行为是继强化人的静态安全管理之后的动态安全管理。通过强化人的安全行为预防事故的发生，改变人的异常行为控制事故发生，从而达到有效预防和控制人为事故的目的。

要改变人的异常行为，控制事故发生，主要有如下几种方法：

（1）自我控制。在认识到人的异常意识具有产生异常行为、导致人为事故的规律之后，为了保证自身安全，在生产实践中应自我改变异常行为，控制事故的发生。自我控制是行为控制的基础，是预防和控制人为事故的关键。例如，劳动者在从事生产实践活动之前或生产之中，当发现自己有产生异常行为的因素存在时，如身体疲劳、需求改变，或者因外界影响思想混乱等，能及时认识和加以改变，或者终止异常的生产活动，能控制由于异常行为而导致的事故。又如，当发现生产环境异常以及工具、设备异常时，或者领导违章指挥有产生异常行为的外因时，能及时采取措施，改变物的异常状态，抵制违章指挥，也能有效控制由于异常行为而导致的事故发生。

（2）跟踪控制。运用事故预测法对已知具有产生异常行为因素的人员做好转化和行为控制工作。例如，对已知的违反安全人员指定专人负责，做好转化工作和进行行为控制，防止异常行为的产生和导致事故发生。

（3）安全监护。对从事危险性较大生产活动的人员指定专人对其生产行为进行安全提醒和安全监督。例如，电工在停送电作业时，一般要有两人同时进行，一人操作、另一人监护，防止误操作的事故发生。

（4）安全检查。运用人自身技能，对从事生产实践活动人员的行为进行各种不同形式的安全检查，从而发现并改变人的异常行为，控制人为事故发生。

（5）技术控制。运用安全技术手段控制人的异常行为。例如，绞车安装的过卷装置能控制由于人的异常行为而导致的绞车过卷事故；变电所安装的联锁装置能控制人为误操作而导致的事故；高层建筑设置的安全网能控制人从高处坠落后导致人身伤害的事故发生等。

二、设备因素导致事故的预防

设备与设施是生产过程的物质基础，也是重要的生产要素。为了有效预防和控制设备导致事故的发生，运用设备事故规律以及预防和控制事故的原理，同时与生产或工艺实际相结合，提出超前预防和控制事故的方法。

在生产实践中，设备是决定生产效能的物质技术基础，如果没有生产设备，现代生产是无法进行的；同时，设备的异常状态又是导致事故的重要物质因素。例如，没有机械设备的异常运行，就不会发生与锅炉相关的各种事故等。因此，要想超前预防和控制设备事故的发生,就必须做好设备的预防性安全管理,强化设备的安全运行,改变设备的异常状态,使之达到安全运行要求,这样才能有效预防和控制事故的发生。

（一）设备因素与事故的规律

在生产系统中,由于设备的异常状态违背了生产规律,致使生产实践产生了异常运动而导致事故发生,所具备的普遍性表现形式。

（1）设备故障规律:由于设备自身异常而产生故障及导致发生的事故在整个生命周期内的动态变化规律。认识与掌握设备故障规律,是从设备的实际技术状态出发,确定设备检查、试验和修理周期的依据。例如,一台新设备和同样一台长期运行的老旧设备,由于投运时间和技术状态不同,其检查、试验、检修周期是不应相同的,应按照设备故障变化规律来确定其各自的检查、试验、检修周期。这样既可以克服单纯以时间周期为基础静态管理的弊端,减少一些不必要的检查、试验、检修的次数,节约一些人力、物力、财力,提高设备安全经济运行的效益,又能提高必要的检查、试验、检修的效果,确保设备安全运行。

设备在整个生命周期内的故障变化规律大致分为 3 个阶段:第一阶段是设备故障的初发期;第二阶段是设备故障的偶发期;第三阶段是设备故障的频发期。

设备故障初发期是指设备在开始投运的一段时间内,由于人们对设备不够熟悉、使用不当以及设备自身存在一定的不平衡性,因而故障率较高。人们将这段时间也称为设备使用的适应期。

设备故障偶发期是指设备在投运后,由于经过一段时间运行,其适应性开始稳定,除在非常情况下偶然发生事故外,一般是很少发生故障的。这段时间较长,也称为设备使用的有效期。

设备故障频发期是指设备经过了一段长时期运行后,其性能严重衰退,局部已经失去了平衡,因而故障→修理→使用→故障的周期逐渐缩短,直至报废为止。这段时间故障率最高,也称为设备使用的老化期。

从设备故障变化规律中得知:设备在第一阶段故障初发期,尽管故障率较高,但多半是属于局部的、非实质性故障,因而只需增加安全检查的次数,即检查周期要短。其定期试验、定期检修的周期,可同第二段故障偶发期的试验、检修周期相同。但到了第三阶段故障频发期,随着设备故障频率的增高,其定期检查、试验、检修的周期均要相应地缩短,这样才能有效预防、控制事故发生,保证设备安全运行。

（2）与设备相关的事故规律:设备不仅因自身异常能导致事故发生,而且与人和环境的异常结合也能导致事故发生。因此,要想超前预防和控制设备事故的发生,除了要掌握设备故障规律外,还要认识设备与人和环境相关的事故规律,并相应地采取保护设备安全运行的措施,才能有效预防和控制设备事故的发生。

（3）设备与人相关的事故规律:由于人的异常行为与设备结合而产生的物质异常运动,是导致事故的普遍性表现形式。例如,人们违背操作规程使用设备、超性能使用设备、非法使用设备等所导致的各种与设备相关的事故,均属于设备与人相关事故规律的表现形式。

（4）设备与环境相关的事故规律:由于环境异常与设备结合而产生的物质异常运动,是导致事故的普遍性表现形式。例如,固定设备与变化的异常环境相结合而导致的设备故障,如由于气温变化或无人看守导致的设备故障;移动性设备与异常环境结合而导致的设备事故,如汽车在交通运输中由于路面异常而导致的交通事故等。

（二）设备故障及事故的原因分析

导致设备发生事故的原因，从总体上分为内因耗损和外因作用两大原因。内因耗损是检查、维修问题，外因作用是操作使用问题。具体原因又分为：是设计问题还是使用问题；是日常维修问题还是长期失修问题；是技术问题还是管理问题；是操作问题还是设备失灵问题等。

设备事故的分析方法同其他生产事故一样，均要按"四不放过"原则进行，即事故原因未查清不放过，责任人未处理不放过，整改措施未落实不放过，有关人员未受到教育不放过。

通过设备事故的原因分析，针对导致事故的问题采取相应的防范措施，如建立、健全设备管理制度，改进操作方法，调整检查、试验、检修周期，加强维护保养以及对老、旧设备进行更新、改造等，从而防止同类事故重复发生。

（三）设备导致事故的预防、控制要点

在现代化生产中，人与设备是不可分割的统一整体。没有人的作用设备是不会自行投入生产使用的，同样没有设备人也是很难从事生产实践活动的，只有将人与设备有机地结合起来，才能促进生产的发展。但是，人与设备又不是同等的关系，而是主从关系。人是主体，设备是客体，设备不仅是人设计的，而且是由人操作使用的，还服从于人、执行人的意志；同时，人在预防和控制设备事故中始终是起着主导支配的作用。因此，对设备事故的预防和控制要以人为主导。

运用设备事故规律以及预防和控制事故的原理，按照设备安全与管理的需求，重点做好以下预防性安全管理工作：

（1）首先要根据生产需求和质量标准，做好设备的选购、进场验收和安装调试，使投产的设备达到安全技术要求，为安全运行打下良好基础。

（2）开展安全宣传教育和技术培训，提高人的安全技术素质，使其掌握设备性能和安全使用要求，并要做到专机专用，为设备安全运行提供人的素质保证。

（3）要为设备安全运行创造良好的条件，如为设备安全运行保持良好的环境，安装必要的防护、保险、防潮、防腐、保暖、降温等设施以及配备必要的测量、监视装置等。

（4）配备熟悉设备性能、会操作、懂管理、能达到岗位要求的技术工人。其中，对危险性设备要做到持证上岗，禁止违章使用。

（5）按设备的故障规律定好设备的检查、试验、修理周期，并要按期进行检查、试验、修理，巩固设备安全运行的可靠性。

（6）要做好设备在运行中的日常维护保养，如该防腐的要防腐、该降温的要降温、该去污的要去污、该注油的要注油、该保暖的要保暖等。

（7）要做好设备在运行中的安全检查，做到及时发现问题，及时加以解决，使之保持安全运行状态。

（8）根据需要和可能，有步骤、有重点地对老旧设备进行更新改造，使之达到安全运行和发展生产的客观要求。

（9）建立设备管理档案、台账，做好设备事故调查、讨论分析，制定保证设备安全运行的安全技术措施。

（10）建立、健全设备使用操作规程和管理制度及责任制，用以指导设备的安全管理，保证设备的安全运行。

（四）设备的检查、修理及报废

设备的检查、修理及报废,是对设备进行预防性管理、保证安全运行的 3 个相互联系的重要环节。

三、环境因素导致事故的预防

安全系统的最基本要素就是人、机、环境、管理四要素。其中,环境因素也是重要方面之一。通过揭示环境与事故的联系及其运动规律,认识异常环境是导致事故的一种物质因素,使之能够有效预防和控制异常环境导致事故的发生;同时,在生产实践中依据环境安全与管理的需求,运用环境导致事故的规律和预防、控制事故原理联系实际,最终对生产事故进行超前预防、控制。这就是研究环境因素导致事故的目的。

1. 环境与事故的规律

环境是指生产实践活动中占有的空间及其范围内的一切物质状态。它又分为固定环境和流动环境两种类别:固定环境是指生产实践活动中占有的固定空间及其范围内的一切物质状态;流动环境是指流动性生产活动占有的变动空间及其范围内的一切物质状态。

依据环境导致事故的危害方式,分为以下几个方面:环境中的生产布局,地形、地物等;环境中的温度、湿度、光线等;环境中的尘、毒、噪声等;环境中的山林、河流、海洋等;环境中的雨水、冰雪、风云等。

环境是生产实践活动必备的条件,任何生产活动无不置于一定的环境之中,没有环境生产实践活动是无法进行的。例如,建筑楼房不仅要占用自然环境中的土地,而且施工过程还要人为形成施工环境,否则无法建筑楼房。又如,船舶须置于江、河、湖、海的环境之中才能航行,否则寸步难行。

环境又是决定生产安危的一个重要物质因素。其中,良好的环境是保证安全生产的物质因素,异常环境是导致生产事故的物质因素。例如,在生产过程中,由于环境中的温度变化,高温天气能导致劳动者中暑,严寒能导致劳动者冻伤,也能影响设备安全运行而导致设备事故。又如,生产环境中的各种有害气体能引起爆炸事故和导致劳动者窒息中毒;尘、毒危害能导致劳动者患职业病;生产环境中的地形不良、材料堆放混乱,或有其他杂物等,均能导致事故发生。

总之,环境是以其中物质的异常状态与生产相结合而导致事故发生的。其运动规律是生产实践与环境的异常结合,违反了生产规律而产生的异常运动是导致事故的普遍性表现形式。

2. 环境导致事故的预防和控制要点

在认识到良好的环境是安全生产的保证、了解环境是导致事故的物质因素及其运动规律之后,依据环境安全与管理的需求对环境导致事故的预防和控制,主要应做好以下 4 个方面工作:运用安全法制手段加强环境管理,预防事故的发生;治理尘、毒危害,预防和控制职业病发生;应用劳动保护用品,预防和控制环境导致事故的发生;运用安全检查手段改变异常环境,控制事故发生。

因此,为了使生产环境的安全管理、尘毒危害治理及劳动保护用品使用均达到管理标准的要求,防止其发生异常变化,就要坚持做好生产过程中的安全检查,做到及时发现并及时改变生产的异常环境,使之达到安全要求;同时,对于不能加以改变的异常环境,如临电作业、危险部位等,还要设置安全标志,从而控制异常环境导致事故的发生。

复习思考题

1. 事故的主要影响因素有哪些？
2. 事故有哪些基本特性？
3. 何谓事故致因理论？掌握事故模式理论有何作用？
4. 谈谈你对事故频发倾向理论的理解。
5. 何谓海因里希事故因果连锁理论？
6. 何谓能量意外释放理论？
7. 何谓瑟利模型？从瑟利模型中可以得到何种启示？
8. 何谓管理失误理论？
9. 简述扰动起源理论。
10. 何谓轨迹交叉理论？从轨迹交叉理论中可以得到何种启示？
11. 何谓综合论事故模型？根据综合论事故模型，介绍事故发生的主要原因有哪些？
12. 简述事故法则。从事故法则中可以得到何种启示？
13. 预防事故应当遵循哪些基本原则？
14. 事故预测的原理有哪些？
15. 事故预测的常用方法有哪些？
16. 简述德尔菲预测方法的优缺点。
17. 简述马尔柯夫链预测方法的原理。
18. 简述事故预测的程序。

第三章

系统安全定性分析

【知识框架】

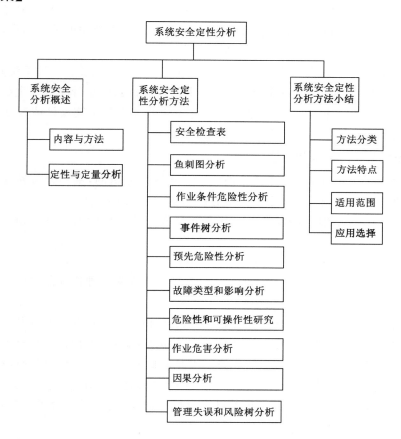

【学习目标】

　　了解系统安全分析的内容和方法及系统安全定性、定量分析的区别;掌握常用安全定性分析方法的基本原理,并学会运用其进行系统安全定性分析;重点掌握安全检查表、作业条件危险性分析法、事件树分析、预先危险性分析、故障类型和影响分析、危险性和可操作性研究、作业危害分析、因果分析等分析方法。

【重、难点梳理】

　　1. 安全检查表、事件树、因果分析、管理失误和风险树的编制、鱼刺图的绘制、相关计算

— 53 —

及应用；

2. 作业条件危险性分析法中影响因素的取值；

3. 关于预先危险性分析、故障类型和影响分析、危险性和可操作性研究、作业危害分析方法的原理及步骤；

4. 系统安全定性分析方法的选择与应用。

第一节　系统安全分析概述

系统安全分析又称为危害分析。危害包括不安全的环境条件、操作、物的故障或其他不安全的因素。系统安全分析的目的是保证系统安全运行，查明系统中的危险因素，以便采取相应措施在整个系统寿命周期内根除或控制危害。

系统安全分析是安全系统工程的核心内容，也是安全评价的基础。通过系统安全分析，可以对系统进行深入、细致的分析，充分了解、查明系统的危险性，估计事故发生的概率和可能产生的伤害及损失的严重程度，为确定出哪种危险能通过修改系统设计或改变控制系统运行程序来进行预防提供依据。

一、系统安全分析的内容和方法

系统安全分析是从安全角度对系统中的危险因素进行分析的，主要分析导致系统故障或事故的各种因素及其相关关系。系统安全分析通常包括以下内容：

（1）对可能出现的初始的、诱发的及直接引起事故的各种危险因素及其相互关系进行调查和分析。

（2）对与系统有关的环境条件、设备、人员及其他有关因素进行调查和分析。

（3）对能够利用适当的设备、规程、工艺或材料控制或根除某种特殊危险因素的措施进行分析。

（4）对可能出现的危险因素的控制措施及实施这些措施的最好方法进行调查和分析。

（5）对不能根除的危险因素失去或减少控制可能出现的后果进行调查和分析。

（6）对危险因素一旦失去控制，为防止伤害和损害的安全防护措施进行调查和分析。

目前，系统安全分析方法有许多种，可适用于不同的系统安全分析过程。这些方法可以按实行分析过程的相对时间进行分类，也可以按分析的对象、内容进行分类。按数理方法，可分为定性分析和定量分析；按逻辑方法，可分为归纳分析和演绎分析。

简单地讲，归纳分析是从原因推论结果的方法，演绎分析是从结果推论原因的方法，这两种方法在系统安全分析中都有应用。从危险源辨识的角度，演绎分析是从事故或系统故障出发查找与该事故或系统故障有关的危险因素，与归纳分析相比较，可以将注意力集中在有限的范围内，提高工作效率；归纳分析是从故障或失误出发探讨可能导致的事故或系统故障，再来确定危险源，与演绎方法相比较，可以无遗漏地考察、辨识系统中的所有危险源。在实际工作中，人们可以将两种方法结合起来，以充分发挥各自的优点。

二、定性与定量分析方法的区别

1. 定性分析方法

系统安全定性分析方法是借助于对事物的经验、知识、观察及对发展变化规律的了解，科学地进行分析、判断的一类方法。运用这类方法可以找出系统中存在的危险、有害因素，进一步根据这些因素从技术上、管理上、教育上提出对策措施并加以控制，达到系统安全的目的。

目前，应用较多的方法有：安全检查表、事件树分析、危险度评价法、预先危险性分析、故障类型和影响分析、危险性和可操作性研究、如果……怎么办、人因失误（HE）分析等。

2. 定量分析方法

系统安全定量分析方法是根据统计数据、检测数据、同类和类似系统的数据资料，按照有关标准应用科学的方法构造数学模型进行定量分析评价的一类方法。主要有以下两种类型：

（1）以可靠性、安全性为基础，首先查明系统中的隐患并求出其损失率、有害因素的种类及其危险程度，然后再与国家规定的有关标准进行比较、量化。

常用的方法有：事故树分析、模糊数学综合评价法、层次分析法、格雷厄姆-金尼法、机械工厂固有危险性评价方法、原因-结果（CC）分析法。

（2）以物质系数为基础，采取综合评价的危险度分级方法。

常用的方法有：美国道化学公司的火灾、爆炸危险指数评价法，英国帝国化学公司蒙德部的 ICI/Mond 火灾、爆炸、毒性指标法，日本劳动省的六阶段法，单元危险指数快速排序法等。

系统安全定性分析方法要求评价者具备相关知识和经验，系统安全定量分析方法则要求大量的安全数据。单纯的定性分析容易造成研究的粗浅，而有关数据的不完善，也使得定量分析方法难以得到有效应用和检验。因此，应当结合定性和定量的方法进行系统分析和评价，弥补单纯定性分析和单纯定量分析所产生的不足。

常用的安全定性分析方法有：安全检查表、鱼刺图分析法、作业条件危险性分析法、事件树分析、预先危险性分析、故障类型和影响分析、危险性和可操作性研究、作业危害分析、因果分析、管理失误和风险树分析等。

第二节 安全检查表

安全检查表是最基本的一种系统安全分析方法，也是分析和辨识系统危险性的基本方法，还是进行系统安全性评价的重要技术手段。该法起源于 20 世纪 30 年代工业迅速发展时期，由于安全系统工程尚未出现，安全工作者为了解决生产中遇到的日益增多的事故，运用系统工程的手段编制了一种检验系统安全与否的表格。

一、安全检查表的含义

为了查明系统中的不安全因素，以提问的形式将需要检查的项目按系统或子系统顺序编制而成的表格叫作安全检查表。

安全检查表实际上是实施安全检查的项目清单和备忘录。

安全检查是运用常规、例行的安全管理工作，及时发现不安全状态及不安全行为的有效途径，也是消除事故隐患、防止伤亡事故发生的重要手段。

1. 安全检查的内容

安全检查的内容主要是查思想、查管理、查隐患、查事故处理。

（1）查思想。检查企业领导和各级管理人员的思想认识,是否将职工的安全健康放在首位,对安全法规、政策和安全生产方针是否认真贯彻执行。

（2）查管理。主要是检查企业领导是否将安全生产列入议事日程;企业主要负责人在计划、布置、检查、总结、评比生产的同时是否将"五同时"的要求落到实处;新建、改建、扩建的工程项目与安全卫生设施是否执行同时设计、同时施工、同时投产的"三同时"原则;安全机构、安全教育制度、安全规章制度以及特种作业人员的培训制度是否健全。

（3）查隐患。通过检查生产设备、劳动条件、安全卫生设施是否符合安全要求以及劳动者在生产中是否存在不安全行为等,找出不安全因素和事故隐患。

（4）查事故处理。检查企业对伤亡事故是否及时报告、认真调查;是否按"四不放过"的要求严肃处理;是否采取了有效措施,避免类似事故重复发生。

2. 安全检查表的作用

归纳起来,安全检查表主要有以下作用:

（1）安全检查人员能根据检查表预定的目的、要求和检查要点进行检查,做到突出重点,避免疏忽、遗漏和盲目性,及时发现和查明各种危险和隐患。

（2）针对不同的对象和要求编制相应的安全检查表,可实现安全检查的标准化、规范化。同时也可为设计新系统、新工艺、新装备提供安全设计的有用资料。

（3）依据安全检查表进行检查,是监督各项安全规章制度的实施和纠正违章指挥、违章作业的有效方式。它能克服因人而异的检查结果,提高检查水平,同时也是进行安全教育的一种有效手段。

（4）可作为安全检查人员或现场作业人员履行职责的凭据,有利于落实安全生产责任制,同时也可为新老安全员顺利交接安全检查工作打下良好的基础。

二、安全检查表的格式

安全检查表的形式很多,可根据不同的检查目的进行设计,也可按照统一要求的标准格式制作。其基本的格式见表3-1。

表 3-1　安全检查表的基本格式

检查时间	检查单位	检查部位	检查结果	安全要求	整改期限	整改负责人
序号		安全检查内容			结论与说明	

在进行安全检查时,利用安全检查表能做到目标明确、要求具体、查之有据,对发现的问题做出明确的记录,并提出解决的方案,同时落实到责任人,以便及时整改。

三、安全检查表的类型

根据检查周期的不同,可将安全检查表分为定期安全检查表和不定期安全检查表。根据用途和安全检查表的内容,安全检查表可分为以下几种类型:

1. 设计审查用安全检查表

新建、改建和扩建的企业,革新、挖潜的工程项目,都必须与相应的安全卫生设施同时设计、同时施工和同时投产,全面、系统地审查工程的设计、施工和投产等各项的安全状况,用于设计的安全检查表主要应包括厂址选择、平面布置、工艺过程、装置的布置、建筑物与构筑物、安全装置与设备、操作的安全性、危险物品的储存以及消防设施等方面。

2．厂（矿）级用安全检查表

该表主要用于全厂（矿）安全检查，也可用于安全技术、防火等部门进行日常检查。其主要内容包括：安全装置与设施、危险物品的储存与使用、消防通道与设施、操作管理及遵章守纪等方面的情况。

3．车间（区队）用安全检查表

该表用于车间进行日常检查和预防性检查，重点放在人身、设备、运输、加工等不安全行为和不安全状态方面。其内容包括：工艺安全、设备布置、安全通道、通风照明、安全标志、尘毒和有害气体的浓度、消防措施及操作管理等。

4．工段（班组）或岗位用安全检查表

该表用于工段（班组）或岗位进行自检、互检和安全教育，重点放在因违规操作而引起的多发性事故上。其内容应根据岗位的操作工艺和设备的抗灾性能而定，要求检查内容具体、简洁明了和易行。

5．专业性安全检查表

该表是由专业机构或职能部门所编制和使用，主要用于定期的或季节性的安全检查。

四、安全检查表的编制

安全检查表应由专业干部、有关部门领导、工程技术人员和操作人员共同编写，并通过实践检验不断修改，使之逐步完善。

1．安全检查表编制的依据

（1）有关规程、规定和标准。

（2）本单位的经验。

（3）国内外事故案例，尤其是同行业同类事故案例。

（4）系统安全分析的结果。

2．安全检查表的基本内容

安全检查表的基本内容要求从人、机、环境和管理4个方面考虑。

3．安全检查表的编制方法

（1）由安全专业干部、工程技术人员和操作人员共同编写。

（2）根据工作经验、生产实践和有关资料，列举所有的不安全行为和状态。

（3）查找有关的规程、规定和标准，做到提出问题有根据。

（4）要充分了解安全状况，搜集同类或类似的事故教训、安全经验及试验研究的动向，使提出的问题切中要害。

五、安全检查表的应用

1．岗位用安全检查表

岗位用安全检查表见表3-2。

2．儿童安全用安全检查表

儿童安全用安全检查表见表3-3。该表告诉人们：保持一个对宝宝和孩子们都很安全的家；和任何关心你孩子的人分享此对照表；将紧急电话号码（医生、消防、毒物控制中心和110）放在靠近电话的地方；教会你的孩子们如何拨打以及何时拨打110或其他紧急电话。

安全检查表不仅可以用于系统安全设计的审查，也可以用于生产工艺过程中的危险因素辨识、评价和控制方面,还可以用于行业标准化作业和安全教育等方面。它是一项进行科学化管理、简单易行的基本方法,具有实际意义和广泛的应用前景。

表 3-2　爆破工安全检查表

检查时间	检查单位	检查部位	检查结果	安全要求	整改期限	整改负责人
序号	检查项目				检查结果	备注
1	发爆器是否充好了电					
2	爆破线长度是否符合规定					
3	爆破线无破口吧					
4	下井时带发爆器钥匙了吗					
5	炮眼附近的支护是否符合规定					
6	打眼、装药、填炮眼的操作符合《煤矿安全规程》的规定吗					
7	装药量是否符合规定					
8	是否做到了"一炮三检"					
9	是否派出了警戒岗哨					
10	爆破前是否已将人员撤到安全地点					
11	爆破前是否发出警号					
12	爆破后班长和安检员是否先进入爆破区查看					

表 3-3　儿童安全用安全检查表

检查时间	检查单位	检查部位	检查结果	安全要求	整改期限	整改负责人
序号	检查项目	检查子项目		检查结果	备注
1	密切看护你的宝宝	千万不要将孩子单独放在家中、浴缸中或汽车中不管,即使在孩子睡觉时也不可以			
		千万不要将宝宝放在一个高的地方不管,如床、换尿片台或沙发上,宝宝会移动或翻身并掉下			
		不要将宝宝与宠物放在一起不管			
2	屋里的所有房间	在所有放置尖利或易碎物、化学品或药物的橱柜和抽屉上装上安全插销			
		在所有电源插座上放挡护物			
		在所有楼梯顶部和底部设置宝宝安全门			
		将家具的角和尖锐边缘覆盖边角护层			
		将电线和植物等物件放在孩子够不到的地方			
		在散热器、炉子、煤油或空间加热器周围放隔板			

表 3-3(续)

序号	检查项目	检查子项目	检查结果	备注
3	婴儿室和衣服的安全性	请购买带消费者产品安全委员会标签的婴儿家具		
		给婴儿小床使用正好合适的床垫,两侧护板提升高时要闩好		
		不要将宝宝放在会使宝宝窒息的水床、枕头或其他软表面上		
		让宝宝仰睡或侧睡		
4	玩具安全性	使宝宝够不到小物件		
		检查玩具,以确定是跟你孩子的年龄相当的玩具		
		请买阻火、可清洗和无毒性的玩具		
5	厨房和浴室安全性	让孩子够不到热饮食、刀和电器		
		将水加热器的温度调到 120 ℉(49 ℃)或更低		
		至少前 5 个月给宝宝使用婴儿浴盆,当宝宝大一点可在浴盆中洗澡时,请使用浴盆座,千万不要将孩子单独放在浴盆中不管		
		检查洗澡水是温水而不是热水,以及浴盆里只放少量的水		
6	药物安全	将药物和维生素储放在上锁的抽屉或壁柜里,使孩子够不到		
		千万不要不经医生核实就将民间偏方或药物给宝宝服用		
		和你宝宝的医生核实与宝宝的年龄或体重相当的药物剂量		
7	乘车安全	请一直使用对孩子年龄和体重合适的认可儿童安全座椅,将宝宝放在面向后的车座里		
		坐汽车或卡车时千万不要将宝宝或孩子放在膝上		
		汽车中的每一个人都应该系安全带		
8	防火	不让你的孩子接触到火柴和打火机		
		每个月检查烟雾探测器,每年换电池		
		请给房子里的每个房间设计一个以上的逃脱路径		
9	其他安全措施	将球形注射器与宝宝用品放在一起并应知道如何使用它		
		不要让任何人抱住你的宝宝边抽烟或边喝热饮料		
		给你的孩子涂防晒霜,给不足 6 个月大的宝宝戴一顶帽子		
		请考虑上一门婴儿/儿童心肺复苏(CPR)课程和急救课程		

第三节　鱼刺图分析法

一、鱼刺图的概念

鱼刺图又称为因果分析图、树枝图或特性要因图。它是 1953 年由日本专家石川馨最早使用的,所以也叫作石川图。最初,鱼刺图主要被用于质量管理方面;随后,它被移植到安全分析方面,成为一种重要的事故分析方法。

鱼刺图是根据其形状命名的,如图 3-1 所示。当人们进行事故分析时,将事故的各种原因进行归纳、分析,并用简明的文字和线条加以全面表示,绘制成一幅鱼刺形的事故分析图形,即为鱼刺图。使用这种方法分析事故,可以使复杂的原因系统化、条理化,将主要原因搞清楚,便于明确事故的预防对策,防止事故发生。

二、鱼刺图的形状与做法

如图 3-1 所示,图中主干线右端的箭头指向结果(某个不安全问题、事故类型或灾害结果);主干线表示原因与结果的关系,箭头所指的方向表示事件的发展方向。在主干线的上、下画出倾斜的支干线,并用箭头指向主干线,它们表示某个不安全问题的原因,即对造成结果起决定作用的主要原因。中原因、小原因则是引起要因的因素。在分析某个不安全问题产生的原因时,要从大到小、从粗到细,一直到能采取措施消除这种原因时,就不再细分而绘制鱼刺图。

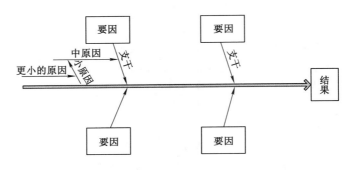

图 3-1　鱼刺图的形状

鱼刺图分析的步骤可归纳为:针对结果,分析原因;先主后次,层层深入。其具体步骤为:

(1)调查。对分析事故要做全面了解,通过广泛的调查研究,将事故的所有原因都找出来进行讨论、分析。

(2)定题。将要分析的事故、要解决的问题或要研究的对象作为结果定下来,画在图的右方,并画出主干和箭头。

(3)原因分类。按照人、机、环境和管理 4 大因素,将调查和分析的原因由大到小、由粗到细地进行分类,明确各种原因对事故的影响。首先要审慎确定原因,然后将各种原因层层展开,直到不能再分为止。在进行原因分析时,通常用主次图来确定原因的主次。

(4)填图。根据上述原因分类,按照各种原因的从属关系,逐一填入图中。

鱼刺图绘制完成后,及时根据其分析结果制定事故预防措施,系统且全面地开展事故预防工作。

三、鱼刺图分析的作用

鱼刺图可以用于分析与指导安全管理工作。其主要作用如下:

(1)既可用于事前预测事故及事故隐患,亦可用于事后分析事故原因,调查处理事故。

(2)用以建立安全技术档案,一事一图,这样便于保存事故资料,同时可作为安全管理和技术培训工作的技术资料。

(3)指导事故预防工作。鱼刺图既来源于实践,又高于实践。它使存在的问题系统化、条理化后,再返回到事故预防工作的实践中,检验指导实践,以改善安全管理工作。

四、鱼刺图分析实用实例

例题 3-1　某厂在马路旁清理铸钢件,起重机在工人捆扎后起吊,在吊杆旋转过程中,钢丝绳摆动撞上施工现场上空 9 m 处的高压输电线,造成触电死亡事故。请使用鱼刺图分析这一事故。

首先,进行该事故的因果分析:

(1)发生这起事故的主要原因可从以下因素分析:现场安全管理上没有做到先调查;操作者在无人监护下独自进行作业;起重机工作幅度范围上空通过高压线路;钢丝绳接通高压电源,与人体形成回路。

(2)对大原因逐个进行分析,找出直接构成大因素的较小因素:现场未做调查,在布置任务时未考虑起重机回转吊杆时会与高压线交叉;操作者未发现上空通过高压线,或者虽然发现,但起吊时吊杆钢丝绳与高压线之间没有安全间距;钢丝绳接通高压电源是由于撞坏高压线绝缘所致。

(3)进一步深入分析更小的因素:未发现高压线是由于缺乏安全教育,操作者不了解工作中可能出现的危险;未预留安全间距可能是没有目测高压线高度或目测错误。

(4)再追查分析。钢丝绳撞击高压线是起吊施工中没有控制载荷惯性的结果。

继续分析,一直到不易再分解的基本事件为止。这时,根据上述分析按照鱼刺图的格式(形状)绘制出因果分析图,如图 3-2 所示。

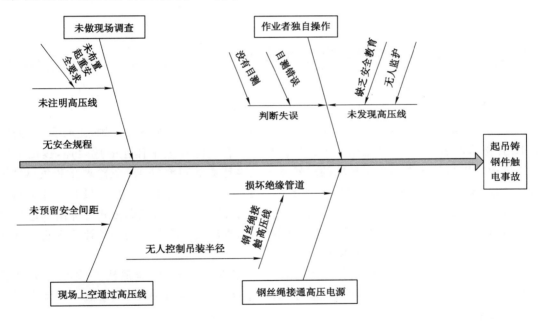

图 3-2　起吊铸钢件触电事故鱼刺图

例题 3-2　公路上发生一起货车翻车事故,这起事故的主要原因是:驾驶员麻痹大意,在小雨、路滑、视线不良的弯道上不提前减速,以至于在面对来车时躲避不及,造成车辆侧滑;车载货物固定不牢,重心偏移,导致车辆倾覆。

根据上述事故原因分析,绘制该事故的因果分析图,如图 3-3 所示。

在找出这起事故的主要原因、次要原因的基础上,便可以有针对性地采取措施。

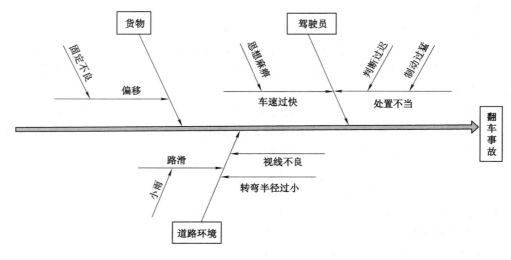

图 3-3　翻车事故鱼刺图

第四节　作业条件危险性分析法

一、方法介绍

作业条件危险性分析法(LEC)是一种半定量分析法(又称为格雷厄姆-金尼法)。美国的 K.J. 格雷厄姆和 G.F. 金尼研究了人们在具有潜在危险环境中作业的危险性,提出了以所评价的环境与某些作为参考环境的对暴露于危险环境的频率(E)及危险严重程度(C)作为自变量,确定了它们之间的函数式。根据实际经验,他们给出了 3 个自变量的各种不同情况的分数值,采取对所评价的对象根据情况进行打分的办法,然后根据公式计算出其危险性分数值,再按危险性分数值划分的危险程度等级表,查出其危险程度的一种评价方法。这是一种简单易行的评价作业条件危险性的方法。

对于一个具有潜在危险性的作业条件,K.J. 格雷厄姆和 G.F. 金尼认为,影响危险性的主要因素有发生事故或危险事件的可能性、暴露于这种危险环境的情况、事故一旦发生可能产生的后果。

用公式可表示为:

$$D = L \cdot E \cdot C \tag{3-1}$$

式中　D——作业条件的危险性;

　　　L——事故或危险事件发生的可能性;

　　　E——暴露于危险环境的频率;

　　　C——发生事故或危险事件的可能结果。

1. 发生事故或危险事件的可能性

事故或危险事件发生的可能性与其实际发生的概率相关。若用概率表示,绝对不可能发生的概率为 0;而必然发生的事件,其概率为 1。但在考察一个系统的危险性时,绝对不可能发生事故是不确切的,即概率为 0 的情况不确切。所以,将实际上不可能发生的情况作为打分的参考点,规定其分值为0.1。

此外,在实际生产条件中,事故或危险事件发生的可能性范围非常广泛,因而人为地将"完全意外,极少可能"的分值规定为1;将"完全会被预料到"的分值规定为10。在这二者之间的,再根据可能性的大小相应地确定几个中间值:将"不经常,但可能"的分值规定为3;将"相当可能"的分值规定为6。同样地,在0.1与1之间也插入了与某种可能性对应的分值。于是,将事故或危险事件发生可能性从"实际上不可能"的分值0.1,经过"完全意外,有极少可能"的分值1,确定到"完全会被预料到"的分值10为止(表3-4)。

表3-4 事故或危险事件发生可能性分值

分值	事故或危险情况发生可能性	分值	事故或危险情况发生可能性
10*	完全会被预料到	0.5	可以设想,但高度不可能
6	相当可能	0.2	极不可能
3	不经常,但可能	0.1*	实际上不可能
1*	完全意外,极少可能		

注:* 为打分的参考点。

2. 暴露于危险环境的频率

众所周知,作业人员暴露于危险作业条件的次数越多、时间越长,则受到伤害的可能性也就越大。为此,K.J.格雷厄姆和G.F.金尼规定了"连续暴露于潜在危险环境"的分值为10,"每年仅几次出现在潜在危险环境"的分值为1。以10和1为参考点,再在其区间根据在潜在危险作业条件中暴露情况进行划分,并且对应地确定其分值。例如,"每月暴露一次"的分值为2,"每周一次或偶然暴露"的分值为3。当然,"根本不暴露"的分值应为0,但这种情况实际上是不存在的,也是没有意义的,无须列出。关于暴露于潜在危险环境的分值,见表3-5。

表3-5 暴露于潜在危险环境的分值

分值	出现于危险环境的情况	分值	出现于危险环境的情况
10*	连续暴露于潜在危险环境	2	每月暴露一次
6	逐日在工作时间内暴露	1*	每年仅几次出现在潜在危险环境
3	每周一次或偶然暴露	0.5	非常罕见的暴露

注:* 为打分的参考点。

3. 发生事故或危险事件的可能结果

造成事故或危险事件的人身伤害或物质损失可在很大范围内变化,以工伤事故而言,可以从轻微伤害到许多人死亡,其范围非常宽广。因此,K.J.格雷厄姆和G.F.金尼规定了"引人注目,需要救护"的分值为1,以此为一个基准点;并且规定了"大灾难,许多人死亡"的分值为100,以此作为另一个参考点。在两个参考点1和100之间,插入相应的中间值,见表3-6。

表 3-6　发生事故或危险事件可能结果的分值

分值	可能结果	分值	可能结果
100*	大灾难,许多人死亡	7	严重,严重伤害
40	灾难,数人死亡	3	重大,致残
15	非常严重,一人死亡	1*	引人注目,需要救护

注:*为打分的参考点。

4. 作业条件的危险性

确定了上述 3 个具有潜在危险性的作业条件的分值,并按公式进行计算,即可得危险性分值。据此,在确定其危险性程度时,则按下述标准进行评定。

由经验可知,危险性分值在 20 以下的环境属低危险性,一般可以被人们接受,这样的危险性比骑自行车通过拥挤的马路去上班之类的日常生活活动的危险性还要低。当危险性分值在 20～70 时,则需要加以注意;当危险性分值在 70～160 时,则有明显的危险,需要采取措施进行整改;当危险性分值在 160～320 时,则作业条件属高度危险的作业条件,必须立即采取措施进行整改;当危险性分值在 320 及以上时,则表示该作业条件极其危险,应该立即停止作业直到作业条件得到改善为止。危险性分值详见表 3-7。

表 3-7　危险性分值

分值	危险程度	分值	危险程度
>320	极其危险,不能继续作业	20～70	可能危险,需要注意
160～320	高度危险,需要立即整改	<20	稍有危险,或许可以接受
70～160	显著危险,需要整改		

二、优缺点及适用范围

作业条件危险性评价法评价人们在某种具有潜在危险的作业环境中进行作业的危险程度,该法简单易行,危险程度的级别划分比较清楚、醒目。由于它主要是根据经验来确定 3 个因素分值及划定危险程度等级的,因此具有一定的局限性;同时,它是一种作业条件的局部评价,故不能普遍适用。此外,在具体应用时,还可根据自己的经验、具体情况适当加以修正。

距某项建筑施工项目 10 m 处有一座储量为 50 t 的液化气储备站,每天进行分装安装,散发着刺激气味,并且常有机动车通过,属易燃易爆区域。该施工项目与液化气储备站的距离远小于国家规定安全距离,处于这样的环境中,一旦挥发的可燃气体浓度达到爆炸极限,加之机动车不带防火或电线短路、静电积聚、吸烟明火等都极可能引发重大火灾爆炸事故,造成人员伤亡。现用作业环境危险性评价法对该作业环境的危险性进行分析。对照表 3-4,发生事故是相当可能的,分值 $L=6$;对照表 3-5,每天都暴露在危险环境中,分值 $E=6$;对照表 3-6,一旦发生火灾爆炸,将造成至少多人死亡的事故,分值 $C=40$。经过公式计算,得出其危险性分值远大于 320,属于极其危险,不能继续作业,应立即停止施工。

第五节 事件树分析

一、事件树分析的基本原理

事件树分析是从一个初始事件开始,按顺序分析事件向前发展中各个环节成功与失败的过程和结果。任何一个事故都是由多环节事件发展变化形成的。在事件发展过程中出现的环节事件可能有两种状态:成功或失败。如果这些环节事件都失败或部分失败,就会导致事故发生。

事件树分析最初是用于可靠性分析。它的原理是每个系统都由若干个组件组成,每一个组件对规定的功能都存在"具有"和"不具有"两种可能。组件具有其规定的功能,表明正常(成功),其状态值为1;不具有规定功能,表明失效(失败),其状态值为0。按照系统的构成顺序,从初始组件开始,由左向右分析各组件"成功"和"失败"两种可能,将"成功"作为上分支,将"失败"作为下分支,不断延续分析,直到最后一个组件为止。分析的过程用图形表示出来,就得到近似水平放置的树形图。

从事件树上可以看出,事故是一系列危害和危险的发展结果,如果中断这种发展过程,就可以避免事故发生。因此,在事故发展过程的各阶段,应采取各种可能措施,控制事件的可能性状态,减少危害状态出现概率,增大安全状态出现概率,将事件发展过程引向安全的发展途径。

采取在事件不同发展阶段阻截事件向危险状态转化的措施,最好在事件发展前期过程实现,从而产生阻截多种事故发生的效果。然而,有时因为技术经济等原因无法控制,就需要在事件发展后期过程采取控制措施。

二、事件树分析的基本程序

1. 确定初始事件

寻找可能导致系统严重后果的初始事件(顶上事件)。初始事件是事件树中在一定条件下造成事故后果的最初原因事件。它可以是系统故障、设备失效、人员误操作或工艺过程异常等。

2. 找出与初始事件有关的环节事件

所谓环节事件,是指出现在初始事件后一系列可能造成事故后果的其他原因事件。

3. 绘制事件树

根据因果关系及状态,从初始事件开始由左向右展开。将初始事件写在最左边,各个环节事件按顺序写在右边;从初始事件画一条水平线到第一个环节事件,在水平线末端画一垂直线段,垂直线段上端表示"成功",下端表示"失败";再从垂直线两端分别向右画水平线到下一个环节事件,同样用垂直线段表示"成功"和"失败"两种状态;依此类推,直到最后一个环节事件为止。如果某一个环节事件不需要往下分析,则水平线延伸下去,不发生分支,如此便得到事件树。

4. 简化事件树

在绘制事件树的过程中,可能会遇到一些与初始事件或与事故无关的安全功能,或者其功能关系相互矛盾、不协调的情况,需要用工程知识和系统设计的知识予以辨别,然后从树枝中去掉,即构成简化的事件树。

5. 事件树定量分析

事件树定量分析是指根据每一事件的发生概率,计算各种途径的事故发生概率,比较各个途径概率值的大小,做出事故发生可能性序列,确定最易发生事故的途径。

三、事件树分析的应用

1. 示例 1

由 1 台泵和 2 个串联阀门组成的物料输送系统,如图 3-4 所示。物料沿箭头方向顺序经过泵 A、阀门 B 和阀门 C,设泵 A、阀门 B 和阀门 C 的可靠度分别为 0.95、0.9、0.9。

(1)绘制事件树(图 3-5)。

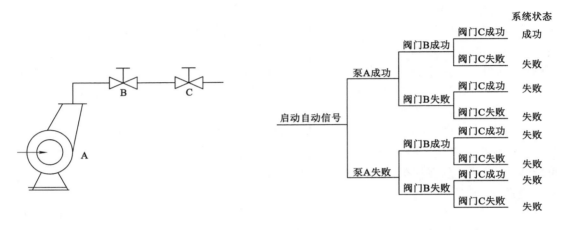

图 3-4 物料输送系统　　　　　图 3-5 物料输送系统事件树

(2)简化事件树(图 3-6)。

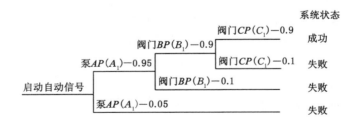

图 3-6 物料输送系统事件树

(3)事件树定量分析。成功的概率为:
$$q_T = P(A_1)P(B_1)P(C_1) = 0.95 \times 0.9 \times 0.9 = 0.769\ 5$$
失败的概率为:
$$P'_T = 1 - P_T = 1 - 0.769\ 5 = 0.230\ 5$$

2. 示例 2

某矿一工人在一煤仓上口附近工作,由于煤仓口装设的安全栅栏损坏,工人不慎走到仓口,坠入煤仓窒息死亡。请分析这一事故并绘制事件树。

事故分析:如果煤仓口装设安全栅栏并且安全栅栏完好,不会发生坠仓事故;如果未装安全栅栏或栅栏损坏,但工人看见煤仓,亦无危险;或者虽未看见煤仓,但未走到仓口,也可侥幸不发生事故;若走到仓口,则坠入煤仓,此时只能看仓内状况如何,可能会摔死、摔伤或窒息死亡。如图 3-7 所示,从该事件树中可以明显地看出可能发生的各种事故以及避免事故的途径。

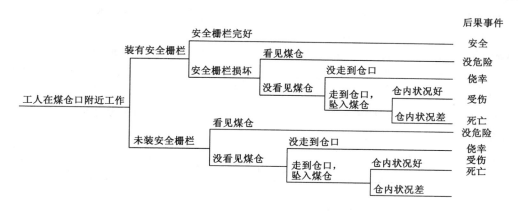

图 3-7　坠入煤仓事故的事件树

第六节　预先危险性分析

一、预先危险性分析的含义

预先危险性分析是一种定性分析评价系统内危险因素和危险程度的方法,是指一个系统或子系统(包括设计、施工、生产之前,或者技术改造之后)运转活动之前,对系统存在的危险类别、出现条件、可能造成事故的后果进行宏观概略分析的一种方法。

预先危险性分析的目的是防止操作人员直接接触对人体有害的物质,防止使用危险性工艺、装置、工具和采用不安全的技术路线。必须使用时,也应从设备上或工艺上采取安全措施,以保证这些危险因素不致发展成为事故。

二、预先危险性分析的程序

进行预先危险性分析时,一般是利用安全检查表、经验和技术先查明危险因素存在的方位,然后识别使危险因素演变为事故的触发因素和必要条件,对可能出现的事故后果进行分析,并采取相应的措施。预先危险性分析包括以下 3 个阶段:

1. 准备阶段

对系统进行分析之前,要收集有关资料和其他类似系统以及使用类似设备、工艺物质的系统的资料。对所分析系统,不仅要弄清其功能、构造,还要弄清为实现其功能所采用的工艺过程以及选用的设备、物质、材料等。由于预先危险性分析是在系统开发的初期阶段进行的,而获得的有关分析系统的资料是有限的,因此在实际工作中需要借鉴类似系统的经验来弥补分析系统资料的不足。人们通常采用类似系统、类似设备的安全检查表作为参照。

2. 审查阶段

通过对方案设计、主要工艺和设备的安全审查,辨识其中主要的危险因素,包括审查设计规范和采取的消除、控制危险源的措施。

按照预先编制好的安全检查表逐项进行审查,其审查主要内容如下:

(1)危险设备、场所、物质。

(2)有关安全设备、物质间的交接面,如物质的相互反应,火灾爆炸的发生及传播,控制系统等。

(3)对设备、物质有影响的环境因素,如地震、洪水、高(低)温、潮湿、振动等。

(4)运行、试验、维修、应急程序,如人失误、操作者的任务、人员防护等。

(5)辅助设施,如物质、产品储存以及试验设备、人员训练、动力供应等。

(6)有关安全装备,如安全防护设施、冗余系统及设备、灭火系统、安全监控系统、个人防护设备等。根据审查结果,确定系统中的主要危险因素,研究其产生原因和可能发生的事故。根据事故原因的重要性和事故后果的严重程度,确定危险因素的危险等级。人们通常将危险因素划分为 4 级,见表 3-8。

表 3-8　危险因素等级划分

级别	危险程度	可能的后果
Ⅰ级	安全的	暂时不能发生事故,可以忽略
Ⅱ级	临界的	有导致事故的可能性,事故处于临界状态,可能造成人员伤亡和财产损失,应采取措施予以控制
Ⅲ级	危险的	可能导致事故发生,造成人员伤亡或财产损失,必须采取措施进行控制
Ⅳ级	灾难的	会导致事故发生,造成人员严重伤亡或财产巨大损失,必须立即设法消除

针对识别出的主要危险因素,可以通过修改设计,加强安全措施来消除或予以控制,从而达到系统安全的目的。

3. 结果汇总阶段

按照检查表格汇总分析结果。典型的结果汇总表包括主要事故及其产生原因、可能的后果、危险性级别以及应采取的相应措施等。

三、预先危险性分析的应用

热水器用煤气加热,装有温度、煤气开关联动装置,水温超过规定温度时,联动装置将调节煤气阀的开关。如发生故障、导致压力过高时,则由泄压安全阀放出热水,防止发生事故。热水器结构示意图如图 3-8 所示;预先危险性分析结果列于表 3-9。

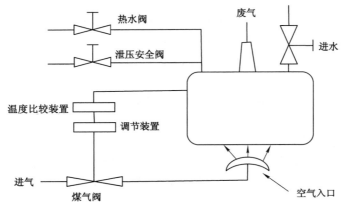

图 3-8　热水器结构示意图

表 3-9　热水器预先危险性分析结果

危害	阶段	起因	影响	级别	预防措施
热水器爆炸	使用	加工质量差	伤亡,设备损失	Ⅳ级	加强质量检验
热水器爆炸	使用	压力升高,泄压阀失灵	伤亡,设备损失	Ⅲ级	安装防爆膜、定期检查安全阀
煤气爆炸	使用	喷火嘴熄灭,煤气阀未关闭,通风不良	伤亡,设备损失	Ⅲ级	火焰温度与煤气联锁、定期检查调节器,加强通风,使用 CO 气体监测器,禁止火源
煤气中毒	使用	喷火嘴熄灭,煤气阀未关闭,通风不良	伤亡	Ⅲ级	火焰温度与煤气联锁、定期检查调节器加强通风,使用 CO 气体监测器
烫伤	使用	温度调节器失灵,安全阀失效	伤害	Ⅲ级	定期检查温度调节器和安全阀

第七节　故障类型和影响分析

故障类型和影响分析是安全系统工程中重要的分析方法。首先,采用系统分割的概念,根据实际需要分析的水平,将系统分割成子系统或进一步分割成组件;然后,按一定顺序进行系统分析和考察,查出系统中各子系统或组件可能发生的故障和故障所呈现的状态(故障类型);最后,进一步分析它们对系统的影响,提出可能采取的预防措施。

一、基本概念

1.故障

故障是指组件、子系统、系统在规定的运行时间、条件内达不到设计规定的功能。不是所有的故障都能造成严重的后果,而是其中有些故障会影响系统不能完成任务或造成事故。

2.故障类型

故障类型是故障出现的状态,是故障现象的一种表征,由故障机理发生的结果——故障状态,相当于医学上的疾病症状。

故障类型是由不同的故障机理呈现出来的各种故障现象的表现形式。一个系统或一个组件往往有多种故障类型。不同产品种类及其故障类型见表 3-10。

表 3-10　不同产品种类及其故障类型

产品种类	故障类型
水泵、涡轮机、发电机	误启动、误停机、速度过快、反转、发热、线圈漏电
容器	漏电、不能降温、加热、断热冷却过分
热交换器、配管	堵塞、流路过大、泄漏、变形、振动
阀门、流量调节装置	不能开启或不能闭合、开关错误、泄漏、堵塞
电力设施	电阻变化、放电、接触不良、短路、漏电、断开
支撑结构	变形、松动、缺损、脱落
齿轮	断裂、压坏、熔融、烧结、磨损

表 3-10(续)

产品种类	故障类型
滚动轴承	滚动体磨损、压坏、烧结、腐蚀、裂纹
电动机	磨损、变形、发热、腐蚀、绝缘破坏

环境也对系统的故障产生多方面的影响,见表 3-11。

表 3-11　不同故障类型与环境影响的关系

环境因素	主要因素	典型故障类型
高温	热老化	绝缘失效
	金属氧化	点的接触电阻增大,金属材料表面电阻增大
	结构变化	橡胶、塑料裂纹膨胀
	设备过热	组件损坏、着火,低熔点焊锡键开裂,焊点脱开
	黏度下降,蒸发	丧失润滑特性
低温	增大黏度和浓度	丧失润滑特性
	有结冰现象	电气机械功能变化,液体凝固,盲管破裂
	脆化	结构强度减弱,电缆损坏等
	物理收缩	结构失效,增大活动的磨损
	组件性能改变	石英晶体不振荡,蓄电池容量降低
高湿度	吸收湿气	物理性能下降,电强度降低,绝缘电阻降低,介电常数增大
	电化反应	机械强度降低
	锈蚀	影响功能
	电解	电气性能下降,增大绝缘体的导电性
干燥	干裂	机械强度下降
	脆化	结构失效
	粒化	电气性能变化

3. 故障原因

故障原因是指诱发零件、产品、系统发生故障的内部原因和外部原因。

(1)内部原因。在固有的可靠性方面:系统、产品的硬件设计不合理或存在潜在的缺陷;系统、产品中零(部)件有缺陷;制造质量低,材质选用有错,运输、保管、安装不善。

(2)外部原因。在使用可靠性方面,如环境条件、使用条件等。

4. 故障机理

故障机理是指诱发零件、产品、系统发生故障的物理与化学过程、电学与机械过程,应考虑故障是如何发生的及其发生的可能性有多大。

二、故障类型和影响分析的程序

1. 掌握和了解对象系统

对故障类型和影响进行分析之前,必须掌握被分析对象系统的有关资料,以确定分析的详细程度。确定对象系统的边界条件包括以下内容:

(1)了解作为分析对象的系统、装置或设备。

（2）确定分析系统的物理边界，划清对象系统、设备与子系统、设备的界线，圈定所属的元素。

（3）确定系统分析的边界，应明确两方面内容：分析时不需考虑的故障类型、运行结果、原因或防护装置等；最初的运行条件或元素状态等。例如，对于初始运行条件，在正常情况下，阀门是开启的还是关闭的，这些必须清楚。

（4）收集元素的最新资料，包括其功能与其他元素之间的功能关系等。

分析的详细程度取决于被分析系统的规模和层次。当以某个生产系统作为对象系统时，应对构成该系统的设备的故障类型及其影响进行分析。当以某台设备为分析对象时，则应对设备的各部件的故障类型及其对设备的影响进行分析。

2. 对系统元素的故障类型进行分析

在对系统元素的故障类型进行分析时，将其看作故障原因产生的结果。首先，找出所有可能的故障类型，并且尽可能找出每种故障类型的所有原因；然后，确定系统元素的故障类型。故障类型的确定可依据以下两个方面：

（1）分析对象是已有元素，则可以根据以往运行经验或试验情况确定元素的故障类型。

（2）若分析对象是设计中的新元素，则可以参考其他类似元素的故障类型，或者对元素进行可靠性分析来确定元素的故障类型。

为了区分故障类型和故障原因，必须明确元素的故障是故障原因对元素功能影响的结果。故障原因可以从内部原因和外部原因两方面来分析。首先，将元素进一步分解为若干组成部分，如机械部分、电气部分等；然后，研究这些部分的故障类型（内部原因）和这些部分与外界环境之间的功能关系，找出可能的外部原因。一般来说，外部原因主要是元素运行的外部条件方面的问题，同时也包括邻近的其他元素的故障。

3. 故障类型的影响

故障类型的影响是指系统正常运行的状态下，详细分析一个元素各种故障类型对系统的影响。

分析故障类型的影响，通过研究系统主要的参数及其变化来确定故障类型对系统功能的影响，也可以根据故障后果的物理模型或经验来研究故障类型的影响。

故障类型的影响可以从以下 3 种情况来分析：

（1）元素故障类型对相邻元素的影响，该元素可能是其他元素故障的原因。

（2）元素故障类型对整个系统的影响，该元素可能是导致重大故障或事故的原因。

（3）元素故障类型对子系统及周围环境的影响。

4. 列出故障类型和影响分析表

根据故障类型和影响分析表，系统、全面和有序地进行分析，将分析结果汇总于表中，可以一目了然地显示全部分析内容。根据研究对象和分析的目的，故障类型和影响分析表可设置成多种形式。

三、故障类型和影响、致命度分析

将故障类型和影响分析从定性分析发展到定量分析，则形成了故障类型和影响、致命度分析，见表 3-12。

表 3-12　故障类型和影响、致命度分析表

系统-致命度分析子系统	日期	
	制表	
	主管	

1	致命故障			致命计算									
	2	3	4	5	6	7	8	9	10	11	12	12	13
项目编号	故障模式	运行阶段	故障影响	项目数	k_1	k_2	λ	数据来源	运转周期	可靠性指数	α	β	C

故障类型和影响、致命度分析包括故障类型和影响分析、致命度分析。

致命度分析的目的在于评价每种故障类型的危险程度,通常采用概率-严重度评价故障类型的致命度。概率是指故障类型发生的概率;严重度是指故障后果的严重程度。采用该方法进行致命度分析时,通常将概率和严重度划分为若干等级。

当用致命度一个指标来评价时,可按下式计算致命度:

$$C = \sum_{i=1}^{n} (\alpha \beta k_1 k_2 \lambda t) \tag{3-2}$$

式中　C——系统的致命度;

　　　n——导致系统重大故障或事故的故障类型数目;

　　　λ——元素的基本故障率;

　　　t——元素的运行时间;

　　　α——导致系统重大故障或事故的故障类型数目占全部故障类型数目的比例;

　　　β——导致系统重大故障或事故的故障类型出现时,系统发生重大故障或事故的概率,见表 3-13;

　　　k_1——实际运行状态的修正系数;

　　　k_2——实际运行环境条件的修正系数。

表 3-13　β 的参考值

影响	发生概率	影响	发生概率
实际损失	$\beta=1.00$	可能出现的损失	$0<\beta<0.10$
可预计的损失	$0.01\leqslant\beta<1.00$	没有影响	$\beta=0$

四、故障类型和影响分析的应用

对于电气设备的火灾故障类型及影响分析,这里仅分析线路连接装置和开关插座,见表 3-14。

表 3-14　电气设备火灾故障类型及影响分析表

系统	设备或组件名称	故障类型	故障原因	故障的影响			故障等级	安全对策措施
				对子系统	对系统	对人员		
线路连接装置	电气接头	电阻增大	① 铜、铝连接处理不好; ② 接头点连线松弛	发热火花	火灾	伤人	Ⅱ级	按规程规定采用铜、铝过渡接头;检测接头的压紧质量

表 3-14(续)

系统	设备或组件名称	故障类型	故障原因	故障的影响			故障等级	安全对策措施
				对子系统	对系统	对人员		
开关插座	开关插座熔丝	电火花电弧	① 导线绝缘损坏或导线断裂引起短路,从而在故障点产生强烈的电弧,导线混线时也会产生电弧; ② 导体接头松动,引起接触电阻过大,有大电流通过时便会产生火花与电弧; ③ 误操作或违反安全规程; ④ 检修不当; ⑤ 正常操作开关或熔丝熔断时产生的火花	火花	火灾	伤人	Ⅱ级	① 对正常运行时会产生火花、电弧和高温的电气装置不应设置在有火灾危险的场所; ② 在电炉等火源场所,宜采用无延燃性外被层的电缆和无延燃性护套的绝缘导线

第八节　危险性和可操作性研究

危险性和可操作性研究是英国的帝国化学工业公司(ICI)于 1974 年开展的用于热力-水力系统安全分析的方法。它应用系统的审查方法来审查新设计或已有工厂的生产工艺和工程总图,以评价因装置、设备的个别部分的误操作或机械故障引起的潜在危险,并评价其对整个工厂的影响。该方法尤其适合于类似化学工业系统的安全分析。

一、引导词

危险性和可操作性研究常用的术语如下:

（1）意图。工艺某一部分完成的功能,一般用流程图表示。

（2）偏离。与设计意图的情况不一致,在分析中运用引导词系统地审查工艺参数来发现偏离。

（3）原因。产生偏离的原因通常是物的故障、人的失误、意外的工艺状态(如成分的变化)或外界破坏等引起的。

（4）后果。偏离设计意图所造成的后果(如有毒物质泄漏等)。

（5）引导词。在危险源辨识的过程中,为了启发人的思维,对设计意图定性或定量描述的简单词语。危险性和可操作性研究的引导词见表 3-15。

表 3-15　危险性和可操作性研究的引导词

引导词	意义	注释
否	对规定功能的否定	完全没发生规定功能,什么都没发生
多	数量增加	① 指数量的多少,如数量、流量、温度、压力、时间(过早、过晚、过长、过短、过大、过小、过高、过低); ② 指性质,如酸性、碱性、黏度; ③ 指功能,如加热,反应程度
少	数量减少	
而且	质的增加	① 增加过程,如输送时产生静电; ② 比应有的组分多,如生产导致河流污染

引导词	意义	注释
部分	仅实现部分功能	① 多步化学反应没完全实现; ② 物料混合物中某种物料少或完全没有; ③ 缺少某种组件或不起作用
相反	逻辑上与规定功能相反	① 对于过程:反向流动;逆反应(分解与化合);程序颠倒; ② 对于物料:用催化剂还是抑制剂
其他	其他运行状况	① 其他物料,其他状态、中间产物、催化剂、聚集状态; ② 其他运行状态(开停车、维修、保养、试运、低负荷、过负荷); ③ 其他过程(不希望的化学反应、分解、聚合); ④ 不适宜的运动过程; ⑤ 不希望的物理过程(加热、冷却、相位变化、沉淀)

(6)工艺参数。生产工艺的物理或化学特性:一般性能,如反应、混合、浓度、pH 值等;特殊性能,如温度、压力、相态、流量等。

当某个工艺参数偏离了设计意图时,会使系统的运行状态发生变化,甚至造成故障或事故。

运用引导词"不(没有)""大""小"等进行危险性和可操作性研究时,分析生产工艺部分或操作过程出现了由引导词与工艺参数相结合而构成的与意图的偏离,如"没压力""压力过大"等,这样便可以详细地分析偏离的可能原因以及可能造成的后果,从而采取相应的措施防止系统产生偏离。

进行危险性和可操作性研究时,常用的生产工艺参数有:流量、压力、温度、液位、时间、成分、pH 值、速度、频率、黏度、浓度、电压、混合、添加、分离和反应。

二、危险性和可操作性研究的分析步骤

(1)确立研究目的、对象和范围。

(2)建立研究小组。研究小组成员一般由 5~7 人组成,包括有关领域专家、对象系统的设计者等。

(3)资料收集。资料包括各种设计图纸、流程图、工厂平面图、等比例图、装配图以及操作指令、设备控制顺序图、逻辑图或计算机程序,有时还需要工厂或设备的操作规程和说明书等。

(4)制订研究计划。在广泛收集资料的基础上,组织者要制订研究计划。在对每个生产工艺部分或操作步骤进行分析时,要计划好所花费的时间和研究的内容。

(5)按引导词逐一分析每个单元内工艺条件可能产生的偏差。

(6)分析发生偏差的原因及后果。

(7)制定相应的对策措施。

(8)将上述分析结果填入表格中。

三、危险性和可操作性研究的应用

某工厂生产磷酸氢二铵(DAP)的工艺流程,如图 3-9 所示。在该工艺过程中,磷酸溶液与氨水溶液被加入带夹套的搅拌反应釜中,磷酸与氨反应生成 DAP,将 DAP 放入一敞开的储槽中。生产过程中调节氨水储罐与反应釜之间管线上的阀门 A,以及磷酸储罐与反应釜

之间管线上的阀门B，它们分别控制进入反应釜的氨和磷酸的速率。

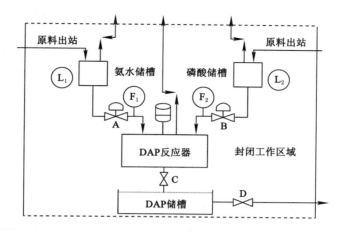

图 3-9 DAP 工艺流程图

当磷酸进入反应釜的速率高于氨进入的速率时，会生成另一种不需要的物质，但没有危险性。当磷酸和氨二者进入反应釜操作速率都高于额定速率时，反应释放能量增加，反应釜可能承受不了温度和压力的迅速增加。当氨进入反应釜操作速率高于磷酸进入的速率时，过剩的氨可能随 DAP 进入敞口的储罐，挥发的氨可能会伤害人员。这里选择磷酸储罐与反应釜之间的管线部分作为分析对象，其结果见表 3-16。

表 3-16 DAP 工艺危险性和可操作性研究（部分）

安全评价组 DAP 工艺危险性和可操作性研究		车间/工段：××车间 系统： 任务：		日期：　　代号： 页码：　　设计者： 审核者：
引导词	偏差	可能的原因	主要后果	安全对策措施
没有	没有流量	磷酸储罐中无料；流量计故障（指示偏离）；操作者调节磷酸流量为零；阀门 B 故障关闭；管线堵塞；管线泄漏或破裂	反应釜中氨过量且进入 DAP 储罐，并发挥到工作区域	定期维修和检查阀门 B；定期维护流量计；安装氨检测器和报警器；安装流量监控报警、紧急停车系统；工作区域通风；采用封闭式储罐
没有	没有流量	磷酸储罐中无料；流量计故障（指示偏离）；操作者调节磷酸流量为零；阀门 B 故障关闭；管线堵塞；管线泄漏或破裂	反应釜中氨过量且进入 DAP 储罐，并发挥到工作区域	定期维修和检查阀门 B；定期维护流量计；安装氨检测器和报警器；安装流量监控报警、紧急停车系统；工作区域通风；采用封闭式储罐
多	流量大	阀门 B 故障；流量及故障（指示偏低）；操作者调节硫酸流量过大	反应釜中磷酸过量；若氨量也大，则反映释放大量热生成不需要的物质；DAP 储罐液位过高	定期维修和检查阀门 B；定期维护流量计；安装液位监控报警、紧急停车系统
少	流量小	阀门 B 故障；流量及故障（指示偏低）；操作者调节硫酸流量过小	同"没有流量"的后果	同"没有流量"的后果
引导词	偏差	可能的原因	主要后果	安全对策措施

表3-16（续）

安全评价组 DAP 工艺危险性和可操作性研究	车间/工段：××车间 系统： 任务：			日期： 代号： 页码： 设计者： 审核者：
以及	输送磷酸和其他物质	原料不纯；原料入口处混入其他物质	生成不需要的物质；混入物或生成物可能有害	定期检查原料成分；定期维护和检查管路系统
部分	磷酸量不足	原料不纯	生成不需要的物质；混入物或生成物可能有害	定期检查原料成分
反向	反向输送	反应釜泄放口堵塞	磷酸溢出	定期维护和检查反应釜
其他	送入的不是磷酸	磷酸储物罐中物料不是磷酸	可能发生意外的反应；可能带来潜在危险；可能反应釜中氨过量	定期检查原料成分

第九节　作业危害分析

作业危害分析是一种广为应用的方法，许多石油和天然气企业都采用了这一方法。美国职业健康安全管理局分别于 1998 年和 2002 年先后出版了专门介绍作业危害分析的小册子，并两次进行了修订；加拿大职业健康中心曾对这种方法做了较为详细的阐述。

一、作业危害分析的概念与作用

作业危害分析又称为作业安全分析、作业危害分解，是一种定性风险分析方法。实施作业危害分析不仅能够识别作业中潜在的危害、确定相应的工程措施、提供适当的个体防护装置，还可以防止事故发生、人员受到伤害。此方法适用于涉及手工操作的各种作业。

作业危害分析将作业活动划分为若干步骤，对每一步骤进行分析，从而辨识潜在的危害并制定安全措施。作业危害分析有助于将认可的职业安全健康原则在特定作业中贯彻实施。这种方法的基点在于，职业安全健康是任何作业活动的一个有机组成部分，而不能单独剥离出来。

所谓作业（也称为任务），是指特定的工作安排，如操作研磨机、使用高压水灭火器等。作业的概念不宜过大，如大修机器；当然，作业的概念也不能过细，如连接高压水龙头。

开展作业危害分析，能够辨识原来未知的危害，增加职业安全健康方面的知识，促进操作人员与管理者之间的信息交流，有助于得到更为合理的安全操作规程。作业危害分析的结果可作为操作人员的培训资料，为不经常进行该项作业的人员提供指导；还可作为职业安全健康检查的标准，协助政府进行事故调查。

二、作业危害分析的步骤

1. 确定（选择）待分析的作业

在理想情况下，所有的作业都要进行作业危害分析。但在实际工作中，一般仅确保对关键性的作业实施分析。在确定分析作业时，应优先考虑以下作业活动：

（1）事故频率和后果：频繁发生事故或不经常发生但可导致灾难性后果的。

（2）严重的职业伤害或职业病：后果严重、危险的作业条件或经常暴露在有害物质中。

（3）新增加的作业：由于经验缺乏，明显存在危害或危害难以预料。

（4）变更的作业：可能会由于作业程序的变化而带来新的危险。

（5）不经常进行的作业：由于从事不熟悉的作业而可能有较高的风险。

2. 将作业划分为若干步骤

选定作业活动之后，要将其划分为若干步骤。每个步骤都应是作业活动的一部分，按照顺序在分析表中记录每个步骤，并且说明操作内容。

步骤划分得不能太笼统，否则会遗漏一些步骤以及与之相关的危害；步骤划分也不宜太细，以免出现步骤过多。根据经验，一项作业活动的步骤一般不超过 10 项。如果作业活动步骤划分得实在太多，可先将该作业活动分为两个部分，分别进行危害分析。此处的要点是要保持各个步骤正确的顺序。步骤顺序改变后，在作业危害分析时有些潜在的危害可能不会被发现，也可能增加一些实际并不存在的危害。

在划分作业步骤之前，应仔细观察操作人员的操作过程。观察人通常是操作人员的直接管理者，被观察的操作人员应该有工作经验并熟悉整个作业工艺。观察应当在正常的时间和工作状态下进行，如某项作业活动是夜间进行的，就应在夜间进行观察。

3. 辨识每一步骤的潜在危害

根据对作业活动的观察、掌握的事故（伤害）资料以及经验，依次对每一步骤的潜在危害进行辨识，并将其危害列入分析表中。

为了辨识危害，需要对作业活动做进一步的观察和分析。辨识危害应该思考的问题包括：可能发生的故障或错误是什么；其后果如何；事故是怎样发生的；其他的影响因素有哪些；发生的可能性有多大。

4. 确定预防对策

危害辨识以后，需要制定消除或控制危害的对策。确定对策时，应该从工程控制、管理措施和个体防护 3 个方面加以考虑。具体对策依次如下：

（1）消除危害。消除危害是最有效的措施，有关这方面的技术包括改变工艺路线，修改现行工艺，以危害较小的物质替代，改善环境（通风），完善或改换设备及工具等。

（2）控制危害。当危害不能消除时，采取隔离、机器防护、工作鞋等措施控制危害。

（3）修改作业程序。完善危险操作步骤的操作规程，改变操作步骤的顺序以及增加一些操作程序（如锁定能源措施）。

（4）减少暴露。减少暴露的一种办法是减少在危害环境中暴露的时间，如完善设备以减少维修时间，配备合适的个体防护器材等。为了减少事故的后果，应设置一些应急设备，如洗眼器等。这是没有其他解决办法时的一种选择。

确定的对策要填入分析表中。对策的描述应具体，说明应采取何种做法以及怎样做，避免过于原则的描述，如小心、仔细操作等。

5. 信息传递

作业危害分析是消除和控制危害的一种行之有效的方法，应当将作业危害分析的结果传递给所有从事该作业的人员。

三、作业危害分析实例

某一作业活动为从顶部人孔进入储罐，清理化学物质储罐的内表面。运用作业危害分析方法,将该作业活动划分为 9 个步骤逐一分析,见表 3-17。

表 3-17　作业危害分析表

序号	步骤	危害辨识	对策
1	确定罐内的物质种类,确定在罐内的作业及存在的危险	1. 爆炸性气体; 2. 氧含量不足; 3. 化学物质暴露:气体、粉尘、蒸气(刺激性、毒性)、液体(刺激性、毒性、腐蚀、过热) 4. 运动的部件/设备	1. 根据标准制定进入规程,取得有安全、维修和监护人员签字的作业许可证; 2. 由具备资格的人员对气体检测; 3. 通风,使氧的含量为 19.5%～21.5%,并且任意一种可燃气体的浓度低于其爆炸下限的 10%; 4. 可采用蒸汽熏蒸、水洗排水,然后通风的方法; 5. 提供合适的呼吸器材,提供保护头、眼、身体和脚的防护服; 6. 参照有关规范提供安全带和救生索,如果有可能,清理罐体外部
2	选择和培训操作者	1. 操作人员呼吸系统或心脏有疾患或其他身体缺陷; 2. 未培训操作人员或培训不当,操作失误	1. 工业卫生医师检查操作者的身体适应性; 2. 科学培训操作人员; 3. 按照有关规范,对作业进行预演
3	设置检修设备	1. 软管、绳索、器具有脱落的危险; 2. 电气设施的电压过高,导线裸露; 3. 电动机未锁定且未做出标记	1. 按照位置,顺序地设置软管、绳索、管线及器材以确保安全; 2. 设置接地故障断路器; 3. 如果有搅拌电动机,加以锁定并做标记
4	在罐内安放梯子	梯子滑倒	将梯子牢固地固定在人孔顶部或其他固定部件上
5	准备入罐	罐内存在有害气体或液体	1. 通过现有的管道清空储罐; 2. 审查应急预案; 3. 打开罐体; 4. 工业卫生专家或安全专家检查现场; 5. 罐体接管法兰处设置盲板(隔离); 6. 由具备资格的人员检测罐内气体(经常检测)
6	罐的入口处安放设备	脱落或倒下	1. 使用机械操作设备; 2. 灌顶作业处设置防护护栏
7	入罐	1. 从梯子上滑脱; 2. 暴露于危险的作业环境中	1. 按有关标准配备个体防护器具; 2. 外部监护人员观察、指导入罐作业人员,在紧急情况下能将操作人员自罐内营救出来
8	清洗储罐	发生化学反应,生成烟雾或散发空气污染物	1. 为所有操作人员和监护人员提供防护服及器具; 2. 提供罐内照明; 3. 提供排气设备; 4. 向罐内补充空气; 5. 随时检测罐内空气; 6. 轮换操作人员或保证一定时间的休息; 7. 如果需要,提供通信工具以便于得到帮助; 8. 提供两人作为后备救援,以应付紧急情况
9	清理	使用工(器)具而引起伤害	1. 预先演习; 2. 使用运料设备

第十节 因果分析

一、因果分析的概念与步骤

1. 因果分析的概念

事故树分析和事件树分析是两种截然不同的分析方法。事故树分析在逻辑上称为演绎分析法,是一种静态的微观分析;事件树分析在逻辑上称为归纳分析法,是动态的宏观分析法。二者各有优点,也各有不足。为此,人们提出了能够充分发挥二者之长、尽量弥补各自之短的方法——因果分析。因果分析是将事故树分析和事件树分析二者结合应用的方法,也称为原因-后果分析。它用事故树进行原因分析,用事件树进行后果分析,从而结合二者的优点。

因果分析的基本思路是:结合事件树和事故树,绘制出供系统分析、计算用的图形,并进行定性分析和定量计算,最后做出风险评价。

2. 因果分析的步骤

第一步,从初因事件开始,绘制事件树图。

第二步,将事件树的初因事件和失败的环节事件作为事故树的顶上事件,分别绘制事故树图。

以上两步骤所完成的图形称为因果图。

第三步,根据需要和取得的数据,进行定性和定量分析,得出各种后果的发生概率,进而得到对整个系统的风险评价(安全性评价)。

二、因果分析实例

下面以某工厂中电动机过热为例,详细说明因果分析的方法和步骤。

1. 电动机过热的因果图

经过分析,以电动机过热为初因事件,绘制它的事件树;再以初因事件电动机过热和操作人员未能灭火等失败的环节事件作为顶上事件,分别绘制事故树,形成完整的因果图,如图 3-10 所示。电动机过热可能引起 5 种后果($G_1 \sim G_5$),其后果及其损失见表 3-18。

表 3-18 电动机过热各种后果及其损失
单位:美元

后果	直接损失[1]	停工损失[2]	总损失 S_i
G_1:停产 2 h	10^3	2×10^3	3×10^3
G_2:停产 24 h	1.5×10^4	2.4×10^4	3.9×10^4
G_3:停产 1 个月	10^6	7.44×10^5	1.744×10^6
G_4:无限期停产	10^7	10^7	2×10^7
G_5:无限期停产,伤亡 10 人	4×10^7	10^7	5×10^7

注:① 直接损失是指直接烧坏及损坏造成的财产损失,而对于 G_5 则包括人员伤亡的抚恤费。

② 停工损失是指每停工 1 h 估计损失 1 000 美元,无限期停产损失约为 10^7 美元。

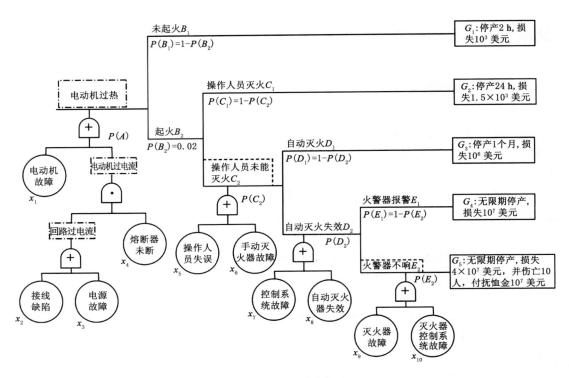

图 3-10　电动机过热因果图

2. 各事件的有关参数

为计算初因事件和各环节事件的发生概率,需要调查和掌握有关参数。电动机大修周期为 6 个月,假设电动机过热事件 A 的发生概率 $P(A)=0.088$,过热条件下起火概率 $P(B_2)=0.02$,其他各有关参数见表 3-19,可利用这些参数通过事故树分析计算各失败环节事件的发生概率。

表 3-19　事件的有关参数

事件	有关参数
A	A 发生概率:$P(A)=0.088$(电动机大修周期为 6 个月)
B_2	起火概率:$P(B_2)=0.02$(过热条件)
C_2	操作人员失误概率:$P(x_5)=0.1$; 手动灭火器故障 x_6:$\lambda_6=10^{-4} \text{h}^{-1}$; $T_6=730 \text{ h}$(T_6 为手动灭火器的试验周期)
D_2	自动灭火控制系统故障 x_7:$\lambda_7=10^{-5}\text{h}^{-1}$, $T_7=4\ 380 \text{ h}$; 自动灭火控制器故障 x_8:$\lambda_8=10^{-5}\text{h}^{-1}$, $T_8=4\ 380 \text{ h}$
E_2	火警器控制系统 x_9:$\lambda_9=5\times10^{-5}\text{h}^{-1}$, $T_9=2\ 190 \text{ h}$; 火警器故障 x_{10}:$\lambda_{10}=10^{-5}\text{h}^{-1}$, $T_{10}=2\ 190 \text{ h}$

3. 各后果事件的发生概率

根据表 3-19 的数据,可以计算各后果事件的发生概率。

（1）后果事件 G_1 的发生概率为：
$$P(G_1)=P(A)P(B_1)$$
$$=P(A)[1-P(B_2)]$$
$$=0.088\times(1-0.02)$$
$$=0.086\,24$$

即 6 个月内电动机过热但未起火的可能性为 0.086。

（2）后果事件 G_2 的发生概率为：
$$P(G_2)=P(A)P(B_2)P(C_1)$$
$$=P(A)P(B_2)[1-P(C_2)]$$

C_2 事件发生概率的计算：根据顶上事件发生概率的计算方法，有：
$$P(C_2)=1-[1-P(x_5)][1-P(x_6)]=0.132\,85$$

由表 3-19 可知，$P(x_5)=0.1$；$P(x_6)$ 是手动灭火器的故障概率。表 3-19 给出了手动灭火器故障率 λ_6 和试验周期 T_6，设故障发生在试验周期的中点，即：
$$t_6=T_6/2=730\ h/2=365\ h$$

x_6 的故障概率，按级数展开并略去高阶无穷小，得：
$$P(x_6)\approx\lambda_6 t_6=10^{-4}\times365=3.65\times10^{-2}$$

因此，可以计算出后果事件 G_2 的发生概率为：
$$P(G_2)=0.088\times0.02\times(1-0.132\,85)=0.001\,526\,184$$

按同样步骤，可以计算出其他后果事件的发生概率。

4．风险率和风险评价

各种后果事件的发生概率和损失大小均已知道，便可求出各种后果事件的风险率（或称为损失率）为：
$$R_i=P_i S_i$$

风险率是表示危险程度大小的指标，后果事件 G_1 的风险率为：
$$R_1=P_1 S_1=0.086\times3\times10^3=258.72$$

按照同样方法计算，可得到各种后果事件的风险率。将各种后果事件的发生概率、损失大小（严重度）和风险率列表，见表 3-20。

表 3-20　各种后果事件的发生概率、损失大小和风险率

G_i	损失大小 S_i/美元	发生概率 P_i(1/6 月)	风险率 R_i/(美元·6 个月$^{-1}$)
G_1	3×10^3	0.086\,24	258.72
G_2	3.9×10^4	0.001\,526\,184	59.52
G_3	1.744×10^6	0.000\,223\,687	390.11
G_4	2×10^7	0.000\,009\,468\,597	189.39
G_5	5×10^7	0.000\,659\,403	32.97
累计			930.71

根据表 3-20 中的数据，可以对电动机过热的各种后果事件进行风险评价。例如，设安全指标（允许的风险率）为 300 美元/6 个月，若后果事件的风险率不超过安全指标，认为达到了安全要求，不需进行调整；否则，未达到安全要求，需要进行调整，并重新进行计算和评

价,直至达到安全要求为止。

可以看出,后果事件 G_1 和 G_2 的风险均不大于安全指标,其风险是可以接受的。从整体考虑,如果以各种后果事件的风险率总和不超过 1 000 美元/6 个月作为总的安全指标的话,那么该系统的总体风险可以接受(表 3-20),即该系统是安全的。

第十一节　管理失误和风险树分析

一、管理失误和风险树分析概述

管理失误和风险树分析也称为管理疏忽和危险树。管理失误和风险树分析是 20 世纪 70 年代在事故树分析的基础上发展起来的,美国的威廉·G.约翰逊研究并提出了这一方法。他以生产系统为对象,提出了以管理因素为主要矛盾的分析方法。在现有的数十种系统安全分析方法中,只有管理失误和风险树分析把分析的重点放在管理缺陷方面。他认为,事故的形成是缺乏屏障(防护)以及人、物位于能源通道等因素造成的。因而在事故分析中,人们需要进行屏障(防护)分析和能量转移分析。

管理失误和风险树分析与事故树分析相比,它们的分析手段基本上相同——用逻辑关系分析事故,用树状图表示原因和结果,用布尔代数进行计算。但是,管理失误和风险树分析把重点放在管理缺陷上,所采用的符号、分析对象和原因等方面和事故树分析略有不同。

管理失误和风险树分析包括了一般系统安全分析中的一些概念,如危害检查、寿命周期、职业安全分析等;也有许多创新的安全概念,如屏障分析、变化的观点以及能量转移观点等。它将事故定义为"一种造成对人员伤害和对财产损失的,或者减缓进行过程中不希望发生的能量转移",而事故的发生主要是缺少屏障和控制。由于计划错误或操作错误造成与人或环境有关的故障,并直接导致不安全的状态和不安全的行为。在分析过程中,将仔细追踪能量流动,并采用适当的屏障来防止不希望的能量转移。这里所讲的屏障,不仅包括物质方面的硬件,还包括计划、规程和操作等方面的软件。

二、管理因素评价

经验和事故理论都证明,事故的发生(直接或间接)与管理缺陷有很大的关系。所谓不注意、不小心和其他一些不安全行为,多数都与缺乏管理、监督或管理、监督有缺陷有关。在事故分析中,常常有所谓"存在管理漏洞"或"进行了管理,但不够充分"等说法。此时,人们不禁要问:为什么事前不能指出这些问题并予以消除呢? 管理失误和风险树分析就是在事故发生之前对管理因素做出评价的一种重要措施。

管理失误和风险树分析将管理工作水平分为 5 个等级:优秀、良好、恰当、欠佳、劣。

管理失误和风险树分析在分析预测事故的管理因素时,将"欠佳"作为判定的标准。

应当看到,管理因素所包括的内容十分广泛,但其缺陷产生的原因十分复杂,导致其分析评价也十分困难。事故树分析完全适用于一般生产系统,但不适用于范围宽广的管理因素分析,管理失误和风险树分析则正好与其互补。

三、管理失误和风险树分析的方法和特点

1. 管理失误和风险树分析的分析对象和符号

管理失误和风险树分析主要是一种管理手段和决策手段,它不仅要分析物和人的因素,

还要分析意识等无形的因素。其顶上事件可以是人身伤亡、财物损失、经营下降或其他损失（如舆论、公众形象损失等）。

管理失误和风险树分析使用的符号与事故树分析中使用的符号类似，但又有所不同。图 3-11 为管理失误和风险树分析的常见符号。

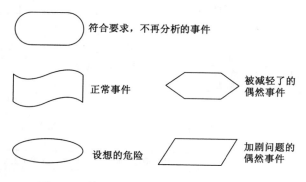

图 3-11 管理失误和风险树分析的常见符号

2. 管理失误和风险树分析的结构

管理失误和风险树分析有 3 个主要分支，分别由 3 类基本事件组成。具体内容如下：

（1）S 因素：工作的失误和差错，是指与被研究的事故有关的特别的管理疏忽和漏洞。在这一分支中，各因素的排列具有一定的规律性，在水平方向上自左至右表示时间上的从先到后，在竖直方向上由上而下表示从近因到远因。为了防止事故的发生，从时间因素考虑，应从树的左侧尽早采取措施；从逻辑关系考虑，应从基础原因（也称为远因）着手，也就是从树的下方寻求避免事故的途径。

（2）R 因素：已被认识的危险或设想的危险，提醒人们注意，以便采取措施减少其发生。

（3）M 因素：管理系统中欠佳的因素，或者称为一般管理因素，可能是促成事故的一般管理问题和缺陷。

S、R、M 形成了管理失误和风险树分析的 3 条主要分支（主干），如图 3-12 所示。

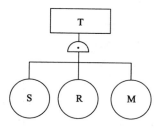

图 3-12 管理失误和风险树分析的基本组成

除 R 因素外，S 和 M 两条分支具有通用参考模式，其基本组成如图 3-13 所示。

3. 管理失误和风险树分析的主干图

图 3-14 为管理失误和风险树分析的主干图。可以看出，它包括大量的因素，绘制和分析都很复杂。

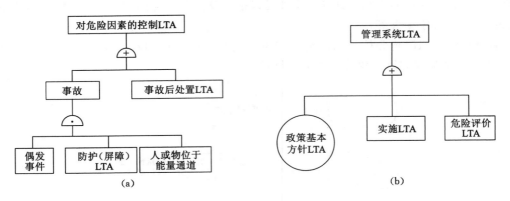

图 3-13 管理失误和风险树分析的 S 因素和 M 因素

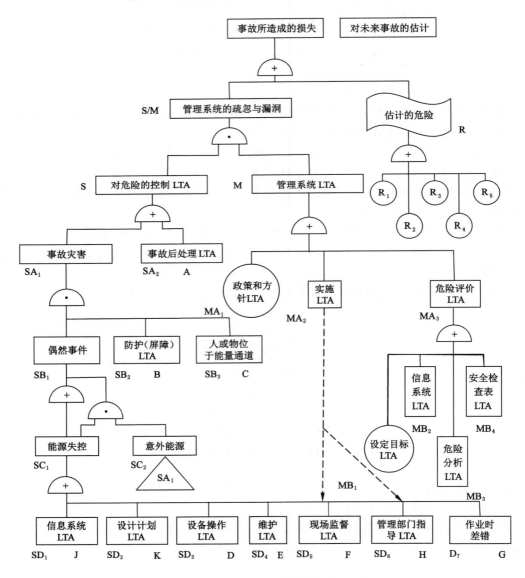

图 3-14 管理失误和风险树分析的主干图

4. 管理失误和风险树与事故树的相同点与不同点

管理失误和风险树与事故树的相同点是：分析手段基本上相同，就是利用逻辑关系分析事故，利用树状图表示原因和结果，用布尔代数进行计算。

因此，管理失误和风险树与事故树的不同点主要表现在以下几个方面：

（1）管理失误和风险树分析把重点放在管理缺陷上，所采用的符号、分析对象和原因等方面和事故树分析略有不同。

（2）管理失误和风险树分析在逻辑方面不如事故树分析严谨，应用也不太普遍，比事故树分析的影响小。

（3）应用方面，事故树分析完全适用于一般生产系统，管理失误和风险树分析适用于范围宽广的管理因素分析。

任何事故的本质原因都与管理缺陷有关，管理失误和风险树分析比较有意义。

5. 评价及应用

管理失误和风险树分析在逻辑方面不如事故树分析严谨，应用也不太普遍，比事故树分析的影响小。但任何事故的本质原因都与管理缺陷有关，所以管理失误和风险树分析是很有意义的。

据分析，管理失误和风险树分析主要应用于以下几个方面：

（1）在研究安全管理体制和安全管理系统时使用。

（2）分析大规模的事故因素，包括事故规模大，或者相关因素多、涉及面广、分析程度深等。

（3）可以作为工矿企业综合安全评价的一览表使用。

第十二节　系统安全定性分析方法小结

系统安全分析是安全系统工程的核心内容，也是安全评价和事故危险控制的基础。系统安全分析方法很多，为了便于读者掌握和灵活应用，本节对常用的系统安全定性分析方法做如下小结。

一、系统安全定性分析方法的类别划分

按照逻辑思维方法、量化程度和动态特性等对系统安全方法进行分类，具体如下：

1. 按逻辑思维方法分

按逻辑思维方法，将系统安全方法分为归纳法和演绎法两大类。

归纳法就是从个别情况出发，推出一般结论。考虑一个系统，如果假定一个特定故障或初始条件，并且想要查明这一故障或初始条件对系统运行的影响，那么就可以调查某些特定元件（部件）的失效是如何影响系统正常运行的。例如，管道破裂是如何影响工厂安全的，该事件树分析则是最典型的归纳分析方法。

演绎法就是从一般到个别的推理。在系统的演绎分析中，假定系统本身已经以一定的方式失效，然后要找出哪些系统（部件）行为模式造成了这种失效。例如，"一连串什么事件使得某车间火灾发生"这样的问题，事故树分析则是最典型的演绎分析方法。

按照逻辑思维方法，常用系统安全分析方法分类如下：

（1）归纳法：事件树分析、预先危险性分析、安全检查表、故障类型和影响分析、致命度

分析、危险性和可操作性研究。

（2）演绎法：事故树分析、鱼刺图分析。

2. 按量化程度分

定性系统安全分析是指对影响系统、操作、产品或人身安全的全部因素进行非数学方法的研究与分析，或者对事件只给定0或1的分析程序，而0或1这两个数值的意义只表示事件"不发生"或"发生"。定量系统安全分析则是在定性分析的基础上运用数学方法与计算工具，分析事故、故障及其影响因素之间的数量关系和数量变化规律，其目的是对事故或危险发生的概率及风险率进行准确评定。

在系统安全分析中，首先进行定性分析，确定对系统安全的所有影响因素的模式及相互关系，然后根据需要进行定量分析。

按照量化程度分类如下：

（1）定性系统安全分析方法：预先危险性分析、安全检查表、危险性和可操作性研究、故障类型和影响分析、鱼刺图分析。

（2）定量系统安全分析方法：事故树分析、事件树分析、因果分析、致命度分析。

在以上分类中，有的方法既可做定性分析，又可做定量分析，如事故树分析和事件树分析。

3. 按静、动态特性分

按照分析方法能否反映时间历程和环境变化因素，可分为静态分析方法和动态分析方法两种。动态分析方法包括事件树分析和因果分析，其他均为静态分析方法。

二、各种系统安全定性分析方法的特点及适用范围

各种系统安全分析方法都是根据对危险性的分析、预测以及特定的评价需要而研究开发的。因此，它们都有各自的特点和一定的适用范围。下面对各种常用系统安全定性分析方法的特点及适用范围进行介绍。

1. 预先危险性分析

确定系统的危险性，防止采用不安全的技术路线，避免使用具有危险性的物质、工艺和设备。其特点是将分析工作做在行动之前，避免考虑不周而造成损失。当然，在系统运行周期的其他阶段，如检修后开车、制定操作规程、技术改造之后、使用新工艺等情况下，都可以采用这种方法。

2. 安全检查表

按照一定方式（检查表）检查设计、系统和工艺过程，查出危险性所在。该方法使用简单、用途广泛，没有任何限制。

3. 故障类型和影响分析

以硬件为对象，对系统中的元件进行逐个研究，首先查明每个元件的故障模式，然后进一步查明每个故障模式对子系统以及系统的影响。该方法易于理解，不需要数学计算，是广泛采用的标准化方法。但该方法费时较多，而且一般不能考虑人、环境和部件之间的相互关系等因素。因此，该方法主要用于设计阶段的安全分析。

4. 致命度分析

确定系统中每个元件发生故障后造成多大程度的严重性，按其严重度定出等级，以便改进系统性能。该方法用于各类系统、工艺过程、操作程序和系统中的元件，是较完善的标准方法。虽然易于理解，但需要在故障类型和影响分析之后进行，与故障类型和影响分析一

样,不能包含人和环境及部件之间的相互作用等因素。

5. 事故树分析

由不希望事件(顶上事件)开始,找出引起顶上事件的各种失效的事件及其组合。该方法最适用于找出各种失效事件之间的关系,即寻找系统失效的可能方式。该方法可包含人、环境和部件之间相互作用等因素,加上简明、形象化的特点,已成为安全系统工程的主要分析方法。虽然能进行深入的定性、定量分析,但需要一定的数学知识。

6. 事件树分析

由初始(希望或不希望)的事件出发,按照逻辑推理推论其发展过程及结果,即由此引起的不同事件链。该方法广泛用于各种系统,能够分析出各种事件发展的可能结果,是一种动态的宏观分析方法。虽然可进行定性分析和定量分析,但不能分析平行产生的后果,不适用于详细分析。

7. 因果分析

该方法综合了事故树分析和事件树分析,从初始条件出发,向前用事件树分析,向后用事故树分析,兼有二者的优缺点;同时,该方法灵活,易于文件化,简明地表示因果关系,也有定量计算,通过分析段时间内发展变化的事项,提供了系统的全面视觉。

8. 鱼刺图分析

该方法对于不希望的结果(事故),将其形成的原因进行归纳、分析,并用简明的文字和线条加以全面表示。该方法广泛用于各种事故原因分析,易于形成文件档案,但不能进行量化分析。

9. 危险性和可操作性研究

研究工艺状态参数的变动以及操作控制中偏差的影响及其发生的原因。其特点是由中间的状态参数的偏差开始,分别向下找原因向上判明其后果。因此,它是故障类型和影响分析、事故树分析方法的引申,兼有二者的优点,适用于流体或能量的流动情况分析,特别是大型化工企业。

10. 作业条件危险性评价(格雷厄姆-金尼法)

该方法是一种半定量的系统安全分析方法,简单易行,主要评价人员在具有潜在危险性环境中作业时的危险性。根据事故发生的可能性、人员暴露情况、严重程度赋分,利用该方法可评价系统危险性等级。因此,作业条件危险性评价适用于各类生产作业条件,简便、实用、适用范围广,但受分析人员主观影响较大。

11. 作业危害分析

该方法是较细致,将各项作业按步骤分解,识别每一个步骤中的危害和可能的事故,并设法消除。因此,作业危害分析主要以员工作业过程为主线,分析作业过程中存在的风险。

三、系统安全定性分析方法的选择

1. 系统安全分析方法的适用情况

在系统寿命不同阶段的危险因素辨识中,应该选择相应的系统安全分析方法。例如,在系统的开发、设计初期,可以应用预先危险性分析方法;在系统运行阶段,可以应用危险性和可操作性研究、故障类型和影响分析等方法进行详细分析,或者应用事件树分析、事故树分析、因果分析等方法对特定的事故或系统故障进行详细分析。系统生命周期内各阶段适用的系统安全分析方法选择参见表 3-21。

表 3-21 系统安全分析方法选择参考

分析方法	开发研制	方案设计	样机	详细设计	建造投产	日常运行	改建扩建	事故调查	拆除
安全检查表		√	√	√	√	√	√	√	√
预先危险性分析	√	√	√	√			√		
危险性和可操作性研究					√	√	√	√	
故障类型和影响分析			√	√	√	√	√	√	
致命度分析		√	√	√	√	√	√		
鱼刺图分析		√	√		√				√
事故树分析			√	√	√	√			√
事件树分析			√	√	√	√			
因果分析			√	√	√	√	√		
作业条件危险性评价	√		√			√			
作业危害分析						√			

2. 系统安全分析方法的选用原则

(1) 首先可进行初步的、定性的综合分析,如用预先危险性分析、安全检查表等,得出定性的概念;然后根据危险性大小进行详细的分析。

(2) 根据分析对象和要求的不同,选用相应的系统安全分析方法。如果分析对象是硬件(如设备等),则选用故障类型和影响分析、致命度分析或事故树分析;如果工艺流程中的工艺状态参数变化,则选用危险性和可操作性研究。

(3) 如果对新建项目、改造的项目或限定的目标进行分析,则选用静态分析法;如果对运动状态和过程进行分析,则选用动态分析方法。

(4) 如果需要精确评价,则选用定量分析方法,如事故树分析、事件树分析、因果分析、致命度分析等方法。

(5) 应该注意的是,在进行系统安全分析时,使用单一方法往往不能得到满意的结果,经常需要用其他方法弥补其不足。

复习思考题

1. 安全检查表的作用、优点及检查内容是什么?试编制校园宿舍防火安全检查表。

2. 预先危险性分析的目的及程序是什么?

3. 某矿井中的一运输斜巷,设有带式输送机运送煤炭,在带式输送机旁边铺设检修轨道,未留人行道。按规定,此类巷道应保证行人不行车,即行人进运输斜巷前应发出行人信号,通知绞车司机不要放车。一天,两名工人未发行人信号,就从运输斜巷底部开始,沿着检修轨道向上行走。由于绞车司机不知有人行走,从运输斜巷的上部车场放下一辆矿车,向两名工人直冲过来。幸亏在巷道底部工作的一位老工人发现险情,及时发出了紧急停车信号,矿车在接触第一名工人的一刹那停车,才避免了一起严重事故的发生。但此险情造成向上行走的两名工人,其中一人受伤较重。试用事件树分析这一事故。

4. 试述作业危害分析的概念、作用及分析程序。

5. 什么是危险性和可操作性研究？其研究步骤有哪些？

6. 试述因果分析的概念和步骤。

7. 管理失误和风险树分析的特点及组成部分有哪些？其应用前景如何？

8. 如何对系统安全定性分析方法进行分类？各种系统安全定性分析方法的主要特点是什么？

9. 如何选择应用系统安全定性分析方法？

10. 请你列出在危险因素辨识中得到广泛应用的系统安全分析方法。

11. 图 3-15 为系统功能框图，已知子系统 $A_1 \sim A_5$ 的可靠度分别为 0.9，试绘制其事件树图，并计算系统的可靠度。

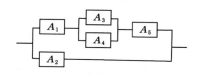

图 3-15　思考题 11 示意图

第四章
系统安全定量分析

【知识框架】

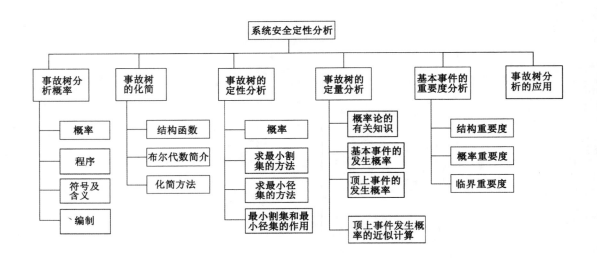

【学习目标】

了解事故树分析的基本原理,掌握并学会运用其进行系统定性和定量分析;重点掌握事故树的编制及其运用,包括最小径集、最小割集、结构重要度、概率重要度、临界重要度的计算和分析以及顶上事件发生概率的计算和分析。

【重、难点梳理】

1. 事故树的建造方法;

2. 利用事故树最小割集和最小径集的求解进行事故树定性分析;

3. 利用最小割集和最小径集求解顶上事件发生概率的方法进行事故树定量分析;

4. 事故树的结构重要度、概率重要度和临界重要度的计算;

5. 熟练应用事故树分析方法进行生产事故分析。

第一节 事故树分析概述

一、事故树分析的基本概念

事故树分析（又称为故障树分析或失效树分析）是一种演绎推理法，这种方法将系统可能发生的某种事故与导致事故发生的各种原因之间的逻辑关系用树形图表示出来，通过对事故树的定性与定量分析，找出事故发生的主要原因，为确定安全对策提供可靠依据，以达到预测与预防事故发生的目的。

二、事故树分析的基本程序

事故树分析是根据系统可能发生的事故或已经发生的事故所提供的信息寻找与事故发生有关的原因，从而采取有效的防范措施防止事故发生。分析人员在具体分析某系统时，可根据需要和实际条件选取其中若干步骤，其程序如图 4-1 所示。

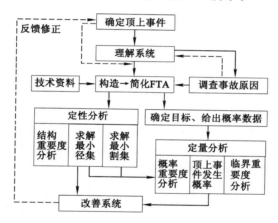

图 4-1 事故树分析程序流程框图

1. 准备阶段

（1）确定所要分析的系统。在分析过程中，合理地处理好所要分析系统与外界环境及其边界条件，确定所要分析系统的范围，明确影响系统安全的主要因素。

（2）熟悉系统。熟悉系统是事故树分析的基础和依据，对已经确定的系统进行深入的调查研究，收集系统的有关资料与数据，包括系统的结构、性能、工艺流程、运行条件、事故类型、维修情况、环境因素等。

（3）调查系统发生的事故。收集、调查所分析系统曾经发生过的事故和将来有可能发生的事故，同时还要收集、调查本单位与外单位、国内外同类系统曾发生的所有事故。

2. 事故树的编制

（1）确定事故树的顶上事件。确定顶上事件是指确定所要分析的对象事件，并且根据事故调查报告分析其损失大小和事故频率，选择易于发生且后果严重的事故作为事故的顶上事件。

（2）调查与顶上事件有关的所有原因事件。从人、机、环境和管理等方面调查与事故树顶上事件有关的所有事故原因，确定事故原因并进行影响分析。

（3）编制事故树。采用一些规定的符号,按照一定的逻辑关系将事故树顶上事件与引起顶上事件的原因事件绘制成反映因果关系的树形图。

3. 事故树定性分析

事故树定性分析主要是按事故树的结构求取事故树的最小割集或最小径集以及基本事件的结构重要度,同时根据定性分析的结果确定预防事故的安全保障措施。

4. 事故树定量分析

事故树定量分析主要是根据引起事故发生的各基本事件的发生概率计算事故树顶上事件发生的概率以及各基本事件的概率重要度和临界重要度,并且根据定量分析的结果以及事故发生以后可能造成的危害对系统进行风险分析。

5. 事故树分析的结果总结与应用

必须及时对事故树分析的结果进行评价、总结,提出改进建议,整理、储存事故树定性和定量分析的全部资料与数据,要注重综合利用各种安全分析的资料,为系统安全性评价与安全性设计提供依据。

三、事故树的符号及其含义

事故树采用的符号包括事件符号、逻辑门符号和转移符号3大类。

（一）事件及事件符号

在事故树分析中,各种非正常状态或不正常情况皆称事故事件,各种完好状态或正常情况皆称成功事件,二者均称为事件。事故树中的每一个节点都表示一个事件。

1. 结果事件

结果事件是由其他事件或事件组合所导致的事件,总是位于某个逻辑门的输出端,用矩形符号表示结果事件,如图 4-2(a)所示。结果事件分为顶上事件和中间事件。

（1）顶上事件。事故树分析中所关心的结果事件,位于事故树的顶端,总是所讨论事故树中逻辑门的输出事件而不是输入事件,即系统可能发生的或实际已经发生的事故结果。

（2）中间事件。位于事故树顶上事件和底事件之间的结果事件,它既是某个逻辑门的输出事件,又是其他逻辑门的输入事件。

2. 底事件

底事件是导致其他事件的原因事件,位于事故树的底部,总是某个逻辑门的输入事件而不是输出事件,底事件又分为基本原因事件和省略事件。

（1）基本原因事件。该事件表示导致顶上事件发生的最基本的或不能再向下分析的原因或缺陷事件,用图 4-2(b)中的圆形符号表示。

（2）省略事件。该事件表示没有必要进一步向下分析或其原因不明确的原因事件。另外,省略事件还表示二次事件,它不是本系统的原因事件,而是来自系统之外的原因事件,用图 4-2(c)中的菱形符号表示。

3. 特殊事件

特殊事件是指在事故树分析中需要表明其特殊性或引起注意的事件。特殊事件又分为开关事件和条件事件。

（1）开关事件。开关事件又称为正常事件,是在正常工作条件下必然发生或必然不发生的事件,用图 4-2(d)中屋形符号表示。

（2）条件事件。条件事件是限制逻辑门开启的事件,用图 4-2(e)中椭圆形符号表示。

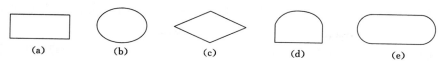

图 4-2　事件符号

（二）逻辑门及其符号

逻辑门是连接各事件并表示其逻辑关系的符号。

1. 与门

与门可以连接数个输入事件 $E_1, E_2, \cdots, E_n$ 和一个输出事件 E，表示仅当所有输入事件都发生时，输出事件 E 才发生的逻辑关系。与门符号如图 4-3(a)所示。

2. 或门

或门可以连接数个输入事件 $E_1, E_2, \cdots, E_n$ 和一个输出事件 E，表示至少一个输入事件发生时，输出事件 E 就发生。或门符号如图 4-3(b)所示。

3. 非门

非门表示输出事件是输入事件的对立事件。非门符号如图 4-3(c)所示。

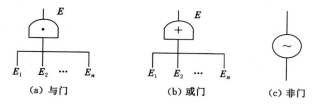

图 4-3　逻辑门符号

4. 特殊门

（1）表决门。仅当输入事件有 $m(m \leqslant n)$ 个或 m 个以上事件同时发生时，输出事件才发生。表决门符号如图 4-4(a)所示。显然，或门和与门都是表决门的特例，或门是 $m=1$ 时的表决门；与门是 $m=n$ 时的表决门。

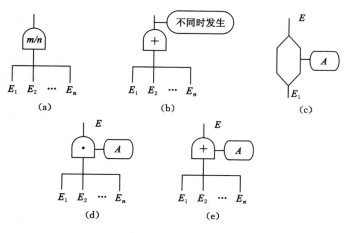

图 4-4　特殊门符号

（2）异或门。仅当单个输入事件发生时，输出事件才发生。异或门符号如图 4-4（b）所示。

（3）禁门。仅当条件事件发生时，输入事件的发生会导致输出事件的发生。禁门符号如图 4-4（c）所示。

（4）条件与门。输入事件不仅同时发生，而且还必须满足条件 A，才会有输出事件发生。条件与门符号如图 4-4（d）所示。

（5）条件或门。输入事件中至少有一个发生，在满足条件 A 的情况下，输出事件才发生。条件或门符号如图 4-4（e）所示。

（三）转移符号

如图 4-5 所示，转移符号的作用是表示部分事故树图的转入和转出。当事故树规模很大或整个事故树中多处包含有相同的部分树图时，为了简化整个树图，便可用转入符号[图 4-5（a）]和转出符号[图 4-5（b）]。

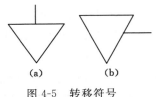

图 4-5　转移符号

四、事故树的编制规则

事故树编制是事故树分析中最基本、最关键的环节。编制工作一般应由系统设计人员、操作人员和可靠性分析人员组成的编制小组完成，经过反复深入研究才能趋于完善。通过编制过程能使小组人员深入了解系统，发现系统中的薄弱环节，这是编制事故树的首要目的。事故树的编制是否完善直接影响到定性分析与定量分析的结果是否正确，关系到运用事故树分析的成败，所以及时进行编制实践中有效的经验总结是非常重要的。

编制方法一般分为人工编制和计算机辅助编制。

（一）人工编制

1. 编制事故树的规则

事故树的编制过程是一个严密的逻辑推理过程，应遵循以下规则：

（1）确定顶上事件应优先考虑风险大的事件，能否正确选择顶上事件，直接关系到分析结果，是事故树分析的关键。在系统危险分析的结果中，不希望发生的事件远不止一个。但是，应当将易于发生且后果严重的事件优先作为分析的对象，即顶上事件；也可以将"发生频率不高、但后果很严重"以及"后果虽不严重、但发生非常频繁"的事故作为顶上事件。

（2）合理确定边界条件。在确定了顶上事件后，为了不致使事故树过于烦琐、庞大，应明确规定被分析系统与其他系统的界面，并做一些必要且合理的假设。

（3）保持门的完整性，不允许门与门直接相连。事故树编制时应逐级进行，不允许跳跃；任何一个逻辑门的输出都必须有一个结果事件，不允许不经过结果事件而将门与门直接相连，否则将很难保证逻辑关系的准确性。

（4）确切描述顶上事件。明确地给出顶上事件的定义，即确切地描述出事故的状态，什么时候在何种条件下发生。

（5）编制过程中及编成后，需要及时进行合理的简化。

2. 编制事故树的方法

人工编制事故树的常用方法为演绎法，它是通过人的思考去分析顶上事件是怎样发生的。演绎法编制时首先确定系统的顶上事件，找出直接导致顶上事件发生的各种可能因素或因素的组合即中间事件。在顶上事件与其紧密相连的中间事件之间，首先根据其逻辑关系相应地画上逻辑门，然后再对每个中间事件进行类似的分析，找出其直接原因，逐级向下演绎,直到不能分析的基本事件为止。这样就可得到用基本事件符号表示的事故树。

（二）计算机辅助编制

由于系统的复杂性使系统所含部件越来越多,使人工编制事故树的费时费力问题日益突出,必须采用相应的程序,由计算机辅助进行。计算机辅助编制是借助于计算机程序在已有系统部件模式分析的基础上,对系统的事故过程进行编辑,从而达到在一定范围内迅速准确地自动编制事故树的目的。计算机编制的主要缺点是分析人员不能通过分析系统而对系统进行透彻了解。目前,计算机编制的应用还有一定困难,主要是目前还没有规范化、系统化的算法。

计算机辅助编制主要可分为两类:一类是 1973 年福塞尔(Fussell)提出的合成法(synthetic tree method,STM),主要用于解决电路系统的事故树编制问题;另一类是由 Apostolakis 等人提出的判定表法(decision table,DT)。

1. 合成法

合成法是建立在部件事故模式分析的基础上,用计算机程序对子事故树(MFT)进行编辑的一种形式方法。合成法与演绎法的不同点是:只要部件事故模式所决定子事故树一定,由合成法得到的事故树就唯一,所以它是一种规范化的编制方法。部件的 MFT 与所分析系统是独立考虑的,由这些部件组成的任何系统都可以借助已确定的事故树重新组合该系统的事故树,因此建立系统典型的子事故树库是合成的关键。但合成法不能像演绎法那样有效地考虑人为因素和环境条件的影响,它是针对系统硬件事故而编制事故树的。

2. 判定表法

判定表法根据部件的判定表来合成。判定表法要求确定每个事件的输入/输出事件,即输入/输出的某种状态。人们将每个部件的这种输入/输出事件的关系列成表,该表称作判定表。一格判定表上只允许有一个输出事件,如果事件不止一个输出事件,则必须建立多格判定表。编制时将系统按节点(输入与输出的连接点)划分开,并确定顶上事件及其相关的边界条件。一般认为来自系统环境的每一个输入事件属于基本事件,来自部件的输出事件属于中间事件。在判定表都已齐备后,从顶上事件出发根据判定表中间事件追踪到基本事件为止,这样就制成所需要的事故树。

判定表的优点是可以任意地确定部件的状态数目、多态系统以及有关的参量,特别适用于具有反馈和自动控制的系统。

第二节　事故树的化简

一、结构函数

（一）结构函数的定义

若事故树有 n 个相互独立的基本事件,X_i 表示基本事件的状态变量,X_i 仅取"1"或"0"两种状态;Φ 表示事故树顶上事件的状态变量,Φ 也仅取"1"或"0"两种状态,则有如下定义:

$$X_i = \begin{cases} 1, & \text{第 } i \text{ 个基本事件发生} \\ 0, & \text{第 } i \text{ 个基本事件不发生} \end{cases} (i = 1, 2, \cdots, n)$$

$$\Phi(X) = \begin{cases} 1, & \text{顶上事件发生} \\ 0, & \text{顶上事件不发生} \end{cases} (X = X_1, X_2, \cdots, X_n)$$

因为顶上事件的状态 Φ 完全取决于基本事件的状态变量 $X_i(i=1,2,\cdots,n)$，所以 Φ 是 X 的函数，即：

$$\Phi=\Phi(X)$$

式中，$\Phi(X)$ 为事故树的结构函数，$X=X_1,X_2,\cdots,X_n$。

（二）结构函数的性质

结构函数 $\Phi(X)$ 具有如下性质：

（1）当事故树中基本事件都发生时，顶上事件必然发生；当所有基本事件都不发生时，顶上事件必然不发生。

（2）当基本事件 X_1 以外的其他基本事件固定为某一状态，基本事件 x_i 由不发生转变为发生时，顶上事件可能维持不发生状态，也有可能由不发生状态转变为发生状态。

（3）由任意事故树描述的系统状态，可以用全部基本事件做成"或"结合的事故树表示系统的最劣状态（顶上事件最易发生），也可以用全部基本事件做成"与"结合的事故树表示系统的最佳状态（顶上事件最难发生）。

（4）由 n 个二值状态变量 X_1 构成的事故树，其结构函数 $\Phi(X)$ 对所有状态变量 $X_i(i=1,2,\cdots,n)$ 都可以展开为：

$$\Phi(X_i,X_j)=X_i\cdot\Phi(1_i,X_j)+(1-X_i)\Phi(0_i,X_j)$$

$$X_j=\{X_1,X_2,\cdots,X_{i-1},X_{i+1},\cdots,X_n\}$$

式中，1_i 表示 $X_i=1$；0_i 表示 $X_i=0$。

（三）事故树结构函数

若取尽所有状态变量 $X_i(i=1,2,\cdots,n)$ 的所有状态 $Y_i=0$ 或 $1(i=1,2,\cdots,n)$，则利用数学归纳法，含有 n 个基本事件的事故树的结构函数可展开为：

$$\Phi(X)=\sum_{P=1}^{2^n}\Phi_P(X)\prod_{i=1}^{n}X_i^{Y_i}(1-X_i)^{1-Y_i}$$

式中 X_i——第 i 个基本事件的状态变量；

Y_i——第 i 个基本事件的状态值（0 或 1）；

2^n——n 个基本事件构成的状态组合数；

P——基本事件的状态组合序号（$P=1,2,\cdots,2^n$）；

$\Phi_P(X)$——第 P 个事件的状态组合所对应的顶上事件的状态值（0 或 1）。

任意事故树的结构函数，处于由"与门"结合的事故树的结构函数和由"或门"结合的事故树的结构函数之间。由"与门"结合的事故树如图 4-6 所示，其结构函数可表达为：

$$\Phi(X)=\prod_{i=1}^{n}X_i=\min\{X_1,X_2,\cdots,X_n\}$$

上式表明，由 n 个独立事件用"与门"结合的事故树，只要 n 个基本事件中有一个不发生（状态值为 0），则顶上事件就不会发生（状态值为 0）。所以，函数 $\Phi(X)$ 取决于基本事件 X_i 中的最小状态值。

由"或门"结合的事故树如图 4-7 所示，其结构函数可表达为：

$$\Phi(X)=\coprod_{i=1}^{n}X_i=\max\{X_1,X_2,\cdots,X_n\}$$

其中：

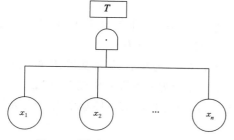

图 4-6 "与门"连接的事故树

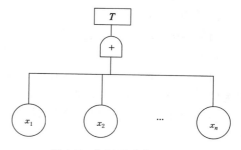

图 4-7 "或门"连接的事故树

$$\coprod_{i=1}^{n} X_i = 1 - \prod_{i=1}^{n}(1 - X_i)$$

该式表明,由 n 个独立事件用"或门"结合构成的事故树,只要 n 个基本原因事件中有一个发生(状态值为 1),顶上事件就会发生(状态值为 1)。所以,函数 $\Phi(X)$ 决定于基本事件 X_i 中的最大状态值。

二、布尔代数简介

布尔代数也叫作逻辑代数,它是一种逻辑运算方法,也是集合论的一部分。布尔代数与其他数学分支的最主要区别在于布尔代数所进行的运算是逻辑运算,布尔代数的数值只有 0 和 1。

在事故树分析中,所研究的事件也只有两种状态,即"发生"和"不发生",不存在其中间状态。所以,可以借助布尔代数进行事故树分析。

我们把具有某种属性的事物的全体称为一个集合。例如,某一车间的全体工人构成一个集合;自然数中的全部偶数构成一个集合;各类煤矿事故也构成一个集合。集合中的各个事物称为集合的元素。

具有某种共同属性的一切事物组成的集合,称为全集合,简称全集,用 Ω 表示;没有任何元素的集合称为空集,用 $\varnothing$ 表示。

若集合 A 的元素都是集合 B 的元素,则称 $\varnothing$ 的子集。集合论中规定,空集 $\varnothing$ 是全集 Ω 的子集。我们可以利用文氏图明确表示子集与全集的关系,如图 4-8 所示,整个矩形的面积表示全集 Ω,圆 A 表示 A 子集,圆 B 表示 B 子集,圆 C 表示 C 子集。

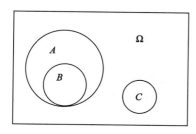

图 4-8 全集与子集

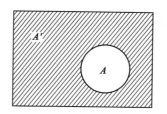

图 4-9 集合 A 的补集 A'

全集 Ω 中不属于集合 A 的元素的全体构成集合 A 的补集,记为 A' 或 $\overline{A}$,如图 4-9 所示。在进行事故分析时,某事件不发生就是该事件发生的补集。如果一个子集中的元素不被其他子集所包含,则称为不相交的或相互排斥的子集。图 4-8 中的集合 A 和集合 C 为不相交的子集。

（一）集合的运算

由集合 A 和集合 B 的所有元素组成的集合 C 称为集合 A 和集合 B 的并集，记为 $C=A \cup B$。符号 $\cup$ 是逻辑或门符号，也可写成"＋"，可记为 $C=A+B$。

由集合 A 和集合 B 的一切相同元素所组成的新集合 C 称为集合 A 和集合 B 的交集，记为 $C=A \cap B$。符号 $\cap$ 读作交或与，也可以用"·"表示，可记为 $C=A \cdot B$ 或 $C=AB$。

在事故树中，或门的输出事件是所有输入事件的并集，与门的输出事件是所有输入事件的交集。

（二）布尔代数运算定律

下面将事故树分析中涉及的有关布尔代数运算定律进行简单介绍。布尔代数中，通常把全集 $\boldsymbol{\Omega}$ 记为 1，空集 $\varnothing$ 记为 0。

1. 结合律

$$(A+B)+C=A+(B+C)$$
$$(A \cdot B) \cdot C=A \cdot (B \cdot C)$$

2. 交换律

$$A+B=B+A$$
$$A \cdot B=B \cdot A$$

3. 分配律

$$A \cdot (B+C)=(A \cdot B)+(A \cdot C)$$
$$A+(B \cdot C)=(A+B) \cdot (A+C)$$

布尔代数运算中的结合律和交换律，与普通代数中的相同。对于分配律 $A+(B \cdot C)=(A+B) \cdot (A+C)$，可以应用文氏图给出其直观证明。

4. 互补律

$$A+A'=\boldsymbol{\Omega}=1$$
$$A \cdot A'=\varnothing=0$$

5. 对合律

$$(A')'=A$$

6. 等幂律

$$A+A=A$$
$$A \cdot A=A$$

用文氏图对等幂律做直观证明，见图 4-10。

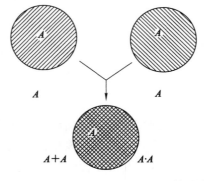

图 4-10　$A+A=A$ 及 $A \cdot A=A$ 的证明

7. 吸收律

$$A + A \cdot B = A$$
$$A \cdot (A + B) = A$$

对于吸收律的证明分别如图 4-11 和图 4-12 所示。

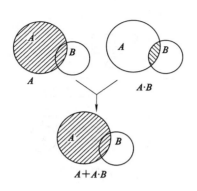

图 4-11 $A + A \cdot B = A$ 的证明

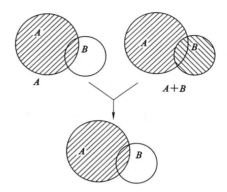

图 4-12 $A \cdot (A + B) = A$ 的证明

8. 重叠律

$$A + B = A + A' \cdot B = B + B' \cdot A$$

9. 德·摩根律

$$(A + B)' = A' \cdot B'$$
$$(A \cdot B)' = A' + B'$$

另外,根据全集的定义不难理解,下式是成立的:

$$1 + A = 1$$

(三)逻辑式的范式

逻辑式的范式是用布尔代数法化简事故树和求最小割集、最小径集的基础。

仅用运算符"·"连接而成的逻辑式称为与逻辑式,如 A、AB'、ABC 等都是与逻辑式;由若干与逻辑式经过运算符"+"连接而成的逻辑式,称为"与或"范式,如 $ABC + DE$、$A + BC$ 等都是"与或"范式。

逻辑式的"与或"范式不是唯一的。在用布尔代数进行事故树分析时,我们总是将其化为最简单的形式,即要求"与或"范式中的项数最少,每项(与逻辑式)中所含的元素最少。例如:

$$\begin{aligned}
ABC + CD + CE + D + DE &= ABC + CE + [(D + CD) + DE] \\
&= ABC + CE + (D + DE) \\
&= ABC + CE + D
\end{aligned}$$

仅用运算符"+"连接而成的逻辑式称为或逻辑式,由若干或逻辑式经过与运算符连接而成的逻辑式称为"或与"范式,如 $A(B + C)(C + D)$ 则是"或与"范式。

"或与"范式也不唯一,实用中也要将其化为最简形式,即因式(或逻辑式)数目最少,且每个或逻辑式中所含元素最少,如 $x_1(x_2 + x_3)(x_4 + x_5)$。

三、事故树化简方法

1. 事故树的结构式

无论是对事故树进行化简,还是对其进行定性、定量分析,都要列出事故树的结构式,即将事故树的逻辑关系用逻辑式表示。

例如,图 4-13 所示的事故树,其结构式为:

$$T = a \cdot b$$

又如,图 4-14 所示的事故树,其结构式为:

$$T = A_1 \cdot A_2 = x_1 x_2 \cdot (x_1 + x_3)$$

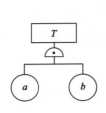

图 4-13　事故树示意图

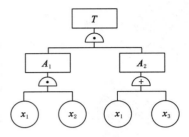

图 4-14　事故树示意图

2. 事故树的化简方法及示例

对事故树进行化简,即利用布尔代数运算定律对事故树的结构式进行整理和化简。通过化简,不仅可以去掉与顶上事件不相关的基本事件,而且可以减少重复事件。根据化简结果,可以做简化的、与原事故树等效的事故树图,这样既便于定量运算,又使事故树更加清晰、明了。

例题 4-1　对图 4-14 所示的事故树进行化简。

根据上面写出的事故树结构式,对其进行化简:

$$
\begin{aligned}
T &= x_1 x_2 \cdot (x_1 + x_3) \\
&= x_1 x_2 \cdot x_1 + x_1 x_2 \cdot x_3 &\text{(分配律)} \\
&= x_1 x_1 \cdot x_2 + x_1 x_2 x_3 &\text{(交换律)} \\
&= x_1 \cdot x_2 + x_1 x_2 x_3 &\text{(等幂律)} \\
&= x_1 x_2 &\text{(吸收律)}
\end{aligned}
$$

可按如下方式对其进行化简:

$$
\begin{aligned}
T &= x_1 x_2 \cdot (x_1 + x_3) \\
&= x_1 (x_1 + x_3) \cdot x_2 &\text{(交换律)} \\
&= x_1 x_2 &\text{(吸收律)}
\end{aligned}
$$

这样就可以绘制图 4-15 所示的等效事故树,它由 x_1 和 x_2 两个基本事件组成,通过一个与门和顶上事件连接。这不但使原事故树大大简化,同时还表明原事故树中的基本事件 x_3 与顶上事件是无关的。

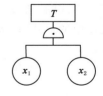

图 4-15　事故树的
等效事故树

例题 4-2　化简图 4-16 所示的事故树,并做其等效图。

首先,写出事故树的结构式:

$$
\begin{aligned}
T &= A_1 \cdot A_2 \\
&= (A_3 + x_1) \cdot (A_4 + x_4) \\
&= (x_2 x_3 + x_1)(A_5 \cdot x_1 + x_4) \\
&= (x_2 x_3 + x_1)[(x_2 + x_4) x_1 + x_4]
\end{aligned}
$$

然后,根据布尔代数运算定律对其进行化简:

$$T = (x_2 x_3 + x_1)[(x_2 + x_4)x_1 + x_4]$$

$$= (x_2 x_3 + x_1)(x_2 x_1 + x_4 x_1 + x_4) \quad\quad (分配律)$$

$$= (x_2 x_3 + x_1)(x_2 x_1 + x_4) \quad\quad\quad\quad (吸收律)$$

$$= x_2 x_3 x_2 x_1 + x_2 x_3 x_4 + x_1 x_2 x_1 + x_1 x_4 \quad\quad (分配律)$$

$$= x_2 x_3 x_1 + x_2 x_3 x_4 + x_1 x_2 + x_1 x_4 \quad\quad (等幂律)$$

$$= x_1 x_2 + x_1 x_2 x_3 + x_2 x_3 x_4 + x_1 x_4 \quad\quad (交换律)$$

$$= x_1 x_2 + x_2 x_3 x_4 + x_1 x_4 \quad\quad\quad (吸收律)$$

最后,根据化简后的事故树结构式做原事故树的等效图,如图 4-17 所示。

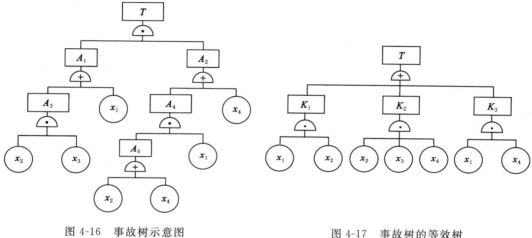

图 4-16　事故树示意图　　　　　　　图 4-17　事故树的等效树

第三节　事故树的定性分析

所谓事故树的定性分析,是指根据事故树求取其最小割集或最小径集确定顶上事件发生的事故模式、原因及其对顶上事件的影响程度,为有效地采取预防对策和控制措施、防止同类事故发生提供科学依据。

一、最小割集和最小径集的概念

在事故树中,如果全部基本事件都发生,则顶上事件必然发生。一般情况下,顶上事件的发生并不一定需要全部基本事件发生,只需要某些特定的基本事件同时发生即可,我们可以借助割集来研究这一问题。在事故树分析中,能够导致顶上事件发生的基本事件的集合称为割集。也就是说,若一组基本事件同时发生就能造成顶上事件发生,则这组基本事件就称为割集。其中,能够导致顶上事件发生的最小限度的基本事件集合称为最小割集。

若事故树中的全部基本事件都不发生,则顶上事件肯定不会发生。一般情况下,某些特定的基本事件不发生,也可以使顶上事件不发生,这就是径集所要讨论的问题。在事故树分析中,如果某些基本事件不发生,就能保证顶上事件不发生,则这些基本事件的集合就称为径集。其中,保证顶上事件不发生所需要的最小限度的径集称为最小径集。

由上述可知,最小割集实际上是研究系统发生事故的规律和表现形式,而最小径集则是研究保证系统正常运行需要哪些基本环节正常发挥作用的问题。

二、求最小割集的方法

求最小割集的方法有多种,常用的有布尔代数化简法和行列法。

1. 布尔代数化简法

用布尔代数运算定律化简事故树的结构式,求得若干交集的并集,即最简"与或"范式。那么,该最简"与或"范式中的每一个交集就是一个最小割集。"与或"范式中有几个交集,事故树就有几个最小割集。

用布尔代数化简法计算最小割集,通常分3个步骤进行:

(1)建立事故树的布尔表达式:一般从事故树的顶上事件开始,用下一层事件代替上一层事件,直至顶上事件被所有基本事件代替为止。

(2)将布尔表达式化为"与或"范式。

(3)化"与或"范式为最简"与或"范式。化简的常用方法是:对"与或"范式中的各个交集进行比较,利用布尔代数运算定律(主要是等幂律和吸收律)进行化简,使之满足最简"与或"范式的条件。

例题 4-3 用布尔代数法求图 4-18 所示事故树的最小割集。

首先,写出事故树的布尔表达式:

$$\begin{aligned}
T &= A_1 + A_2 \\
&= (x_1 B_1 x_2) + (x_4 B_2) \\
&= [x_1 (x_1 + x_3) x_2] + [x_4 (C + x_6)] \\
&= [x_1 (x_1 + x_3) x_2] + [x_4 (x_4 x_5 + x_6)]
\end{aligned}$$

然后,化布尔表达式为"与或"范式:

$$T = x_1 x_1 x_2 + x_1 x_3 x_2 + x_4 x_4 x_5 + x_4 x_6$$

最后,求最简"与或"范式:

$$T = x_1 x_2 + x_4 x_5 + x_4 x_6$$

该事故树有 3 个最小割集为:

$$E_1 = \{x_1, x_2\}, E_2 = \{x_4, x_5\}, E_3 = \{x_4, x_6\}$$

根据最小割集的定义,原事故树可以化简为一个新的等效事故树。由于任何一个最小割集都是顶上事件发生的一组基本条件,所以用"或门"连接顶上事件和各个最小割集,用"与门"连接最小割集中的各个基本事件,就形成了与原事故树等效的事故树,如图 4-19 所示。

2. 行列法

该方法是富塞尔(Fussell)和文西利(Vssely)于 1972 年提出的,又称为下行法或富塞尔算法。该理论依据是:事故树"或门"使割集的数量增加,而不改变割集内所含事件的数量;"与门"使割集内所含事件的数量增加,而不改变割集的数量。

在求取最小割集时,首先从顶上事件开始,用下一事件代替上一层事件,将"或门"连接的事件纵向排开,"与门"连接的事件横向列出,这样逐层向下直到各基本事件;然后列出若干行;最后再用布尔代数化简,其结果就是最小割集。

例题 4-4 用行列法求图 4-18 所示事故树的最小割集。

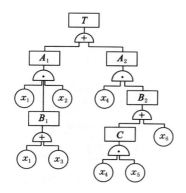

图 4-18　事故树示意图

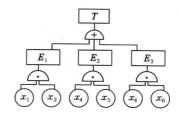

图 4-19　事故树等效图

由于：

$$T \xrightarrow{\text{或门}} \begin{cases} A_1 \xrightarrow{\text{与门}} x_1 B_1 x_2 \xrightarrow{\text{或门}} \begin{cases} x_1 x_2 x_1 \\ x_1 x_2 x_3 \end{cases} \\ A_2 \xrightarrow{\text{与门}} x_4 B_2 \xrightarrow{\text{或门}} \begin{cases} x_4 C \xrightarrow{\text{与门}} x_4 x_4 x_5 \\ x_4 x_6 \end{cases} \end{cases} \Rightarrow \begin{cases} x_1 x_2 \\ x_4 x_5 \\ x_4 x_6 \end{cases}$$

则最小割集为：

$$E_1 = \{x_1, x_2\}, \ E_2 = \{x_4, x_5\}, \ E_3 = \{x_4, x_6\}$$

三、最小径集的求算方法

求取最小径集的方法有布尔代数化简法、成功树法、行列法等多种方法,其中最常用的方法是利用成功树求最小径集,本书重点介绍这种方法。

1. 布尔代数化简法

用布尔代数化简法求最小径集,即用布尔代数运算定律对事故树的结构式进行化简,得到最简单的若干并集的交集,化为最简"或与"范式,则该"或与"范式中的每一个并集就是一个最小径集,并且式中的并集数就是事故树的最小径集数。

例题 4-5　用布尔代数化简法求图 4-20 所示事故树的最小径集。

写出该事故树的结构式,并对其进行化简,有：

$$\begin{aligned} T &= x_1 A_1 \\ &= x_1 (A_2 + x_3) \\ &= x_1 (x_1 x_2 + x_3) \\ &= x_1 x_1 x_2 + x_1 x_3 \\ &= x_1 x_2 + x_1 x_3 \\ &= x_1 (x_2 + x_3) \end{aligned}$$

所以,该事故树有两个最小径集。最小径集 P_1 由基本事件 x_1 组成,P_2 由 x_2 和 x_3 组成,即：

$$P_1 = \{x_1\}, \ P_2 = \{x_2, x_3\}$$

用最小径集可以等效表示原事故树。其表示方法可由求最小径集用的事故树"或与"范式看出,即用"与门"连接顶上事件和各个最小径集,最小径集中的各个基本事件用"或门"连接。例如,图 4-20 所示的事故树与图 4-21 所示的事故树等效。

图 4-20 事故树示意图　　　　　　　图 4-21 事故树的等效图

2. 成功树法

根据对偶原理,成功树顶上事件发生就是其对偶树(事故树)顶上事件不发生。因此,在求事故树最小径集时,首先将事故树变换成其对偶的成功树,然后求出成功树的最小割集,即所求事故树的最小径集。

事故树变为成功树:将原事故树中的逻辑"或门"改成逻辑"与门",将逻辑"与门"改成逻辑"或门",将全部事件符号加上"′",变成事件"补"的形式,这样便可得到与原事故树对偶的成功树。

在事故树的转换过程中,经常需要进行逻辑关系转换,一些常见的逻辑门转换关系如图 4-22 所示。

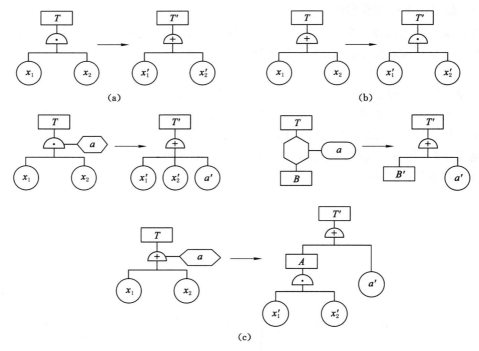

图 4-22 逻辑门转换关系图

例题 4-6 用成功树法求图 4-18 所示的事故树的最小径集。

首先将图 4-18 所示的事故树变换为如图 4-23 所示的成功树,然后利用上面介绍的方法,即利用行列法或布尔代数化简法,求出成功树的最小割集——原事故树的最小径集。

$$T' = A'_1 A'_2$$
$$= (x'_1 + B'_1 + x'_2)(x'_4 + B'_2)$$
$$= (x'_1 + x'_1 x'_3 + x'_2)(x'_4 + C' x'_6)$$
$$= (x'_1 + x'_2)(x'_4 + (x'_4 + x'_5)x'_6)$$
$$= (x'_1 + x'_2)(x'_4 + x'_4 x'_6 + x'_5 x'_6)$$
$$= (x'_1 + x'_2)(x'_4 + x'_5 x'_6)$$
$$= x'_1 x'_4 + x'_2 x'_4 + x'_1 x'_5 x'_6 + x'_2 x'_5 x'_6$$

图 4-23 所示的成功树的最小割集为:$\{x'_1, x'_4\}, \{x'_2, x'_4\}, \{x'_1, x'_5, x'_6\}, \{x'_2, x'_5, x'_6\}$。

图 4-18 所示的事故树的最小径集为:$\{x_1, x_4\}, \{x_2, x_4\}, \{x_1, x_5, x_6\}, \{x_2, x_5, x_6\}$。

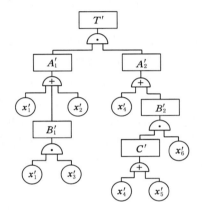

图 4-23　成功树示意图

四、最小割集和最小径集在事故树分析中的作用

1. 最小割集在事故树分析中的作用

（1）表示系统的危险性。最小割集的定义明确指出,每一个最小割集都表示顶上事件发生的一种可能,事故树中有几个最小割集,顶上事件发生就有几种可能。从该意义上讲,最小割集越多,系统的危险性就越大。

（2）表示顶上事件发生的原因组合。事故树顶上事件发生必然是某个最小割集中基本事件同时发生的结果。一旦发生事故,就可以地知道所有可能发生事故的途径,并且可以逐步排除非本次事故的最小割集,从而较快地查出本次事故的最小割集,这就是导致本次事故的基本事件的组合。显然,如果掌握了最小割集,那么对于掌握事故的发生规律、调查事故发生的原因帮助很大。

（3）为降低系统的危险性提出控制方向和预防措施。每个最小割集都代表着一种事故模式,由事故树的最小割集可以直观地判断哪种事故模式最危险、哪种次之、哪种可以忽略以及如何采取措施使事故发生概率下降。

若某事故树有 3 个最小割集,如果不考虑每个基本事件发生的概率,或者假定各基本事件发生的概率相同,则只含 1 个基本事件的最小割集比含有 2 个基本事件的最小割集容易发生;含有 2 个基本事件的最小割集比含有 5 个基本事件的最小割集容易发生。依此类推,少事件的最小割集比多事件的最小割集容易发生。由于单个事件的最小割集只要1个基本事件发生,顶上事件就会发生;2个事件的最小割集必须2个基本事件同时发生,才能引起顶上事件发生。这样,2个基本事件组成的最小割集发生的概率比1个基本事件组成的最小割集发生的概率要小得多,而5个基本事件组成的最小割集发生的可能性相比之下可以忽略。由此可见,为了降低系统的危险性,对含基本事件少的最小割集应优先考虑采取安全措施。

(4)利用最小割集可以判定事故树中基本事件的结构重要度、计算顶上事件发生的概率。

2.最小径集在事故树分析中的作用

(1)表示系统的安全性。最小径集表明,1个最小径集中所包含的基本事件都不发生,就可防止顶上事件发生。由此可见,每个最小径集都是保证事故树顶上事件不发生的条件,也是采取预防措施、防止发生事故的一种途径。从这个意义上来说,最小径集可以表示系统的安全性。

(2)选取确保系统安全的最佳方案。每个最小径集都是防止顶上事件发生的一个方案,可以根据最小径集中所包含的基本事件个数的多少、技术上的难易程度、耗费的时间以及投入的资金数量,从而选择最经济、最有效的控制事故方案。

(3)利用最小径集同样可以判定事故树中基本事件的结构重要度、计算顶上事件发生的概率。在事故树分析中,根据具体情况有时应用最小径集更为方便。就某个系统而言,如果事故树中与门多,则其最小割集的数量就少,定性分析最好从最小割集入手;反之,如果事故树中或门多,则其最小径集的数量就少,此时定性分析最好从最小径集入手,从而可以得到更为经济、有效的结果。

第四节　事故树的定量分析

事故树定量分析,首先是确定基本事件的发生概率,然后求出事故树顶上事件的发生概率。求出顶上事件的发生概率之后,可与系统安全目标值进行比较和评价,当计算值超过目标值时,就需要采取防范措施,使其降至安全目标值以下。

一、概率论的有关知识

(一)概率论的有关概念

概率论是研究不确定现象的数学分支。在数学上,把预先不能确知结果的现象称为随机现象,这类事件称为随机事件,简称为事件。

通俗地讲,概率是指某事件发生的可能性。必然发生的事件,其概率为1;不可能发生的事件,其概率为0;一般事件的概率则是0与1之间的某一数值。

例如,若某掘进工作面瓦斯积聚,则在一定时间内,该工作面可能发生瓦斯爆炸,也可能不发生瓦斯爆炸。用A表示(瓦斯爆炸)事件,其概率记为$P(A)$,则:

$$0 < P(A) < 1$$

为了进行概率计算,首先应了解以下几个概念:

1.和事件

由属于事件A或属于事件B的一切基本结果组成的事件,称为事件A与事件B的和事件,记为 $A \bigcup B$ 或 $A+B$。

在事故树中,或门的输出事件就是各个输入事件的和事件。

2. 积事件

由事件 A 与事件 B 中公共的基本结果组成的事件称为事件 A 与事件 B 的积事件,记为 $A \bigcap B$ 或 AB。

3. 独立事件

对于任意两个事件 A、B,如果满足 $P(AB)=P(A)P(B)$,则称事件 A 与事件 B 为相互独立事件。

如果两个事件 A、B 为相互独立事件,则事件 A 的发生与否和事件 B 的发生与否相互不影响。所以,实际应用中主要是根据两个事件的发生是否相互影响来判断两个事件是否独立。例如,建筑工地上脚手架防护栏腐烂事件和塔吊钢丝绳断裂事件相互不影响,它们是相互独立事件;采煤工作面煤壁片帮事件和轨道上山矿车掉道事件相互不影响,它们也是相互独立事件。

4. 互不相容事件

若事件 A 与事件 B 没有公共的基本结果,则称事件 A 与事件 B 为互不相容事件;否则,称它们为相容事件。

事件 A 与事件 B 为互不相容事件,它们不可能同时发生,即一个事件发生,另一个事件必然不发生。例如,粉笔盒里有 3 支红粉笔,2 支绿粉笔,1 支黄粉笔,现从中任取 1 支,记事件 A 为取得红粉笔,记事件 B 为取得绿粉笔,则事件 A 与事件 B 不能同时发生,即事件 A 与事件 B 为互斥事件。

在实际应用中,要正确区分相互独立与互不相容这两个概念,它们并无必然联系。例如,甲、乙两人同时射击同一目标,由于甲、乙两人是否命中目标相互没有影响,所以甲命中和乙命中是相互独立事件;但是,甲命中和乙命中可以同时发生,所以它们又是相容事件。

5. 对立事件

对于两个事件 A、B,如果有 $A \bigcap B=\varnothing$,即事件 A 与事件 B 不能同时发生;如果 $A \bigcup B=\mathbf{\Omega}$,即事件 A 与事件 B 中一定有一个事件要发生。因此,我们称事件 A 与事件 B 为互逆事件或对立事件,即 $B=\overline{A}$;若将事件 A 看作一个集合,则 $\overline{A}$ 就是 A 的补集。

对立事件属于一种特殊的互不相容事件。一个事件本身与其对立事件的并集等于总的样本空间;而若两个事件互为互斥事件,表明一个发生则另一个必然不发生,但不强调它们的并集是整个样本空间。也就是说,对立必然互不相容,互不相容不一定会对立。

(二)常用计算公式

在进行概率运算时,需要根据不同情况选用不同的计算公式。

1. 和事件概率

对于两个相互独立事件,有:

$$P(A+B)=P(A)+P(B)-P(AB) \text{ 或 } P(A+B)=1-[1-P(A)][1-P(B)]$$

对于 n 个相互独立事件,有:

$$P(A_1+A_2+\cdots+A_n)=1-[1-P(A_1)][1-P(A_2)]\cdots[1-P(A_n)]$$

对于 n 个互不相容事件,有:

$$P(A_1+A_2+\cdots+A_n)=P(A_1)+P(A_2)+\cdots+P(A_n)$$

2. 积事件概率

对于 n 个相互独立事件,有:

$$P(A_1 A_2 \cdots A_n) = P(A_1)P(A_2)\cdots P(A_n)$$

n 个互不相容事件的概率积为 0。

在事故树分析中,我们遇到的大多数基本事件是相互独立的。所以,本节主要介绍相互独立的基本事件的概率。

3. 对立事件概率

对立事件的概率按下式计算:

$$P(A) = 1 - P(\overline{A})$$

二、基本事件的发生概率

为了计算顶上事件的发生概率,首先必须确定各个基本事件的发生概率。因此,合理确定基本事件的发生概率是事故树定量分析的基础工作,也是决定定量分析成败的关键性工作。

基本事件的发生概率可分为两大类:一类是机械或设备的故障概率;另一类是人的失误概率。

(一) 故障概率

机械或设备单元(部件或元件)的故障概率,可通过其故障率进行计算。故障率是指单位时间(周期)故障发生的概率,是元件平均故障间隔期的倒数,用 λ 表示。因此,故障率 λ 的计算公式为:

$$\lambda = \frac{1}{t_{\mathrm{MTBF}}}$$

$$t_{\mathrm{MTBF}} = \frac{\sum\limits_{i=1}^{n} t_i}{n}$$

式中　t_{MTBF}——单元平均故障间隔期,即从启动到发生故障的平均时间,亦称平均无故障时间;

　　　t_i——元件 i 从运行到故障发生时所经历的时间;

　　　n——试验元件的个数。

表 4-1 是布朗宁推荐的故障率数值。

表 4-1　故障率数值

名称	观察值/(次·h^{-1})	推荐值/(次·h^{-1})
机械零件	$10^{-6} \sim 10^{-9}$	10^{-6}
电子元件	$10^{-6} \sim 10^{-9}$	10^{-6}
安全阀	—	10^{-6}
传感器	$10^{-4} \sim 10^{-7}$	10^{-5}
动力设备	$10^{-3} \sim 10^{-4}$	10^{-4}(不包括变压器)
火花塞内燃机	$10^{-3} \sim 10^{-4}$	10^{-3}
人对重复性动作反应误差	$10^{-2} \sim 10^{-3}$	10^{-2}

为准确开展事故树定量分析,应科学地进行定量安全评价,积累并建立故障率数据,用计算机进行存储和检索。许多工业发达的国家都建立了故障率数据库,我国也有少数行业开始进行建库工作,但数据还相当缺乏。

在实际应用中,现场条件(特别是矿山井下、高速运行工具等条件)要比实验室中恶劣得多。因此,对实验室条件下测出的故障率 λ_0 要通过一个大于 1 的严重系数 k 进行修正,之后才可以作为实际使用的故障率,即:

$$\lambda = k\lambda_0$$

1. 对于一般可修复的系统(故障修复后仍可正常运行的系统)

对于一般可修复的系统,单元故障概率为:

$$q = \frac{\lambda}{\lambda + \mu}$$

其中:

$$\mu = \frac{1}{\tau}$$

式中　q——单元故障概率;

　　　μ——可维修度,它是反映单元维修难易程度的数量标度;

　　　τ——故障平均修复时间。

由于 $t_{\mathrm{MTBF}} \gg \tau$,所以 $\lambda \ll \mu$,则:

$$q = \frac{\lambda}{\lambda + \mu} \approx \frac{\lambda}{\mu} = \lambda\tau$$

故可以应用下式求出单元的瞬时故障概率,即:

$$q \approx \lambda\tau$$

例如,某设备每隔 60 d 需要维修一次,每次修复时间需要 $\frac{1}{3}$ d,即 $\lambda = \frac{1}{60}$,$\tau = \frac{1}{3}$,则该设备的瞬时故障概率为:

$$q = \lambda\tau = \frac{1}{60} \times \frac{1}{3} = 5.6 \times 10^{-3}$$

再如,通过对某采煤工作面自开始回采以来 3 个月冒顶事故统计,该面发生过 3 次冒顶。3 次正常状态时间分别为 40 d、10 d 和 30 d,3 次修复时间分别为 1 d、$\frac{1}{6}$ d 和 $\frac{1}{3}$ d,则:

$$t_{\mathrm{MTBF}} = \frac{40 + 10 + 30}{3} = \frac{80}{3}$$

$$\lambda = \frac{1}{t_{\mathrm{MTBF}}} = 0.037\ 5$$

$$\tau = \frac{1 + \frac{1}{6} + \frac{1}{3}}{3} = 0.5$$

该工作面的瞬时冒顶概率为:

$$q = \lambda\tau = 0.037\ 5 \times 0.5 = 0.018\ 75$$

也可以直接用下式计算故障概率:

$$q = \frac{t_{\mathrm{MTTR}}}{t_{\mathrm{MTBF}} + t_{\mathrm{MTTR}}}$$

式中 t_{MTTR}——故障平均修复时间，即 $t_{\mathrm{MTTR}} = \tau$。

2. 对于不可修复的系统（使用一次就报废的系统）

对于不可修复的系统，单元的故障概率为：

$$q = 1 - \mathrm{e}^{-\lambda t}$$

式中 t——设备运行时间。

这种概率是设备运行累积时间的概率。因此，上式也可表示为：

$$q \approx \lambda t$$

例如，若矿山井下某处风门的密封装置平均 150 d 就要失效，则该风门工作 20 d 时，其密封装置失效的概率为：

$$q = \lambda t = \frac{1}{t_{\mathrm{MTBF}}} t = \frac{1}{150} \times 20 = 0.133\ 3$$

（二）人的失误概率

人的失误大致分为 5 种情况：忘记做某项工作；做错了某项工作；采用了错误的工作步骤；没有按规定完成某项工作；没有在预定时间内完成某项工作。

对于人的失误概率，很多学者做过专门的研究。但由于人的失误因素十分复杂，人的情绪、经验、技术水平、生理状况和工作环境等都会影响到人的操作，从而造成操作失误。因此，要想恰如其分地确定人的失误概率是很困难的。目前，还没有能够精确确定人的失误概率的方法。

布朗宁认为，人员进行重复操作动作时，失误率为 $10^{-3} \sim 10^{-2}$，推荐取 10^{-2}。在确定人的失误概率的研究中，斯温（Swain）和罗克（Rock）于 1962 年提出的人的失误率预测技术很受推崇。

（三）主观概率法

如前所述，目前还没有能够精确确定基本事件概率值的有效方法，特别缺乏对人的失误概率进行有效评定的方法。在没有足够的统计、试验数据的情况下进行事故树分析时，可以采用主观概率法粗略地确定基本事件的发生概率。

主观概率是人们根据自己的经验和知识对某一事件发生的可能程度的主观估计数。例如，某矿安全管理人员估计，由于措施得力，次年重伤事故起数下降的概率为 95%，这个 95% 就是一个主观概率。

实际应用主观概率时，可按以下方法进行：

选择经验丰富的人员组成专家小组，评定各基本事件的发生概率。评定时，专家小组成员分别根据自己的经验参考表 4-2 给出的概率等级，估计各基本事件的发生概率，然后分别取各位专家对某一基本事件概率估计值的平均值作为该基本事件的发生概率，即：

$$q_i = \frac{1}{m} \sum_{j=1}^{m} q_{ij} \qquad (i = 1, 2, \cdots, n)$$

式中 q_i——基本事件 x_i 的发生概率；

q_{ij}——专家 j 对基本事件 x_i 发生概率的估计值；

m——参加评定的专家人数；

n——事故树的基本事件个数。

表 4-2　随机事件概率等级

事件发生频繁程度	频率数量级	事件发生频繁程度	频率数量级
必然发生	1	难发生	1×10^{-5}
非常容易发生	1×10^{-1}	很难发生	1×10^{-6}
容易发生	1×10^{-2}	极难发生	1×10^{-7}
较易发生	1×10^{-3}	不可能发生	0
不易发生	1×10^{-4}		

三、顶上事件的发生概率

事故树定量分析的主要工作是计算顶上事件的发生概率,并且以顶上事件的发生概率为依据,综合考察事故的风险率,最后进行安全评价。

顶上事件的发生概率有多种计算方法,以下介绍的几种方法都是以各个基本事件相互独立为基础的。如果基本事件不是相互独立事件,则不能直接应用这些方法。

(一)直接分步算法

直接分步算法适用于事故树的规模不大,又没有重复的基本事件,无须布尔代数化简时使用。其计算方法是:从底部的逻辑门连接的事件算起,逐次向上推移,直至计算出顶上事件 T 的发生概率。

顶上事件的发生概率用符号 g 表示,即 $g=P(T)$。

直接分步算法的规则如下,而这些规则也是其他计算方法的基础。

1."与门"连接的事件,计算其概率积

$$q_A = \prod_{i=1}^{n} q_i = q_1 q_2 \cdots q_n$$

式中　q_i——第 i 个基本事件的发生概率;

q_A——与门事件的概率;

n——输入事件数;

$\prod$—— 数学运算符号,求概率积。

2."或门"连接的事件,计算其概率和

$$q_0 = \coprod_{i=1}^{n} q_i$$

$$\coprod_{i=1}^{n} q_i = 1 - \prod_{i=1}^{n}(1-q_i)$$

式中　q_0—— 或门事件的概率;

$\coprod$—— 数学运算符号,求概率和。

例题 4-7　用直接分步算法计算图 4-24 所示事故树顶上事件的发生概率。各基本事件下的数字即为其发生概率。

首先,求 A_2 概率。由于其为"与门"连接,有:

$q_{A_2} = 1-(1-q_5)(1-q_6)(1-q_7)$

　　　$= 1-(1-0.05)(1-0.05)(1-0.01)$

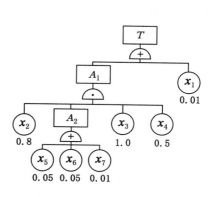

图 4-24　事故树示意图

$$=0.106\ 525$$

其次,求 A_1 概率:

$$q_{A_1}=q_2 q_{A_2} q_3 q_4$$
$$=0.8\times 0.106\ 525\times 1.0\times 0.5$$
$$=0.042\ 61$$

最后,求顶上事件的发生概率:

$$g=q_T=1-(1-q_{A_1})(1-q_1)$$
$$=1-(1-0.042\ 61)(1-0.01)$$
$$=0.052\ 18$$

当事故树中含有重复出现的基在事件时或基本事件在几个最小割集中重复出现时,最小割集之间是相交的,这时应按以下几种方法计算。

(二)状态枚举法

设某一事故树有 n 个基本事件,这 n 个基本事件两种状态的组合数为 2^n 个。根据前面对事故树结构函数的分析可知,事故树顶上事件的发生概率,就是指结构函数 $\Phi(X)=1$ 的概率。因此,顶上事件的发生概率 g 可用下式定义:

$$g(q)=\sum_{P=1}^{2^n}\Phi_P(X)\prod_{i=1}^{n}q_i^{X_i}(1-q_i)^{1-X_i} \tag{4-1}$$

式中　$g(q)$——顶上事件的发生概率;

　　　$\Phi_P(X)$——组合为 P 时的结构函数值;

　　　q_i——第 i 个基本事件的发生概率;

　　　$\prod\limits_{i=1}^{n}$——连乘符号,这里指求 n 个基本事件状态组合的概率积;

　　　X_i——基本事件 x_i 的状态。

顶上事件发生概率也可用 $P(T)$ 表示,即 $P(T)=g(q)$。

例题 4-8　如图 4-25 所示,已知各基本事件发生概率为 $q_1=q_2=q_3=0.1$,用状态枚举法计算顶上事件的发生概率。

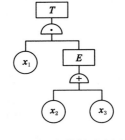

图 4-25　事故树示意图

首先列出基本事件的状态组合及顶上事件的状态值,见表 4-3。

表 4-3　事故树 $g(q)$ 计算表

X_1	X_2	X_3	$\Phi(X)$	$g_P(q)$	g_P
0	0	0	0	0	0
0	0	1	0	0	0
0	1	0	0	0	0
0	1	1	0	0	0
1	0	0	0	0	0
1	0	1	1	$q_1(1-q_2)q_3$	0.009
1	1	0	1	$q_1 q_2(1-q_3)$	0.009
1	1	1	1	$q_1 q_2 q_3$	0.001
$g(q)$					0.019

注:① $g_P(q)$——基本事件状态组合的概率计算式;

　　② g_P——基本事件状态组合的概率值。

由表 4-3 可知,使 $\Phi(X)=1$ 的基本事件的状态组合有 3 个。将表中数据代入式(4-1),可得:

$$
\begin{aligned}
g(q) &= \sum_{P=6}^{8} \Phi_P(X) \prod_{i=1}^{3} q_i^{X_i}(1-q_i)^{1-X_i} \\
&= 1 \times q_1^1(1-q_1)^{1-1} \times q_2^0(1-q_2)^{1-0} \times q_3^1(1-q_3)^{1-1} + \\
&\quad 1 \times q_1^1(1-q_1)^{1-1} \times q_2^1(1-q_2)^{1-1} \times q_3^0(1-q_3)^{1-0} + \\
&\quad 1 \times q_1^1(1-q_1)^{1-1} \times q_2^1(1-q_2)^{1-1} \times q_3^1(1-q_3)^{1-1} \\
&= q_1(1-q_2)q_3 + q_1 q_2(1-q_3) + q_1 q_2 q_3 \\
&= 0.1 \times 0.9 \times 0.1 + 0.1 \times 0.1 \times 0.9 + 0.1 \times 0.1 \times 0.1 \\
&= 0.009 + 0.009 + 0.001 \\
&= 0.019
\end{aligned}
$$

另外,还可根据表 4-3 中每一状态组合所对应的概率值 g_P,直接求得顶上事件发生概率,即

$$
g(q) = \sum_{P=6}^{8} g_P = 0.019
$$

(三)最小割集法

事故树可以用其最小割集的等效树来表示。这时,顶上事件等于最小割集的并集。

设某事故树有 k 个最小割集:$E_1,E_2,E_3,\cdots,E_r,\cdots,E_k$,则:

$$
T = \bigcup_{r=1}^{k} E_r
$$

顶上事件的发生概率为:

$$
P(T) = P\left(\bigcup_{r=1}^{k} E_r\right)
$$

根据容斥定理得并事件的概率为:

$$
P\left(\bigcup_{r=1}^{k} E_r\right) = \sum_{r=1}^{k} P(E_r) - \sum_{1 \leqslant r < s \leqslant k} P(E_r \cap E_s) + \cdots + (-1)^{k-1} P\left(\bigcap_{r=1}^{k} E_r\right)
$$

设各基本事件的发生概率为:$q_1,q_2,\cdots,q_n$,则:

$$
P(E_r) = \prod_{x_i \in E_s} q_i,\quad P(E_r \cap E_s) = \prod_{x_i \in E_s \cup E_r} q_i,\quad P\left\{\bigcap_{r=1}^{k} E_r\right\} = \prod_{i}^{k} q_i
$$

顶上事件的发生概率为:

$$
P(T) = \sum_{r=1}^{k} \prod_{x_i \in E_r} q_i - \sum_{1 \leqslant r < s \leqslant k} \prod_{x_i \in E_r \cup E_s} q_i + \cdots + (-1)^{k-1} \prod_{\substack{r=1 \\ x_i \in E_i}}^{k} q_i \tag{4-2}
$$

式中　r,s——最小割集的序数,$r<s$;

　　　i——基本事件的序号,$x_i \in E_r$;

　　　k——最小割集数;

　　　$1 \leqslant r < s \leqslant k$——$k$ 个最小割集中第 r、s 个最小割集的组合顺序;

　　　$x_i \in E_r$——属于第 r 个最小割集的第 i 个基本事件;

　　　$x_i \in E_r \cup E_s$——属于第 r 个或第 s 个最小割集的第 i 个基本事件。

例题 4-9　某事故树有 3 个最小割集:$K_1=\{x_1,x_3\}$,$K_2=\{x_2,x_3\}$,$K_3=\{x_3,x_4\}$,各基本事件的发生概率分别为 $q_1=0.01$,$q_2=0.02$,$q_3=0.03$,$q_4=0.04$,求其顶上事件的发生概率。

由于各个最小割集中彼此有重复事件,根据式(4-2)计算顶上事件的发生概率,即:

$$g = (q_1q_3 + q_2q_3 + q_3q_4) - (q_1q_2q_3 + q_1q_3q_4 + q_2q_3q_4) + q_1q_2q_3q_4$$

$$= (0.01 \times 0.03 + 0.02 \times 0.03 + 0.03 \times 0.04) - (0.01 \times 0.02 \times$$

$$0.03 + 0.01 \times 0.03 \times 0.04 + 0.02 \times 0.03 \times 0.04) +$$

$$0.01 \times 0.02 \times 0.03 \times 0.04$$

$$= 0.002\ 1 - 0.000\ 042 + 0.000\ 000\ 24$$

$$= 0.002\ 142\ 24$$

(四)最小径集法

根据最小径集与最小割集的对偶性,利用最小径集同样可求出顶上事件的发生概率。

设某事故树有 k 个最小径集:$P_1,P_2,\cdots,P_r,\cdots P_k$,用 $D_r(r=1,2,\cdots,k)$ 表示最小径集不发生的事件,用 T' 表示顶上事件不发生。由最小径集的定义可知,只要 k 个最小径集中有一个不发生,顶上事件就不会发生,则:

$$T' = \bigcup_{r=1}^{k} D_r$$

$$1 - P(T) = P(\bigcup_{r=1}^{k} D_r)$$

根据容斥定理得并事件的概率,即:

$$1 - P(T) = \sum_{r=1}^{k} P(D_r) - \sum_{1 \leq r < s \leq k} P(D_r \bigcap D_s) + \cdots + (-1)^{k-1} P(\bigcap_{r=1}^{k} D_r)$$

$$P(D_r) = \prod_{x_i \in P_r} (1 - q_i), P(D_r \bigcap D_s) = \prod_{x_i \in P_r \cup P_s} (1 - q_i), P(\bigcap_{r=1}^{k} D_r) = \prod_{\substack{r=1 \\ x_i \in E_i}}^{k} (1 - q_i)$$

顶上事件的发生概率为:

$$P(T) = 1 - \sum_{r=1}^{k} \prod_{x_i \in P_r} (1 - q_i) + \sum_{1 \leq r < s \leq k} \prod_{x_i \in P_r \cup P_s} (1 - q_i) - \cdots - (-1)^{k-1} \prod_{\substack{r=1 \\ x_i \in E_i}}^{k} (1 - q_i)$$

$$(4-3)$$

式中　　P_r——最小径集$(r=1,2,\cdots,k)$;

　　　　r,s——最小径集的序数,$r<s$;

　　　　k——最小径集数;

　　　　$1-q_i$——第 i 个基本事件不发生的概率;

　　　　$x_i \in P_r$——属于第 r 个最小径集的第 i 个基本事件;

　　　　$x_i \in P_r \bigcup P_s$——属于第 r 个或第 s 个最小径集的第 i 个基本事件。

例题 4-10 某事故树共有如下 3 个最小径集:$P_1=\{x_1,x_4\}$,$P_2=\{x_2,x_4\}$,$P_3=\{x_3,x_5\}$,求其顶上事件发生的概率。

由于各个最小径集中有重复事件,根据式(4-3)有:

$$P(T) = 1 - [(1-q_1)(1-q_4) + (1-q_2)(1-q_4) + (1-q_3)(1-q_5)] +$$

$$(1-q_1)(1-q_2)(1-q_4) + (1-q_1)(1-q_3)(1-q_4)(1-q_5) +$$

$$(1-q_2)(1-q_3)(1-q_4)(1-q_5) -$$

$$[(1-q_1)(1-q_2)(1-q_3)(1-q_4)(1-q_5)]$$

(五)化相交集为不交集法

某事故树有 k 个最小割集:$E_1,E_2,\cdots,E_r,\cdots,E_k$。一般情况下,它们是相交的,即最小割集之间可能含有相同的基本事件。由文氏图可以看出，$E_r \cup E_s$ 为相交集合，$E_r + E'_r E_s$ 为不相交集合。$E_r \cup E_s \cup E_t$ 为相交集合，$E_r + E'_r E_s + E'_r E'_s E_t$ 为不相交集合，如图 4-26 所示。

$$E_r \cup E_s = E_r + E'_r E_s$$

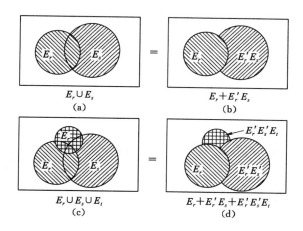

图 4-26 文氏图表示相交集与不交集合

所以：

$$P(E_r \cup E_s) = P(E_r) + P(E'_r E_s)$$

可以推广到一般式：

$$T = \bigcup_{r=1}^{k} E_r = E_1 + E'_1 E_2 + E'_1 E'_2 E_3 + \cdots + E'_1 E'_2 E'_3 \cdots E'_{k-1} E_k \tag{4-4}$$

当求出一个事故树的最小割集后，可直接运用布尔代数的运算定律及式(4-4)将相交和化为不交和。当事故树的结构比较复杂时，利用这种直接不交化算法还是相当烦琐。而用以下不交积之和定理可以简化计算，特别是当事故树的最小割集彼此间有重复事件时更具优越性。

不交积之和定理：

命题 1 集合 E_r 和 E_s 如不包含共同元素，则应 $E'_r E_s$ 可用不交化规则直接展开。

命题 2 若集合 E_r 和 E_s 包含共同元素，则：

$$E'_r E_s = E'_{r \leftarrow s} E_s$$

式中 $E_{r \leftarrow s}$——E_r 中有的而 E_s 中没有的元素的布尔积。

命题 3 若集合 E_r 和 E_t 包含共同元素，E_s 和 E_t 也包含共同元素，则：

$$E'_r E'_s E_t = E'_{r \leftarrow t} E'_{s \leftarrow t} E_t$$

命题 4 若集合 E_r 和 E_t 包含共同元素，E_s 和 E_t 也包含共同元素，且 $E_{r \leftarrow t} \subset E_{s \leftarrow t}$，则

$$E'_r E'_s E_t = E'_{s \leftarrow t} E_t$$

例 4-11 某事故树有如下最小割集，用不交积之和定理进行不交化运算，计算顶上事件的发生概率。

事故树的最小割集为：

$$E_1 = \{x_1, x_4\} \quad E_2 = \{x_3, x_5\} \quad E_3 = \{x_1, x_2, x_3\}$$

则：

$$E_{1\leftarrow3}=x_4 \quad E_{2\leftarrow3}=x_5$$

根据式(4-4)和命题1、命题3,得:

$$T=\bigcup_{r=1}^{3}E_r$$

$$=E_1+E_1'E_2+E_1'E_2'E_3$$

$$=E_1+E_1'E_2+E_{1\leftarrow3}'E_{2\leftarrow3}'E_3$$

$$=x_1x_4+(x_1x_4)'x_3x_5+x_4'x_5'x_1x_2x_3$$

$$=x_1x_4+(x_1'+x_1x_4')x_3x_5+x_4'x_5'x_1x_2x_3$$

$$=x_1x_4+x_1'x_3x_5+x_1x_4'x_3x_5+x_4'x_5'x_1x_2x_3$$

设各基本事件的概率分别为$q_1\sim q_5$,则顶上事件的发生概率为:

$$P(T)=q_1q_4+(1-q_1)q_3q_5+q_1q_3(1-q_4)q_5+q_1q_2q_3(1-q_4)(1-q_5)$$

四、顶上事件发生概率的近似计算

如前所述,按式(4-2)和式(4-3)计算顶上事件发生概率的精确解,当事故树中的最小割集较多时,会发生组合爆炸问题,即使用直接不交化算法或不交积之和定理将相交和化为不交和,计算量也是相当大的。此时,可使用近似的计算方法,这种方法既能保证适当的精度,又省时省力,实际计算中多采用近似算法。

1. 最小割集逼近法

在式(4-2)中,设:

$$\sum_{r=1}^{k}\prod_{x_i\in E_r}q_i=F_1$$

$$\sum_{1\leqslant r<s\leqslant k}\prod_{x_i\in E_r\cup E_s}q_i=F_2$$

$$\vdots$$

$$\prod_{\substack{r=1\\x_i\in E_r}}^{k}q_i=F_k$$

用最小割集求顶上事件发生概率,则:

$$P(T)\leqslant F_1$$

$$P(T)\geqslant F_1-F_2$$

$$P(T)\leqslant F_1-F_2+F_3$$

$$\vdots$$

依此给出了顶上事件发生概率$P(T)$的上限和下限,并根据需要求出任意精确度的概率上限和下限。

2. 最小径集逼近法

与最小割集法相似,利用最小径集也可以求得顶上事件发生概率的上、下限。在式(4-3)中,设:

$$\sum_{r=1}^{k}\prod_{x_i\in P_r}(1-q_i)=S_1$$

$$\sum_{1 \leqslant r < s \leqslant k} \prod_{x_i \in P_r \cup P_s} (1 - q_i) = S_2$$

$$\vdots$$

$$\prod_{\substack{r=1 \\ x_i \in E_r}}^{k} (1 - q_i) = S_k$$

则：

$$P(T) \geqslant l - S_1$$
$$P(T) \leqslant 1 - S_1 + S_2$$
$$\vdots$$

即：

$$1 - S_1 \leqslant P(T) \leqslant 1 - S_1 + S_2$$
$$1 - S_1 + S_2 \geqslant P(T) \geqslant 1 - S_1 + S_2 - S_3$$

依次给出了顶上事件发生概率的上限和下限。

从理论上讲，以上两式的上限和下限数列都是单调无限收敛于 $P(T)$ 的。但在实际应用中，因基本事件的发生概率较小，而应当采用最小割集逼近法，以得到较精确的计算结果。

3. 平均近似法

为了使近似算法接近精确值，计算时保留式（4-2）中第一、二项，并取第二项的 1/2 值，即：

$$P(T) = \sum_{r=1}^{k} \prod_{x_i \in E_r} q_i - \frac{1}{2} \sum_{1 \leqslant r < s \leqslant k} \prod_{x_i \in E_r \cup E_s} q_i$$

这种算法称为平均近似法。

4. 独立事件近似法

当各最小割集 $E_r(r=1,2,\cdots,k)$ 中彼此有重复的基本事件，可近似地将它们看作无重复事件，从而各个最小割集 $E_r(r=1,2,\cdots,k)$ 相互独立，则：

$$P(T) = P\left(\bigcup_{r=1}^{k} E_r\right)$$
$$= 1 - P\left(\bigcap_{r=1}^{k} E_r'\right)$$
$$\approx 1 - \prod_{r=1}^{k} P(E_r')$$
$$\approx 1 - \prod_{r=1}^{k} (1 - P(E_r)) \approx 1 - \prod_{r=1}^{k} \left(1 - \prod_{x_i \in E_r} q_i\right)$$

用独立事件近似法计算例 4-9，则顶上事件的发生概率为：

$$P(T) \approx 1 - (1 - q_1 q_3)(1 - q_2 q_3)(1 - q_3 q_4)$$
$$\approx 1 - (1 - 0.01 \times 0.03)(1 - 0.02 \times 0.03)(1 - 0.03 \times 0.04)$$
$$\approx 0.002\ 099$$

由于 $X_i = 0$（不发生）的概率接近于 1，故该方法不适用于最小径集的计算；否则，误差较大。

第五节　基本事件的重要度分析

一个基本事件对顶上事件发生的影响大小称为该基本事件的重要度。事故树中各基本事件的发生对顶上事件的发生有着不同程度的影响。这种影响主要取决于两个因素：各基本事件发生概率的大小和各基本事件在事故树模型结构中处于何种位置。为了明确最易导致顶上事件发生的事件，以便分出轻重缓急采取有效措施，控制事故的发生，必须对基本事件进行重要度分析。

一、基本事件的结构重要度

如果不考虑各基本事件发生的难易程度，或假设各基本事件的发生概率相等，仅从事故树的结构上研究各基本事件对顶上事件的影响程度，称为结构重要度分析，并用基本事件的结构重要度系数、基本事件割集重要度系数判定其影响大小。利用基本事件的结构重要度系数判断方法精度高，但较为烦琐；利用基本事件割集重要度系数判定简单，但精度不够。不过，目前事故树分析大多停留在定性分析阶段，能基本满足需要，故此介绍利用基本事件割集重要度系数进行分析的方法。

用事故树的最小割集可以表示其等效事故树，在最小割集所表示的等效事故树中，每个最小割集对顶上事件发生的影响同样重要，而且同一个最小割集中的每个基本事件对该最小割集发生的影响也同样重要。

设某一事故树有 k 个最小割集，每个最小割集记为 $E_r(r=1,2,\cdots,k)$，则 $1/k$ 表示单位最小割集的重要系数；第 r 个最小割集 E_r 中含有 $m_r(x_i \in E_r)$ 个基本事件，则 $1/m_r(x_i \in E_r)$ 表示基本事件 x_i 的单位割集重要系数。

设基本事件 x_i 的割集重要系数为 $I_{k(i)}$，则：

$$I_{k(i)} = \frac{1}{k} \sum_{r=1}^{k} \frac{1}{m_r(x_i \in E_r)} \qquad (i=1,2,\cdots,n)$$

利用基本事件的结构重要度系数可以较准确地判定基本事件的结构重要度顺序，但较为烦琐。一般可以利用事故树的最小割集或最小径集，按以下准则定性判断基本事件结构重要度：

（1）单事件最小割（径）集中的基本事件结构重要度最大。

（2）仅在同一最小割（径）集中出现的所有基本事件结构重要度相等。

（3）两个基本事件仅出现在基本事件个数相等的若干最小割（径）集中，此时在不同最小割（径）集中出现次数相等的基本事件其结构重要度相等；同时，出现次数多的结构重要度大，出现次数少的结构重要度小。

（4）两个基本事件仅出现在基本事件个数不等的若干最小割（径）集中。这种情况下，基本事件结构重要度大小依下列不同条件而定：若它们在各最小割（径）集中重复出现的次数相等，则少事件最小割（径）集中出现的基本事件结构重要度大；在少事件最小割（径）集中出现次数少的，与多事件最小割（径）集中出现次数多的基本事件比较。应用下式计算近似判别值：

$$I_{(i)} = \sum_{x_i \in E_r} \frac{1}{2^{n_i-1}}$$

式中　$I_{(i)}$——基本事件 x_i 结构重要系数的近似判别值；

　　　n_i——基本事件 x_i 所属最小割（径）集包含的基本事件数。

二、基本事件的概率重要度

基本事件的结构重要度分析只是按事故树的结构分析各基本事件对顶上事件的影响程度，还应考虑各基本事件发生概率对顶上事件发生概率的影响，即对事故树进行概率重要度分析。

事故树的概率重要度分析是依靠各基本事件的概率重要系数大小进行定量分析的。所谓概率重要度分析，是指第 i 个基本事件发生概率的变化引起顶上事件发生概率变化的程度。由于顶上事件发生概率函数是 n 个基本事件发生概率的多重线性函数，所以对自变量 q_i 求一阶导数，可得到该基本事件的概率重要度系数 $I_{g(i)}$，则：

$$I_{g(i)} = \frac{\partial P(T)}{\partial q_i}$$

式中　$P(T)$——顶上事件发生概率；

　　　q_i——第 i 个基本事件的发生概率。

利用上式求出各基本事件的概率重要度系数，可确定降低哪个基本事件的概率能迅速且有效地降低顶上事件的发生概率。

概率重要度有一个重要性质——若所有基本事件的发生概率都等于 $1/2$，则基本事件的概率重要度系数等于其结构重要度系数，即：

$$I_{g(i)} \big|_{q_i = \frac{1}{2}} = I_{\Phi(i)}$$

三、基本事件的关键重要度

当各基本事件发生概率不等时，改变概率大的基本事件比改变概率小的基本事件容易，但基本事件的概率重要度系数并未反映这一事实，因而它不能从本质上反映各基本事件在事故树中的重要程度。所谓关键重要度分析，是指第 i 个基本事件发生概率的变化率引起顶上事件发生概率的变化率，因而它比概率重要度更合理、更具有实际意义。其表达式为：

$$I_{g(i)}^c = \lim_{\Delta q_i \to 0} \frac{\Delta P(T)/P(T)}{\Delta q_i / q_i} = \frac{q_i}{P(T)} \lim_{\Delta q_i \to 0} \frac{\Delta P(T)}{\Delta q_i} = \frac{q_i}{P(T)} I_{g(i)}$$

式中　$I_{g(i)}^c$——第 i 个基本事件的关键重要度系数；

　　　$I_{g(i)}$——第 i 个基本事件的概率重要度系数；

　　　$P(T)$——顶上事件发生概率；

　　　q_i——第 i 个基本事件的发生概率。

第六节　事故树分析的应用

如图 4-27 所示，各基本事件的发生概率为：$q_1 = 0.01$，$q_2 = 0.02$，$q_3 = 0.03$，$q_4 = 0.04$，$q_5 = 0.05$。试求该事故树的最小割集和最小径集；试用最小割集法、最小径集法计算顶上事件的发生概率，并计算各基本事件的割集重要度系数、概率重要度系数、关键重要度系数。

一、布尔代数化简法求取最小割集

$T = A_1 A_2 = (x_1 + A_3)(x_4 + A_4)$

$$=[x_1+(x_3x_5)][x_4+(A_5x_3)]$$
$$=[x_1+(x_3x_5)][x_4+(x_2+x_5)x_3]$$
$$=(x_1+x_3x_5)(x_4+x_2x_3+x_5x_3)$$
$$=x_1x_4+x_3x_4x_5+x_1x_2x_3+x_2x_3x_3x_5+$$
$$\quad x_1x_3x_5+x_5x_3x_3x_5$$
$$=x_1x_4+x_3x_4x_5+x_1x_2x_3+x_2x_3x_5+$$
$$\quad x_1x_3x_5+x_3x_5$$
$$=x_1x_4+x_3x_5+x_1x_2x_3$$

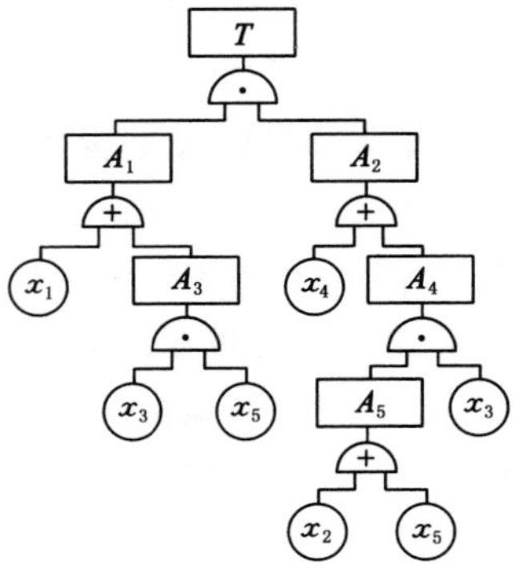

经分析该事故树有 3 个最小割集：

$$E_1=\{x_1,x_2,x_3\},E_2=\{x_1,x_4\},E_3=\{x_3,x_5\}$$

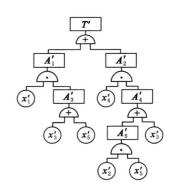

图 4-27　事故树示意图

由式(4-2)可知,顶上事件的发生概率为：

$$P(T)=\sum_{r=1}^{k}\prod_{x_i\in E_r}q_i-\sum_{1\leqslant r<s\leqslant k}\prod_{x_i\in E_r\cup E_s}q_i+\cdots+(-1)^{k-1}\prod_{\substack{r=1\\x_i\in E_r}}^{k}q_i$$

$$=\sum_{r=1}^{3}\prod_{x_i\in E_r}q_i-\sum_{1\leqslant r<s\leqslant 3}\prod_{x_i\in E_r\cup E_s}q_i+\prod_{\substack{r=1\\x_i\in E_r}}^{3}q_i$$

$$=(q_1q_2q_3+q_1q_4+q_3q_5)-(q_1q_2q_3q_4+q_1q_2q_3q_5+q_1q_3q_4q_5)+q_1q_2q_3q_4q_5$$

$$=0.001\ 904\ 872$$

二、用成功树法求取最小径集

1. 利用对偶树法,绘出该事故树的成功树(图 4-28)

2. 写出成功树的布尔代数表达式

$$T'=A_1'+A_2'=x_1'A_3'+x_4'A_4'$$
$$=x_1'(x_3'+x_5')+x_4'(A_5'+x_3')$$
$$=x_1'(x_3'+x_5')+x_4'(x_2'x_5'+x_3')$$
$$=x_1'x_3'+x_1'x_5'+x_3'x_4'+x_2'x_4'x_5'$$

事故树有 4 个最小径集：

$$K_1=\{x_1,x_3\},K_2=\{x_1,x_5\},$$
$$K_3=\{x_3,x_4\},K_4=\{x_2,x_4,x_5\}$$

图 4-28　成功树示意图

由式(4-3)可知,顶上事件的发生概率为：

$$P(T)=1-\sum_{r=1}^{k}\prod_{x_i\in K_r}(1-q_i)+\sum_{1\leqslant r<s\leqslant k}\prod_{x_i\in K_r\cup K_s}(1-q_i)-\cdots-(-1)^{k-1}\prod_{\substack{r=1\\x_i\in K_r}}^{k}(1-q_i)$$

$$=1-\sum_{r=1}^{4}\prod_{x_i\in K_r}(1-q_i)+\sum_{1\leqslant r<s\leqslant 4}\prod_{x_i\in K_r\cup K_s}(1-q_i)-$$

$$\sum_{1\leqslant r<s<t\leqslant 4}\prod_{x_i\in K_r\cup K_s\cup K_t}(1-q_i)+\prod_{x_i\in K_r\cup K_s\cup K_t\cup K_u}(1-q_i)$$

$$=1-[(1-q_1)(1-q_3)+(1-q_1)(1-q_5)+(1-q_3)(1-q_4)+$$
$$(1-q_2)(1-q_4)(1-q_5)]+$$
$$[(1-q_1)(1-q_3)(1-q_5)+(1-q_1)(1-q_3)(1-q_4)+$$
$$(1-q_1)(1-q_2)(1-q_3)(1-q_4)(1-q_5)+$$

$$(1-q_1)(1-q_3)(1-q_4)(1-q_5)+(1-q_1)(1-q_2)(1-q_4)(1-q_5)+$$
$$(1-q_2)(1-q_3)(1-q_4)(1-q_5)]-$$
$$[(1-q_1)(1-q_3)(1-q_4)(1-q_5)+$$
$$3(1-q_1)(1-q_2)(1-q_3)(1-q_4)(1-q_5)]+$$
$$(1-q_1)(1-q_2)(1-q_3)(1-q_4)(1-q_5)$$
$$=1-[(1-q_1)(1-q_3)+(1-q_1)(1-q_5)+$$
$$(1-q_3)(1-q_4)+(1-q_2)(1-q_4)(1-q_5)+$$
$$(1-q_1)(1-q_3)(1-q_5)+(1-q_1)(1-q_3)(1-q_4)+$$
$$(1-q_1)(1-q_2)(1-q_4)(1-q_5)+$$
$$(1-q_2)(1-q_3)(1-q_4)(1-q_5)-(1-q_1)(1-q_2)(1-q_3)(1-q_4)(1-q_5)$$
$$=0.001\,904\,872$$

三、基本事件的割集重要度系数

事故树有 3 个最小割集：

$$E_1=\{x_1,x_2,x_3\},E_2=(x_1,x_4),E_3=\{x_3,x_5\}$$

每个最小割集中的基本事件的个数分别为：$m_1=3,m_2=2,m_3=2$。由式

$$I_{k(i)}=\frac{1}{k}\sum_{r=1}^{k}\frac{1}{m_r(x_i\in E_r)}\quad(i=1,2,3,\cdots,n)$$

得到基本事件 x_i 的割集重要系数，即：

$$I_{k(1)}=\frac{1}{3}\sum_{r=1}^{3}\frac{1}{m_r(x_i\in E_r)}=\frac{1}{3}\left(\frac{1}{m_1}+\frac{1}{m_2}\right)=\frac{1}{3}\left(\frac{1}{3}+\frac{1}{2}\right)=\frac{5}{18}$$

同理：

$$I_{k(2)}=\frac{1}{3}\left(\frac{1}{3}\right)=\frac{1}{9},\ I_{k(3)}=\frac{1}{3}\left(\frac{1}{3}+\frac{1}{2}\right)=\frac{5}{18}$$

$$I_{k(4)}=\frac{1}{3}\left(\frac{1}{2}\right)=\frac{1}{6},\ I_{k(5)}=\frac{1}{3}\left(\frac{1}{2}\right)=\frac{1}{6}$$

四、基本事件的概率重要度

由前面的计算可得：
$$P(T)=(q_1q_2q_3+q_1q_4+q_3q_5)-(q_1q_2q_3q_4-q_1q_2q_3q_5-q_1q_3q_4q_5)+q_1q_2q_3q_4q_5$$
由式

$$I_{g(i)}=\frac{\partial P(T)}{\partial q_i}\quad(i=1,2,3,\cdots,n)$$

得到各基本事件的概率重要度，即：

$$I_{g(1)}=\frac{\partial P(T)}{\partial q_1}$$
$$=q_2q_3+q_4-q_2q_3q_4-q_2q_3q_5-q_3q_4q_5+q_2q_3q_4q_5$$
$$=0.040\,487\,2$$

$$I_{g(2)}=\frac{\partial P(T)}{\partial q_2}$$
$$=q_1q_3-q_1q_3q_4-q_1q_3q_5+q_1q_3q_4q_5$$
$$=0.000\,273\,6$$

$$I_{g(3)} = \frac{\partial P(T)}{\partial q_3}$$
$$= q_1 q_2 + q_5 - q_1 q_2 q_4 - q_1 q_2 q_5 - q_1 q_4 q_5 + q_1 q_2 q_4 q_5$$
$$= 0.050\ 162\ 4$$

$$I_{g(4)} = \frac{\partial P(T)}{\partial q_4}$$
$$= q_1 - q_1 q_2 q_3 - q_1 q_3 q_5 + q_1 q_2 q_3 q_5$$
$$= 0.009\ 979\ 3$$

$$I_{g(5)} = \frac{\partial P(T)}{\partial q_5}$$
$$= q_3 - q_1 q_2 q_3 - q_1 q_3 q_4 + q_1 q_2 q_3 q_4$$
$$= 0.029\ 982\ 24$$

五、基本事件的关键重要度

由式

$$I_{g(i)}^{c} = \lim_{\Delta q_i \to 0} \frac{\Delta P(T)/P(T)}{\Delta q_i/q_i} = \frac{q_i}{P(T)} \cdot \lim_{\Delta q_i \to 0} \frac{\Delta P(T)}{\Delta q_i} = \frac{q_i}{P(T)} \cdot I_{g(i)}$$

得到各基本事件的关键重要度,即:

$$I_{g(1)}^{c} = \frac{q_1}{P(T)} \cdot I_{g(1)}$$
$$= (0.01/0.001\ 904\ 872) \times 0.040\ 487\ 2$$
$$= 0.212\ 545\ 514$$

$$I_{g(2)}^{c} = \frac{q_2}{P(T)} \cdot I_{g(2)} = 0.002\ 872\ 633$$

$$I_{g(3)}^{c} = \frac{q_3}{P(T)} \cdot I_{g(3)} = 0.790\ 012\ 137$$

$$I_{g(4)}^{c} = \frac{q_4}{P(T)} \cdot I_{g(4)} = 0.209\ 553\ 187$$

$$I_{g(5)}^{c} = \frac{q_5}{P(T)} \cdot I_{g(5)} = 0.786\ 988\ 312$$

从以上计算结果可知,其基本事件的割集重要度顺序为:

$$I_{k(1)} = I_{k(3)} > I_{k(4)} = I_{k(5)} > I_{k(2)}$$

基本事件概率重要度顺序为:

$$I_{g(3)} > I_{g(1)} > I_{g(5)} > I_{g(4)} > I_{g(2)}$$

基本事件的关键重要度顺序为:

$$I_{g(3)}^{c} > I_{g(5)}^{c} > I_{g(1)}^{c} > I_{g(4)}^{c} > I_{g(2)}^{c}$$

由分析可知:

(1)从割集重要度分析。基本事件 x_1、x_3 对顶上事件发生的影响最大,基本事件 x_4、x_5 的影响次之,而基本事件 x_2 的影响最小。

（2）从概率重要度分析。降低基本事件 x_3 的发生概率，能迅速有效地降低顶上事件的发生概率，其次是基本事件 x_1、x_4、x_5，而最不重要、最不敏感的是基本事件 x_2。

（3）从关键重要度分析。基本事件 x_3 不仅敏感性强，而且本身发生概率较大，所以它的重要度仍然最高；但由于基本事件 x_1 发生概率较低，对它做进一步改善有一定困难；而基本事件 x_5 敏感性较强，本身发生概率又大，所以它的重要度提高了。

在以上 3 种重要度系数中，割集重要度系数是从事故树结构上反映基本事件的重要程度，这给系统安全设计者选用部件可靠性及改进系统的结构提供了依据；概率重要度系数是反映基本事件发生概率的变化对顶上事件发生概率的影响，为降低基本事件发生概率对顶上事件发生概率的贡献大小提供了依据；关键重要度系数从敏感度和基本事件发生概率大小反映对顶上事件发生概率大小的影响。所以，关键重要度比概率重要度和割集重要度更能准确地反映基本事件对顶上事件的影响程度，为找出最佳的事故诊断和确定防范措施的顺序提供了依据。

复习思考题

1. 最小割集与最小径集在事故树分析中的作用是什么？

2. 轮式汽车起重吊车在吊物时，吊装物坠落伤人是一种经常发生的起重伤人事故。其中，起重钢丝绳断裂是造成吊装物坠落的主要原因，吊装物坠落与钢丝绳断脱、吊钩冲顶和吊装物超载有直接关系。钢丝绳断脱的主要原因是钢丝绳强度下降和未及时发现钢丝绳强度下降，钢丝绳强度下降是由于钢丝绳腐蚀断股、变形和质量不良，而未及时发现钢丝绳强度下降主要原因是日常检查不够和未定期对钢丝绳进行检测；吊钩冲顶是吊装工操作失误和未安装限速器造成的。吊装物超载则是吊装物超重和起重限制器失灵造成的，请用事故树分析法对该案例进行分析，绘制事故树，求出最小割集和最小径集。

3. 某事故树 $T = x_1 + x_2(x_3 + x_4)$，画出其事故树图，各基本事件的发生概率：$q_1 = 0.01$，$q_2 = 0.02$，$q_3 = 0.03$，$q_4 = 0.04$。求顶上事件的发生概率、基本事件的概率重要度和关键重要度。

4. 某事故树最小割集分别为：$\{x_2, x_3\}$，$\{x_1, x_4\}$，$\{x_1, x_5\}$。各基本事件的发生概率分别为：$q_1 = 0.01$，$q_2 = 0.02$，$q_3 = 0.03$，$q_4 = 0.04$，$q_5 = 0.05$。试用两种以上近似计算法计算顶上事件的发生概率。

5. 如图 4-29 所示，试求最小割集和最小径集，并且分别用最小割集和最小径集绘制该事故树的等效图。

6. 比较事故树分析和事件树分析这两种系统安全定性分析方法。

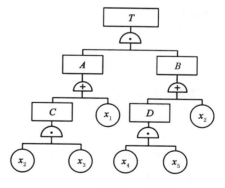

图 4-29　思考题 5 示意图

第五章
系统安全评价

【知识框架】

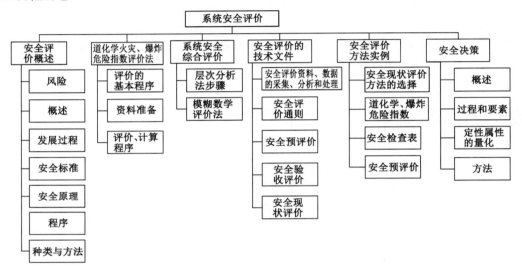

【学习目标】

　　了解安全评价的定义、内涵、原理及其分类;掌握并理解安全评价的程序、道化学火灾、爆炸危险指数评价法的定义及其评价过程;理解层次分析法和模糊数学评价法的评价步骤;了解安全决策的基本概念;掌握决策树法的决策优点和决策流程,并根据实际选择合适的决策方法。

【重、难点梳理】

　　1. 安全评价的程序;
　　2. 道化学火灾、爆炸危险指数评价法的评价流程;
　　3. 层次分析法、模糊综合评价法的评价流程;
　　4. 决策树法的决策过程和决策要素。

第一节　安全评价概述

一、风险的定义

　　当前,不管是从事工农业生产,还是承包某项工程,人们都会遇到并必须认真考虑以下问题:从事这项工作将要面临什么样的风险,可能会受到什么意想不到的损失。所谓安全评价,就是要测算某个系统潜在的风险率是否超过了允许的限度。为此,首先要搞清楚风险的含义和风险大小以及用什么量值来表示。

对于风险要同时考虑以下两个方面:

(1) 受害程度或损失大小。有无风险在很大程度上取决于可能造成多大损失。

(2) 造成某种损失或损害的难易程度。损害发生的难易性一般是用某种损害发生的概率大小来描述。

根据上述两个方面的问题,可以用下面象征性的公式表示:

$$风险＝不可靠性(可能性)\times损害(后果) \tag{5-1}$$

式(5-1)表明,在没有危险的地方就没有风险,而在没有不可靠性的地方也没有风险。

从另一个角度来看,风险也可以表示为:

$$风险＝危险源/安全防护 \tag{5-2}$$

一方面,随着安全防护的增大,风险会减小;另一方面,只要危险源不为零,风险就客观存在,这就是安全评价过程是个动态过程的道理。我们所希望的当然是尽量地减少危险源,通常讲的本质安全正是从这一概念引申出来的。本质安全就是危险源趋近于零的理想状态。

从上述风险的两个定义可以看出,风险的定量计算问题是比较复杂的。式(5-1)中,右边的第一项为"不可靠性",表示人们已经认识到的危险源能够引起的事故不可靠性。对于该不可靠性,目前多作为概率事件来处理,引入概率计算方法来解决;右边的第二项为发生某一事故时所造成的各种损害的集合,其中有的可以用"金钱"的尺度来衡量,有的(如人的死亡、环境破坏、污染)则是无法用金钱来衡量的。即使是同一个事故结果,通常也可以估计到若干个"损害"。作为这一项的解析指标,在经济学中使用的是"效用"。所以,风险的大小也可以用风险率表示,即:

$$风险率＝PU \tag{5-3}$$

式中　P——某一事项发生的概率;

　　　U——该事项发生的效用(一般为负值)。

需要说明的是,作为风险评价,"效用"一般应考虑 3 个方面:一是费用,安全投资、保险费用;二是利益,开展安全工作带来的效益;三是损害,事故造成的损失。当然,在安全评价或风险评价的初步阶段,"效用"一项一般只考虑"损害",即所谓的严重度,将严重度代入式(5-3),从而计算风险率。

二、安全评价的定义

安全评价就是对系统存在的不安全因素进行定性和定量分析,通过与评价标准的比较得出系统的危险程度,提出改进措施。所以,安全评价同其他工程系统评价、产品评价、工艺评价等一样,都是从明确的目标值开始,对工程、产品、工艺的功能特性和效果等属性进行科学测定,最后根据测定的结果用一定的方法综合、分析、判断,并作为决策的参考。

因此,安全评价包含 3 层意思:第一,对系统存在的不安全因素进行定性和定量分析,这是安全评价的基础,这里面包括有安全测定、安全检查和安全分析;第二,通过与评价标准的比较得出系统发生危险的可能性或程度的评价;第三,提出改进措施,以寻求最低的事故率,达到安全评价的最终目的。

三、安全评价的发展过程

风险评价是由保险业发展起来的。20 世纪 30 年代,保险公司为投保客户承担各种风险,但要收一定费用。这个费用收多少合适呢? 当然要由所承担风险大小决定。因此,这就带来一个衡量风险程度的问题,而这个衡量风险程度的过程就是当时美国保险协会所从事的风险评价。目前,世界各国各行业几乎都采用"风险评价"这一专业术语,像美国道(DOW)化学公司的火灾、爆炸危险指数评价法,这种方法在世界范围内影响很大,推动了评价工作的发展。后来,英国的帝国化学公司(ICI)在此基础上推出了蒙德(Mond)法,日本推出了岗山法、正田法,使道化学公司的评价方法更为科学、合理、切合实际。而道化学公司本身经过 20 年的实践,先后对火灾、爆炸危险指数评价法修订了 6 次,推出了第七版和相应的教科书。评价范围也从火灾、爆炸扩展到毒性物质灾害等其他方面。

20 世纪 70 年代初,日本劳动省颁布了《化工厂安全评价指南》,将评价方法进一步向科学化、标准化方向推进,综合采用了一整套安全系统工程的分析方法和评价手段,使化工厂的安全工作在规划、设计阶段得到充分保证。

以风险率为标准的定量评价是风险评价的高级阶段。这种评价手段是随着航空航天、核工业等高技术领域的开发而得到迅速发展的。20 世纪 60 年代中期,英国就建立了故障率数据库和可靠性服务所,开展了概率风险评价工作,在国际同行中影响很大,并一举推动了安全系统工程。世界范围广泛应用的美国原子能管理委员会的《商用核电站风险评价报告》是在 20 纪 70 年代中期发表的。目前,风险定量评价已在工业发达国家的许多工程项目中得到广泛的应用,并在许多行业制定了技术标准。一些国家还立法规定,工程项目必须进行风险性评价,日本劳动省规定化工厂必须做综合的风险性评价。英国规定在建企业凡没有进行风险性评价的都不许开工。我国对新建、改建、扩建工程项目也发布了"三同时"评审规定,强调安全性措施(项目)必须与主体工程同时设计、同时施工、同时验收投产。风险评价已成为当代安全管理中最有成效、正在逐渐完善的一种极为重要的方法。许多有益的经验为我国企业风险评价所吸收,在我国产生了积极作用,并在各行业中发挥了重要的作用。

应该指出的是,国外的风险评价是指单一设备、设施或危险源的风险评价。

20 世纪 80 年代以来,我国开始在企业安全管理中应用安全系统工程,不仅取得了丰硕的成果,促使安全管理水平不断提高,而且也加快了我国安全管理向科学化、现代化方向的发展速度。这一期间的主要特点是系统安全分析方法的应用,解决的问题基本上是系统的局部安全问题。近年来,由于对安全系统工程的认识逐步提高,人们逐渐意识到必须全面了解和掌握整个系统的安全状况,客观地科学地衡量企业的事故风险大小,分清轻重缓急,有针对性地采取相应对策,真正落实"安全第一、预防为主、综合治理"的方针。国家要有效地实行安全监察,工会系统切实履行劳动保护监督职责,保险部门要合理收取保险费,科学地实行风险管理,这些都必须采用系统风险评价的方法。在我国,一般将"风险评价"称为"安全评价"。

系统安全评价是采用系统科学的方法确认系统存在的危险性,并根据其形成事故的风险大小采取相应的安全措施,以达到系统安全的过程。系统安全评价是安全系统工程的重要组成部分。1984 年以后,我国开始研究安全评价理论与方法,在小范围内进行系统安全评价尝试,1987 年原机械电子工业部首先提出对整个企业系统进行安全评价,利用安全系统工程原理开展安全管理工作,并制定标准。随后,许多企业和一些产业部门开始进行安全评价理论、方法的研究与应用。目前,以安全检查表为依据进行企业安全评价已经比较成熟。1988年1月1日,国家机械电子工业部发布了《机械工厂安全性评价标准》,受到企业的普遍欢迎,收到非常好的效果。该标准的颁布执行标志着我国安全管理工作跨入一个新的历史时期。我国中央许多产业部门对企业安全评价给予了高度重视,如原化工部、原冶金部、原航空航天部等都着手进行本系统评价标准的制定工作,原核工业部参照国外标准对秦山核电站进行了科学的评价,原劳动部也组织力量进行国家有关安全评价统一标准的制定工作。北京、天津、上海、湖北、广东、福建等省(市)也不同程度地开展安全评价的研究与试点工作。这些情况说明,企业安全评价工作正在向全国范围展开,对促进保险防灾业的发展以及加强劳动保护、提高安全生产水平具有深远的意义。

四、安全标准

经定量化的风险率或危害度是否达到我们要求的(期盼的)安全程度,需要有一个界限、目标或标准进行比较,这个标准被称为安全标准。

安全标准的确定主要取决于一个国家、行业或部门的政治、经济,技术和安全科学发展的水平。显然,一个国家的政治制度是其安全政策方针的主要决定因素,保护人民的生命财产安全应该是一个先进发达国家的基本国策。

充足的财富、发达的技术,当然会为提供舒活的生活工作环境创造条件,但随着生产技术的发展,新工艺、新技术、新材料、新能源的出现,又会产生新的危险;同时,对已经认识到的危险,由于技术、资金等因素的制约,也不可能完全杜绝。所谓安全标准,实际就是确定一个危害度,这个危害度必须是社会各方面允许的、可接受的。同时,安全标准本身也是一个科学问题。随着安全科学的发展,人们认识到:世界上没有绝对安全,那种认为事故为零就是最终安全标准的看法是不客观的,安全标准是在社会发展进程中不断修订和完善的。

确定安全标准的方法有统计法和风险与收益比较法。对系统进行安全评价时,也可根据综合评价得到的危险指数进行统计分析,确定使用一定范围的安全标准。

表 5-1　美国各类工作地点死亡安全指标
(每年以接触 2 000 h 计)

工业类型	FAFR 值	死亡率/(人·a^{-1})
工业	7.1	1.4×10^{-4}
商业	3.2	0.6×10^{-4}
制造业	4.5	0.9×10^{-4}
服务业	4.3	0.86×10^{-4}
机关	5.7	1.14×10^{-4}
运输及公用事业	16	3.6×10^{-4}
农业	27	5.4×10^{-4}
建筑业	28	5.6×10^{-4}
采矿、采石业	31	6.2×10^{-4}

例如,美国根据交通事故的统计资料,得出小汽车的交通死亡率为 2.5×10^{-4} 人/a,这就意味着每10万美国人因乘坐小汽车每年有25人死亡的风险率。但是,美国人没有因害怕这个风险而放弃使用小汽车,说明这个风险能够被美国社会所接受,所以这个风险率就可

以作为美国人使用小汽车作交通工具的安全标准。

美国原子能委员会报告中所引用的收益和风险率的关系说明,人们要获得较大的收益,必须要承担较大的风险,风险较小的活动其收益也较少,可以从中权衡并选择适当的值作为安全标准。一般认为,在生产活动中若以每年死亡人数表示风险率,则 10^{-3} 数量级的作业危险性很大,是不能接受的,要立即采取安全措施;10^{-4} 数量级作业,一般人是不愿意做的,所以要支出费用进行改善才行;10^{-5} 数量级与游泳溺死的风险率相当,对此人们是积极关注的;而 10^{-6} 数量级与天灾死亡的风险相同,人们感到有危险但不一定发生在自己身上,人们要工作、要生活,冒这个风险与其收益相比还是值得的。但是,对有的行业就不是这样,如拳击运动,选手的死亡率高达 0.5%,由于拳击手成百上千万的美金收入,虽然风险大仍然有人从事。

对于有统计数据的行业,国外就是以行业一定时间内的实际平均死亡率作为确定安全标准的依据。例如,英国化学工业的 FAFR 值(指劳动 1 亿小时的死亡率)为 3.5;英国的帝国化学公司(ICI)提案取其 1/10,即 0.35 作为安全标准;而美国各公司的风险目标值(安全标准)大都取各行业安全标准的 1/10。

表 5-1 列出了美国各种行业的安全标准,表 5-2 为英国各行业的风险率。

表 5-2　英国工厂的风险率

工业类型	FAFR 值	死亡率(每日 8 h,每月 20 d,每年 1 920 h)/(人·a^{-1})
化工	3.5	$6.75×10^{-5}$
英国全工业	4	$7.68×10^{-5}$
钢铁	8	$1.54×10^{-4}$
捕鱼	35	$6.72×10^{-4}$
煤矿	40	$7.68×10^{-4}$
铁路扳道员	45	$8.64×10^{-4}$
建筑	67	$1.28×10^{-3}$
飞机乘务员	250	$4.8×10^{-3}$
拳击	7 000	$1.34×10^{-1}$
狩猎竞赛	50 000	$9.6×10^{-1}$

对应于系统安全综合评价,由于其评价内容不仅涉及技术设备,还涉及管理、环境等因素,前者可用风险率量化,后者则难以严格定量所以在综合评价方法中,常采用加权系数的办法,并通过一定的数理关系将它们整合在一起,最终算出总的危险性评分(见道化学火灾、爆炸危险指数评价法和系统安全综合评价法)。首先采用这种评价方法对一个行业内的若干企业进行试评,然后对不同单位的危险性评分进行分析总结,就可以得出在一定时期内适用于该行业的以危险性分值表示的安全标准。

五、安全原理

安全评价同其他评价方法一样,都遵循如下基本原理:

1. 相关性原理

相关性是指一个系统,其属性、特征与事故和职业危害存在着因果的相关性。这是系统因果评价方法的理论基础。

2. 类推原理

它是根据两个或两类对象之间存在着某些相同或相似的属性,从一个已知对象具有某个属性来推出另一个对象具有此种属性的一种推理 过程。常用的类推方法如下:

① 平衡推算法平衡推算法是根据 相互依存的平衡关系来推算所缺的有关指标的方法。

② 代替推算法。代替推算法是利用具有密切联系(相似)的有关资料、数据,来代替所缺资料、数据的方法。

③ 因素推算法。因素推算法是根据指标之间的联系,从已知的数据推算有关未知指标数据的方法。

④ 抽样推算法。抽样推算法是根据抽样或典型调查资料推算总体特征的方法。

⑤ 比例推算法。比例推算法是根据社会经济现象的内在联系,用某一时期、地区、部门或单位的实际比例,推算另一个类似的时期、地区、部门或单位有关指标的方法。

⑥ 概率推算法。根据有限的实际统计资料,采用概率论和数理统计方法可求出随机事件出现各种状态的概率。

3. 惯性原理

任何事物在其发展过程中,从过去到现在以及延伸至将来,都具有一定的延续性,这种延续性就叫作惯性。利用惯性原理进行评价时注意惯性的大小,惯性的趋势。

4. 量变到质变原理

任何一个事物在发展变化过程中都存在着从量变到质变的规律。同样,在一个系统中,许多有关安全的因素也都存在着从量变到质变的过程。

六、安全评价的程序

安全评价程序主要包括:准备阶段,危险、有害因素辨识与分析,定性、定量评价,提出安全对策措施,形成安全评价结论与建议,编制安全评价报告。具体程序如图 5-1 所示。

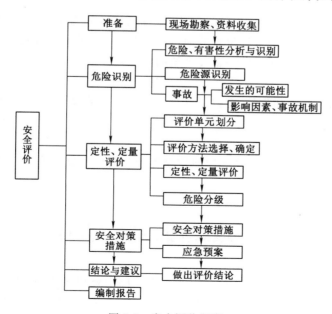

图 5-1 安全评价程序

1. 准备阶段

明确被评价对象和范围,收集国内外相关法律法规、技术标准以及工程、系统的技术资料。

2. 危险、有害因素辨识与分析

根据被评价工程、系统的情况,辨识和分析危险、有害因素,确定危险、有害因素存在的部位、存在的方式、事故发生的途径及其变化的规律。

3. 定性、定量评价

在危险、有害因素辨识与分析的基础上,划分评价单元,选择合理的评价方法,对工程、系统发生事故的可能性和严重程度进行定性、定量评价。

4. 安全对策措施

根据定性、定量评价结果,提出消除或减弱危险、有害因素的技术和管理措施及建议。

5. 安全评价结论及建议

简要列出主要危险、有害因素的评价结果,指出工程、系统应重点防范的重大危险因素,明确生产经营者应重视的重要安全措施。

6. 安全评价报告的编制

依据安全评价的结果编制相应的安全评价报告。

七、安全评价的种类与方法

目前,安全评价技术仍处于开发研究阶段,还在不断地发展和完善,其分类以及每类的具体称谓还很不统一。一般地,可从以下几个方面划分安全评价的种类与方法:

1. 从指标的量化程度划分

根据评价指标的量化程度,将安全评价方法划分为定性安全评价和定量安全评价,也有学者在这两类之间单独划分出半定量安全评价。

2. 按被评价系统所处的阶段或时间关系划分

根据安全评价工作与生产工作的时间关系,可以将其分为预评价和现状评价。按照被评价系统所处的阶段,可将安全评价划分为:新建、扩建、改建系统以及新工艺的预先评价;现有系统或运行系统的安全性评价;退役系统的安全性评价。

3. 按评价性质和目的划分

根据评价工作的性质和目的,可以将其分为系统固有危险性评价、系统安全管理状况评价和系统现实危险性评价。

4.《安全评价通则》的划分

《安全评价通则》(AQ 8001—2007)将安全评价分为安全预评价、安全验收评价、安全现状评价。

第二节　道化学火灾、爆炸危险指数评价法

道化学火灾、爆炸危险指数评价法是以工艺过程中物料的火灾、爆炸潜在危险性为基础,结合工艺条件、物料量等因素求取火灾、爆炸危险指数,进而可求出经济损失的大小,以经济损失评价生产装置的安全性。评价中定量的依据是以往事故的统计资料、物质的潜在

能量和现行安全措施的状况。

评价的目的为：量化潜在火灾、爆炸和反应性事故的预测损失；确定可能引起事故发生或使事故扩大的装置；向管理部门通报潜在的火灾、爆炸危险性；使工程技术人员了解各工艺部分可能造成的损失，以此确定减轻潜在事故严重性和总损失的有效的、经济的途径。

一、评价的基本程序

评价的基本程序，如图 5-2 所示。

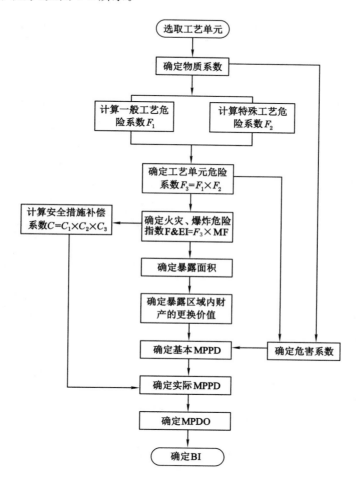

图 5-2 评价程序

二、评价资料的准备

（1）熟悉装置或工厂的设计方案。

（2）填写火灾、爆炸危险指数计算表（表 5-3）。

（3）填写安全措施补偿系数表（表 5-4）。

（4）填写工艺单元风险分析汇总表（表 5-5）。

（5）填写生产单元风险分析汇总表（表 5-6）。

表 5-3　火灾、爆炸危险指数计算表

地区/国家：		部门：	场所：		日期：	
位置：		生产单元：		工艺单元：		
评价人：		审定人(负责人)：		建筑物：		
检查人(管理部)：		检查人(技术中心)：		检查人(安全和损失预防)：		

工艺设备中的材料：

操作状态:设计—开车—正常作业—停车	确定 MF 的物质：

物质系数(表 5-7),当单元温度超过 60 ℃时注明：			危险系数范围	采用危险系数
一般工艺危险性	基本系数		1.00	1.00
	(1) 放热反应		0.3～1.25	
	(2) 吸热反应		0.2～0.4	
	(3) 物料的处理和输送		0.25～1.05	
	(4) 封闭单元或室内单元		0.25～0.9	
	(5) 通道		0.20～0.35	
	(6) 排放和泄漏控制		0.25～0.5	
一般工艺危险性系数(F_1)				
特殊工艺危险性	基本系数		1.00	1.00
	(1) 毒性物质		0.2～0.8	
	(2) 负压(≤66.5 kPa)		0.50	
	(3) 接近易燃范围内的操作:惰性化、未惰性化	灌装可燃性液体	0.5	
		过程失常或吹扫故障	0.30	
		一直在燃烧范围内	0.80	
	(4) 粉尘爆炸		0.25～2.00	
	(5) 压力:操作压力(绝对压力,kPa) 释放压力(绝对压力,kPa)			
	(6) 低温		0.2～0.3	
	(7) 易燃及不稳定 物质量(kg) 物质燃烧热(J/kg)	工艺中的液体及气体		
		储存中的液体和气体		
		储存中的可燃性固体及工艺中的粉尘		
	(8) 腐蚀与磨损		0.10～0.75	
	(9) 泄漏(接头与密封)		0.10～0.75	
	(10) 使用明火(由图查得)			
	(11) 油热交换系统		0.15～1.15	
	(12) 转动设备		0.50	
特殊工艺危险性系数(F_2)				
单元工艺危险性系数($F_1 \times F_2 = F_3$)				
火灾、爆炸危险指数($F_3 \times MF = F\&EI$)				

注:无危险时系数为 0.00。

表 5-4　安全措施补偿系数

项目	补偿系数	实际补偿系数	项目	补偿系数	实际补偿系数
1. 工艺控制(C_1)			(3) 排放系统	0.91~0.97	
(1) 应急电源	0.98		(4) 联锁装置	0.98	
(2) 冷却装置	0.97~0.99		物质隔离安全补偿系数 $C_2$②		
(3) 抑爆装置	0.84~0.98		3. 防火措施(C_3)		
(4) 紧急切断装置	0.96~0.99		(1) 泄漏检测装置	0.94~0.98	
(5) 计算机控制	0.93~0.99		(2) 结构钢	0.95~0.98	
(6) 惰性气体保护系统	0.94~0.96		(3) 消防水供应系统	0.94~0.97	
(7) 操作规程/程序	0.91~0.99		(4) 特殊灭火系统	0.91	
(8) 化学活泼性物质的评价	0.91~0.98		(5) 洒水灭火系统	0.74~0.97	
(9) 其他工艺危险分析	0.91~0.98		(6) 防火水幕	0.97~0.98	
工艺控制安全补偿系数 $C_1$①			(7) 泡沫灭火装置	0.92~0.97	
2. 物质隔离(C_2)			(8) 手提式灭火器(喷水枪)	0.93~0.98	
(1) 遥控阀	0.96~0.98		(9) 电缆防护	0.94~0.98	
(2) 卸料/排放装置	0.96~0.98		防火设施安全补偿系数 $C_3$②		

注:安全补偿系数 $C = C_1 \times C_2 \times C_3$。① 无安全补偿系数时,填入 1.00;② 所采用的各项补偿系数乘积。

表 5-5　工艺单元风险分析汇总表

项目	单位	项目	单位
火灾、爆炸危险指数(F&EI)		基本最大可能财产损失(基本 MPPD)	百万美元
危险等级		安全措施补偿系数($C = C_1 \times C_2 \times C_3$)	
暴露半径	m	实际最大可能财产损失(实际 MPPD)	百万美元
暴露面积	m²	最大可能停产天数(MPDO)	d
暴露区内财产价值	百万美元	停产损失(BI)	百万美元
危害系数			

表 5-6　生产单元风险分析汇总表

地区/国家:		部门:		场所:		
位置:		生产单元:		操作类型:		
评价人:		生产单元当前价值:		日期:		
工艺单元主要物质	物质系数	火灾、爆炸危险指数 F&EI	影响区内财产价值/百万美元	基本 MPPD/百万美元	MPPD/百万美元	MPPO	BI/百万美元

（6）有关装置的更换费用数据。在资料准备齐全和充分熟悉评价系统的基础上,按图 5-2 所示的程序进行。

三、评价、计算程序

1. 选择工艺（评价）单元

工艺单元是指工艺装置的任一单元。生产单元包括化学工艺、机械加工、仓库等在内的整个生产设施。

恰当工艺单元是指在计算火灾、爆炸危险指数时，只评价从预防损失角度考虑对工艺有影响的工艺单元，简称工艺单元。选择评价单元时可以从以下几个方面考虑：

（1）潜在的化学能（物质系数）。

（2）工艺单元中危险物质的数量。

（3）资金密度（每平方米美元数）。

（4）操作压力和操作温度。

（5）导致火灾、爆炸事故的历史资料。

（6）对装置操作起关键作用的单元，如热氧化器。

2. 确定物质系数

在火灾、爆炸指数的计算和其他危险性评价时，物质系数（MF）是最基础的数值，它是表述物质由燃烧或其他化学反应引起的火灾、爆炸中释放能量大小的内在特性。

物质系数根据美国消防协会规定的物质的燃烧性 N_f 和化学活性（不稳定性）N_R 所确定。通常情况下，N_f 和 N_R 是针对正常温度的，物质系数可通过物质系数和特性表查得。当温度大于 60 ℃时，物质系数要适当修正，见表 5-7。

表 5-7 物质系数求取表

挥发性固体、液体、气体的易燃性或可燃性	NFPA 325M 或 49	反应性或不稳定性				
		$N_R=0$	$N_R=1$	$N_R=2$	$N_R=3$	$N_R=4$
不燃物	$N_f=0$	1	14	24	29	40
F.P.＞93.3 ℃	$N_f=1$	4	14	24	29	40
37.8 ℃＜F.P.≤93.3 ℃	$N_f=2$	10	14	24	29	40
22.8 ℃≤F.P.＜37.8 ℃或 F.P.＜22.8 ℃且 B.P.＜37.8 ℃	$N_f=3$	16	16	24	29	40
F.P.＜22.8 ℃且 B.P.＜37.8 ℃	$N_f=4$	21	21	24	29	40
可燃性粉尘或烟雾						
S_t-1(K_{st}≤200 bar·m/s)		16	16	24	29	40
S_t-2(K_{st}=201～300 bar·m/s)		21	21	24	29	40
S_t-3(K_{st}＞300 bar·m/s)		24	24	24	29	40
可燃性固体						
厚度＞40 mm,紧密的	$N_f=1$	4	14	24	29	40
厚度＜40 mm,疏松的	$N_f=2$	10	14	24	29	40
泡沫材料、纤维、粉状物等	$N_f=3$	16	16	24	29	40

注：$N_R=0$，燃烧条件下仍保持稳定；$N_R=1$，加温加压条件下稳定性较差；$N_R=2$，非加温加压条件下不稳定；$N_R=3$，封闭状态下能发生爆炸；$N_R=4$，敞开环境能发生爆炸。1 bar=10^5 Pa。

3. 计算一般工艺危险系数(F_1)

一般工艺危险性是确定事故损害大小的主要因素，共包括 6 项内容，即放热反应、吸热反应、物料处理和输送、封闭单元或室内单元、通道、排放和泄漏。

4. 计算特殊工艺危险系数(F_2)

特殊工艺危险性是影响事故发生概率的主要因素，共包括 12 项内容，即毒性物质、负压物质、在爆炸极限范围内或其附近的操作、粉尘爆炸、释放压力、低温、易燃和不稳定物质的数量、腐蚀、泄漏、明火设备、热油交换系统、转动设备。

5. 确定工艺单元危险系数(F_3)

工艺单元危险系数(F_3)等于一般工艺危险系数(F_1)×特殊工艺危险系数(F_2)。F_3 的取值范围为：1~8，若 $F_3 > 8$，则按 8 计。

6. 计算火灾、爆炸危险指数(F&EI)

火灾、爆炸指数用来估算生产过程中事故可能造成的破坏情况，它等于物质系数(MF)和单元危险系数(F_3)的乘积。

火灾、爆炸危险指数可划分为 5 个危险等级(表 5-8)。

表 5-8　火灾、爆炸危险指数

F&EI	1~60	61~96	97~127	128~158	≥159
危险等级	最轻	较轻	中等	很大	非常大

7. 安全措施补偿数(C)的计算

道化学公司火灾、爆炸危险指数评价方法(第七版)考虑的安全措施分成工艺控制(C_1)、物质隔离(C_2)、防火措施(C_3)。其总的补偿系数是该类中所有选取系数的乘积。单元安全措施补偿系数 $C = C_1 \times C_2 \times C_3$。

8. 确定暴露面积

用火灾、爆炸危险指数乘以 0.84，即可求出暴露半径 R(ft，1 ft＝30.48 cm)。根据暴露半径计算出暴露区域面积(m^2)，即：

$$S = \pi R^2$$

9. 确定暴露区域内财产的更换价值

更换价值＝原来成本×0.82×价格增长系数

式中，系数 0.82 是考虑事故时有些成本不会被破坏或无须更换，如场地平整、道路、地下管线和地基、工程费等。如果更换价值有更精确的计算，那么这个系数可以改变。

10. 危害系数的确定

危害系数由单元危险系数(F_3)和物质系数(MF)确定。它表示单元中的物料或反应能量释放所引起的爆炸事故的综合效应。如果 F_3 数值超过 8.0，则以 8.0 来确定危害系数。

11. 计算最大可能财产损失(基本 MPPD)

确定了暴露区域面积(实际为体积)和危害系数后，就可以计算事故造成的最大可能财产损失。

基本 MPPD＝暴露区域的更换价值×危害系数

12. 确定实际最大可能财产损失（实际 MPPD）

实际 MPPD＝基本 MPPD×安全措施补偿系数

实际 MPPD 表示采取适当的（但不完全理想）防护措施后事故造成的财产损失。

13. 最大可能工作日损失（MPDO）

估算最大可能工作日的损失是为了评价停产损失（BI）。根据物料储量和产品需求的不同状况，停产损失往往等于或超过财产损失。

14. 停产损失（BI）估算

$$BI = \frac{MPDO}{30} \times VPM \times 0.7$$

式中　VPM——月产值；

　　　0.7——固定成本和利润。

最后，根据造成损失的大小确定其安全程度。

第三节　系统安全综合评价

一、层次分析法

层次分析法是美国运筹学家萨迪（Seaty）教授于 20 世纪 70 年代提出的一种实用的多方案或多目标的决策方法。

首先将所要分析的问题层次化，并且根据问题的性质和要达到的总目标将问题分解成不同的组成因素；然后按照因素间的相互关系及隶属关系，将因素按不同层次聚集组合，形成一个多层分析结构模型；最终归结为最低层（如方案、措施、指标等）相对于最高层（总目标）相对重要程度的权值或相对优劣次序的问题。

（一）层次分析法的基本步骤

1. 建立问题的层次结构模型

如图 5-3 所示，该结构图包括最高层、中间层、最低层。

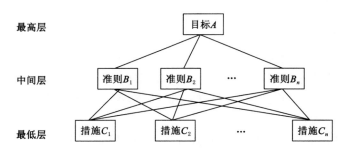

图 5-3　层次结构模型

2. 构造两两比较判断矩阵

设要比较 n 个因素 $X = \{x_1, x_2, \cdots, x_n\}$，比较它们对目标 A 的影响，确定它们在目标 A 中所占的比例，每次取 2 个因素，成对比较，即以 b_{ij} 表示 x_i 和 x_j 对目标 A 的影响之比，则判断矩阵 A_k 为：

A_k	B_1	B_2	$\cdots$	B_n
B_1	1	b_{12}	$\cdots$	b_{1n}
B_2	b_{21}	1	$\cdots$	b_{2n}
$\vdots$	$\vdots$	$\vdots$	$\vdots$	$\vdots$
B_n	b_{n1}	b_{n2}	$\cdots$	1

采用 **Seaty** 的 $1\sim9$ 标度法(表 5-9)进行打分,构成判断矩阵。

表 5-9 判断矩阵标度及其意义

标度值	定义	含义
1	同样重要	两元素的重要性相等
3	稍微重要	一个元素的重要性稍高于另一个
5	明显重要	一个元素的重要性明显高于另一个
7	强烈重要	一个元素的重要性强烈高于另一个
9	绝对重要	一个元素的重要性绝对高于另一个
2,4,6,8	为上述相邻判断的中值	

判断矩阵 $A_k=(b_{ij})_{n\times n}$ 有如下性质:

$b_{ij}=1;0<b_{ij}\leqslant9;b_{ij}=1/b_{ji}(i,j=1,2,3\cdots)$,判断矩阵 A_k 的元素按行相乘,得到行元素乘积 $M_i,M_i=\prod_{i=1}^{n}b_{ij}(i,j=1,2,\cdots,n)$。各行的乘积 M_i 分别开 n 次方,得到 $W'=\sqrt[n]{M_i}(i=1,2,\cdots,n)$。对向量 W' 归一化处理,$W_i=W_i'/\sum_{i=1}^{n}W_i'(i=1,2,\cdots,n)$。计算判断矩阵的最大特征根 $\lambda_{\max}=\sum_{i=1}^{n}\dfrac{(A_kW)_i}{nW_i}$,其中 $(A_kW)_i$ 表示 A_kW 的第 i 个分量。

为了检验判断矩阵的一致性,需要计算其一致性指标 $\mathrm{CI}=(\lambda_{\max}-n)/(n-1)$;为了判断矩阵是否具有满足一致性,还需要利用判断矩阵的平均随机一致性指标 RI。表 5-10 给出 RI 值是多次(1 000 次)重复进行随机判断矩阵特征值计算后的算术平均值。

表 5-10 RI 的取值

阶数	1	2	3	4	5	6	7	8	9	10	11	12
RI	0	0	0.52	0.89	1.12	1.26	1.36	1.41	1.46	1.49	1.52	1.54

当一致性比例 $\mathrm{CR}=\mathrm{CI}/\mathrm{RI}<0.10$ 时,一般 A_k 的一致性是可以接受的;否则,需要调整判断矩阵,直至满足一致性检验。

3. 检验

检验包括:层次单排序及一致性检验;层次总排序及其一致性检验。

(二)AHP 方法在煤矿安全评价中的应用

为了全面评价矿井安全运行情况,在充分调查的基础上,选择影响矿井安全的 4 个因素:人的安全化、机器的安全化、作业环境的安全化和安全管理体制,构建煤矿安全评价指标系统,如图 5-4 所示。

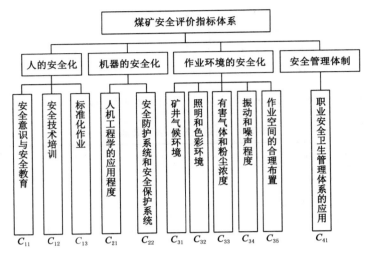

图 5-4　煤矿安全程度评价的指标体系

矿井安全程度评价标准见表 5-11。

表 5-11　矿井安全程度评价标准

评价值	[0,60)	[60,75)	[75,90)	[90,100]
矿井安全程度(级别)	低	一般	较高	高

根据层次分析法的原理,按图 5-4 所示的评价指标体系,各指标的权重通过现场专家调查并用层次分析法建立各层次的判断矩阵分析后调整确定。

目标层包含 4 个因素子集 $\{x_1, x_2, x_3, x_4\}$,其判断矩阵 A 为:

A	B_1	B_2	B_3	B_4
B_1	1	3	7	3
B_2	1/3	1	5	3
B_3	1/7	1/5	1	1/3
B_4	1/3	1/3	3	1

通过计算,得到:

$W = [0.523 \quad 0.278 \quad 0.058 \quad 0.141]^T$,$\lambda_{max} = 4.139$,$CI = 0.046$,$CR = 0.052 < 0.1$,所以判断矩阵满足一致性检验,即所得该组权重分配是合理的。

二级指标层共包含 11 个因素,除职业安全卫生管理体系的应用子指标外,其余分别属于 x_1、x_2、x_3 因素子集,其判别矩阵分别为 B_1、B_2、B_3。

$$
\begin{array}{c|ccc}
B_1 & C_{11} & C_{12} & C_{13} \\
\hline
C_{11} & 1 & 1/3 & 1/3 \\
C_{12} & 3 & 1 & 2 \\
C_{13} & 3 & 1/2 & 1
\end{array}
\qquad
\begin{array}{c|cc}
B_2 & C_{21} & C_{22} \\
\hline
C_{21} & 1 & 7 \\
C_{22} & 1/7 & 1
\end{array}
\qquad
\begin{array}{c|ccccc}
B_3 & C_{31} & C_{32} & C_{33} & C_{34} & C_{35} \\
\hline
C_{31} & 1 & 1/3 & 1/5 & 1/2 & 1/7 \\
C_{32} & 3 & 1 & 2 & 2 & 1/3 \\
C_{33} & 5 & 1/2 & 1 & 1 & 1/5 \\
C_{34} & 2 & 1/2 & 1 & 1 & 1/5 \\
C_{35} & 7 & 3 & 5 & 5 & 1
\end{array}
$$

各分指标的参数值见表 5-12。

表 5-12 各分指标的参数值

评价指标	分指标	W	λ_{max}	CI	CR	一致性检验
B_1	C_{11}	0.140	3.054	0.027	0.052	CR<0.1,所以判断矩阵满足一致性检验,即该组权重可以接受
	C_{12}	0.528				
	C_{13}	0.333				
B_2	C_{21}	0.875	2	0	0	同 B_1
	C_{22}	0.125				
B_3	C_{31}	0.052	5.177	0.044	0.040	同 B_1
	C_{32}	0.194				
	C_{33}	0.135				
	C_{34}	0.105				
	C_{35}	0.514				

由以上计算结果及根据专家意见,对某煤矿现场评价数据分析,通过计算得到的评价指标权重和各项指标分值,见表 5-13。

表 5-13 各指标的权重及指标分值

指标	权重	指标得分	指标包含的分指标	权重	指标得分
人的安全化	0.523	91	安全意识与安全教育	0.073	90
			安全技术培训	0.276	90
			标准化作业	0.174	93
机器的安全	0.278	94	人机工程学的应用程度	0.243	94
			安全防护系统和安全保护系统	0.035	94
作业环境的安全化	0.058	89	矿井气候环境	0.003	86
			照明和色彩环境	0.011	92
			有害气体和粉尘浓度	0.007	88
			振动和噪声程度	0.006	87
			作业空间的合理布置	0.030	89
安全管理体制	0.141	94	职业安全卫生管理体系的应用	0.141	94

经计算,矿井安全管理体系的分值为 92.1 分,矿井安全程度级别高,表明该矿安全管理体系运行良好。

二、模糊数学评价法

模糊综合评价法是一种基于模糊数学的综合方法。该综合评价法根据模糊数学的隶属度理论把定性评价转化为定量评价,即用模糊数学对受到多种因素制约的事物或对象做出一个总体的评价,它具有结果清晰,系统性强的特点,能较好地解决模糊的、难以量化的问题,适合各种非确定性问题的解决。

1. 模糊综合评价的步骤

(1)建立评价因素集

$$U = \{u_1, u_1, \cdots, u_n\}$$

(2)建立评价集

$$V = \{v_1, v_2, \cdots, v_n\}$$

$$\widetilde{R} = \begin{bmatrix} r_{11} & r_{12} & \cdots & r_{1m} \\ r_{21} & r_{22} & \cdots & r_{2m} \\ \vdots & \vdots & & \vdots \\ r_{n1} & r_{n2} & \cdots & r_{nm} \end{bmatrix}$$

(3)确定模糊评价矩阵。其中,$r_{i1}, r_{i2}, \cdots, r_{im}$ 是将对第 i 个指标的评分值分别代入对 $v_1, v_2, \cdots, v_m$ 隶属函数 $\mu_1, \mu_2, \cdots, \mu_m$ 中计算出来的。

(4)建立权重集

$$\widetilde{A} = \begin{bmatrix} a_1 & a_2 & \cdots & a_n \end{bmatrix}$$

(5)进行模糊变换

$$\widetilde{B} = \widetilde{A} \cdot \widetilde{R} = \begin{bmatrix} b_1 & b_2 & \cdots & b_m \end{bmatrix}$$

(6)由模糊综合评判指标 b_j,对评判指标做综合评判:

$$b_j = \bigvee_{i=1}^{n} (a_i \wedge r_{ij}), j = (1, 2, \cdots, n)$$

或

$$b_j = \max\{\min(a_1, r_{1j}), \min(a_2, r_{2j}), \cdots, \min(a_n, r_{ij})\}, \quad j = (1, 2, \cdots, m)$$

2. 模糊评价法在煤矿安全评价中的应用

某矿务局在开展安全生产大检查中,对下属 9 个矿井的安全状况进行评估。按照有关矿井生产条例以及该局的评比方法规定,各矿井检查得分数汇总见表 5-14。

表 5-14　各矿井检查得分汇总

矿名	伤亡事故	非伤亡事故	违章情况	事故经济损失	事故影响产量	安全管理制度
矿井 A	80	52	88	70	82	90
矿井 B	40	50	70	89	76	85
矿井 C	70	86	80	100	60	90
矿井 D	28	36	70	74	65	56
矿井 E	0	92	62	78	68	81
矿井 F	38	30	69	0	0	80

矿名	伤亡事故	非伤亡事故	违章情况	事故经济损失	事故影响产量	安全管理制度
矿井 G	50	68	96	100	100	75
矿井 H	63	82	49	52	87	90
矿井 I	45	86	57	36	46	71

（1）评价集

$$V=\left\{\frac{v}{\text{矿 A}},\frac{v}{\text{矿 B}},\frac{v}{\text{矿 C}},\frac{v}{\text{矿 D}},\frac{v}{\text{矿 E}},\frac{v}{\text{矿 F}},\frac{v}{\text{矿 G}},\frac{v}{\text{矿 H}},\frac{v}{\text{矿 I}}\right\}$$

（2）评价对象的因素集

$$U=\{u_1（伤亡事故），$$
$$u_2（非伤亡事故），$$
$$u_3（违章情况），$$
$$u_4（事故经济损失），$$
$$u_5（事故影响产量），$$
$$u_6（安全管理制度）\}$$

（3）构造模糊关系

列出单因素评价矩阵：

$$\boldsymbol{V}=\begin{bmatrix} v_1 & v_2 & v_3 & v_4 & v_5 & v_6 & v_7 & v_8 & v_9 \end{bmatrix}$$

$$\boldsymbol{U}=\begin{bmatrix} u_1 & u_2 & u_3 & u_4 & u_5 & u_6 \end{bmatrix}$$

则模糊矩阵为：

$$\widetilde{\boldsymbol{R}}=\begin{bmatrix}
r_{11} & r_{12} & r_{13} & r_{14} & r_{15} & r_{16} & r_{17} & r_{18} & r_{19}\\
r_{21} & r_{22} & r_{23} & r_{24} & r_{25} & r_{26} & r_{27} & r_{28} & r_{29}\\
r_{31} & r_{32} & r_{33} & r_{34} & r_{35} & r_{36} & r_{37} & r_{38} & r_{39}\\
r_{41} & r_{42} & r_{43} & r_{44} & r_{45} & r_{46} & r_{47} & r_{48} & r_{49}\\
r_{51} & r_{52} & r_{53} & r_{54} & r_{55} & r_{56} & r_{57} & r_{58} & r_{59}\\
r_{61} & r_{62} & r_{63} & r_{64} & r_{65} & r_{66} & r_{67} & r_{68} & r_{69}
\end{bmatrix}$$

将表（5-14）中的各矿检查得分均除以 100，得：

$$\widetilde{\boldsymbol{R}}=\begin{bmatrix}
0.80 & 0.40 & 0.70 & 0.28 & 0.00 & 0.38 & 0.50 & 0.63 & 0.45\\
0.52 & 0.50 & 0.86 & 0.36 & 0.92 & 0.30 & 0.68 & 0.82 & 0.86\\
0.88 & 0.70 & 0.80 & 0.70 & 0.62 & 0.69 & 0.96 & 0.49 & 0.57\\
0.70 & 0.89 & 1.00 & 0.74 & 0.78 & 0.00 & 1.00 & 0.52 & 0.36\\
0.82 & 0.76 & 0.60 & 0.65 & 0.68 & 0.00 & 1.00 & 0.87 & 0.46\\
0.90 & 0.85 & 0.90 & 0.56 & 0.81 & 0.80 & 0.75 & 0.90 & 0.71
\end{bmatrix}$$

（4）确定权数

按"专家评议法"，确定权数为：

$$\widetilde{\boldsymbol{A}}=\begin{bmatrix} 0.55 & 0.10 & 0.06 & 0.12 & 0.02 & 0.15 \end{bmatrix}$$

（5）模糊计算

$$\widetilde{\boldsymbol{B}}=\widetilde{\boldsymbol{A}}\cdot\widetilde{\boldsymbol{R}}=\begin{bmatrix} b_1 & b_2 & b_3 & b_4 & b_5 & b_6 & b_7 & b_8 & b_9 \end{bmatrix}$$

即

$$\tilde{B} = \begin{bmatrix} 0.55 & 0.10 & 0.06 & 0.12 & 0.02 & 0.15 \end{bmatrix} \cdot$$

$$\begin{bmatrix} 0.80 & 0.40 & 0.70 & 0.28 & 0.00 & 0.38 & 0.50 & 0.63 & 0.45 \\ 0.52 & 0.50 & 0.86 & 0.36 & 0.92 & 0.30 & 0.68 & 0.82 & 0.86 \\ 0.88 & 0.70 & 0.80 & 0.70 & 0.62 & 0.69 & 0.96 & 0.49 & 0.57 \\ 0.70 & 0.89 & 1.00 & 0.74 & 0.78 & 0.00 & 1.00 & 0.52 & 0.36 \\ 0.82 & 0.76 & 0.60 & 0.65 & 0.68 & 0.00 & 1.00 & 0.87 & 0.46 \\ 0.90 & 0.85 & 0.90 & 0.56 & 0.81 & 0.80 & 0.75 & 0.90 & 0.71 \end{bmatrix}$$

$$= \begin{bmatrix} 0.7802 & 0.5615 & 0.7860 & 0.4178 & 0.3579 & 0.4004 & 0.6531 & 0.6727 & 0.5266 \end{bmatrix}$$

将评价结果 $b_j (j = 1, 2, \cdots, 9)$ 乘以 100 取整数,得到矿井安全管理状况成绩 $S_i (i = 1, 2, \cdots, 9)$ 为:

$$S = \begin{bmatrix} 78 & 56 & 79 & 42 & 36 & 40 & 65 & 67 & 53 \end{bmatrix}$$

(6)给出评价结果。由评价系数 b 及转化后的得分 S 可知,矿井安全管理状况的优劣依次为:矿井 C、矿井 A、矿井 H、矿井 G、矿井 B、矿井 I、矿井 D、矿井 F、矿井 E。

第四节　安全评价的技术文件

安全评价应给出明确的评价结论,编写规范的安全评价技术文件。安全评价的技术文件主要是针对特定阶段或固定周期内开展安全评价的技术文件,以满足日常安全管理需要为原则。

一、安全评价资料、数据的采集、分析和处理

安全评价资料、数据采集是进行安全评价所必需的关键性基础工作,对安全评价资料、数据的采集处理方面,应在保证满足评价的全面、客观、具体准确等要求的前提下,尽量避免不必要的资料索取,以免给企业带来不必要的负担。根据这一原则,参考国外评价资料要求以及我国对各类安全评价的各项要求,各阶段安全评价资料、数据应满足的一般要求,见表5-15。

表 5-15　安全评价所需资料、数据

资料类别	预评价	验收评价	现状评价	资料类别	预评价	验收评价	现状评价
有关法规、标准、规范	√	√	√	气象条件	√	√	√
评价所依据的工程设计文件	√	√	√	近年来的事故统计及事故记录	—	—	√
厂区或装置平面布置图	√	√	√	近年来的职业卫生监测数据	—	√	√
工艺流程图与工艺概况	√	√	√	重大事故应急预案	√	√	√
设备清单	√	√	√	安全卫生组织机构网络	√	√	√
厂区位置图及厂区周围人口分布数据	√	√	√	厂消防组织、机构、设备	√	√	√
开车试验资料	—	√	√	预评价报告	√	√	√
气体防护设备分布情况	√	√	√	验收评价报告	—	√	√
强制检定仪器仪表标定检定资料	—	√	√	安全现状综合评价现状	√	√	√
特种设备检测和检验报告	—	√	√	不同行业的其他资料要求			

注:表中"√"表示该类评价需要该项资料。

二、安全评价通则

根据《安全评价通则》(AQ 8001—2007),安全评价程序和评价报告的格式如下:

1. 安全评价的程序

安全评价程序,如图 5-5 所示。

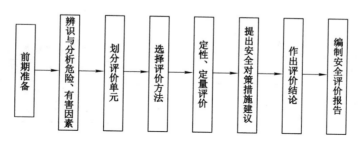

图 5-5　安全验收评价程序

2. 安全评价报告的格式

具体包括:封面;安全评价资质证书影印件;著录项;前言;目录;正文;附件;附录。

三、安全预评价

安全预评价是根据建设项目可行性研究报告内容,分析和预测该建设项目可能存在的危险、有害因素的种类和程度,提出合理可行的安全对策措施及建议。

(一)安全预评价程序

安全预评价程序应符合《安全评价通则》(AQ 8001—2007)中的要求。

1. 安全对策措施

具体包括:总图布置和建筑方面的安全措施;工艺和设备、装置方面的安全措施;安全工程设计方面的对策措施;安全管理方面的对策措施;应采取的其他综合措施。

2. 安全预评价应获取的参考资料

(1)简要列出主要危险、有害因素评价结果。

(2)指出建设项目应重点防范的重大危险、有害因素,明确应重视的重要安全对策措施。

(3)给出建设项目从安全生产角度是否符合国家有关法律、法规、技术标准的结论。

(二)安全预评价应获取的参考资料

安全预评价所需要收集的资料,见表 5-16。

(三)安全预评价报告的格式

安全预评价报告的格式应符合《安全评价通则》(AQ 8001—2007)中的要求。

四、安全验收评价

安全验收评价是在建设项目竣工、试生产运行正常后,通过对建设项目的设施、设备、装置实际运行状况及管理状况的安全评价,查找该建设项目投产后存在的危险、有害因素的种类和程度,提出合理可行的安全对策措施及建议。

表 5-16　安全预评价所需要收集的资料

1．综合性资料	概况	3．设施、设备、装置	工艺过程描述与说明、工业园区规划说明、活动过程介绍
	总平面图、工业园区规划图		
	气象条件、与周边关系位置图		安全设施、设备、装置描述与说明
	工艺流程	4．安全管理机构设置及人员配置	
	人员分布	5．安全投入	
2．设立依据	项目申请书、项目建议书、项目批准文件	6．相关安全生产法律、法规及标准	
		7．相关类比资料	类比工程资料
	地质、水文资料		相关事故案例
	其他有关资料	8．其他可用于安全预评价的资料	

1．安全验收评价程序

安全验收评价程序应符合《安全评价通则》（AQ 8001—2007）中的要求。

2．安全验收评价应获取的参考资料

安全验收评价所需要收集的资料见表 5-17。

表 5-17　安全验收评价所需要收集的资料

1．概况	隶属关系、职工人数、所在地区及其交通情况等	4．生产系统辅助系统生产及安全说明	
	企业法人证书、营业执照、矿产资源开采许可证、工业园区批准文件等	5．危险、有害因素分析所需资料	
		6．安全技术与安全管理措施资料	
2．设计数据	立项批准文件、可行性研究报告	7．安全机构设置及人员配置	
	初步设计批准文件	8．安全专项投资及其使用情况	
	安全预评价报告	9．安全检验、检测和测定的数据资料	
3．设计文件	可行性研究报告、初步设计	10．特种设备使用、特种作业、从业许可证明、新技术鉴定证明	
	工艺、功能设计文件		
	生产系统和辅助系统设计文件	11．安全验收评价所需的其他资料和数据	
	各类设计图纸		

3．安全验收评价报告

安全验收评价报告应全面、概括地反映验收评价的全部工作，文字简洁、准确，可同时采用图表和照片，使评价过程和结论清楚、明确，利于阅读和审查。符合性评价的数据、资料和预测性计算过程等可编入附录。

安全验收评价报告应包括以下基本内容：

（1）结合评价对象的特点阐述编制安全验收评价报告的目的。

（2）列出有关的法律、法规、标准、行政规章、规范；评价对象初步设计、变更设计或工业园区规划设计文件；安全预评价报告；相关的批复文件等评价依据。

（3）介绍评价对象的选址、总图及平面布置、生产规模、工艺流程、功能分布、主要设施、设备、装置、主要原材料、产品（中间产品）、经济技术指标、公用工程及辅助设施、人流、物流、工业园区规划等概况。

（4）危险、有害因素的辨识与分析。列出辨识与分析危险、有害因素的依据，阐述辨识

—— 144 ——

与分析危险、有害因素的过程,明确在安全运行中实际存在和潜在的危险、有害因素。

（5）阐述划分评价单元的原则、分析过程等。

（6）选择适当的评价方法,并且做简单介绍。

（7）列出安全对策措施建议的依据、原则、内容。

（8）列出评价对象存在的危险、有害因素种类及其危险危害程度;说明评价对象是否具有安全验收的条件;对达不到安全验收要求的评价对象,应明确提出整改措施建议,并且给出明确的评价结论。

4. 安全验收评价报告的格式

安全验收评价报告的格式应符合《安全评价通则》（AQ 8001—2007）中的要求。

5. 安全验收评价报告的载体

安全验收评价报告的载体一般采用文本形式。为适应信息处理、交流和资料存档的需要,报告可采用多媒体电子载体。电子版本中能容纳大量评价现场的照片、录音、录像及文件扫描,可增强安全验收评价工作的可追溯性。

五、安全现状评价

安全现状评价是在系统生命周期内的生产运行期,通过对生产经营单位的生产设施、设备、装置实际运行状况及管理状况的调查、分析,运用安全系统工程的方法,进行危险、有害因素的识别及其危险度的评价,查找该系统生产运行中存在的事故隐患并判定其危险程度,提出合理可行的安全对策措施及建议,使系统在生产运行期内的安全风险控制在安全、合理的程度内。

1. 安全现状评价的原理

安全现状评价原理采用:

$$风险＝后果×可能性$$

根据风险发生的可能性及后果的严重性,划分出风险等级,见表 5-18。在评价过程中,结合具体评价内容,对危险点就可以进行风险评估,确定不同的风险等级,进而可以采取有针对性的控制措施。

表 5-18　风险等级评估表

后果的严重程度	事故的可能性		
	极不可能	不可能	可能
轻微	1 级	2 级	3 级
一般	2 级	3 级	4 级
严重	3 级	4 级	5 级

注:1 级—可忽略风险;2 级—可容许风险;3 级—中度风险;4 级—重大风险;5 级—不可接受风险。

2. 安全现状评价程序

安全现状评价程序应符合《安全评价通则》（AQ 8001—2007）中的要求,如图 5-5 所示。

3. 安全现状评价报告格式

安全现状评价报告建议采用表 5-19 的格式。不同行业在评价内容上有不同侧重点,可进行部分调整或补充。

表 5-19 安全现状评价报告格式

前言		3	危险、有害因素分析
目录		4	定性、定量化评价及计算
1	评价项目概述	5	事故分析及重大事故的模拟
1.1	评价项目概述	5.1	重大事故原因分析
1.2	评价范围	5.2	重大事故概率分析
1.3	评价依据	5.3	重大事故预测、模拟
2	评价程序和评价方法	6	对策措施和建议
2.1	评价程序	7	评价结论
2.2	评价方法		

4. 安全现状评价报告的要求

安全现状评价报告的内容要详尽、具体,特别是对危险、有害因素的分析要准确,提出的事故隐患整改计划科学、合理、可行和有效。安全现状评价要由懂工艺和操作、仪表电气、消防以及安全工程的专家共同参与完成,评价组成员的专业能力应涵盖评价范围所涉及的专业内容。

5. 安全现状评价所需要收集的资料(表 5-20)

表 5-20 安全现状评价所需要收集的资料

项目	内容	项目	内容
1. 工艺	工艺规程,操作规程及其工艺流程图,工艺操作步骤或单元操作过程,包括从原料的储存,加料的准备至产品产出及储存的整个过程操作说明	6. 电气、仪器表自动控制系统	生产单元的电力分级图、电力分布图
			仪表布置及逻辑图、控制及警报系统说明书、计算机控制系统软硬件设计、仪表说明细表
	工艺变更说明书	7. 公用工程系统	公共设施说明书
2. 物料	主要物料极其用量		消防布置图及消防设施配置和设计应急能力说明
	基本控制原料说明		
	原材料、中间体、产品、副产品和废物的安全、卫生及环保数据		系统可靠性设计、通风可靠性设计、安全系统设计资料
	规定的极限值和(或)允许的极限值		通信系统资料
3. 生产经营单位周边环境情况	区域图和厂区平面布置图	8. 事故应急救援预案	事故应急救援预案
	气象数据、人口分布数据、场地、水文地质等资料		事故应急救援预案演练计划
4. 设备相关资料	建筑和设备平立面布置图	9. 规章制度及标准	内部规章、制度、检查表和企业标准
	设备明细表		有关行业安全生产经验
			维修操作规程
	设备材质说明、大机组监控系统、设备厂家提供的图纸		已有的安全研究、事故统计和事故报告
5. 管道	管道说明书、配置图	10. 相关的检测和检验报告	

第五节 安全评价方法实例

一、安全现状评价方法的选择(案例一)

某精细化学品工厂拟了解自身的安全生产水平,在进行安全现状评价时,试问:能否运用安全检查表法来进行评价以及能否运用道化学火灾、爆炸危险指数法进行评价? 请简要说明理由。

解析:两种方法都适用。

(1)安全检查法。该方法主要利用检查条款按照相关的标准、规范等对已知的危险类别、设计缺陷以及与一般工艺设备、操作、管理有关的潜在危险性和有害性进行判别检查。安全检查表可以事先编制,有充分的时间组织有经验的人员编写,做到系统化、完整化,不至于漏掉可能导致危险的关键因素。可以根据规定的标准、规范和法律法规检查企业遵守的情况,提出准确的评价。该表的应用方式是有问有答的,给人的印象深刻,能起到安全教育的作用。在表中还可以注明改进措施的要求,隔一段时间重新检查改进情况。该表简明易懂,容易掌握,适用于从设计、建设一直到生产的各个阶段。

(2)危险指数评价方法。该方法以物质系数为基础,通过考虑工艺过程中其他因素(如操作方式、工艺条件、设备状况、物料处理、安全装置情况等)的影响,从而计算每个单元的危险度数值,然后按数值大小划分危险度级别对化工生产过程中的固有危险进行度量。

危险指数评价方法的用途如下:

① 客观地量化潜在火灾、爆炸和反应性事故的预期损失;

② 找出可能导致事故发生或使事故扩大的设备;

③ 向管理部门通报潜在的火灾、爆炸危险性;

④ 工程技术人员了解各部分可能的损失和减少损失的途径。

二、道化学火灾、爆炸指数(案例二)

以某石油化工企业储罐区为例,试用道化学火灾、爆炸危险指数评价法评价其火灾、爆炸危险性。该企业石油储罐区位于该企业东南角,为半地下建筑形式,占地面积 400 m²,周围 700 m² 内无居民居住。储罐区内有储油罐 12 个,其中罐装原油 30 t 的 4 个,装汽油 20 t 的 4 个,装柴油 10 t 的 2 个,装煤油 10 t 的 2 个。经查表计算得出:$F_1 = 2.70$,$F_2 = 2.45$,汽油的 MF=16,原油的 MF=16,柴油的 MF=10;单元危险系数 DF=0.63。经计算,安全措施修正系数为 0.45;经财务核算和估算,影响区域内设备财产的价值约为 450 万元,升级系数取值为 1。注意:不能得出具体数值的,请给出求取数值的过程。

解析:

(1)单元划分与选定评价单元

(2)一般工艺危险系数(F_1)的计算

一般工艺危险系数是指那些在事故损失中的基本影响因素,包括 6 项内容。根据该储罐区的具体情况,参照道化学公司的火灾、爆炸危险指数降价法(第七版)有关系数的选择及确定标准,确定各项的取值得到:

$$F_1 = 2.70$$

（3）特殊工艺危险系数（F_2）的计算

特殊工艺危险是影响事故发生概率的基本因素，包括 12 项内容，根据该储罐区的具体条件及道氏法第七版的有关规定：

$$F_2 = 2.45$$

（4）单元工艺危险系数（F_3）的计算

$$F_3 = F_1 F_2 = 2.70 \times 2.45 = 6.615$$

（5）物质系数 MF 的计算

物质系数是计算火灾、爆炸指数的一个基本数据，表示物质在火灾、爆炸事故中所释放能量大小的特性。按物质系数 MF 值查道化学火灾、爆炸危险指数法（第七版）附录 A：得汽油的 MF=16，原油的 MF=16，柴油的 MF=10，本案例取最高值 MF=16。

（6）火灾、爆炸指数 F&EI 的计算

$$F\&EI = F_3 \cdot MF = 6.615 \times 16 = 106$$

由于 F&EI 值达到 106，火灾、爆炸危险等级属于中等。

（7）影响区域半径 R 的计算

影响区域是指区域内的设备将会暴露在火灾、爆炸环境中，在火灾、爆炸事故中可能受到破坏。$R = 0.256 \times 106 = 27.14$ m，影响区域的面积为 $S = \pi R^2 = 2\ 313$ m^2。

（8）单元危险系数 DF 的计算

根据 DF 与 F 和 MF 的关系曲线，查得 DF=0.63。

（9）安全措施修正系数

安全措施补偿修正系数是根据所采取的安全措施对降低火灾爆炸事故的作用，包括工艺控制、物质隔离、防火措施 3 个部分。根据该储罐区的情况，安全措施修正系数经计算得 0.45。

（10）基本 MPPD 和实际 MPPD 的计算

经财务核算和估算，影响区域内设备财产的价值约为 450 万元，升级系数取值为 1，得到：

$$更换价值 = 450 \times 0.82 \times 1 = 369（万元）$$
$$基本 MPPD = 更换价值 \times 危害系数 = 369 \times 0.63 = 232.47（万元）$$
$$实际 MPPD = 232.47 \times 0.45 = 104（万元）$$

（11）MPDO 损失日的确定

根据 MPPD 的值，查出 MPDO 曲线图，得 MPDO 损失日为 4～15 d。

计算结果分析，从评价结果可以看出，储罐区存在较大的固有火灾爆炸危险性。为了提高储罐区的消防安全标准，必须采取措施来降低风险。除了工艺控制、物质隔离、防火措施之外，重要的是加强消防管理工作，提高员工的消防安全意识及应急能力，减少直至避免因人为失误造成火灾爆炸事故，保证储罐区安全。

（12）估算停产损失（BI）

$$BI = MPPD/30 \times VPM \times 0.7$$

三、安全检查表（案例三）

以下是某加油站的基本情况归纳表（5-21），试对其进行安全评价。评价内容包括：评价目的、评价依据（至少列出 6 项法律法规和标准）、评价基本内容、主要危险有害因素辨识（指出危险有害因素，不需要辨识）、评价方法的选择、评价单元的划分、以消防设备为评价单元列出消防设备安全检查表,并完成检查表(表5-21)。

表 5-21　安全检查表

企业名称	某加油站			
职工人数	13人	技术管理人数	2人	安全管理人数	4人(1人参加了培训)
地理位置	美丽加油站地处某镇某某村南,加油站四周环境西侧是公路,北侧、东侧是耕地,南侧是河沟玉米			
现状简介	加油站的经营主要有汽油、柴油、润滑油和成品油,主要经营油品有柴油、90#汽油和93#汽油。站内有11台型号为JSK-4513的加油机,加油枪流量为 4.5～45 L/min,加油站共有 6 个储油罐,其中 6 个罐的设计容积为 15 m³,美丽加油站属于二级加油站。			
主要管理制度名称	《安全生产责任制》《安全检查制度》《安全操作规程》《消防制度》《安全奖惩制度》《质量、计量岗位责任制》			

	位置	设备(施)名称	型号	数量	完好情况
安全设备	加油岛	干粉灭火器	MF8 型 MFT35 型	8 个 3 个	完好
	加油岛	泡沫灭火器		8 个	完好
	油罐区	干粉灭火器	MFT35 型	1 个	完好
	油罐区	消防灭火沙	—	2 m³	完好
	油罐区	灭火毯		1 块	完好

解析:

1. 评价目的

(1)辨识美丽加油站存在的危险有害因素。

(2)分析美丽加油站存在的危险有害因素产生的条件和部位。

(3)评价美丽加油站生产经营的安全条件是否达到国家有关法律法规的要求。

(4)对美丽加油站安全经营提出建议。

(5)上述内容为美丽加油站安全管理提供指导,为安全生产监督管理部门依法管理提供依据。

2. 评价依据

(1)《中华人民共和国安全生产法》。

(2)《中华人民共和国消防法》。

(3)《危险化学品安全管理条例》。

(4)《爆炸和火灾危险环境电力装置设计规范》。

(5)《建筑设计防火规范》。

(6)《汽车加油站加气站设计与施工规范》。

(7)《危险化学品经营企业开业条件和技术要求》。

(8)《常用危险化学品储存通则》。

3. 评价基本内容

(1)经营和储存场所、设施及建筑物符合国家法律法规和标准,建筑物经公安消防机构验收合格。

(2)经营和储存条件符合国家法律法规和标准。

（3）单位主要负责人、主管人员、安全生产管理人员和业务人员经过具有相关培训资质的培训部门的专业培训，并经过考核取得上岗资格。

（4）安全管理机构、组织、制度和岗位安全操作规程满足安全生产管理需要。

（5）本单位事故应急救援预案建立并有效。

4．主要危险、有害因素辨识

美丽加油站存在的化学品是汽油和柴油，可能发生火灾、爆炸、中毒等事故。

5．评析方法

安全检查表，预先危险性分析，作业条件危险性分析法等。

6．评价单元的划分

根据美丽加油站的实际情况，评价单元划分如下：安全管理评价、站址的选择和总平面布局安全评价、加油工艺及设施的安全评价、电气装置安全评价、消防设施安全评价，并完成评价表（表5-22）。

表5-22　消防设施安全评价表

编号	评价项目	类型	检查记录	评价结果
1	每2台加油机应设置不少于1只4 kg手提式干粉灭火器和1只6 L泡沫灭火器，加油机不足2台按2台计算	A	符合要求	合格
2	地下储罐应设35 kg推车式干粉灭火器1个，当两种介质储罐之间的距离超过15 m时，应分别设置	A	符合要求	合格
3	一、二级加油站应配置灭火毯5块，沙子2 m³，三级加油站应配置灭火毯2块，沙子2 m³	A	符合要求	基本合格

四、安全预评价（案例四）

一拟建催化剂生产工艺中主要原料以管线输送，生产工艺过程采用间歇式。各工艺步骤概略介绍如下：合成的催化剂载体、原料四氯化钛以及少量甲苯经管线输送至催化剂合成反应釜进行载钛反应。反应生成的氯化氢气体送至盐酸尾气洗涤系统。技术改造后此处加入少量甲苯，其作用是使得反应更温和。反应结束后甲苯进入甲苯回收系统。载钛反应的产物进入下一步洗涤工序。洗涤工序主体设备为搅拌洗涤釜，采用蒸汽加热，蒸汽压力为0.6 MPa。在洗涤工序中，将分别采用四氯化钛、甲苯、乙烷等溶剂进行多次洗涤。各次洗涤后溶剂将进入相应的溶剂回收系统。甲苯精馏塔采用蒸汽加热，蒸汽压力为1.3 MPa。经过多次洗涤的产物经真空抽干，得到干燥的产品。产品经筛分、掺和、包装等步骤成为成品。氯化氢气体经水喷淋尾气吸收系统形成稀盐酸，储存于盐酸储罐中，定期交由有处理能力的单位进行处理。

请根据以上信息，按照《安全预评价导则》（AQ 8001—2007）的要求进行评价，并提出安全对策措施。

解析：

按照《安全预评价导则》（AQ 8001—2007）要求进行评价：

（1）概况。主要包括：安全预评价依据；建设单位简介；建设项目概况；生产工艺简介。

（2）危险有害因素辨识（表5-23）。

表 5-23 危险有害因素辨识

危险	原因	危险	原因
物体打击	工具摆放不当	冒顶片帮	无
车辆伤害	产品的运输车辆故障,人员操作失误	透水	无
机械伤害	机械设备故障或缺陷,人员操作失误	放炮	无
起重伤害	起重设备故障或缺陷,人员操作失误	火药爆炸	无
触电	电气设备故障或缺陷,人员操作失误	瓦斯爆炸	无
淹溺	无	锅炉爆炸	无
灼烫	高温设备及物料	容器爆炸	压缩空气罐超压
火灾	氢气	其他爆炸	氢气
高处坠落	在超过基准面 2 米的地方作业无防护措施	中毒窒息	氯气、氯化氢,进入设备检修
坍塌	物料堆码过高	其他	跌伤、扭伤
毒物	氯气,氯化氢	生产性粉尘	无
噪声振动	各种设备	高温	高温设备等
低温	无	辐射	无

(3)安全预评价方法和评价单元

① 评价方法选择:选择合适的评价方法。

② 评价单元划分:整个项目为一个评价单元。

(4)定性、定量评价(采用选择的评价方法进行评价)

(5)安全对策措施及建议(事故应急救援预案、安全管理制度、安全教育、安全培训、特种作业培训,见表 5-24。

表 5-24 安全对策措施

危险	原因	对策措施
火灾	氢气	防止可燃、可爆系统形成、控制和消除引火源、有效监控,及时处理
其他爆炸	氢气	
中毒窒息	氯气、氯化氢、进入设备检修	通风、防止泄漏、应急处理,隔离、有害气体报警仪等
车辆伤害	产品的运输车辆故障,人员操作失误	加强车辆检修、人员培训、交通规则
机械伤害	机械设备故障或缺陷,人员操作失误	安全防护、设备维修、人员培训,安全标志
起重伤害	起重设备故障或缺陷,人员操作失误	设备维护,人员培训
触电	电气设备故障或缺陷,人员操作失误	接零、接地;漏电保护;绝缘;安全电压;屏护和安全距离;连锁保护;人员培训等
灼烫	高温设备及物料	防喷溅,隔热措施,个体防护
物体打击	工具摆放不当	安全帽
高处坠落	在超过基准面 2 m 的地方作业无防护措施	安全防护网,安全带,十不登高等
坍塌	物料堆码过高	限制堆码高度(2 m)
毒物	氯气、氯化氢	有害气体报警仪、通风,个体防护服

表 5-24(续)

危险	原因	对策措施
噪声振动	各种设备	耳塞、限制接触时间、隔噪材料
容器爆炸	压缩空气罐超压	按期检测,建立应急预案
高温	高温设备等	隔热措施,个体防护
其他	跌伤、扭伤	加强培训提高员工安全意识

（6）安全预评价结论（满足安全生产条件或不满足）

第六节 安全决策

一、决策的概述

决策是指人们在求生存与发展过程中,以对事物发展规律及主客观条件的认识为依据,寻求并实现某种最佳(满意)准则和行动方案而进行的活动。决策通常有广义、一般和狭义的 3 种解释。决策的广义解释包括抉择准备、方案优选和方案实施等全过程。一般含义的决策解释是:人们按照某个(些)准则在若干备选方案中的选择,它只包括准备和选择两个阶段的活动。狭义的决策就是做决定,即抉择。

决策是人们行动的先导。决策学是为决策提供科学的理论和方法,以支持和方便人们科学决策,是自然科学与社会科学并涉及人类思维的新兴交叉学科。

决策的分类方法很多。根据决策系统的约束性与随机性原理,可分为确定型决策和非确定型决策。

1. 确定型决策

确定型决策是指在一种已知的完全确定的自然状态下选择满足目标要求的最优方案。确定型决策问题一般应具备 4 个条件:第一,存在着决策者希望达到的一个明确目标(收益大或损失小);第二,只存在一个确定的自然状态;第三,存在着决策者可选择的两个或两个以上的抉择方案;第四,不同的决策方案在确定的状态下的益损值可以计算。

2. 非确定型决策

当决策问题有两种以上自然状态,哪种可能发生是不确定的,在此情况下的决策称为非确定型决策。非确定型决策又可分为两类:当决策问题自然状态的概率能确定,即在概率基础上做决策,但要冒一定的风险,这种决策称为风险型决策;如果自然状态的概率不能确定,即没有任何有关每一自然状态可能发生的信息,在此情况下的决策就称为完全不确定型决策。

风险型决策问题通常要具备如 5 个条件:第一,存在着决策者希望达到的一个明确目标;第二,存在着决策者无法控制的两种或两种以上的自然状态;第三,存在着可供决策者选择的两个或两个以上的抉择方案;第四,不同的抉择方案在不同的自然状态下的益损值可以计算出来;第五,每种自然状态出现的概率可以估算出来。

二、安全决策过程和决策要素

（一）决策过程

决策是人们为实现某个(些)准则而制定、分析、评价、选择行动方案 ,并组织实施的全部活动,也是提出、分析和解决问题的全部过程,如图 5-6 所示。

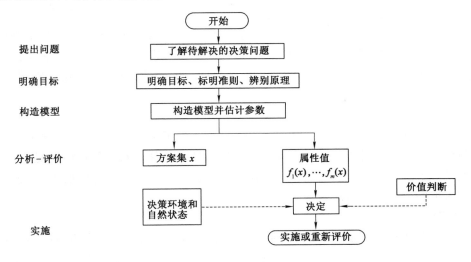

图 5-6　决策过程

(二) 决策要素

决策的要素包括:决策单元和决策者、准则体系、决策结构和环境、决策规则等。

1. 决策单元和决策者

所谓决策单元,常常包括决策者及共同完成决策分析研究的决策分析者以及用以进行信息处理的设备。它们的工作是接受任务、输入信息、生成信息和加工成智能信息,从而产生决策。决策者是指对所研究问题有权利、有能力做出最终判断与选择的个人或集体。其主要责任在于提出问题,规定总任务和总需求,确定价值判断和决策规划、提供倾向性意见,抉择最终方案并组织实施。

2. 准则体系

对一个有待决策的问题,必须首先定义它的准则。在现实决策问题中,准则常具有层次结构,包含有目标和属性两类,形成多层次的准则体系,如图 5-7 所示。

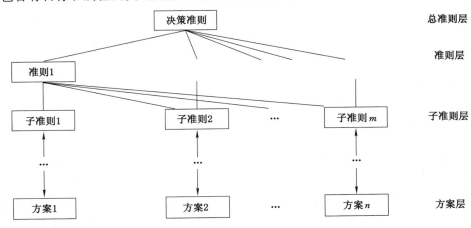

图 5-7　准则体系的层次结构

准则体系最上层的总准则只有一个，一般比较宏观、笼统、抽象，不便于量化、测算、比较、判断。为此，要将总准则分解为各级子准则，直到相当具体、直观，并可以直接或间接地用备选方案本身的属性（性能、参数）来表征的层次为止。在层次结构中，下层的准则比上层的准则更加明确具体并便于比较、判断和测算，它们可作为达到上层准则的某种手段。下层子准则集合一定要保证上层准则的实现，子准则之间可能一致，也可能相互矛盾，但要与总准则相协调，并尽量减少冗余。

3．决策结构和环境

决策的结构和环境属于决策的客观态势（情况）。为了阐明决策态势，必须尽量清楚地识别决策问题（系统）的组成结构和边界以及所处的环境条件。它需要标明的是，决策问题的输入类型和数量，决策变量（备选方案）集和属性集以及测量它们的标度类型，决策变量（方案）和属性间以及属性与准则间的关系。

4．决策规则

决策就是要从众多的备选方案中选择一个用以付诸实施的方案，作为最终的抉择。在做出最终抉择的过程中，应按照多准则问题方案的全部属性值的大小进行排序，从而依序择优。这种促使方案完全序列化的规则被称为决策规则。决策规则一般粗分为两大类：最优规则和满意规则。最优规则是使方案完全序列化的规则，只有在单准则决策问题中，方案集才是完全有序的，因而总能够从中选中最优方案。

然而在多准则决策问题中，方案集是不完全有序的，准则之间往往存在矛盾性，不可公度性（各准则的量纲不同），所以各个准则均最优的方案一般是不存在的。因此，只能在满意规则下寻求决策者满意的方案。在系统优化过程中，用"满意解"代替"最优解"，就会使复杂问题大大简化。决策者的满意性一般通过"倾向性结构（信息）"表述，它是多准则决策不可缺少的重要组成部分。

（三）安全决策

安全决策与通常的决策过程一样，应按照一定的程序和步骤进行。不同的是，在进行安全决策时，应根据安全问题的特点，确定各个步骤的具体内容。

1．确定目标

决策过程首先需要明确目标，也就是要明确需要解决的问题。对安全而言，从大安全观出发，安全决策所涉及的主要问题就是保证人们的生产安全，生活安全和生存安全。但是，这样的目标所涉及的范围和内容太大，以至于无法操作，应进一步界定、分解和量化。

2．确定决策方案

在目标确定之后，决定人员应依据科学的决策理论，对要求达到的目标进行调查研究，进行详细的技术设计、预测分析，拟定几个可供选择的方案。

3．潜在问题或后果分析

对安全问题，考虑其决策方案后果，应特别注意以下问题：

① 人身安全方面：应特别注意有无生命危险，有无造成工伤的危险，有无职业病和后遗症的危险。

② 人的精神和思想方面：是否会造成人的道德、思想观念的变化；是否会造成人的兴趣爱好和娱乐方式的变化；是否会造成人的情绪和感情方面的变化；是否会加重人的疲劳、带来精神紧张，影响个人导致不安全感或束缚感的产生等。

③ 人的行为方面：能否造成人的生活规律、生活方式变化以及生活时间的划分等。

4. 实施与反馈

决策方案在实施过程中应注意制定实施规划,落实实施机构、人员职责,并及时检查与反馈实施情况,使决策方案在实施过程中趋于完善并达到预期效果。

三、定性属性的量化

1. 量化等级与范围

心理学家米勒(Miller)经过试验表明,在某个属性上对若干个不同物体进行辨别时,普通人能够正确区别属性等级在 5 级至 9 级之间。所以,我们推荐定性属性量化等级取 5 级至 9 级,可能时尽量用 9 个等级。量化等级见表 5-25。

表 5-25　等级量化表

等级数	量化值								
	1	2	3	4	5	6	7	8	9
9	最差	很差	差	较差	相当	较好	好	很好	最好
7	最差	很差	差		相当		好	很好	最好
5	最差		差		相当		好		最好

2. 量化方法

通过决策者(专家)定性分析,分等级量化的结果,由于客观事物的复杂性、多样性和主观认识的局限性,所以往往具有不确定性、模糊性和随机性,可以采用集值统计原理广集专家意见,改善定性属性量化的有效性。

3. 属性函数 $f(x)$ 规范化

(1) 多属性决策

在多属性决策问题(MADMP)的各属性函数 $f_j(x), j = 1, 2, \cdots, m$ 普遍存在以下问题:

① 无公度性。各 $f_j(x)$ 的量纲不同,不便于相互比较和综合运算。

② 变化范围不同,不便于比较和综合运算。

③ 对抗性。凡得益性属性,通常希望越大越优;凡损耗性属性,一般希望越小越优。

(2) 规范化处理法

常用的规范化处理算法较多,在选用时需注意量化标度(序、区间和比例标度),允许进行变换的形式,以免规范化后影响决策的质量。

4. 权重及其量化方法

权重是表征子准则或因素对总准则或总目标影响或作用大小的量化值。

(1) 重要性权。对于子准则(因素)的相对地位、作用以及政策导向、激励等决策者的期望性因素,常用定性定量相结合的方法,根据专家或决策者的相对重要性信息进行量化。

(2) 信息量权重 ω^2。由于各准则值所包含的信息量不同,它们对被评价方案(决策方案)的作用也就不同。考虑信息量不同产生的影响的量化值称为信息量权重。

另外,当某些准则值在各被评价方案之间差异较大时,其分辨能力较强,包含的信息量就多,它们在综合评价、最终决策中的作用就大,其信息权重系数也较大。

(3) 独立性权重系数 ω^3。在理想准则体系中,要求准则具有无冗余性;在多属性决策方案中,希望属性之间具有独立性。但是,由于安全系统的高度复杂性,准则体系中各准则之间难免有部分重复信息存在,使它们在综合评价或决策过程中过多地发挥了作用,因此提出用独立性权重来抵前"过多"的影响。

(4)组合(综合)权重 ω。根据 MADMP 的实际需要和可能,可以从上述 3 个方面的权重中选用。当用两种以上的权重时,就存在如何组合的问题,常用的有两种算法求取组合(综合)权重 ω。

① 乘法:

$$\omega_j = \prod_{k=1}^{3} \omega_j^k \Big/ \sum_{j=1}^{m} \prod_{k=1}^{3} \omega_j^k \quad (j=1,2,\cdots,m)$$

该乘法特点是对各权重作用一视同仁,只要某种作用小,则组合权重系数小。

② 加法:

$$\omega_j = \sum_{k=1}^{3} \lambda_k \omega_j^k \Big/ \sum_{j=1}^{m} \sum_{k=1}^{3} \lambda_k \omega_j^k \quad (j=1,2,\cdots,m)$$

式中　λ_k——3 种权重系数,$k=1,2,3$,则 $\sum\limits_{k=1}^{3} \lambda_k = 1$。

加法的特点是各权重之间有线性补偿作用。

四、安全决策方法

(一)确定性多属性决策方法

1. 优势法

该方法的操作过程是:从备选方案集 $R = \{x_1, x_2, x_3, x_4\}$ 中,任取两个方案(记为 x_1' 和 x_2')。若决策者(决策分析者)认为(决策矩阵已知)x_1' 劣于 x_2',则剔去 x_1',保留 x_2';若无法区分二者的优劣时,皆保留。将留下的非劣方案与 R 中的第三个方案 x_3' 进行比较,如果它劣于 x_3',则剔去前者,如此进行下去,经 $n-1$ 步后便确定了非劣解集 R_{pa}^*。

2. 连接法(满意法)

该方法要求决策者对表征方案的每个属性提供一个可接受的最低值,称为切除值。只有当一个方案的每个属性值均不低于对应的切除值时,该方案才能保留,即方案 x 被接受。因此:

$$f_j^{(x)} \geqslant f_j^0 \quad (j \in M, x \in R)$$

式中　f_j^0——j 个属性的切除值。

3. 分离法

该方法用来筛选方案时仍要对每个属性设定切除值。但与连接法不同的是,并不要求每个属性值都超过这个值,而只要求方案中至少有一个属性值超过切除值就被保留。按此原则方案 x 满足:

$$f_j^{(x)} \geqslant f_j^d \quad (当 j=1,2,\cdots,m 或 x \in m)$$

式中　f_j^d——规定的切除值。

(二)评分法

评分法就是根据预先规定的评分标准对各方案所能到达的指标进行定量计算比较,从而达到对各个方案排序的目的。

1. 评分标准

一般按 5 分制评分:优、良、中、差、最差。当然,也可按 7 个等级评分,这要视决策方案多少及其之间的差异大小和决策者的要求而定。

2．评分方法

评分方法多数是专家打分的方法：首先以专家根据评价目标对各个抉择方案评分，然后取其平均值或剔除最大值、最小值后的平均值作为分值。

3．评价指标体系

评价指标一般包括 3 个方面：技术指标、经济指标和社会指标。对于安全问题决策，假设有几个不同的技术抉择方案，那么其评价指标体系技术指标包括：技术指标有先进性、可靠性、安全性、维修性、可操作性等；经济指标有本钱、质量可靠性、原材料、周期、风险率等；社会指标有劳动条件、环境、精神习惯、道德伦理等。当然，要注意指标因素不宜过多；否则，不但难以突出主要因素，而且会造成评价结果不符合实际。

4．加权系数

由于各评价指标其重要性程度不一样，必须给每个评价指标一个加权系数。为了便于计算，一般取各个评价指标的加权系数 g_i 之和为 1。加权系数值可由经验确定或用判断表法计算。

计算各评价指标的加权系数公式为：

$$g_i = k_i / \sum_{i=1}^{n} k_i$$

式中 k_i——各评价指标的总分；

n——评价指标数。

5．计算总分

计算总分可根据不同方法其适用范围选用，总分或有效值高者当为首选方案。

（三）决策树法

1．决策树的概述

决策树法是风险决策的基本方法之一。决策树分析方法又称概率分析决策方法。决策树法与事故树分析一样，是一种演绎性方法，也是一种有序的概率图解法，如图 5-8 所示。

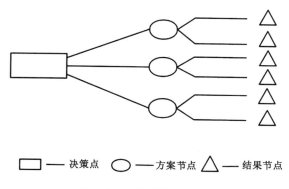

□ —— **决策点**　○ —— **方案节点**　△ —— **结果节点**

图 5-8　决策树示意图（一）

决策树的优点：

① 决策树能显示出决策过程，形象具体，便于发现问题。

② 决策树能将风险决策的各个环节联系成一个统一的整体，有利于决策过程中的思考，易于比较各种方案的优劣。

③ 决策树法既可进行定性分析，也可进行定量分析。

2. 决策步骤

决策步骤包括：根据决策问题绘制决策树；计算概率分支的概率值和相应的结果节点的收益值；计算各概率点的收益期望值；确定最优方案。

3. 应用实例

某厂因生产需要，考虑是否自行研制一个新的安全装置。首先，决定这个研制项目是否需要评审。如果评审，则需要评审费 5 000 元；如果不评审，则可省去这笔评审费用。是否进行评审，由这一事件的决策者决定，属于主观抉择环节。如果决定评审，评审通过概率为0.8，不通过的概率为 0.2，这种不能由决策者抉择的环节称为客观随机抉择环节。其次，是采取"本厂独立完成"形式还是由"外厂协作完成"形式来研制这一安全装置，这也是主观抉择环节。每种研制形式都有失败的可能，如果研制成功（无论哪一种形式），能有 6 万元收益；若采用"本厂独立完成"形式，则研制费为 2.5 万元，成功概率的 0.7，失败概率为 0.3；若采用"外厂协作"形式（包括先评审），则支付研制费用为 4 万元，成功概率为 0.99，失败概率为 0.01。

解析：

① 首先画出决策树图，如图 5-9 所示。

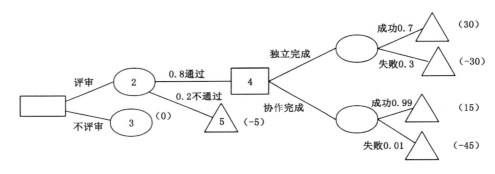

图 5-9　决策树示意图（二）

② 根据上述数据计算各节点的收益（收益＝效益－费用）按照期望值公式计算期望值独立研制成功的期望值：

$$E(V_0) = 0.7 \times 30 + 0.3 \times (-30) = 12(万元)$$

协作研制成功的期望值：

$$E(V_1) = 0.99 \times 15 + 0.01 \times (-45) = 14.4(万元)$$

③ 根据期望值决策准则，如果决策目标是收益最大，则采用期望值最大的行为方案；如果决策目标是使损失最小，则选定期望值最小的方案。本例选用期望值最大者，即选用协作完成式。

（四）技术经济评价法

技术经济评价法是对抉择方案进行技术经济综合评价时，不但考虑评价指标的加权系数，而且所取的技术价和经济价都是相对于理想状态的相对值，这样便于决策判断与方案筛选。

（1）技术评价。具体步骤如下：

① 确定评价的技术项目和评价指标集。

② 明确各技术指标的重要程度。

③ 分别对各个技术指标评分。

④ 进行技术指标总评价。

（2）经济评价。具体步骤如下：

① 按成本分析的方法，求出各方案的制造费用 C_i。

② 确定该方案的理想制造费用。

③ 确定经济价。

（3）技术经济综合评价。可以用计算法和图法进行技术、经济综合评价：

① 相对价 W 法。均值法：$W=0.5(W_t+W_w)$；双曲线法：$W=(W_t+W_w)^{1/2}$。

相对价 W 值越大，方案的技术经济综合性能越好，一般应取 $W>0.65$。当 W_t、W_w 两项中有一项数值较小时，用双曲线法能使 W 值明显变小，便于对方案的抉择。

② 优度图法。如图 5-10 所示，图中横坐标为技术价 W_t，纵坐标为经济价 W_w。每个方案的 W_{ti}、W_{wi} 值构成点 S_1，而 S_i 的位置就反映了此方案的优度。当 W_{ti}、W_{wi} 值均等于 1 时的交点 S_1 是理想优度，表示技术经济综合指标的理想值。0-S_1 连线称为"开发线"，线上各点 W_{ti} 和 W_{wi} 相等。S_i 点离 S_1 点越近，表示技术经济综合指标越高；离开发线越近，说明技术经济综合性能越好。

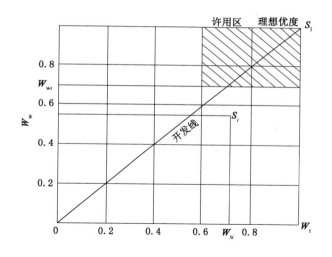

图 5-10 优度图

（五）稀少事件的风险估计

当决策者要在多种抉择方案中做决策时，可能会遇到某种稀少事件是否值得考虑，或者在用智力激励法进行风险辨别时，稀少事件如何估计的问题。

在稀少事件中有两种不同的风险估计：一类是称外围"零-无穷大"的风险，指的是那些发生的可能性很小（几乎为零）而后果却十分严重（几乎为无穷大）的事故；另一类是发生概率很小，后果不像前一类那么严重，但涉及的面或人数却很多，并且易被一些偶然因素、别的风险、与它们的作用相同或相反的其他因素所掩盖的事件。

前一类情况主要涉及明显事故的估计与价格，后一类情况则主要是对潜在危险进行测量和估计。

复习思考题

1. 什么是安全评价？
2. 试述安全评价的一般程序。
3. 安全评价的分类有哪些？
4. 试述道化学火灾、爆炸危险指数评价法的程序。
5. 美国道化学公司第七版评价法的步骤有哪些？
6. 试述层次分析法的步骤？
7. 试述模糊数学评价法的步骤？
8. 什么是安全决策？
9. 安全决策的分类和满足条件？
10. 安全决策过程包括哪些？决策要素包括那些？

第六章

系统危险控制

【知识框架】

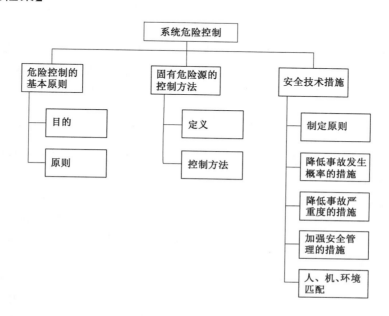

【学习目标】

了解危险控制的基本原则;掌握固有危险源控制方法;熟悉危险控制的安全技术措施。

【重、难点梳理】

1. 固有危险源的辨别;
2. 固有危险源的控制方法;
3. 危险源控制措施。

第一节　危险控制的基本原则

一、危险的概念、特征

危险是指系统中存在导致发生不期望后果的可能性超过了人们的承受程度,它是人们对事物的具体认识,必须指明具体对象。危险概率是指危险发生事故的可能性或者单位时间危险发生的次数。危险的严重度是指每次危险发生导致的伤害程度或损失的大小。危险具有以下的特征：

1. 危险的客观性、普遍性

危险是客观的，也是独立于人的意识之外的客观存在。无论自然系统还是技术系统，都不可避免地存在着这样或那样的危险源或危险因素，具有一定的危险性。因此，危险是普遍的客观存在，无时没有，无处不在，危险是绝对的，安全是相对的。

2. 危险的可知性、可控性

危险是客观的，也是可以发现和认识的，更是可知的。人们可以运用知识、经验和技术辨识、分析、研究系统中存在的危险源或危险因素的特性及规幻律，并在此基础上采取有效措施消除或者控制危险源或危险因素，降低系统危险性，打造安全系统。

3. 危险的损害性、社会性

危险虽然不是事故，但在一定条件下可以进一步激化转变为事故，并可能造成人身伤亡、财产损失、设备损坏、环境危害等不希望发生的结果，具有损害性；同时，这类结果只有同人类的社会活动相联系，对人类而言就构成了危险，危险具有社会性。

另外，危险还具有潜在性、复杂性等特征。

二、危险控制的目的原则

危险控制的目的：一是降低事故发生的概率、频率；二是减降低事故的严重度。因此，人们必须遵循以下具体原则：

（1）闭环控制原则。系统包括输入、输出，通过信息反馈进行决策，并控制输入，这样一个完整的控制过程称为闭环控制。显然，只有闭环控制才能达到优化的目的。

（2）动态控制原则。系统是运动、变化的，而非静止不变的，只有正确、适时地进行控制，才能收到预期的效果。

（3）分级控制原则。系统的组成包括各子系统、分系统，其规模、范围互不相同，危险的性质、特点亦不相同。因此，必须采用分级控制，各子系统可以自己调整和实现控制。

（4）多层次控制原则。对于事故危险，必须采取多层次控制，以增加其可靠程度。

多层次控制一般包括 6 个层次：根本的预防性控制、补充性控制、防止事故扩大的预防性控制、维护性能的控制、经常性控制、紧急性控制等 6 个层次，各层次控制采取的具体内容，随事故危险性质不同而不同。是否采取 6 个层次，应视事故的危险程度和严重性而定。

第二节　固有危险源控制方法

一、固有危险源

固有危险源是指生产中的事故隐患，即生产中存在的可能导致事故和损失的不安全条件，包括物质因素和部分环境因素。

按其性质不同，可以分为化学、电气、机械、辐射和其他 5 大类：

1. 化学危险源

化学危险源是指在生产过程中，原材料、燃料、成品、半成品和辅助材料中所含的化学危险物质。具体包括：

（1）火灾爆炸危险源。

（2）工业毒害源。

（3）大气污染源。

（4）水质污染源。

2. 电气危险源

电气危险源是指那些引起人员触电、电气火灾、电击和雷击的不安全因素。具体包括：

（1）漏、触电危险。

（2）着火危险。

（3）电击、雷击危险。

（4）静电危害。

3. 机械（含土木）危险源

具体包括：

（1）重物伤害的危险。

（2）速度和加速度造成伤害的危险。

（3）冲击、振动危险。

（4）旋转和凸轮机构动作伤人的危险。

（5）切割和刺伤危险。

（6）高处坠落的危险。

（7）倒塌、下沉的危险。

4. 辐射危险源

具体包括：

（1）放射源。

（2）红外射线源。

（3）紫外射线源。

（4）无线电辐射源，包括射频源和微波源。

5. 其他危险源

具体包括：

(1）噪声源。

（2）强光源。

（3）高压气体。

（4）高温源。

（5）湿度。

（6）生物危害。

二、控制方法

1. 消除危险

通过合理的设计和科学的管理，尽可能从根本上消除危险、有害因素。例如，采用无害化工艺技术，生产中以无害物质代替有害物质，实现自动化作业，遥控技术等。

2. 预防（控制）危险

当消除危险、有害因素确有困难时，可采取预防性技术措施，预防危险、危害的发生。例如，使用安全阀、安全电压、熔断器、安全屏护，设置报警装置等。

3. 防护危险

(1)设备防护:固定防护、自动防护、联锁防护、风电闭锁、瓦斯电闭锁、遥控防护。

(2)人体防护。

4. 隔离防护

在无法消除、减弱和预防危险、有害因素的情况下,应将人员与危险、有害因素隔开和将不能共存的物质分开。具体包括:

(1)禁止入内。

(2)固定距离。

(3)安全距离:安全罩、安全距离、隔离操作室、事故发生时的自救措施等。

5. 保留危险

保留危险仅在预计到可能会发生危险,而又没有很好的防护方法的情况下采用。这时,必须做到使其损失最小。因此,要进行一系列的计算、分析和比较,要尽可能地估计各种意外因素,再做决定。

6. 转移危险

对于难于消除和控制的危害,在进行各种比较、分析之后,选取转移危险的方法。

第三节　系统危险控制的安全技术措施

一、制定危险源控制措施时需遵循的原则

系统危险源控制需遵循以下原则:

(1)尽可能完全消除有不可接受风险的危险源,如用安全品取代危险品。

(2)如果是不可能消除、有重大风险的危险源,应努力采取降低风险的措施,如使用低压电器等。

(3)在条件允许时,应使工作适合于人,如考虑降低人的精神压力和体能消耗。

(4)应尽可能利用技术进步来改善安全控制措施。

(5)应考虑保护每个工作人员的措施。

(6)将技术管理与程序控制结合起来。

(7)应考虑引入诸如机械安全防护装置的维护计划的要求。

(8)在各种措施还不能绝对保证安全的情况下,作为最终手段,还应考虑使用个人防护用品。

(9)应有可行、有效的应急方案。

(10)预防性测定指标应符合监视控制措施计划的要求。

二、降低事故发生概率的措施

影响事故发生概率的因素很多,如系统的可靠性、系统的抗灾能力、人因失误和违章等。在生产作业过程中,既存在自然的危险因素,也存在人为的生产技术方面的危险因素。这些因素能否转化为事故,不仅取决于组成系统各要素的可靠性,而且还受到企业管理水平和物质条件的限制。因此,降低系统事故的发生概率,最根本的措施是设法使系统达到本质安全化,使系统中的人、机、环境和管理等方面安全化。

（一）提高设备的可靠性

要控制事故的发生概率,提高设备的可靠性是基础。为此,应采取相应措施:

1. 提高元件的可靠性

设备的可靠性取决于组成元件的可靠性。要提高设备的可靠性,就必须加强对元件的质量控制和维修检查。一般可采取以下措施:

（1）使元件的结构和性能符合设计要求和技术条件,选用可靠性高的元件代替可靠性低的元件。

（2）合理规定元件的使用周期,严格检查维修,定期更换或重建。

2. 增加备用系统

在一定条件下,增加备用系统,当发生意外事件时,可随时启用,不致中断正常运行,也有利于系统的抗灾救灾。例如,对矿井的一些关键性设备,包括供电线路、通风机、电动机、水泵等均配置一定量的备用设备,以提高矿井的抗灾能力。

3. 利用平行冗余系统

实际上,平行冗余系统也是一种备用系统,这是在系统中选用多台单元设备。每台单元设备都能完成同样功能,一旦其中一台或几台设备发生故障,系统仍然能够正常运转。只有当平行冗余系统的全部设备都发生故障,系统才可能处于"失败"状态。在规定的时间内,多台设备同时全部发生故障的概率等于每台设备单独发生故障的概率的乘积。显然,平行冗余系统发生故障的概率是相当低的,可使系统的可靠性大大增加。

4. 对处于恶劣环境下运行的设备采取安全保护措施

煤矿井下环境较差,应采取一切办法控制温度、湿度和风速,改善设备周围的环境条件。对于磨损、腐蚀、浸蚀等条件下的设备,应采取相应的防护措施。对于振动大的设备,应加强防振、减振和隔振等措施。

5. 加强预防性维修

预防性维修是排除事故隐患、排除设备的潜在危险、提高设备可靠性的重要手段。为此,应制定相应的维修制度,并认真贯彻执行。

（二）选用可靠的工艺技术,降低危险因素的感度

危险因素的存在是事故发生的必要条件。危险因素的感度是指危险因素转化为事故的难易程度。虽然物质本身所具有的能量和发生性质不可改变,但是危险因素的感度是可以控制的,其关键是选用可靠的工艺技术。例如,在煤矿用火药中加入消焰剂等安全成分,爆破时使用水炮泥,井巷工程中采用湿式打眼,清扫巷道煤尘等,这些都是降低危险因素感度的措施。

（三）提高系统抗灾能力

系统的抗灾能力是指系统受到自然灾害和外界事物干扰时,自动抵抗而不发生事故的能力;或者指系统中出现某种危险事件时,系统自动将事态控制在一定范围的能力。提高煤矿生产系统的抗灾能力,应该建立、健全通风系统,实行独立通风,建立防爆水棚,采用安全防护装置,如风电封锁装置、漏电保护装置、提升保护装置、斜井防跑车装置、安全监测监控装置等;矿井主要设备实行双回路供电、选择备用设备(备用主要通风机、备用电动机、备用水泵等)。

（四）减少人因失误

由于人在生产过程中的可靠性远比机电设备差,因此很多事故都是人因失误造成的。要降低事故的发生概率,就必须减少人因失误。

（五）加强监督检查

建立、健全各种自动制约机制,加强专职与兼职、专管与群管相结合的安全检查工作。对系统中的人、机、环境进行严格的监督检查,在各种劳动生产过程中都是必不可少的。煤矿生产受到自然条件的严重制约,只有加强安全检查工作,才能有效地保证煤矿安全生产。

三、降低事故严重度的措施

事故严重度是指因事故造成的财产损失和人员伤亡的严重程度。事故的发生是系统中的能量失控造成的,事故的严重度与系统中危险因素转化为事故时释放的能量有关,能量越高,事故的严重度越大;同时,也与系统本身的抗灾能力有关,抗灾能力越大,事故的严重程度越小。因此,降低事故严重程度可采取如下措施:

1. 限制能量或分散风险的措施

为了减少事故损失,必须对危险因素的能量进行限制。例如,煤矿井下火药库的爆破材料储存量的限制,井下各种限流、限压、限速设备都是对危险因素的能量进行限制。

分散风险的办法是把大的事故损失化为小的事故损失。例如,煤矿将"一条龙"通风方法改造成并联通风,每一个矿井、采区和工作面均实行独立通风,可达到分散风险的效果。

2. 防止能量逸散的措施

防止能量逸散就是将有毒、有害、有危险的能量源储存在有限允许范围,而不影响其他区域的安全,如井下防爆设备的机壳、井下堵水、密闭墙、密闭火区、采空区密闭等。

3. 加装缓冲能量的装置

在生产过程中,设法使危险源能量释放的速度减慢,可大大降低事故的严重程度。其中,使能量释放减慢的装置称为缓冲能量装置。煤矿生产中使用的缓冲能量装置较多,如矿车上装置的缓冲碰头,缓冲阻车器以及为缓和矿山对支架的破坏而采用的摩擦金属支柱或可压缩性 U 形支架等。

4. 避免人身伤亡的措施

避免人身伤亡的措施包括两个方面:一是防止发生人身伤害;二是一旦发生人身伤害时,采取相应的急救措施。采用遥控操作、提高机械化程度、使用整体或局部的人身个体防护都是避免人身伤害的措施。在生产过程中,应及时注意观察各种灾害的预兆,以便采取有效措施,防止发生事故。即使不能防止事故发生,也可以及时撤离人员、避免人员伤亡。做好矿山救护和人工自救准备,对降低事故严重度具有重要意义。

四、加强安全管理的措施

安全管理是用现代科学知识,根据安全生产的目标要求,对生产过程中的各种事故及其隐患进行控制、处理,以便把安全工作提高到一个新水平。要控制事故发生概率和事故后果的严重度,就必须以最优化安全管理作保证,而控制事故的各种技术措施的制定与实施必须以合理的安全管理措施为前提。

1. 建立、健全安全管理机制

应依法建立、健全各级安全管理机构,配备足够的精明强干、技术过硬的安全管理人员。要充分发挥安全管理机构的作用,并使其与设计、生产、劳动人事等职能部门密切配合,形成一个有机的安全管理机构,全面贯彻落实"安全第一、预防为主、综合治理"方针。

2. 建立、健全安全生产责任制

责任制是根据生产必须管安全的原则,明确规定各级领导和各类人员在生产中应负的安全责任。它是职业岗位责任制的一个组成部分,也是企业中最基本的一项安全措施,还是安全管理规则制定的核心。应根据各企业的实际情况,建立、健全这种责任制,并在生产中不断加以完善。应当指出的是,厂(矿)长要对本企业的安全生产负责,厂(矿)长是否能落实安全生产责任制是搞好安全生产的关键。

3. 编制安全技术措施计划,制定安全操作规程

编制和实施安全技术措施计划,有计划、有步骤地解决重大安全问题,合理地使用国家资金,也可以吸收工人群众参加安全管理工作。制定安全操作规程是安全管理的一个重要方面,也是事故预防措施的一个重要环节,还可以限制作业人员在作业环境中的越轨行为,调整人与自然的关系。

4. 加强安全监督和检查

各厂(矿)应建立安全信息管理系统,加快安全信息的转运速度,以便对安全生产进行经常性的"动态"检查,对系统中的人、机、环境进行严格控制。经常性的安全检查是劳动生产过程中必不可少的基础工作,是运用群众路线的方法,也是揭露和消除隐患、交流经验、推动安全工作的有效措施。

5. 加强职工安全教育

职工安全教育的内容主要包括:政治思想教育、劳动纪律教育、方针政策教育、法制教育、安全技术培训以及典型经验和事故的教育等。职工安全教育不仅可以提高企业各级领导和职工搞好安全生产的责任感和自觉性,而且能普及和提高职工的安全技术知识,使其掌握不安全因素的客观规律,提高安全操作水平,掌握检测技术和控制技术的科学知识,学会消除工伤事故和职业病的技术本领。

职工安全教育主要形式有:"三级教育"[入厂(矿)教育、车间(区队)教育、岗位教育]、经常性教育和特殊工种教育。"三级教育"是对新工人的教育,主要内容是基本安全知识,包括入厂(矿)一般安全知识和预防事故方面的基本知识。经常性教育是职工业务学习的内容,也是安全管理中经常性的工作,进行方式有多种多样,如班会、安全月、广播、黑板报、看录像等。特殊工种教育是对那些技术比较复杂、岗位比较特殊的操作人员,如绞车司机、通风员、瓦斯检查员、电工等进行的专门教育和训练。按照《中华人民共和国矿山安全法》的规定,特种作业人员必须接受专门培训,经考试合格,取得操作资格证书的,方可上岗作业。

五、人、机、环境匹配

1. 合理进行人机功能分配,建立高效可靠的人机系统

(1)对部件等系统宜选用并联组装。

(2)形成冗余的人机系统:系统在运行中应让其有充足的多余时间不能使系统无暇顾及运行中的错误情形,杜绝其失误运行。

(3)系统运行时其运行频率应适度。

(4)系统运行时应设置纠错装置,当操作者出现误操作时,也不能酿成系统事故。例如,计算机中的纠错系统等。

(5)经过上岗前严格培训与考核,允许具有进入"稳定工作期"可靠度的人上岗操作。

2. 减少人因失误

减少人因失误,提高人的可靠性能使人机系统的安全可靠性大大增加。具体措施如下:

(1)使操作者的意识水平处于良好状态。操作者产生操作失误除了机器的原因外,主要由于操作者本身的意识水平或称觉醒水平处于Ⅰ级或Ⅳ级低水平状态。为了保证安全操作,首

先应使操作者的眼、手及脚保持一定的工作量,既不会过分紧张而造成过早疲劳,也不会因工作负荷过低而处于较低的意识状态;其次从精神上消除其头脑中一切不正确的思想和情绪等心理因素,将操作者的兴趣、爱好和注意力都引导到有利于安全生产上来,变"要我安全"为"我要安全",通过调整人的生理状态,使之始终处于良好的意识状态、有较强的安全意识,从事操作工作。

(2)建立合理可行的安全规章制度与规范,并严格执行,以约束不按操作规程操作的人员的行为。

(3)安全教育和安全训练。安全教育和安全训练是消除人的不安全行为的最基本措施,对不知者进行安全知识教育,对知而不能者进行安全技能教育,对既知又能而不为者进行安全态度教育。通过安全教育和安全训练,达到使操作者自觉遵守安全法规,养成正确的作业习惯,提高感觉、识别、判断危险的能力,学会在异常情况下处理意外事件的能力,减少事故的发生。

(4)按照人的生理特点安排工作,充分利用科学技术手段,探索和研究人的生理条件与不安全行为的关系,以便合理地安排操作者的作息时间,避免频繁倒班或连续上班,防止操作失误。

(5)减少单调作业,克服单调作业导致人因失误。具体内容如下:

① 操作设计应充分考虑人的生理和心理特点。作业单调的程度取决于操作的持续时间和作业的复杂性,即组成作业的基本动作数。动作由 3 类、18 个动作因素组成:第一类的伸手、抓取、移动、定位、组合、分解、使用、松手;第二类的检查、寻找、发现、选择、计划、预置;第三类的持住、迟延、故延和休息。若要在一定时间内保持较高的工作效率,作业内容应包括 10~12 项以上的基本动作,至少不少于 5~6 项基本动作,而且基本动作的操作时间至少不应少于 30 s。每种基本动作都应留有瞬间的小歇(从零点几秒到几秒),以减轻工作的紧张程度。此外,操作与操作之间还应留有短暂的间歇,这是克服单调和预防疲劳的重要手段。

② 将不同种类的操作加以适当的组合,从一种单一的操作变换为另一种虽然也是单一的,但内容有不同的操作,也能起到降低单调感觉的目的。这两种操作之间差异越大,则降低单调感觉的效果越好。从单调感比较强的操作变换到单调感比较弱的操作,效果也很明显。在单调感同样强的条件下,从紧张程度较低的操作变换为紧张程度较高的操作,效果也很好。例如,高速公路应有意地设计一定的坡度和高度,以提高驾驶员的紧张程度,这有利于交通安全。

③ 改善工作环境,科学地安排环境色彩、环境装饰及作业场所布局,可以大大减轻单调感和紧张程度。色彩的运用必须考虑工人的视觉条件、被加工物品的颜色、生产性质与劳动组织形式、工人在工作场所逗留的时间、气候、采光方式、车间污染情况、厂房的形式与大小等。此外,还必须考虑工人的心理特征和民族习惯。作业场所的布局还必须考虑与外界隔离时产生孤独感的问题,比如人们在视野范围内若看不到有表情、言语和动作的伙伴,则很容易萌发孤独感。日本一家无线电通信设备厂曾发生过从事传送带作业的 15 名女工集体擅自缺勤的事件,其直接原因是女工对每天的单调作业非常厌烦。经采取新的作业布局,包括采用圆形作业台,使女工彼此之间感觉到伙伴们的工作热情,从而消除了单调感,提高了工效。由此可见,加强团体的凝聚力、改善人际关系也是克服单调的措施之一。

3. 对机械产品进行可靠性设计

一种可靠性产品的产生,需靠设计师综合创造、安装、使用、维修、管理等多方面反馈回来的产品的技术、经济、功能与安全信息资料,参考前人的经验、资料,经权衡后设计出来的,所以它是各个领域专家、技术人员的集体成果。作为从事安全科学技术的工程技术人员应该了解可靠性设计原理及设计要点,以便将设备使用和维修过程中发现的危险与有害因素及零部件的故障数据资料等及时反馈给设计部门,以进行针对性的改进设计。

产品的可靠度分为固有可靠度和使用可靠度。前者主要是由零件的材料、设计及制造等环节决定的达到设计目标所规定的可靠度;后者则是出厂产品经包装、保管、运输、安装、使用和维修等环节在其寿命期内实际使用中所达到的可靠度。当然,重点应放在设计和制造环节,提高固有可靠度,向用户提供本质安全度高的设备。机械产品结构可靠性设计有以下几个要点:

(1) 确定零(部)件合理的安全系数。

(2) 进行合理的冗余设计。

(3) 耐环境设计。

(4) 简单化和标准化设计。

(5) 结构安全设计。

(6) 安全装置设计。

(7) 结合部的可靠性及其结合面的设计。

(8) 维修性设计。

4. 加强机械设备的维护保养

(1) 机械设备的维护保养要做到制度化、规范化。

(2) 维护保养要分级分类进行。操作者、班组、车间、厂部应分级分工负责,各尽其职。

(3) 机械设备在达到原设计规定使用期时(接近或达到固有寿命期),应予以更换,不得让设备超期带病"服役"。

5. 改善作业环境

(1) 安全设施与环境保护措施应与主体工程同时设计、同时施工、同时投产。从本质上做到安全可靠、环境优良。改善作业环境应像重视安全生产一样列入议事日程。

(2) 环境的好坏不仅影响人们的身心健康,而且还影响产品质量,腐蚀损坏设备,还会诱发事故。因此,对作业环境有害物应做到定期检测、及时治理,特别是随着高科技的发展,带来许多新的危害因素,这些危害更要及时治理。

复习思考题

1. 危险控制的目的是什么? 危险控制的基本原则有哪些?

2. 消除危险的方法有哪些? 与控制危险的方法有何区别?

3. 降低事故严重度的措施有哪些?

4. 什么是固有危险源? 通常分为哪几类?

5. 固有危险控制方法有哪些?

6. 造成人因失误的原因有哪些?

7. 人因失误的控制措施有哪些?

第七章
安全管理技术

【知识框架】

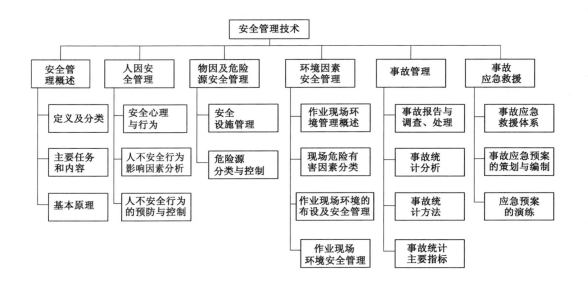

【学习目标】

了解安全管理的主要任务和内容、安全设施的管理方法以及影响人不安全行为的生理和心理因素;掌握事故调查程序和事故应急救援体系的组成;重点掌握安全管理基本原理原则的应用、人不安全行为的预防与控制、安全设施与特种设备的管理、作业环境危险有害因素的分类与现场安全管理、事故经济损失统计、应急救援预案的策划与编制。

【重、难点梳理】

1. 安全管理基本原理原则的应用;

2. 人不安全行为的预防与控制;

3. 安全设施与特种设备的管理;

4. 作业环境危险有害因素的分类与现场安全管理;

5. 事故经济损失统计;

6. 应急救援预案的策划与编制。

第一节　安全管理概述

安全管理是企业管理的重要组成部分。工业企业安全管理的主要任务是在国家安全生产方针的指导下分析和研究生产过程中存在的各种不安全因素,从技术上、组织上和管理上采取有效措施,解决和消除不安全因素,防止事故发生,保障职工的人身安全和健康以及国家财产安全,保证生产顺利进行。

一、安全管理的定义及分类

1. 安全管理的定义

关于管理的概念,有各种不同的提法。最通行的是被称为"法国经营管理之父"的法约尔(Fayol)提出的。他认为,管理就是"计划、组织、指挥、协调、控制",并且将管理的定义为"管理就是管理者为了达到一定的目的,对管理对象进行的计划、组织、指挥、协调和控制的一系列活动"。

安全管理是管理科学的一个重要分支,是为实现系统的安全目标,运用管理学的原理、方法、手段和相关原则,分析和研究各种不安全因素,对涉及的人力、物力、财力、信息等安全资源进行决策、计划、组织、指挥、协调和控制的一系列活动,通过运用一系列技术的、组织的和管理的措施,解决和消除各种不安全因素,防止事故发生。

综上所述,安全管理可定义为:安全管理就是管理者对安全生产进行的计划、组织、指挥、协调和控制的一系列活动,以保护职工在生产过程中的安全与健康,保护国家和集体的财产不受损失,促进企业改善管理,提高效益,保障事业的顺利发展。

2. 安全管理的分类

安全管理按照主体和范围大小的不同,可以分为宏观安全管理和微观安全管理。按照对象的不同,可分为狭义的安全管理和广义的安全管理。

宏观安全管理:泛指国家从政治、经济、法律、体制、组织等各方面所采取的措施和进行的活动。

微观安全管理:指经济和生产管理部门以及企事业单位所进行的具体的安全管理活动。

狭义安全管理:指在生产过程或与生产有直接关系的活动中防止意外伤害和财产损失的管理活动。

广义安全管理:泛指一切保护劳动者安全健康、防止国家财产受到损失的管理活动。

二、安全管理的主要任务和内容

(一) 安全管理的主要任务

在贯彻执行国家有关法律、方针、政策和法规的前提下,分析研究企业生产建设过程中各种不安全因素,从组织、技术和管理方面采取措施,消除、控制或防止事故,保护职工的身体安全和健康,保障国家财产安全,保证生产建设的顺利发展。根据对正反两方面经验的科学总结,要搞好企业的安全管理,必须遵循以下原则:

1. 安全第一,重在预防

"安全第一"是指在经营决策,组织生产、计划与措施安排、科技成果采用、技术改造、新建扩建、改建项目等活动中,应该首先考虑企业的生产安全问题。当生产和安全发生矛盾时,生产应服从于安全。"重在预防"是指安全管理的着重点,控制和消除一切不安全因素,预防在先,防患于未然。针对企业安全生产所涉及的一切方面、一切工作环节和不安全因素,预先系统地采取技术、组织和管理措施加以解决,保证安全生产。

2. 安全生产,人人有责

企业生产依靠全体职工,各个部门都要结合自己的业务实现安全生产负责目标。安全生产贯穿于企业生产建设的全过程,安全生产必须实行全员、全面、全过程、全天候安全管理,调动职工的积极性,使安全管理建立在广泛的群众基础上。职工在自身的责任范围内,树立法制观念,自觉地执行安全制度,严格劳动纪律,遵守工艺规范和操作(检修)规程,就能在最大范围内防止和控制各类事故的发生,实现安全生产。

3. 安全生产需要各项专业管理保证

企业生产过程的安全工作涉及范围很广,它不仅与技术管理和生产管理的许多职能部门紧密相关,很多问题还必须靠劳动、教育、行政、生活、思想政治工作等部门协同解决,还有一些比较复杂的技术问题需要科研、设计和规划等环节综合协调解决。企业在进行技术改造时,必须在安全技术指标合格后方能投入试验、使用。一个企业安全生产的状况,既能反映该企业安全生产责任在各职能部门的落实情况,也能反映该企业综合管理水平的高低。

4. 必须实行厂长(经理)负责制

实行厂长(经理)负责制,就是明确企业厂长(经理)是安全生产的第一责任人,对本企业的安全生产工作负全面责任。在保证安全文明生产的过程中,厂长(经理)最有权威,可调动各方力量搞好安全生产管理工作,有效解决企业生产与安全中存在的问题。

5. 重视科学技术,讲求经济效益

安全生产必须依靠科学技术,不断采用新技术、新工艺、新材料、新设备、新的管理方法和手段,促进安全技术和管理水平的不断提高。企业在进行新的科研项目以及采用新的技术成果、开发新产品时,必须将安全技术、安全措施列为重要内容,坚持同步发展的方针。科学技术作为一种生产力,也包含着安全技术的开发和进步。安全技术和管理的成果是能直接产生经济效益的,它与企业实现的每部分效益都是分不开的,因为防止和避免事故相当于直接或间接地减少了经济损失,在某种意义上等于增加了企业的生产产值。企业要取得好的经济效益和社会效益,就必须以安全为基础、以安全管理为重要的保证条件,这样才能全面实现企业经营管理的目标。

6. 实行科学管理

所谓工业生产的科学管理,是指在掌握工业生产规律的前提下运用现代企业经营管理方法,对生产的全过程进行计划、组织、控制,达到安全、经济、高效的生产。只靠人的体力和经验是不行的,必须依靠科学技术,必须实行科学管理。要使安全管理范围达到科学管理要求,至少要做3方面的工作:第一,必须建立一个以厂长(经理)为首的统一的指挥系统,对安全生产进行计划、组织和控制,保证生产的安全、稳定运行。第二,要做好管理的基础工作。健全和贯彻各项制度,如工艺规程、操作规程、设备维护检修规程、安全技术规程以及安全生产责任制等;加强信息管理并做好原始记录的填写整理、加工分析工作;重视掌握生产中的违章、违纪情况,积累并定期分析异常状态和各种参数的数据资料,逐步摸索和掌握控制事故的工作规律,为从定性管理到定量管理打下基础;注意搜集国内外同类型生产企业的安全技术和管理的情报资料,从中吸取经验教训。第三,加强职工培训。对职工进行系统的、正规的安全技术、生产操作和设备维护等方面的知识以及紧急情况下应变能力的培训教育；注意培养职工严格的工作作风和尊重科学的态度，不断提高全体职工队伍的安全素质。随着工业的发展，要求企业在安全管理方面尽快采用现代管理的理论、技术和方法，使企业实现现代安全管理。

（二）安全管理的主要内容

安全管理要实现客观所赋予的任务，就需要在遵循正确的指导原则下做许多工作。具体内容如下：

1. 管理体制及基础工作

安全管理体制包括纵向的专业管理、横向的各职能部门（各专业）管理和与群众监督相结合的组织协调管理形式以及企业安全生产责任制（单独制定或明确写在工作责任制和岗位责任制中）。基础工作包括：规章制度建设、标准化工作、生产前的安全评价和管理（如设计安全、技术开发安全等前期管理），工人和干部的系统培训教育，安全技术措施制定和实施、定期或不定期的安全检查，管理方式、方法和手段的改进研究，有关安全情报资料的搜集分析，安全生产中疑难问题的提出（提交科研部门的研究课题）等。

2. 生产（建设）过程中的动态安全

企业的生产、检修、施工等过程以及设备（包括传动和静止设备、建筑物、电气、仪表等）的安全保证问题，构成了企业动态安全管理的主要部分。安全生产过程中最核心的是工艺安全、操作安全，这是生产企业管理的重点。检修过程安全包括全厂停车大修，车间系统停车大修，单机大、中、小修以及应急抢修等不同情况的安全问题，必须列为安全管理的重要内容。经验表明，在检修和抢修情况下发生的死亡事故要占 1/3 以上。施工过程安全（特别是企业的扩建、改造工程，往往是在不停产的情况下进行施工）同检修安全一样，都要列为安全管理的重要内容。设备安全包括设备本身的安全可靠性和正确合理地使用。

3. 信息、预测和监督

事故管理实质上起着信息搜集、整理、分析、反馈的作用。安全分析和预测是通过分析、发现和掌握安全生产的某些规律及趋势而做出的预测、预报。监督、检查安全规章制度的执行情况，发现安全生产责任制执行中的问题，为加强动态管理提供依据。

4. 安全管理要逐步实现法制化、标准化、规范化、系统化

从历史上的经验教训看，必须做好以下 4 个方面：

（1）法制化。安全管理实现法制化是贯彻、执行国家法律，也是工业生产根本利益的需要。为了保护生产劳动要素，劳动力、原材料和工具设备的安全必须依照法律、法令、规定和生产规章制度的要求进行管理。国家和政府的有关法律、法令正是强制人们提高对安全生产科学性的认识，对违反科学、冒险蛮干和不关心职工生命安全和身体健康的现象加以制约。

（2）标准化。标准化是一项综合性的基础工作，对保证安全生产，提高经济效益有着重要作用。安全标准是指与人身、设备、操作、生产环境和生产活动等安全方面有关的标准、规程、规范。因此，企业标准化工作是企业实现科学管理的基础。

（3）规范化。企业安全管理，除属于标准化内容的范围应按专门要求进行外，其他一切行为、活动均应依照规章制度进行。企业应根据国家及行业主管部门颁布的条例、规定及其细则的要求，制定满足上述要求并结合企业实际情况的各种规章制度。因此，安全管理规范化是以保证生产安全为目的，也是企业活动的行为准则之一。

（4）系统化。企业安全管理是管理系统的一个子系统。安全管理系统化是从安全管理的任务和内容的系统性特点提出来的。一些企业的安全管理工作远未达到系统化的要求，使许多安全问题未列入安全管理之列，这主要是没有从系统管理，而是从生产单一产品的观点来处理安全生产，必然会出现局限性和后遗症。系统化的建立必须改变人们的传统观念，除了学习和掌握系统的理论知识外，还应确立全员、全面、全过程、全方位地开展安全系统管理。

三、安全管理的基本原理

安全管理作为管理的主要组成部分，应遵循管理的普遍规律。它既服从管理的基本原理与原则，又有其特殊的原理与原则。

安全管理基本原理是从管理的共性出发，对管理中安全工作的实质内容进行科学分析、综合、抽象与概括所得出的安全管理规律。

（一）系统原理

1. 系统原理的含义

系统原理是现代管理学的一个最基本原理，是指人们在从事管理工作时，运用系统理论、观点和方法，对管理活动进行充分的系统分析，以达到管理的优化目标。换言之，用系统论的观点、理论和方法来认识和处理管理中出现的问题。

系统是由相互作用和相互依赖的若干部分组成的有机整体，任何管理对象都可以作为一个系统。

系统可以分为若干个子系统，子系统可以分为若干个要素，即系统由要素组成。按照系统的观点，管理系统具有 6 个特征，即集合性、相关性、目的性、整体性、层次性和适应性。

安全管理系统是生产管理的一个子系统，包括各级安全管理人员、安全防护设备与设施、安全管理规章制度、安全生产操作规范和规程以及安全管理信息等。安全贯穿于生产活动的方方面面，安全管理是全方位、全天候且涉及全体人员的管理。

2. 运用系统原理的原则

（1）动态相关性原则。构成管理系统的各个要素是运动和发展的，也是相互关联的，它们之间相互联系、相互制约。显然，如果管理系统的各要素都处于静止状态，就不会发生事故。

（2）整分合原则。高效的现代安全管理必须在整体规划下明确分工，在分工基础上有效综合，这就是整分合原则。该原则要求企业管理者在制定整体目标和进行宏观决策时，必须将安全生产纳入其中；同时，在考虑资金、人员和体系时，必须将安全生产作为一项重要内容考虑。

（3）反馈原则。反馈是控制过程中对控制机构的反作用，成功、高效的管理离不开灵活、准确、快速的反馈。企业生产的内部条件和外部环境在不断变化，必须及时捕获、反馈各种安全生产信息，以便及时采取行动。

（4）封闭原则。在任何一个管理系统内部，管理手段、管理过程等必须构成一个连续封闭的回路，才能形成有效的管理活动，这就是封闭原则。任何一个管理系统仅具备决策指挥中心和执行机构是不足以实施有效的管理的，必须设置监督机构和反馈机构，监督机构对执行机构进行监督，反馈机构感受执行效果的信息，并对信息进行处理，再返送回决策指挥中心。决策指挥中心据此发出新的指令，这样就形成了一个连续封闭的回路（图 7-1）。

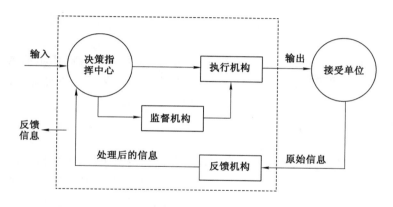

图 7-1　管理系统的基本封闭回路图

封闭原则告诉我们,在企业安全生产中,各管理机构之间、各种管理制度和方法之间必须具有紧密的联系,只有这样才能有效地形成相互制约的回路。

(二) 人本原理

1. 人本原理的含义

管理中必须将人的因素放在首位,体现以人为本的指导思想,这就是人本原理。以人为本具有两层含义:一是一切管理活动都是以人为本展开的,人既是管理的主体,又是管理的客体,每个人都处在一定的管理层面上,离开人就无所谓管理;二是管理活动中作为管理对象的要素和管理系统各环节都是需要人掌管、运作、推动和实施的。

2. 运用人本原理的原则

(1) 动力原则。推动管理活动的基本力量是人,管理必须有能够激发人的工作能力的动力,这就是动力原则。管理系统有 3 种动力:一是物质动力,以适当的物质利益刺激人的行为动机;二是精神动力,运用理想、信念、鼓励等精神力量刺激人的行为动机;信息动力,通过信息的获取与交流产生奋起直追或领先他人的动机。

(2) 能级原则。现代管理认为,单位和个人都具有一定的能量,并且可以按照能量的大小顺序排列形成管理的能级,就像原子中电子的能级一样。在管理系统中建立一套合理能级,根据单位和个人能量的大小安排工作,使其发挥不同能级的能量,保证结构的稳定性和管理的有效性,这就是能级原则。

能级原则确定了系统建立组织结构和安排使用人才的原则。如图 7-2 所示,该管理三角形一般分为 4 个层次,即经营决策层、管理层、执行层、操作层。这 4 个层次能级不同,使命各异,必须划分清楚,不可混淆。

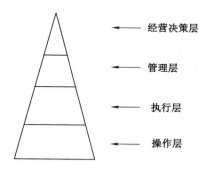

图 7-2　稳定的能级结构图

(3) 激励原则。管理中的激励就是利用某种外部诱因的刺激,调动人的积极性和创造性。以科学的手段激发人的内在潜力,使其充分发挥积极性、主动性和创造性,这就是激励原则。人的工作动力主要有 3 个方面:一是内在动力,指人本身具有的奋斗精神;二是外在压力,指外部施加于人的某种力量;三是吸引力,指那些能够使人产生兴趣和爱好的某种力量。因而运用激励原则时,要采用符合人的心理活动和行为活动规律的各种有效的激励措施和手段,并且要因人而异,科学、合理地采取各种激励方法和激励强度,从而最大程度地发挥出人的内在潜力。

(4)行为原则。需要与动机是人的行为的基础,人类的行为规律是需要决定动机的。动机产生行为,行为指向目标,目标完成需要得到满足,于是又产生新的需要、动机、行为,以实现新的目标。安全生产工作重点是防治人的不安全行为。

(三)预防原理

1. 预防原理的含义

安全管理工作应做到预防为主,通过有效的管理和技术手段,减少和防止人的不安全行为和物的不安全状态,从而使事故发生的概率降到最低,这就是预防原理。在可能发生人身伤害、设备或设施损坏以及环境破坏的场合,事先采取措施,防止事故发生。

2. 运用预防原理的原则

(1)偶然损失原则。事故后果以及后果的严重程度,都是随机的、难以预测的。反复发生的同类事故并不一定产生完全相同的后果,这就是事故损失的偶然性。偶然损失原则告诉我们,无论事故损失的大小,都必须做好预防工作。

(2)因果关系原则。事故的发生是许多因素互为因果连续发生的最终结果,只要诱发事故的因素存在,发生事故是必然的,只是时间或迟或早而已,这就是因果关系原则。

(3)3E原则。造成人的不安全行为和物的不安全状态的原因可归结为4个方面:技术原因、教育原因、身体和态度原因以及管理原因。针对这4方面的原因,可以采取3种防止对策,即工程技术(engineering)对策、教育(education)对策和法制(enforcement)对策,即所谓的3E原则。

(4)本质安全化原则。本质安全化原则是指从一开始和从本质上实现安全化,从根本上消除事故发生的可能性,从而达到预防事故发生的目的。本质安全化原则不仅可以应用于设备、设施,还可以应用于建设项目。

(四)强制原理

1. 强制原理的含义

采取强制管理的手段控制人的意愿和行为,使个人的活动、行为等受到安全管理要求的约束,从而实现有效的安全管理,这就是强制原理。所谓强制就是绝对服从,不必经被管理者同意便可采取控制行动。

2. 运用强制原理的原则

(1)安全第一原则。安全第一就是要求在进行生产和其他工作将把安全工作放在一切工作的首要位置。当生产和其他工作与安全发生矛盾时,要以安全为主,生产和其他工作要服从于安全,这就是安全第一原则。

(2)监督原则。监督原则是指在安全工作中,为了使安全生产法律法规得到落实,必须明确安全生产监督职责,对企业生产中的守法和执法情况进行监督。

(五)弹性原理

所谓弹性原理,是指管理是在系统外部环境和内部条件千变万化的形势下进行的,管理必须要有很强的适应性和灵活性,才能有效地实现动态管理。

管理需要弹性是企业所处的外部环境、内部条件以及企业管理运动的特性造成的。在应用弹性原理时,首先要正确处理好整体弹性与局部弹性的关系,即处理问题必须在考虑整体弹性的前提下进行,在此前提下方可解决、协调或调整局部弹性问题;其次要严格分清积极弹性和消极弹性的界限,倡导积极弹性,切忌消极保留;最后要合理地在有限的范围内运用弹性原理,不能绝对地、无限制地伸缩张弛。只有恰到好处地运用弹性原理,才能最大限度地发挥现代化管理的作用。

第二节　人因安全管理

一、安全心理与行为

人的心理和行为是紧密联系在一起的。在企业生产中,许多事故是由心理因素影响而发生的。因此,掌握安全心理与行为科学的基本理论对预防事故发生具有重要意义。

安全心理与行为是讨论人在劳动生产过程中各种与安全相关的心理现象,研究人对安全的认识、情感及其与事故之间的关系,研究生产过程中意外事故发生的心理规律并为防止事故发生提供科学依据的专门学科。安全心理与行为涉及的安全问题既有人自身方面内容,如人的生理学行为是如何产生、人的行为如何适应机器设备和工作的要求,人的行为与事故关系如何,如何根据人的心理制定切实可行、不流于形式的安全教育方法等,也有技术、社会、环境等因素对人行为影响方面的内容。

(一)人的行为模式

人的行为一般表现为自然和社会两种属性。自然属性是从生理学描述人的行为性质及其关系,而社会属性是从心理学和社会学描述人的行为性质及其关系。

1. 生理学意义的行为模式

20 世纪 50 年代,美国斯坦福大学的莱维特(Leavitt)将人的生理学行为模式归纳为:外部刺激→肌体感受(五感)→大脑判断(分析处理)→行为反应→目标的完成。各环节相互影响、相互作用,构成了个人千差万别的行为表现。从因果关系分析,外部刺激同行为反应之间具有如下特点:

第一,相同的刺激会引起不同的安全行为,如同样是听到危险信号,有的积极寻找原因、排除险情、临危不惧,有的会逃离现场。

第二,相同的安全行为有可能来自不同的刺激,如有的是领导重视安全工作,有的是有安全意识,有的可能是迫于监察部门监督,有的可能是受教训于重大事故。

根据上述人的行为反应模式可知,人为失误主要表现在人感知环境信息方面的差错;信息刺激人脑,人脑处理信息并做出决策的差错;行为差错等方面。

(1)感知差错。人在生产中不断接受各方面的信息,信息通过人的感觉器官传递到中枢神经,这一过程可能出现问题,即感知出现了差错。例如,信号缺乏足够的诱引效应,无法引起操作者注意;信息呈现时间太短,速度太快,出现认知的滞后效应;操作者对操作对象印象不深而出现判断错觉;由于操作者感觉通道缺陷(近视、色盲、听力障碍等)导致知觉能力缺陷;接受的信息量过大,超过人的感觉通道的限制容量,就会导致信息歪曲和遗漏;环境照明、眩光等情况使人产生一种错觉。

(2)判断、决策差错。正确的判断来自全面地感知客观事物以及在此基础上的积极思维。除感知过程的差错外,判断过程产生差错的原因主要有:遗忘和记忆错误,联络、确认不充分,分析推理差错,决策差错。

(3)行为差错。常见的行为差错的原因主要有:习惯动作与作业方法要求不符;由于反射行为而忘记了危险;操作方向和调整差错;工具或作业对象选择错误;疲劳状态下行为差错;异常状态下行为差错。例如,高空作业、井下作业由于分辨不出方向或方位发生错误行为,低速和超速运转机器易使人麻痹,发生异常时作业人员直接伸手到机器中检查,致使被转轮卷入等。

2. 社会学意义的行为模式

人是生物有机体,具有自然性;同时,人又是社会的成员,具有社会性。作为自然性的人,其行为趋向生物性;作为社会性的人,其行为趋向精神性。行为的精神含量越高,行为的心理过程就越丰富,行为受各种心理因素的支配就越明显。

从人的社会属性角度分析,人的行为遵循图7-3所示的行为模式。

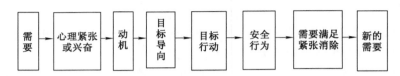

图 7-3　人的行为遵循的行为模式

需要是一切行为的来源,人有安全的需要就会有安全的动机,从而就会在生产或行为的各个环节进行有效的安全行动。因此,需要是推动人们进行安全活动的内部原动力。动机是为满足某种需要而进行活动的念头和想法,是推动人们进行活动的内部原动力。动机与行为存在着复杂的联系,主要表现在以下方面:

(1) 同一动机可引起种种不同的行为。同样为了搞好生产,有的人会从加强安全、提高生产效率等方面入手;而有的人会拼设备、拼原料,做短期行为。

(2) 同一行为可出自不同的动机。积极抓安全工作有可能出自不同动机:迫于国家和政府督促;企业发生重大事故的教训;真正建立了"预防为主"的思想,意识到了安全的重要性等。研究表明,只有后者才是真正可取的做法。

(3) 合理的动机也可能引起不合理甚至错误的行为。

(二) 影响人安全行为的因素

影响人行为的因素是多方面的,包括个性心理、社会心理、生理等,既有客观性因素,也有主观性因素。对于客观性因素,主要从遵从适应性原则,应用教育的方法来有效控制;对于主观性因素,需要通过管理、监督、自律、文化建设等方法来进行控制。在影响人行为的因素中,个性心理因素是一个非常重要的因素。

个性是指个人稳定的心理特征和品质的总和。影响个性心理因素主要包括个性心理特征和个性倾向性两个方面。个性心理特征指一个人经常地、稳定地表现出来的心理特点,主要包括性格、气质、能力和情绪等。它是个体心理活动的特点和某种机能系统或结构的形式,并且在个体身上固定下来而形成的,既有经常、稳定的性质,也与个体与环境相互作用有关,因而个性心理特征往往在缓慢地发生着变化。个性倾向性指一个人所具有的意识倾向,即人对客观事物的稳定程度,主要包括需要、动机、兴趣、理想、信念、世界观等,是个性中最活跃的因素,它制约着所有的心理活动,表现出个性的积极性。

1. 个性心理特征对人的安全行为的影响

(1) 性格与安全。性格是一个人比较稳定的对客观现实的态度和习惯化了的行为方式,是形成一个人的个性心理的核心特征,是现实社会关系在人脑中的反映。人的性格不是天生的,不是由遗传决定的。人的性格是人在具备正常的先天素质的前提下,通过后天的人类社会生活实践形成的。这种后天的人类社会生活实践包括家庭、学校和人类社会生活实践。人类社会生活实践在人的性格形成和发展中起着决定作用。

人的性格形成和发展不是由社会实践活动机械决定的,而是人在认识和改造客观世界的过程中形成和发展的。人在认识和改造客观世界的实践活动中,由于实践活动的不断积累,主观能动性、积极性的充分发挥,会不断产生新的认识、新的需要和动机,也就有了新的态度和行为方式,从而形成人的新的性格特征。

事故的发生率和人的性格有着非常密切的关系,无论技术多么好的操作人员,如果没有良好的性格特征,也常常会发生事故,这也是个人事故频发倾向的理论基础。

具有以下性格特征者,一般容易发生事故:

① 攻击型性格。妄自尊大,骄傲自满,喜欢冒险、挑衅,与他人闹无原则的纠纷,争强好胜,不易接纳他人的意见。这类人虽然一般技术都比较好,但也很容易出大事故。

② 孤僻型性格。这种人性情孤僻、固执、心胸狭窄、对人冷漠,其性格多属内向,与同事关系较差。

③ 冲动型性格。性情不稳定,易冲动,情绪起伏波动很大,情绪长时间不易平静,易忽视安全工作。

④ 抑郁型性格。心境抑郁,浮躁不安,心情闷闷不乐,精神不振,易导致干什么事情都引不起兴趣,很容易出事故。

⑤ 马虎型性格。对待工作马虎、敷衍、粗心,常会引发各种事故。

⑥ 轻率型性格。这种人在紧急或困难条件下表现出惊慌失措、优柔寡断或轻率决定。在发异常事件时,常不知所措或鲁莽行事,使一些本来可以避免的事故成为现实。

⑦ 迟钝型性格。感知、思维或运动迟钝,不爱活动、懒惰。在工作中反应迟钝、无所用心,常常会导致事故发生。

⑧ 胆怯型性格。懦弱、胆怯、没有主见,由于遇事爱退缩,不敢坚持原则,人云亦云,不辨是非,不负责任。因此,在某些特定情况下,这类性格特征者也很容易发生事故。

上述性格特征对操作人员的作业会发生消极的影响,对安全生产极为不利。从安全管理的角度考虑,平时应对具有上述性格特征的人加强安全教育和安全生产的检查督促;同时,尽可能安排他们在发生事故可能性较小的工作岗位上。因此,对某些特种作业或较易发生事故的工种,在招聘新职工时,必须考虑与职业有关的良好性格特征。

在经历、环境、教育等因素的影响下,人可以不断地克服不良性格,培养优良性格特征。在良好性格的形成过程中,教育和实践活动具有重要的作用。为了取得安全教育的良好效果,在对性格不同的职工进行安全教育时,应该采取不同的教育方法:对性格开朗、有点自以为是、又希望别人尊重他的职工,可以当面进行批评教育,甚至争论,但一定要坚持说理,就事论事,平等待人;对性格较固执、又不爱多说话的职工,适合于多用事实、榜样教育与后果教育方法,让他们自己进行反思和从中吸取教训;对于自尊心强、又缺乏勇气性格的职工,适合于先冷处理,后单独做工作;对于自卑、自暴自弃性格的职工,要多用暗示、表扬的方法,使其看到自己的优点和能力,增强勇气和信心,切不可过多苛责。

(2)气质与安全。气质是指人的心理活动的动力特征,主要表现在心理过程的强度、速度、稳定性、灵活性及指向性,是个性心理特征之一。人们情绪体验的强弱、意志努力的大小、知觉或思维的快慢、注意集中时间的长短、注意转移的难易,以及心理活动是倾向于外部事物还是倾向于自身内部等,都是气质的表现。人们所说的"脾气"就是气质的通俗说法。

一个人的气质是先天的,后天的环境及教育对其改变是微小和缓慢的。因此,分析职工的气质类型,合理地安排和支配,对保证职工工作时的行为安全有积极作用。一般认为,人群中具有4种典型的气质类型,即胆汁质、多血质、黏液质和抑郁质。

① 胆汁质的特征:对任何事物容易发生兴趣,具有很高的兴奋性,但其抑制能力差,行为上表现出不均衡性,工作表现忽冷忽热,带有明显的周期性。

② 多血质的特征:思维、言语、动作都具有很高的灵活性,情感容易产生也容易发生变化,易适应当今世界变化多端的社会环境。

③ 黏液质的特征:突出的表现是安静、沉着、情绪稳定、平和,思维、言语、动作比较迟缓。

④ 抑郁质的特征:安静、不善于社交、喜怒无常、行为表现优柔寡断,一旦面临危险的情境束手无策,感到十分恐惧。

上述4种气质类型,大多数人是介乎于各种气质类型之间的中间类型。通过准确评定一个职工的气质类型,对安排适当的工作和组织安全教育,是非常重要的。

人的气质特征越是在突发事件和危急情况下越是能充分和清晰地表现出来,并本能地支配人的行动。因此,同其他心理特征相比,在处理事故这个环节上,人的气质起着相当重要的作用。事故发生后,为了能够及时做出反应、迅速采取有效措施,有关人员应具有这样一些心理品质:能够及时体察异常情况的出现;面对突发情况和危急情况能沉着冷静,控制力强;应变能力强,能够独立做出决定并迅速采取行动等。这些心理品质大都属于人的气质特征。

交通心理学研究显示,人的心理状态对交通安全隐患的影响非常重要,不同气质类型的司机交通事故发生率不同,胆汁质的人被认为是"马路第一杀手",而多血质的人排第二。多血质的人情绪比较容易受到压力的影响,不利于安全驾驶。此外,多血质的人比较粗心,时常疏忽对设备的定期检查,也给行车安全造成隐患。抑郁质的人思想比较狭窄,不易受外界刺激的影响,做事刻板、不灵活,积极性低,他们在驾车中容易疲劳。黏液质的人被认为是交通事故发生概率最少的群体,但他们自信心不足,在遇到突然抉择时容易犹豫不决。

由此可见,为了防止生产事故的发生,各种气质类型的人都需要扬长避短,善于发挥自己的长处,并注意对自己的短处采取一些弥补措施。

某些特殊职业具有一定的冒险性和危险性,工作过程中不确定和不可控的干扰因素多。例如,大型动力系统的调度员、机动车驾驶员、矿井救护员等从业人员负有重大责任,要保持高度的身心紧张。这类特殊的职业要求从业人员冷静理智、胆大心细、应变力强、自控力强、精力充沛,对人的气质具有特定要求。

(3) 能力与安全。能力是人完成某种活动所必备的一种个性心理特征。人的能力总是和人的某种实践活动相联系,并在人的实践活动中发现出来,只有观察一个人的某种实践活动,才能了解和掌握这个人所具备的顺利地、成功地完成某种活动的能力。人的能力有多种多样,如一般能力和特殊能力,再造能力和创造能力,认识能力、实践活动能力和社会交往能力。

在安全生产中,任何工作的顺利开展都要求人具有一定的能力。人在能力上的差异不但影响工作效率,也是能否搞好安全生产的重要制约因素。特殊职业的从业人员要从事冒险和危险性及负有重大责任的活动,这类职业不但要求从业人员具有较高的专业技能,而且要求具有较强的特殊能力。因此,选择这类职业的从业人员,必须考虑能力问题。作为管理者应重视员工能力的个体差异,首先要求能力与岗位职责的匹配,其次发现和挖掘员工潜能,通过培训再次提高员工能力,使团队成员在能力上相互弥补。

(4)情绪与安全。情绪是每个人固有且受客观事物影响的一种外部表现,这种表现既是体验又是反应,既是冲动又是行为。情绪是在社会发展中为了适应生存环境所保持下来的一种本能活动,并在大脑中进化和分化。随着年龄的增长、生活内容的丰富和经验的积累,情绪也将随之变化。

情绪在某种条件下产生,并受客观因素的影响,是受外部刺激而引起的兴奋状态。情绪影响人的行为是在无意识的情况下进行的。由于人与人之间的各种差异性,如生活条件、心理状态、感受力、经验、性格等,即使在同一刺激作用下,也可能会导致不同的情绪反应。

从安全行为的角度考虑,当人处于兴奋状态时,其思维与动作较快;当人处于抑制状态时,其思维与动作显得迟缓;当人处于强化阶段时,往往有反常的举动,还有可能发现思维与行动不协调、动作之间不连贯等现象,这是安全行为的忌讳。对某种情绪一时难以控制的人,可临时改换工作岗位或停止其工作,不能使其将情绪可能导致的不安全行为带到生产过程中。

2. 个性倾向性对人的行为的影响

(1)需要与安全。需要是个体心理和社会生存的要求在人脑中的反映。当人有某种需求时,就会引起人的心理紧张,产生生理反应,形成一种内驱力。形成需要有两个条件:一是个体感到缺乏什么东西,有不足之感;二是个体期望得到什么东西,有求足之感。需要就是这两种状态形成的一种心理现象。

美国心理学家马斯洛将人的需要按其强度的不同排列成5个等级层次:一是生理需要,生存直接相关的需要;二是安全需要,包括对结构、秩序和可预见性及人身安全等的要求,其主要目的是降低生活中的不确定性;三是归属与爱的需要,随着生理需要和安全需要的实质性满足,个人以归属和爱的需要作为其主要内驱力;四是尊严需要,既包括社会对自己能力、成就等的承认,又包括对自己的尊重;五是自我实现,包括人的潜力、才能和天赋的持续实现。

安全需要是人的基本需要之一,并且是低层次需要。在企业生产中,建立严格的安全生产保障制度是极其重要的,如果没有保证生产安全的必要条件,那么这种客观的不安全会使人产生心理上的不安全感。

(2)动机与安全。动机是为了满足个体的需要和欲望、达到一定目标而调节个体行为的一种力量,主要表现在激励个体去活动的心理方面。动机以愿望、兴趣、理想等形式表现出来,直接引起个体的相关行为。可以说,动机在人的一切心理活动中有着最为重要的功能,是引起人的行为的直接原因。

个体的动机和行为之间的关系主要表现在以下3个方面:

① 行为总是来自动机的支配。某一个体从举手投足、游戏娱乐,到生产活动,无一不是在动机的推动之下进行的。可以说,不存在没有动机的行为。

② 某种行为可能同时受到多种动机的影响。比如一个职员的辛勤工作,一方面的动机可能是想获得领导的赏识和提拔,另一方面也可能出自对自身技能提高的一种愿望。不过,在不同的情况下,总是有一些动机起主导作用,另一些动机起辅助作用。

③ 一种动机也可能影响多种行为。一个渴望成功的个体,其行为可以是多方面的,包

括努力学习提高、积极参加各种活动、用心培养人际关系网络等。

根据原动力的不同,可以将动机分为内在动机和外在动机两种。内在动机指的是个体的行动来自个体本身的自我激发,而不是通过外力的诱发。这种自我激发的源泉在于行动所能引起的兴趣和所能带来的满足感。正是在这种兴趣与满足感的驱使下,行为主体才会主动地作出某些不需外力推动的行为,并且一直贯彻下去。外在动机是指推动行动的动机是由外力引起的。许多心理学家特别强调外在动机对个体行为的影响和作用,然而任何的奖励和惩罚措施背后都隐藏着外在动机的作用。

(三) 与行为安全密切相关的心理状态

在安全生产中,常常存在一些与安全密切相关的心理状态,这些心理状态如果调整不当,往往成为诱导事故的重要因素。常见的与安全密切相关的心理状态如下:

1. 省能心理

人类在同大自然的长期斗争和生活中养成了一种心理习惯,总是希望以最小的能量(付出)获得最大效果。当然,这有其积极的方面,鼓励人们在生产、生活各方面如何以最小的投入获取最大的收获,如经济学中的"投资-效益最大化原理"。这里,其关键是如何把握"最小"这个尺度,如果在社会、经济、环境等条件许可的范围内,选择"最小"又能获得目标的"较好",当然应该这样做。但是,这个"最小"如果超出了可能范围,目标将发生偏离和变化,就会产生从量变到质变的飞跃。它在安全生产中往往是造成事故的心理因素。有了这种心理,就会产生简化作业的行为。例如,1986 年 2 月某钢铁厂在维修高炉时,发现蒸汽管道上结着一个巨大的冰块,重约 0.4 t,妨碍管道维修。工人企图用撬棍撬掉冰块,但未撬动,如采取其他措施则费时、费力,于是在省能心理支配下,他在悬冻的冰块下进行维修。由于振动和散热影响,冰块突然落下砸在工人身上,结果发生事故。另外,省能心理还表现为嫌麻烦、怕费劲、图方便、得过且过的惰性心理。例如,一运输工人在运输中已发现轨道内一松动铁桩碰到他的车子,但他懒于处理,只向别人交代了一下,在他第二次运输作业中因该铁桩造成翻车事故,恰好伤害到自己。

2. 侥幸心理

人对某种事物的需要和期望总是受到群体效果的影响,在安全事故方面尤其如此。由于生产中存在某种危险因素,只要人们充分发挥自卫能力、切断事故链,就不会发生事故,所以事故是小概率事件。多数人违章操作也没发生事故,就会产生侥幸心理。在研究分析事故案例中发现,明知故犯的违章操作占相当大的比例。例如,某滑石矿运输工人不懂爆破知识,为了紧急出矿,抱有侥幸心理冒险进行爆破作业,结果发生事故,当场被炸死。

3. 逆反心理

某些条件下,某些个别人在好胜心、好奇心、求知欲、偏见、对抗、情绪等心理状态下产生与常态心理相对抗的心理状态,偏偏去做不该做的事情。1985 年,某厂一工人处于好奇和无知,用火柴点燃乙炔发生器浮筒上的出气口,试试能否点火,结果发生爆炸事故,造成该工人死亡。

4. 凑兴心理

凑兴心理是人在社会群体中产生的一种人际关系的心理反应,多见于精力旺盛、能量有余而又缺乏经验的青年人。从凑兴中得到心理上的满足或发泄剩余精力,常易致不理智行为,如汽车司机争开飞车,争相超车,以致酿成事故的为数不少。生产过程中因开玩笑,导致事故纯属凑兴心理造成的危害。

5. 好奇心理

好奇心理是由兴趣驱使的,兴趣是人的心理特征之一。青年工人和刚进厂的新工人对机械设备、环境等有一点恐惧心理,但更多的是好奇心理,他们对安全生产的内涵认识不足,于是将好奇心付诸行动,从而导致事故发生。从安全生产的角度而言,企业应对青年工人和新工人进行形式多样的安全教育,增强他们的自我保护意识;因势利导,引导他们学习钻研专业技术,帮助他们学会经常注意自己的行为和周围环境,善于发现事故隐患,从而防止事故的发生。

6. 骄傲、好胜心理

骄傲、好胜心理在工人中一般有两种类型:一种类型是经常表现为骄傲好胜的性格特征,总认为别人不如自己,满足于一知半解,有些是工作多年的老工人,自以为技术过硬而对安全规章制度、安全操作规程持无所谓态度;另一种类型是在特定情况、特定环境下的表现,争强好胜,打赌、不认输,这种类型多数是青年工人。

7. 群体心理

社会是个大群体,工厂、车间也是群体,工人所在班组则是更小的群体。群体内无论大小,都有群体自己的标准,也叫作规范。这个规范有正式规定的,如小组安全检查制度等;也有不成文的,没有明确规定的标准。人们通过模仿、暗示、服从等心理因素互相制约。有人违反这个标准,就受到群体的压力和"制裁"。群体中往往有非正式的"领袖",他的言行常被别人效法,因而有号召力和影响力。如果群体规范和"领袖"是符合目标期望的,就会产生积极的效果;反之,则产生消极效果。若使安全作业规程真正成为群体规范,且有"领袖"的积极履行,就会使规程得到贯彻。在许多情况下,违反规程的行为无人反对,或者有人带头违反规程,这个群体的安全状况就不会好。利用群体心理可形成良好的规范,使少数人产生从众心理,养成安全生产的习惯。

二、人不安全行为的影响因素分析

大量的事故统计资料表明,绝大多数事故的发生与人的不安全行为有关。据统计,法国电力公司在1990年提出的安全分析最终研究报告中指出,70%～80%的事故与人不安全行为有关;日本劳动省1983年对制造业伤亡事故原因分析表明,85 687起歇工4 d以上的事故中,由于人不安全行为导致的占92.4%;我国煤矿安全中的"三违"现象是导致事故多发的重要原因,它是典型的"人不安全行为"。由此可见,人对于安全的主导作用必然贯穿于行业安全的方方面面,无论自动化程度如何发达也无法取代人的作用。美国心理学家勒温认为,人的行为受人的内在心理、生理因素与环境因素相互作用的影响。通过研究人的行为以及掌握人的行为规律,可以预测人的行为、控制人的行为。人不安全行为与其他行为一样具有客观规律性,是违背劳动生产规律的不合理行为。本节主要从人的心理和生理方面对人不安全行为进行分析,并提出预防措施。

(一)情绪水平失调

产生人的不安全行为的心理因素之一就是人的情绪水平失调。普拉切克认为,情绪由3个维度组成:强度、相似性和两极性。如图7-4所示,其中锥体截面划分为8种原始情绪:狂喜、悲痛、警惕、恐惧、狂怒、惊奇、憎恨和接受,相邻的情绪是相似的,对角位置的情绪则是对立的,锥体自下而上表明情绪由弱到强。该模型描述了不同情绪之间的相似性及对立性特征。一定情绪水平的维持有利于安全行为的顺利完成,过于激动和紧张的情绪水平失调就会产生人的不安全行为,导致事故的发生。

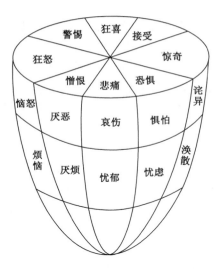

图 7-4　普拉切克的情绪三维模型

由于人是社会动物,周围发生的一切都会使人情绪激动。这种情绪激动外部表现是表情动作,内部则使心脏、血管、呼吸、内分泌腺等发生生理变化。这时,人的意识范围变窄,判断力降低,失去理智和自我克制能力。研究表明,人的大脑中枢分布有两种情绪中枢,即快乐中枢和痛苦中枢。快乐中枢反映积极兴奋的刺激,能调动人体内部器官释放潜能。然而,激动情绪也会使某些机能下降,产生不安全行为,如重要的节假日前夕,往往事故增多,而且常发生重大伤亡事故。这多半是节日在即、工作即将结束、高兴之际产生不安全行为所造成的。

痛苦中枢反映人对客观事物的消极抑制刺激,使各器官活力下降。过高或过低的情绪激动水平,使人的动作准确度仅在50%以内,注意力无法集中,不能自控情绪。

情绪既然影响行为,这就要求一定的行为要与一定的情绪水平相匹配。不同性质的劳动要求不同的情绪水平,比如人从事脑力劳动时就要求相对较低的情绪水平。

情绪激动水平的高低是外界刺激引起的。因此,改变外界刺激可以改变情绪的倾向和水平。从组织管理上和个体主观上若能注意创造健康稳定的心理环境并用理智控制不良情绪,由情绪水平失调导致的不安全行为就可以大幅度降低。

（二）个性对不安全行为的影响

显然,一些个性有缺陷的人,如思想保守、容易激动、胆小怕事、大胆冒失、固执己见、自私自利、自由散漫、缺乏自信等,对人的不安全行为特别是在出现危险情况时会产生不利影响。当分配工作时,在关键岗位上最好不要安排个性有缺陷的人单独工作,这些人应该在有人指导下一起劳动。个性对不安全行为的影响主要表现在以下两个方面:

1. 态度的影响

态度是指对人和事的看法在其言行中的表现。态度可定义为在某种情况以一种特定方式表现的倾向。在此定义下心理学中最棘手的问题是:言行是否一致,想的和做的是否一样。态度和意念、行为意图及行为有一定的关系。态度就是一个人对某事、某人或工作满意不满意;意念是将一个物体、一个人或情况(不论真假)的信息联系起来做出的想法,如认为一个防护罩会起妨碍作用;行为意图是指将来出现某种情况时一个人准备如何做的打算,如高处作业时应该想到使用安全带;行为是指实际行动,如告诉工人应该戴安全帽并实际监督他戴上安全帽。

2. 动机的影响

动机是用来说明人们要努力达到的目的以及用来追求这些目的的动力。心理学家已指出了不同的动机理论,特别是劳动中的动机,由于动机不同,可能对安全产生不同的效果。

（1）经济动力。该理论认为,一旦工作计划确定以后,人们的工作动力是金钱。按照这种观点,人的工作动力是为了挣更多的钱。比如,有些计件工资的工人为了提高产量多得报酬而引发事故、个人承包的汽车司机由于超时劳动或违章多载客而造成交通事故等,这些事故案例更是屡见不鲜。

(2)社会动力。该理论认为,人的工作动力不是金钱而是社会需要,自己的工作价值是为了人类的利益和社会的需要。对有一定危险且社会必需的工作,只有具有这种动力的工人才能勇于承担任务。

(3)自我实现动力。该理论就是马斯洛所提出的"需要层次论"。该理论认为,人在工作中有自我成长的要求。工作的动机是逐步提高的,其最终目的是自己在事业上获得成就。为了实现这一动机,人们就会考虑自己在工作中的安全。换言之,如果人离开了安全,就不可能有事业上的成就。

(4)综合动力。现代动机理论努力将各种理论中有价值的部分结合起来,并认识到人与人之间的动机有差别,而且一个人在不同时间段也有差别。对人的鼓励需要尽可能与每个人的情况相结合。该理论还认为,人的系统要比早期所假定的系统复杂得多,其中期望得到报酬在动机中占重要地位。因为一个人在决定做任何事时,总是想达到最大限度的个人所得,不会做出对自己不利的决策。

如果人们得知要费很大努力才能增加报酬或实际增加的报酬与付出的劳动无关时,人的行为就不会受到报酬的影响。在这种情况下,人的工作动力也会受到影响。当出现危险情况时,这种人主动去排除危险的可能性不大。但是,当人们认识到消除危险的重要意义时,也可能会积极参加。

综上所述,人的行为受各种因素的影响,可靠和良好的个性、正确的态度和正确的动机是安全生产的保证。在工作中,应依靠这些人作为生产骨干去帮助有缺陷的工人来共同维护生产的安全。

(三)人的行为的退化

人系统只有在一定环境条件下才能展现最佳的行为。由于人的行为具有灵敏性和灵活性,人系统易受许多能影响人行为的因素的影响。与机器不同,人的行为在比较宽松的环境条件下会出现一种缓慢而微妙的减退,但要完全损坏是比较少见的。人的行为在出现下列情况时会减退:

(1)劳动时间太长而产生疲劳。

(2)由于干扰了每天的生活节律,在不能有效地发挥体能作用的时间内劳动。

(3)失去完成任务的动力。

(4)缺乏鼓励,结果激励下降。

(5)在包括体力和心理的矛盾、威胁条件下工作,或者在威胁人体的自我平衡或应付机能的条件下劳动而产生应激反应。

(四)人的注意力问题

在调查人的不安全行为对防止事故的影响时,往往要探究人的注意力问题。但是,发生事故时不能将原因简单地归咎于某人的不注意,许多情况下除非玩忽职守者,并非人们故意制造不注意,谁都不会自始至终地集中注意力。不注意是人的意识活动的一种状态,是意识形态的结果,而不是原因。单纯提倡注意安全是不够的(尽管是必要的),但仅靠提醒工作人员注意安全作为搞好安全工作的主要杠杆则是一种非科学的精神主义安全管理法。

1. 注意的心理机制

不注意存在于注意之中,它们具有同时性。18世纪,德国人沃尔夫始创的能力心理学与以冯特为中心的意识心理学,都曾将注意或看作能力、或看作意识的凝聚点,这种观点在当时十分流行。但后来由于行为主义心理学盛行,随着对意识研究的衰退,对注意的研究也减少了。直到20世纪60年代,对注意的研究又活跃起来,特别是大脑生理学领域的研究成果,使对注意的研究不断深入。

(1)选择的注意。选择的注意是英国人勃鲁德彭特提出的,各种外部刺激并行输入到感觉器官,形成短期记忆。这主要是人的信息处理能力有限造成的,因为同时送入神经中枢是不可能的。通过选择过滤器的选择,仅将必要的信息选取出来,由限定容量通路处理后作为长期记忆被保存下来。研究表明,人的耳刺激比眼刺激强;新的刺激比旧的刺激强;强的刺激比弱的刺激强;注意某一刺激事件时,会对其他刺激的注意力下降,甚至视而不见、听而不闻。

(2)环形水平模型。环形水平模型是索科洛夫提出的,它与注意的活动性有关。人对新的刺激、有兴趣的事件、变幻莫测的事件、奇怪的事件等所表现的注意力特别集中,身心活力水平也大大提高;相反,对已习惯的、重复的事件,单调的事件,注意力就下降,身心活力水平也变低。

(3)注意的范围。在极短时间内就能处理的刺激量称作注意范围(试验时,采用某一时间内能同时清楚地知觉出来的对象数目作为计量指标)。一般采用向受试者提供瞬间显示的文字、图形、点、数字等方法进行试验。研究表明,在 0.5 s 显示时间内,视觉注意范围在 3~6 个字符,听觉注意范围在 6~8 个字符。

(4)注意的持续。对任何一件事物,不可能长期持久地注意下去。单一不变的刺激,保持明确意识的时间一般不超过几秒。人在注意某事物时,总是存在无意识的瞬间。研究表明,30 min 是人的注意力下降的临界值,儿童注意力可持续 20 min 左右,少年在 40 min 左右,成年可持续 50 min 左右。因此,人的注意力是可培养的。

2. 注意的生理机制

不安全行为发生的内在条件是意识水平(警觉度)的降低。可从脑电波、诱发电位、眼球运动等方面分析注意的生理构成本质。

三、人不安全行为的预防与控制

(一)安全意识与兴趣

安全意识是员工在安全活动中的态度,是人们关于安全生产的思想、观点、知识和心理素质的总和,是安全生产重要性在人们头脑中所反映的程度。兴趣是获得知识、开阔眼界以及丰富心理生活内容的最强大的推动力。兴趣对某种事业具有效果和力量,真正有效的兴趣能鼓舞人们去积极追求他的满足,从而成为活动最有力的动机。被这种兴趣所推动的人就能克服一切障碍去担当重任。一个人的兴趣可由针对性强的一种或多种强烈的感觉、情感或意志、愿望而引起。

防止安全生产事故,控制人不安全行为的一个原则是培养安全意识和维持对安全工作的兴趣。加强劳动保护管理工作,搞好安全组织,建立、健全安全生产责任制,加强安全检查与"三级教育"(厂级、车间级和班组级),严肃安全生产事故的调查、分析和处理以及制定安全措施计划等,这些都是针对个人或集体展开的。

（二）安全教育与培训

安全教育与培训是防止和改变人的不安全行为重要方法。通过安全教育与培训，可增强人的安全素质、确立安全意识、认识和掌握事故发生发展的客观规律性，提高安全操作技能，确保安全生产。

安全教育与培训包括安全知识教育、安全技能教育和安全态度教育3个方面：

（1）安全知识教育就是解决应知的安全生产技术知识和安全管理知识。安全技术知识是自己所从事工作必须要掌握的知识，安全管理知识包括事故预防的基本原理和方法，危险识别与控制技术、安全行为科学等。

（2）安全技能教育就是要解决应"会"的问题。通过安全知识教育，尽管操作者已经充分掌握了安全知识，但不经过实践，仅仅停留在"知"的阶段，是远远不够的。将学到的安全知识变为操作者的实际行动，这就要求操作者要反复地、长期地训练和实践，实现熟练操作、防止误操作，并能有效地处理异常问题。

（3）安全态度教育是安全教育中最重要的内容。安全态度教育是一种把那些"不负责任、马马虎虎"性格的人，教育成为具有"认真负责、谨慎细心"性格特征的人的一种教育方式。其目的就是使操作者自觉地执行安全知识实行安全技能搞好安全生产。

安全知识教育、安全技能教育和安全态度教育三者是密不可分的。安全态度不端正，安全知识教育和安全技能教育进行得再好，也可能出现事故。因此，成功的安全教育不仅使操作者懂得全面的安全知识，熟练的安全技能，还要树立正确的安全态度。

（三）安全文化宣传

通过开展安全生产宣传教育活动，可进一步加强安全生产宣传教育力度，将安全生产目标落到实处，牢固树立安全发展理念，增强员工安全意识，为促进安全生产状况的持续稳好转提供思想基础和精神动力。

要实现安全生产，就要抓好安全文化宣传工作，而抓好企业安全文化宣传教育的关键就是要管好人、教化人和激励人。因此，要让员工在潜移默化中形成强烈的安全意识，掌握必备的安全技能知识，具有相当程度的安全预知能力、判断水平和应急方法，从而实现"要我安全"到"我要安全"及"我会安全"的根本转变。

安全文化宣传可以开展多种形式的活动，如安全知识竞赛、事故案例学习、安全文化图片展、漫画展、安全员工评选、领导及员工安全承诺等。

（四）安全监督与检查

安全监督与检查就是要求人员在生产的全过程中自觉执行各项安全规章制度，严格执行各项技术法律规范，维护安全法规的严肃性，防止人不安全行为的发生。

（五）注意的稳定

注意的基本特性中有注意的稳定性，要把握住操作工人注意安全的稳定性，使他们能够在长时间内不断地集中精力于安全操作，防止动摇的注意，即松弛或分散到别的地方去注意。至于注意分配这基本特征，也是安全教育的研究内容之一。注意能否分配于两种不同的注意之间，如一边操纵方向盘、一边发信号，实际上是一种机能与熟练的问题。一切驾驶的职业，如各种车的司机，包括汽车、天车、起重设备、铲车等的司机，善于分配注意是一种必要的安全技能。绞车司机、航空驾驶员等都要求有高度的注意分配。

（1）要充分利用无意注意的规律去组织安全技术训练和教学。无意注意是由新异刺激物引起的。在教学过程中，授课老师应在声音上有高有低，抑扬顿挫，要利用鲜明的直观教具,适当进行事故性的谈话以及多种多样的灵活的教学方法。

（2）结合思想教育,要求工人用有意注意来对待他们必须学会的安全知识和安全操作方法。

（3）要教育新工人用坚强的意志来保持学习的注意力。

（4）要善于运用有意注意与无意注意相互转化的规律组织教学。如果过分强调听课人依靠有意注意去学习,则容易疲劳。但是,单靠无意注意又不能发挥听众的主动性及与困难做斗争的意志力,难以完成艰巨的学习任务。因此,应使有意注意与无意注意交叉进行。

（5）要根据注意的特点来培养听众的注意力,还要培养学员有分析问题的能力,如启发学员发现问题,提出问题;要明确问题,暴露矛盾以便找出主要矛盾。要求技术人员在解决安全问题时,能提出方案、原则、途径和方法。

第三节　物因及危险源安全管理

一、安全设施管理

生产经营单位加强对设备设施的安全管理,是防止和减少各类安全事故,保障职工的生命安全和健康及财产、环境不受损失的有效手段。

（一）安全设施分类

安全设施是在生产经营活动中用于预防、控制、减少与消除事故影响采用的设备、设施、装备及其他技术措施的总称。安全设施分为预防事故设施、控制事故设施、减少与消除事故影响设施 3 类。

1. 预防事故设施

预防事故设施:检测、报警设施;设备安全防护设施;防爆设施;作业场所防护设施;安全警示标志等。

2. 控制事故设施

控制事故设施:泄压和止逆设施;紧急处理设施等。

3. 减少与消除事故影响设施

减少与消除事故影响设施:防止火灾蔓延设施;灭火设施;紧急个体处置设施;应急救援设施;逃生避难设施;劳动防护用品和装备等。

（二）安全设施管理要求

安全设施是预防、控制、减少与消除事故的重要措施,其设置程序不仅要满足有关法律法规的要求,在具体设置时还要符合有关技术规范的要求,同时还要做好日常管理,这样才能发挥其应有的作用。在日常管理方面,各职能部门重点要做好以下工作:

（1）根据《建设项目安全设施"三同时"监督管理办法》,建设项目安全措施必须与主体工程同时设计、同时施工、同时投入生产和使用。

（2）生产经营单位应确保安全设施配备符合国家有关规定和标准。

（3）设计危险化工工艺和重点监管危险化学品的化工生产装置要根据风险状况设置安全连锁或紧急停车系统等。

（4）安全设施实行安全监督和专业管理相结合的管理方法。

（5）建立安全设施档案、台账，监督检查安全设施的配备、校验与完好情况，定期组织对安全设施的使用、维护、保养、校验情况进行专业性安全检查。

（6）安全设施采购时应确保符合设计要求，保证质量，应选用工艺技术先进、产品成熟可靠、符合国家标准和规范、有政府部门颁发的生产经营许可的安全设施，其功能、结构、性能和质量应满足安全生产要求；不得选用国家明令淘汰、未经鉴定、带有试用性质的安全设施。

（7）严格执行建设项目"三同时"规定，确保安全设施与主体工程同时施工，必须按照批准的安全设施设计施工，并对安全设施的工程质量负责，施工结束后，要组织安全设施的检验调试、竣工验收，确保竣工资料齐全和安全设施性能良好，并与主体工程同时投入使用。

（8）要制定安全设施更新、停用（临时停用）、拆除、报废管理制度，认真落实安全设施管理使用有关规定，严格执行安全设施更新、校验、检修、停用（临时停用）、拆除、报废申报程序。要按照用途及配备数量，将安全设施放置在规定的使用位置，确定管理人员和维护责任，不允许挪作他用，严禁擅自拆除、停用（临时停用）安全设施。要定期对安全设施进行检查，并配合校验及维护工作，确保完好，并经常组织对操作员工进行正确使用安全设施的技术培训，定期开展岗位练兵和应急演练，不断提高员工使用安全设施的技能。

（9）安全设施应编入设备检维修计划，定期检维修。安全设施不得随意拆除、挪用或弃置不用，因检维修拆除的，检维修完毕后应立即复原。

（10）防爆场所选用的安全设施，应取得国家指定防爆检验机构发放的防爆许可证，并达到安装、使用场所的防爆等级要求。在设计安全设施的安装位置、方式时，应充分考虑员工操作、维护的安全需要。

（11）要建立安全连锁系统管理制度，严禁擅自拆除安全连锁系统进行生产。

（12）安全设施校验的单位和人员应取得国家和行业规定的相应资质，校验用校验仪器、校验方法和校验周期等符合标准、规范要求。

（13）对建设项目中消防、气防设施"三同时"制度执行情况进行监督检查，做好消防、气防设施更新、停用（临时停用）、报废的审查备案，建立消防、气防设施档案和台帐，组织编制和修订消防、气防设施安全操作规定，定期对相关岗位员工进行培训，确保正常使用。

二、危险源分类与控制

由《中华人民共和国安全生产法》可知，重大危险源是指长期地或者临时地生产、搬运、使用或者储存危险物品，且危险物品的数量等于或者超过临界量的单元（包括场所和设施）。

危险源是事故发生的前提，也是事故发生过程中能量与物质释放的主体。因此，有效地控制危险源，特别是重大危险源，对于确保职工在生产过程中的安全和健康、保证企业生产顺利进行具有十分重要的意义。

（一）危险源的分类

危险源是指一个系统中具有潜在能量和物质释放危险的，在一定的触发因素作用下可转化为事故的部位、区域、场所、空间、岗位、设备及其位置。也就是说，危险源是能量、危险物质集中的核心，是能量从哪里传出来或爆发的地方危险源存在于确定的系统中，不同的系统范围，危险源的区域也不同。例如，从全国范围来看，对于危险行业（如石油、化工等），一个企业（如炼油厂）就是一个危险源；对于一个企业系统，可能某个车间、仓库就是危险源；对于一个车间系统，可能某台设备就是危险源。因此，分析危险源应按系统的不同层次进行。

根据上述对危险源的定义,危险源由 3 要素构成:潜在危险性、存在条件和触发因素。危险源的潜在危险性是指一旦触发事故可能带来的危害程度或损失大小,或者危险源可能释放的能量强度或危险物质量的大小。危险源的存在条件是指危险源所处的物理、化学状态和约束条件状态,如物质的压力、温度以及化学稳定性、盛装容器的坚固性、周围环境障碍物等情况。触发因素虽然不是危险源的固有属性,但它是危险源转化为事故的外因,而且每种类型的危险源都有相应的敏感触发因素。例如,易燃易爆物质,热能压力容器压力升高是其敏感的触发因素。因此,一定的危险源总是与相应的触发因素相关联,在触发因素的作用下,危险源转化为危险状态,继而转化为事故。

危险源是可能导致事故发生的潜在的不安全因素。实际上,生产过程中的危险源,即不安全因素种类繁多、非常复杂,它们在导致事故发生、造成人员伤害和财产损失方面所起的作用具有很大差异。相应地,控制它们的原则、方法也有很大差异。根据危险源在事故发生、发展中的作用,将危险源划分为两大类:第一类危险源和第二类危险源。表 7-1 列出了可能导致各类伤亡事故的第一类危险源。

表 7-1　伤亡事故类型与第一类危险源

事故类型	能量源或危险物的产生、储存	能量载体或危险物
物体打击	产生物体落下、抛出、破裂、飞散的设备、场所、操作	落下、抛出、破裂、飞散的物体
车辆伤害	车辆,使车辆移动的牵引设备、坡道	运动的车辆
机械伤害	机械的驱动装置	机械的运动部分、人体
超重伤害	起重,提升机械	被吊起的重物
触电	电源装置	带电体、高跨步电压区域
灼烫	热源设备、加热设备、路、灶、发热体	高温物体、高温物质
火灾	可燃物	火焰、烟气
高处坠落	高度差大的场所、人员借以升降的设备、装置	人体
坍塌	土石方工程的边坡、料堆、料仓、建(构)筑物	边坡土(岩)体、物料、建(构)筑物、载荷
冒顶片帮	矿山采掘空间的围岩体	顶板、两帮围岩
爆破、火药爆炸	炸药	
瓦斯爆炸	可燃性气体、可燃性粉尘	
锅炉爆炸	锅炉	蒸汽
压力容器爆炸	压力容器	内部容纳物
淹溺	江、河、湖、海、池塘、洪水、储水容器	水
中毒窒息	产生、储存、聚积有毒、有害物质的装置、容器、场所	有毒、有害物质

在生产和生活中,为了利用能量,让能量按照人们的意图在生产过程中流动、转换和做功,就必须采取屏蔽措施约束、限制能量,即必须控制危险源。约束、限制能量的屏蔽应该能够妥当地控制能量,防止能量意外地释放。然而,实际生产过程中绝对可靠的屏蔽措施并不存在。在许多复杂因素的作用下,约束、限制能量的屏蔽措施可能失效,甚至可能被破坏而发生事故。导致约束、限制能量屏蔽措施失效或破坏的各种不安全因素称为第二类危险源,它包括人、机、环境 3 个方面的问题。

在安全工作中涉及人的因素问题时,采用的术语有不安全行为和人失误。不安全行为一般是指明显违反安全操作规程的行为,这种行为往往直接导致事故发生。例如,不断开电源就带电修理电气线路而发生触电等。人失误是指人的行为结果偏离了预定的标准。例如,合错了开关使检修中的线路带电;误开阀门使有害气体泄漏等。不安全行为、人失误可能直接会对第一类危险源的控制造成能量或危险物质的意外释放,也可能造成物的因素问题,进而导致事故的发生。例如,超载起吊重物造成钢丝绳断裂,发生重物坠落事故。

物的因素问题可以概括为物的不安全状态和物的故障(失效)。物的不安全状态是指机械设备、物质等明显的不符合安全要求的状态。例如,没有防护装置的传动齿轮、裸露的带电体等。在我国的安全管理实践中,往往将物的不安全状态称作隐患。物的故障(失效)是指机械设备、零部件等由于性能低下而不能实现预定功能的现象。物的不安全状态和物的故障(失效)可能直接使约束、限制能量或危险物质的措施失效而发生事故。例如,电线绝缘损坏发生漏电;管路破裂使其中的有毒有害介质泄漏等。有时一种物的故障可能导致另一种物的故障,最终造成能量或危险物质的意外释放。例如,压力容器的泄压装置故障,使容器内部介质压力上升,最终导致容器破裂。物的因素问题有时会诱发人的因素问题;人的因素问题有时会造成物的因素问题,实际情况比较复杂。

环境因素主要是指系统运行的环境,包括:温度、湿度、照明、粉尘、通风换气、噪声和振动等物理环境以及企业和社会的软环境。不良的物理环境会引起物的因素问题或人的因素问题。例如,潮湿的环境会加速金属腐蚀而降低结构或容器的强度;工作场所强烈的噪声影响人的情绪、分散人的注意力而发生人失误。企业的管理制度、人际关系或社会环境影响人的心理,可能造成人的不安全行为或人失误。

第二类危险源往往是一些围绕第一类危险源而随机发生的现象,它们出现的情况决定事故发生的可能性。第二类危险源出现得越频繁,发生事故的可能性越大。

(二)危险源控制途径

危险源的控制可从技术控制、人行为控制和管理控制 3 个方面进行。

1. 技术控制

采用技术措施对固有危险源进行控制,主要技术包括:消除、控制、防护、隔离、监控、保留和转移等。

2. 人行为控制

控制人为失误,减少人不正确行为对危险源的触发作用,主要表现形式包括:操作失误、指挥错误、不正确的判断或缺乏判断、粗心大意、厌烦、懒散、疲劳、紧张、疾病或生理缺陷、错误使用防护用品和防护装置等。人行为的控制首先是加强教育培训,做到人的安全化;其次应做到操作安全化。

3. 管理控制

可采取以下管理措施对危险源实行控制。

(1)建立、健全危险源管理的规章制度。危险源确定后,在对危险源进行系统危险性分析的基础上建立、健全各项规章制度,包括:岗位安全生产责任制、危险源重点控制实施细则、安全操作规程、操作人员培训考核制度、日常管理制度、交接班制度、检查制度、信息反馈制度、危险作业审批制度、异常情况应急措施、考核奖惩制度等。

(2)明确责任、定期检查。应根据各危险源的等级,分别确定各级的负责人,并明确他们应负的具体责任,特别是要明确各级危险源的定期检查责任。除了作业人员必须每天自查外,还要规定各级领导定期参加检查。对于重点危险源,应做到公司总经理(厂长、所长等)半年一查,分厂厂长月查,车间主任(室主任)周查,工段、班组长日查。对于低级别的危险源也应制订详细的检查计划。

对危险源的检查要对照检查表逐条逐项,按规定的方法和标准进行检查,并做好记录。如果发现隐患,则应按信息反馈制度及时反馈,使其及时得到消除。凡未按要求履行检查职责而导致事故发生者,要依法追究其责任。规定各级领导人参加定期检查,有助于增强他们的安全责任感,体现管生产必须管安全的原则,也有助于及时发现和顺利解决重大事故隐患。

(3)加强危险源的日常管理。要严格要求作业人员贯彻执行有关危险源日常管理的规章制度。例如,搞好安全值班、交接班;按安全操作规程进行操作;按安全检查表进行日常安全检查;危险作业经过审批等。所有活动均应按要求认真做好记录。领导和安全技术部门定期进行严格检查考核,发现问题应及时给予指守教育,根据检查考核情况进行奖惩。

(4)抓好信息反馈、及时整改隐患。要建立、健全危险源信息反馈系统,制定信息反馈制度并严格贯彻实施。对检查发现的事故隐患,应根据其性质和严重程度按照规定分级实行信息反馈和整改,做好记录,发现重大隐患应立即向安全技术部门和行政第一领导报告。信息反馈和整改的责任应落实到人,对信息反馈和隐患整改的情况各级领导和安全技术部门要进行定期考核和奖惩。安全技术部定期收集、处理信息,及时提供给各级领导研究决策,不断改进危险源的控制管理工作。

(5)搞好危险源控制管理的基础建设工作。危险源控制管理的基础工作除建立、健全各项规章制度外,还应建立、健全危险源的安全档案和设置安全标志牌。应按安全档案管理的有关内容要求建立危险源的档案,并指定人员专门保管,定期整理。应在危险源的显著位置悬挂安全标志牌,标明危险等级,注明负责人员,按照国家标准的安全标志标明主要危险,并扼要注明防范措施。

(6)搞好危险源控制管理的考核评价和奖惩。应对危险源控制管理的各方面工作制定考核标准,并力求量化,划分等级。定期严格考核评价,给予奖惩,并与班组升级和评先进结合起来。逐年提高要求,促使危险源控制管理的水平不断提高。

(三)危险源的分级管理

20 世纪 80 年代以来,我国许多企业推行危险源点分级管理,收到了良好的效果。增强了各级领导的安全责任感,提高了作业人员的安全意识、安全知识水平和预防事故的能力,加强了企业安全管理的基础工作,提高了危险源点的整体控制水平。

所谓危险源点,是指包含第一类危险源的生产设备、设施、生产岗位、作业单元等。在安全管理方面,危险源点分级管理注重对这些危险源"点"的管理。

危险源点分级管理是系统安全工程中危险辨识、控制与评价在生产现场安全管理中的具体应用,体现了现代安全管理的特征。与传统的安全管理相比较,危险源点分级管理以体现了"预防为主"、全面系统的管理、突出重点的管理特点。根据危险源点危险性大小对危险源点进行分级管理,可以突出安全管理的重点,将有限的人力、物力、财力集中起来解决最关键的安全问题。抓住了重点也可以带动一般,推动企业安全管理水平的普遍提高。

第四节 环境因素安全管理

一、作业现场环境管理概述

作业现场环境是指劳动者从事生产劳动的场所内各种构成要素的总和,包括:设备、工具、物料的布局、放置,物流通道的流向,作业人员的操作空间范围,事故疏散通道出口及泄险区域,安全标志,职业卫生状况及噪声、温度、放射性和空气质量等要素。

作业现场环境管理是指运用科学的标准和方法对现场存在的各种环境因素进行有效的计划、组织、协调、控制和检测,使其处于良好的结合状态,以达到优质、高效、低耗、均衡、安全、文明生产的目的。

二、作业现场环境的危险和有害因素分类

结合作业现场环境的实际情况,参照《生产过程危险和有害因素分类与代码》(GB/T 13861—2022)的具体要求,生产作业现场环境的危险和有害因素包括4类。

1. 室内作业场所环境不良

室内作业涉及的作业环境不良的因素包括:室内地面滑,室内作业场所狭窄,室内作业场所杂乱,室内地面不平,室内梯架缺陷,地面、墙和天花板上的开口缺陷,房屋地基下沉,室内安全通道缺陷,房屋安全出口缺陷,采光照明不良,作业场所空气不良,室内温度、湿度、气压不适,室内给排水不良,室内涌水,其他室内作业场所环境不良。

室内作业场所环境不良因素没有固定的存在区域,而广泛存在于设计施工不符合要求、日常维护不到位的生产、生活区域,受人为因素影响较大,同一生产区域在不同的时间段可能存在的室内作业场所环境不良因素可能不相同。

2. 室外作业场所环境不良

室外作业涉及的作业环境不良的因素包括:恶劣气候与环境,作业场地和交通设施湿滑,作业场地狭窄,作业场地杂乱,作业场地不平,航道狭窄、有暗礁或险滩,脚手架、阶梯和活动梯架缺陷,地面开口缺陷,建筑物和其他结构缺陷,门和围栏缺陷,作业场地基础下沉,作业场地安全通道缺陷,作业场地安全出口缺陷,作业场地光照不良,作业场地空气不良,作业场地温度、湿度、气压不适,作业场地涌水,其他室外作业场所环境不良。

与室内作业场所环境不良因素类似,室外作业场所环境不良因素没有固定的存在区域,主要存在于设计施工不符合要求、日常维护不到位及周边环境恶劣的生产、生活区域,受人为、环境因素影响较大,同一生产区域在不同的时间段存在的室外作业场所环境不良因素可能不相同。

3. 地下(含水下)作业环境不良

地下(含水下)涉及的作业环境不良的因素包括:隧道矿井顶面缺陷,隧道矿井正面或侧壁缺陷,隧道矿井地面缺陷,地下工作面空气不良,地下火,冲击地压,地下水,水下作业供氧不当,其他地下(含水下)作业环境不良。

地下(含水下)作业环境不良因素主要存在于地下和水下的作业环境中,如地下矿井、山体隧道、水下石油勘探开采井道、陆基石油勘探开采井道及其他地下、水下作业的环境中。地下(含水下)作业环境不良因素受人为和环境因素的影响较大,部分环境因素为不可控因素。以

山体隧道挖掘为例,可能存在的地下作业环境不良因素既有基于人为因素造成的地下作业面空气质量不良、地下作业环境积水,也有基于环境因素造成的冲击地压等有害因素。

4. 其他作业环境不良

其他作业环境不良包括强迫体位,综合性作业环境不良,以上未包括的其他作业环境不良。

三、作业现场环境安全管理

(一)安全标志

安全标志用以表达特定的安全信息,由图形符号、安全色、几何形状(边框)或文字构成。

安全标志是规范作业现场,降低现场作业隐患的有力工具之一,正确挂置安全标志也是营造良好的作业现场环境的必备工作。安全标志能够通过禁止、警告、指示和提醒的方式指导工作人员安全作业、规避危险,从而达到避免事故发生的目的。当危险发生时,它又能够指示人们尽快逃离,或者指示人们采取正确、有效、得力的措施,对危害加以遏制,从而实现人员伤亡和经济损失最小化的目的。安全标志不仅类型要与所警示的内容相吻合,而且设置位置要正确合理,面对的作业人员要明确,否则难以真正充分发挥其警示作用。

根据《安全标志及其使用导则》(GB 2894—2008)的要求,国家规定了4类传递安全信息的安全标志。

1. 禁止标志

禁止标志是禁止人们不安全行为的图形标志。

禁止标志的几何图形是带斜杠的圆环,其中圆环与斜杠相连,用红色;图形符号用黑色,背景用白色。

我国规定的禁止标志共有40个,包括:禁止吸烟、禁止烟火、禁止带火种、禁止用水灭火、禁止放置易燃物、禁止堆放、禁止启动、禁止合闸、禁止转动等。

2. 警告标志

警告标志是提醒人们对周围环境引起注意,以避免可能发生危险的图形标志。

警告标志的几何图形是黑色的正三角形、黑色符号和黄色背景。

我国规定的警告标志共有39个,包括:注意安全、当心火灾、当心爆炸、当心腐蚀、当心中毒、当心感染、当心触电、当心电缆、当心自动启动、当心机械伤人、当心塌方、当心冒顶、当心坑洞、当心落物、当心吊物、当心碰头、当心挤压、当心烫伤、当心伤手、当心夹手、当心扎脚、当心有犬、当心弧光、当心高温表面、当心低温等。

3. 指令标志

指令标志是强制人们必须做出某种动作或采用防范措施的图形标志。

指令标志的几何图形是圆形,蓝色背景,白色图形符号。

我国规定的指令标志共有16个,包括:必须戴防护眼镜、必须戴遮光护目镜、必须戴防尘罩、必须戴防毒面具、必须戴护耳器、必须戴安全帽、必须戴防护帽、必须系安全带、必须穿救生衣、必须穿防护服等。

4. 提示标志

提示标志是向人们提供某种信息(如标明安全设施或场所等)的图形标志。

提示标志的几何图形是方形,绿色背景,白色图形符号及文字。

提示标志共有8个,包括:紧急出口、避险处、应急避难场所、可动火区、击碎板面、急救点、应急电话、紧急医疗站。

（二）光照条件

作业现场的采光情况是作业现场布设需要考虑的一项重要的因素，良好的光照不仅能使作业环境更加舒适，并且能够提高工作效率，减少工作人员的疲劳感，从而减少由于疲劳和心理原因造成的事故。

劳动者作业所需的光源有两种：天然光（阳光）与人工光。利用天然光照明的技术叫采光；利用电光源等人工光源弥补作业时天然光不足的技术叫照明。对于人眼，天然采光的效果优于照明。但一般作业中，往往是采光与照明混合或交替使用，构成劳动者作业的光环境。

为了充分利用天然光创造良好光环境和节约能源，避免炫光等不良光照带来的负面影响，达到作业环境舒适、自然、安全和高效的目的，国家制定了一系列的标准对相关领域内的光照条件作了相关的要求。例如，《建筑采光设计标准》（GB 50033—2013）对利用天然采光的居住、公共和工业建筑的新建、改建和扩建工程的采光设计要求做了规定，《建筑照明设计标准》（GB 50034—2013）对工业企业中的新建、改建和扩建工程的照明设计要求做了规定。

（三）噪声

凡是妨碍人们正常休息、学习和工作的声音，及使人烦躁、讨厌、不需要的声音，对人们要听的声音产生干扰的声音均可称之为噪声。引起噪声的声源很多，就工业生产作业环境中的噪声来讲，主要有空气动力性噪声、机械性噪声、电磁性噪声3种。

噪声对人体可能造成多种负面影响，它不仅可能造成人体听觉损伤，同时还可能分散人们的注意力，妨碍人们的正常思考，使作业人员心情烦躁、效率低下、容易疲劳。所以，作业环境中必须要合理地控制噪声。控制作业环境中的噪声的方式主要有源头控制、传播途径控制和作业人员个体防护3种。2015年国家卫生和计划生育委员会、人力资源和社会保障部、原国家安全监督管理总局、全国总工会联合印发的《职业病危害因素分类目录》中已将作业环境中的噪声危害划定为职业危害，《工作场所职业病危害作业分级　第4部分：噪声》（GBZ/T 229.4—2010）中将作业环境中的噪声危害分为轻度危害、中度危害、重度危害、极重危害4个级别。《工作场所有害因素职业接触限值　第2部分：物理因素》（GBZ 2.2—2019）以每周工作5日，每天工作8 h的稳态作业环境接触为例，噪声的作业环境接触限值为85 dB，在非稳态接触噪声的作业环境中，噪声的非稳态等效接触限值为85 dB。

（四）温度

人体的体温常年维持在一个恒定的范围内（36～37 ℃），这一个范围是维持人体正常生理需求的最合适的温度，如果由于外界环境的改变导致人体的体温不能够及时地恢复正常，就有可能引起人体的不适，从而降低工作效率、增加疲劳感进而引起事故的发生。《职业病危害因素分类目录》中将高温、低温划归为职业病危害因素。

由环境温度因素引起的危害主要有两种：高温作业和低温作业。《工业场所有害因素业接触限值　第2部分：物理因素》（CBZ 2.2—2019）中将高温作业定义为在生产劳动过程，其工作地点平均WBCT指数等于或大于25 ℃的作业；《低温作业分级》（GB/T 14440—2009）中将低温作业定义为在生产劳动过程中，其工作地点平均气温等于或低于5 ℃的作业。

为了预防作业环境温度因素对作业人员带来的不良影响，涉及环境温度危害的作业应采取必要的防护手段来保障作业人员的健康。

(五) 湿度

湿度是表示大气干燥程度的物理量,作业环境的湿度不仅能够影响环境的舒适程度而且与作业人员的身体健康、工作效率息息相关。长时间在环境湿度较大的地方工作容易患职业性浸渍、糜烂、湿痹症等疾病;在环境湿度过小的地方工作时,又有可能由于水分蒸发加快,造成皮肤干燥、鼻腔黏膜刺激等不良症状,从而诱发呼吸系统病症。例如,纺织业煮茧、腌制业腌咸菜、家禽屠宰分割、稻田的拔秧插秧等作业均属于高湿作业。

(六) 空气质量

空气作为人类生存必需的条件在人们生产作业过程中扮演着极其重要的角色,作业环境中的粉尘、有毒有害气体不仅能够严重影响作业人员的身体健康,造成职业损伤,并且还能够影响作业人员的工作效率,如熏蒸、纺织、采煤、金属冶炼等作业均涉及有毒有害气体或粉尘的危害。《职业病危害因素分类目录》中将各类粉尘、氨及多种有毒有害物质的蒸气均划为职业病危害因素。

改善作业环境质量的控制措施主要包括控制污染源头、加强环境通风和增强个体防护3类。控制污染源头主要是通过改进工艺技术等方式,使用不产生或产生污染物较少的生产工艺来控制污染物的源头,从而从根本上降低作业环境中的污染物的浓度;加强环境通风是通过主动地将作业环境中污染物质排除的方式降低污染物浓度的方法;增强个体防护主要是通过戴防毒面具、口罩等防护装备来被动地防护有毒有害物质。

第五节 事 故 管 理

一、事故报告与调查、处理

(一) 事故报告

1. 事故等级划分

根据生产安全事故(以下简称事故)造成的人员伤亡或者直接经济损失,事故一般分为以下 4 个等级:

(1) 特别重大事故。特别重大事故是指造成 30 人以上死亡,或者 100 人以上重伤(包括急性工业中毒,下同),或者 1 亿元以上直接经济损失的事故。

(2) 重大事故。重大事故是指造成 10 人以上、30 人以下死亡,或者 50 人以上、100 人以下重伤或者 5 000 万元以上、1 亿元以下直接经济损失的事故。

(3) 较大事故。较大事故是指造成 3 人以上、10 人以下死亡,或者 10 人以上、50 人以下重伤,或者 1 000 万元以上、5 000 万元以下直接经济损失的事故。

(4) 一般事故。一般事故是指造成 3 人以下死亡,或者 10 人以下重伤,或者 1 000 万元下直接经济损失的事故。

2. 事故上报的时限和部门

事故报告应当及时、准确、完整,任何单位和个人对事故不得迟报、漏报、谎报或者瞒报。事故发生后,及时、准确、完整地报告事故,对于及时、有效地组织事故救援,减少事故损失,顺利开展事故调查具有非常重要的意义。

《中华人民共和国安全生产法》和《生产安全事故报告和调查处理条例》(以下简称《条

例》)对事故报告做出了具体规定。生产经营单位发生生产安全事故后,事故现场有关人员应当立即报告本单位负责人;单位负责人接到报告后,应当于1h内向事故发生地县级以上人民政府安全生产监督管理部门和负有安全生产监督管理职责的有关部门报告。情况紧急时,事故现场有关人员可以直接向事故发生地县级以上人民政府安全生产监督管理部门和负有安全生产监督管理职责的有关部门报告。如果事故现场条件特别复杂,难以准确判定事故等级,情况十分危急,上一级部门没有足够能力开展应急救援工作,或者事故性质特殊、社会影响特别大时,允许越级上报事故。

安全生产监督管理部门和负有安全生产监督管理职责的有关部门接到事故报告后,应当依照下列规定上报事故情况,并通知公安机关、劳动保障行政部门、工会和人民检察院。

(1)特别重大事故、重大事故逐级上报至国务院安全生产监督管理部门和负有安全生产监督管理职责的有关部门。

(2)较大事故逐级上报至省、自治区、直辖市人民政府安全生产监督管理部门和负有安全生产监督管理职责的有关部门。

(3)一般事故上报至设区的市级人民政府安全生产监督管理部门和负有安全生产监督管理职责的有关部门。

安全生产监督管理部门和负有安全生产监督管理职责的有关部门逐级上报事故情况,同时报告本级人民政府,每级上报的时间不得超过2h。国务院安全生产监督管理部门和负有安全生产监督管理职责的有关部门以及省级人民政府接到发生特别重大事故、重大事故的报告后,应当立即报告国务院。

事故报告后出现新情况的,应当及时补报。自事故发生之日起30日内,事故造成的伤亡人数发生变化的,应当及时补报。道路交通事故、火灾事故自发生之日起7日内,事故造成的伤亡人数发生变化的,应当及时补报。

上报事故的首要原则是及时。所谓2h起点,是指接到下级部门报告的时间。以特别重大事故的报告为例,按照报告时限要求的最大值计算,从单位负责人报告县级管理部门,再由县级管理部门报告市级管理部门、市级管理部门报告省级管理部门、省级管理部门报告国务院管理部门,直至最后报至国务院,总共所需时间为7h。之所以对上报事故做出这样限制性的时间规定,主要基于以下原因:快速上报事故,有利于上级部门及时掌握情况,迅速开展应急救援工作。上级安全管理部门可以及时调集应急救援力量,发挥更多的人力、物力等资源优势,协调各方面的关系,尽快组织实施有效救援。

3. 事故报告的内容

报告事故应当包括事故发生单位概况,事故发生的时间、地点以及事故现场情况,事故的简要经过,事故已经造成或者可能造成的伤亡人数(包括下落不明的人数)和初步估计的直接经济损失,已经采取的措施和其他应当报告的情况。事故报告应当遵照完整性的原则,尽量能够全面地反映事故情况。

(1)事故发生单位概况。事故发生单位概况应当包括:单位的全称、成立时间、所处地理位置、所有制形式和隶属关系、生产经营范围和规模、持有各类证照的情况、单位负责人的基本情况、劳动组织及工程(施工)情况等(矿山企业还应包括可采储量、生产能力、开采方式、通风方式及主要灾害等情况)以及近期的生产经营状况等。

(2)事故发生的时间、地点以及事故现场情况。报告事故发生的时间应当具体,并尽量精确到分钟。报告事故发生的地点要准确,除事故发生的中心地点外,还应当报告事故所波及的区域。报告事故现场总体情况、现场的人员伤亡情况、设备设施的毁损情况以及事故发生前的现场情况。

(3) 事故的简要经过。事故的简要经过是对事故全过程的简要叙述,描述要前后衔接、脉络清晰、因果相连。

(4) 伤亡人数和初步估计的直接经济损失。对于人员伤亡情况的报告,应当遵守实事求是的原则,不做无根据的猜测,更不能隐瞒实际伤亡人数。对直接经济损失的初步估计,主要包括:事故所导致的建筑物的毁损、生产设备设施和仪器仪表的损坏等。由于人员伤亡情况和经济损失情况直接影响事故等级的划分,并因此决定事故的调查处理等后续重大问题,在报告这方面情况时应当谨慎细致,力求准确。

(5) 已经采取的措施。已经采取的措施主要是指事故现场有关人员、事故单位负责人、已经接到事故报告的安全生产管理部门为减少损失、防止事故扩大和便于事故调查所采取的应急救援和现场保护等具体措施。

(6) 其他应当报告的情况。对于其他应当报告的情况,根据实际情况具体确定。需要特别指出的是,考虑到事故原因往往需要进一步调查之后才能确定,为谨慎起见,没有将其列入应当报告的事项。但是,对于能够初步判定事故原因的,还是应进行报告。

事故现场有关人员需要准确报告事故的时间、地点、人员伤亡的大体情况,事故单位负责人需要报告事故的简要经过、人员伤亡和损失情况以及已经采取的措施等,安全生产监督管理部门和负有安全生产监督管理职责的有关部门向上级部门报告事故情况需要严格按照《条例》规定进行报告。

(二) 事故调查

目前,我国的伤亡事故调查基本上是按照属地管理、分级负责调查处理的原则。伤亡事故调查的原则和程序在国家有关法规和标准中都有规定。

为了规范生产安全事故的报告和调查处理,落实生产安全事故责任追究制度,防止和减少生产安全事故,根据《中华人民共和国安全生产法》和有关法律,国务院于 2007 年 3 月 28 日国务院第 172 次常务会议通过《条例》,于 2007 年 6 月 1 日起施行。该条例对于事故的调查处理做出了明确规定,其主要规定如下。

1. 事故调查分级原则

(1) 特别重大事故的调查。特别重大事故由国务院或者国务院授权有关部门组织事故调查组进行调查。

(2) 重大事故、较大事故、一般事故的调查。重大事故、较大事故、一般事故分别由事故发生地省级人民政府、设区的市级人民政府、县级人民政府负责调查。省级人民政府、设区的市级人民政府、县级人民政府可以直接组织事故调查组进行调查,也可以授权或者委托有关部门组织事故调查组进行调查。

(3) 未造成人员伤亡的一般事故的调查。未造成人员伤亡的一般事故,县级人民政府也可以委托事故发生单位组织事故调查组进行调查。

(4) 其他。上级人民政府认为必要时,可以调查由下级人民政府负责调查的事故。自事故发生之日起 30 日内(道路交通事故、火灾事故自发生之日起 7 日内),因事故伤亡人数变化导致事故等级发生变化,依照《条例》的规定应当由上级人民政府负责调查的,上级人民政府可以另行组织事故调查组进行调查。

2．调查组成员的组成

事故调查组的组成应当遵循精简、效能的原则。

根据事故的具体情况，事故调查组由有关人民政府、安全生产监督管理部门、负有安全生产监督管理职责的有关部门、监察机关、公安机关及工会派人组成，并邀请人民检察院派人参加。事故调查组可以聘请有关专家参与调查。

事故调查组成员应当具有事故调查所需要的知识和专长，并与所调查的事故没有直接利害关系。

事故调查组组长由负责事故调查的人民政府指定。事故调查组组长主持事故调查组的工作。

3．事故调查组的职责

事故调查组成员在事故调查工作中应当诚信公正、恪尽职守，遵守事故调查组的纪律，保守事故调查的秘密。未经事故调查组组长允许，事故调查组成员不得擅自发布有关事故的信息。事故调查组履行下列职责：

（1）查明事故发生的经过、原因、人员伤亡及直接经济损失情况。

（2）认定事故的性质和事故责任。

（3）提出对事故责任者的处理建议。

（4）总结事故教训，提出防范和整改措施。

（5）提交事故调查报告。

4．事故调查报告的内容

事故调查报告中应当包括以下主要内容：

（1）事故发生单位概况。

（2）事故发生经过和事故救援情况。

（3）事故造成的人员伤亡和直接经济损失情况。

（4）事故发生的原因和事故性质。

（5）事故责任的认定以及对事故责任者的处理建议。

（6）事故防范和整改措施。

事故调查报告应当附具有关证据材料。事故调查组成员应当在事故调查报告上签名。事故调查报告报送负责事故调查的人民政府后，事故调查工作即告结束。事故调查的有关资料应归档保存

（三）事故处理

1．事故调查处理的原则

（1）实事求是、尊重科学的原则。对事故的调查处理不仅要揭示事故发生的内外原因，找出事故发生的机理，研究事故发生的规律，制定预防重复发生事故的措施，进行事故性质和事故责任的认定，依法依责对有关责任人进行处理，而且也是为政府加强安全生产、防范重特大事故、实施宏观调控政策和对策提供科学的依据。这一切都源于事故调查的结论，事故的结论正确与否，对后续工作的影响非常重大。因此，事故调查处理必须以事实为依据，以法律为准绳，严肃认真地对待，不得有丝毫的疏漏。

（2）"四不放过"原则。事故原因没有查清楚不放过，事故责任者没有受到处理不放过，群众没有受到教育不放过，防范措施没有落实不放过。

（3）公正、公开的原则。公正就是实事求是，以事实为依据，以法律为准绳，既不准包庇

事故责任人,也不得借机对事故责任人打上报复,更不得冤枉无辜。公开就是对事故调查处理的结果要在一定范围内公开。其作用主要包括:一是能引起全社会对安全生产工作的重视;二是能使较大范围的干部群众吸取事故的教训;三是能在一定程度上挽回事故的影响。

(4)分级管辖原则。事故的调查处理是依照事故的严重级别来进行的。

2. 事故调查处理的依据

事故调查处理是一项政策性、专业性、技术性强,涉及面广,严肃认真的行政执法工作,是老百姓的切身利益的具体体现,也是国务院和各级政府安全生产监督管理部门的一项重要职责。《中华人民共和国安全生产法》第七十三条对事故调查处理的原则和要求做了严格的规定,并授权国务院制定具体的事故调查处理办法。现阶段根据我国有关法律、法规的规定,事故调查和处理主要依据《条例》进行。

3. 事故调查处理的目的

事故调查处理的目的不完全是为了处罚肇事单位,追究事故责任人的责任,处理事故当事人,其主要目的是通过对事故的调查,查清事故发生的经过,科学分析事故原因,找出发生事故的内外关系,总结事故发生的教训和规律,提出有针对性的措施,防止类似事故的再度发生,以警示后人。这是事故调查处理的真正目的,也是事故调查处理的重要意义所在。

4. 事故调查与处理的关系

事故调查与事故处理,是两个相对独立而又密切联系的工作。事故调查的任务主要是查明事故发生的原因和性质,分清事故的责任,提出防范类似事故的措施;事故处理的任务主要是根据事故调查的结论,对照国家有关法律、法规,对事故责任人进行处理,落实防范重复事故发生的措施,贯彻"四不放过"原则的要求。所以,事故调查是事故处理的前提和基础,事故处理是事故调查目的的实现和落实。

事故调查处理,是事故预防工作的延伸。对事故不依法进行调查处理,一切事故预防的责任制就很难执行。安全生产事故是客观存在的,要搞清事故的真相,唯一的办法是客观、公正地调查。坚持重证据、重调查研究,没有调查就没有发言权。只有通过调查分析,在充分掌握事故发生和发展过程中大量事实依据的基础上,才能进行严密、科学的逻辑推理、鉴定和确认,正确认识并找出导致事故发生诸多因素的内在联系和因果关系,从而才能最终得出事故原因、性质和责任的正确结论。

5. 事故调查报告的批复期限

对重大事故、较大事故、一般事故,负责事故调查的人民政府应当自收到事故调查报告之日起15日内做出批复;对特别重大事故,应在30日内做出批复,特殊情况下,批复时间可以适当延长,但延长的时间最长不超过30日。

6. 事故责任追究

有关机关应当按照人民政府的批复,依照法律、行政法规规定的权限和程序,对事故发生单位和有关人员进行行政处罚,对负有事故责任的国家工作人员进行处分。

事故发生单位应当按照负责事故调查的人民政府的批复,对本单位负有事故责任的人员进行处理。负有事故责任的人员涉嫌犯罪的,依法追究刑事责任。

二、事故统计分析

事故的统计分析是它是通过对大量的事故资料进行数据加工、整理和综合分析,运用数理统计的方法研究事故发生的规律和分布特征。科学、准确的统计分析结果能够能够用来判断和确定安全状况,并且能够作为观察事故发生趋势、调查事故原因、制定事故预防措施、预测未来事故的依据。

（一）事故统计方法

常用的伤亡事故统计方法主要有柱状图、趋势图、管理图、扇形团、玫瑰图和分布图等。

1. 柱状图

柱状图以柱状图形来表示各统计指标的数值大小。由于它绘制容易、清晰醒目,所以应用得十分广泛。图 7-5 为某单位人员伤害部位分布的柱状图。

在进行伤亡事故统计分析时,有时需要把各种因素的重要程度直观地表现出来,这时可以利用排列图（图 7-6）来实现。

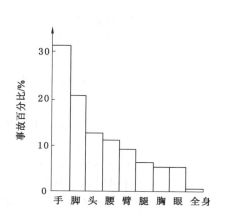

图 7-5　伤害部位分布柱状图

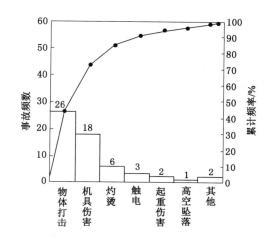

图 7-6　伤亡事故发生次数的排列图

在绘制排列图时,将统计指标（通常是事故频数、伤亡人数、伤亡事故频率等）数值最大的因素排列在柱状图的最左端,然后按统计指标数值的大小依次向右排列,并以折线表示累计值（累计百分比）。

在管理方法中有一种以排列图为基础的 ABC 管理法。它按累计百分比将所有因素划分为 A、B、C 三个级别,其中累计百分比 0～80％为 A 级,80％～90％为 B 级,90％～100％为 C级。A 级因素相对数目较少,但累计百分比达到 80％,是"关键的少数",是管理的重点;相反,C 级因素属于"无关紧要的多数"。图 7-6 为某企业各类伤亡事故发生次数的排列图。可以看出,物体打击、机械伤害是该企业伤亡事故的主要类别,是事故预防工作的重点。

2. 事故发生趋势图

伤亡事故发生趋势图是一种折线图。它用不间断的折线来表示各统计指标的数值大小和变化,最适合于表现事故发生与时间的关系。

事故发生趋势图用于图示事故发生趋势分析。事故发生趋势分析是按时间顺序对事故发生情况进行的统计分析。它按照时间顺序对比不同时期的伤亡事故统计指标,展示伤亡事故发生趋势和评价某一个时期内企业的安全状况。

图 7-7 为某地区 2005—2011 年伤亡事故发生趋势图。可以看出,2008 年以前和 2009年之后死亡人数下降幅度较大。

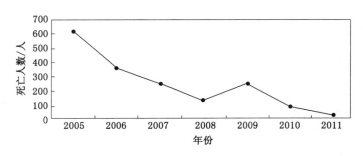

图 7-7　伤亡事故发生趋势图

3．伤亡事故管理图

伤亡事故管理图也称伤亡事故控制图。为了预防伤亡事故发生,降低伤亡事故发生频率,企业、部门广泛开展安全目标管理。伤亡事故管理图是实施安全目标管理中,为及时掌握事故发生情况而经常使用的一种统计图表。

在实施安全目标管理时,将作为年度安全目标的伤亡事故指标逐月分解,确定月份管理目标。

一般来说,一个单位的职工人数在短时间内是稳定的,故往往以伤亡事故次数作为安全管理的目标值。

如前所述,在一定时期内一个单位里伤亡事故发生次数的概率分布服从泊松分布,并且泊松分布的数学期望和方差都是 λ。这里 λ 是事故发生率,即单位时间里的事故发生次数。若以 λ 作为每个月伤亡事故发生次数的目标值,当置信度取 90% 时,按下述公式确定安全目标管理的上限 U 和下限 L:

$$U = \lambda + 2\sqrt{\lambda} \tag{7-1}$$

$$L = \lambda - 2\sqrt{\lambda} \tag{7-2}$$

在实际工作中,人们最关心的是实际伤亡事故发生次数的平均值是否超过安全目标。所以,往往不必考虑管理下限而只注重管理上限,力争每个月里伤亡事故发生次数不超过管理上限。

绘制伤亡事故管理图时,应以月份为横坐标,以事故次数为纵坐标,用实线画出管理目标线,用虚线画出管理上限和下限,并注明数值和符号,如图 7-8 所示。将每个月的实际伤亡事故次数点在图中相应的位置上,并将代表各月份伤亡事故发生次数的点连成折线,根据数据点的分布情况和折线的总体走向,可以判断当前的安全状况。

在正常情况下,各月份的实际伤亡事故发生次数应该在管理上限之内围绕安全目标值随机波动。当管理图上出现图 7-8 中情况之一时,就应该认为安全状况发生了变化,不能实现预定的安全目标,需要查明原因并及时改正。

4．其他方法

(1)扇形图。它用一个圆形中各个扇形面积的大小不同来代表各种事故因素、事故类别、统计指标的所占比例,又称为圆形结构图。

(2)玫瑰图。利用圆的角度表示事故发生的时序,用径向尺度表示事故发生的频数。

(3)分布图。将曾经发生事故的地点用符号在厂区、车间的平面图上表示出来。不同的事故用不同的颜色和符号表示,符号的大小代表事故的严重程度。

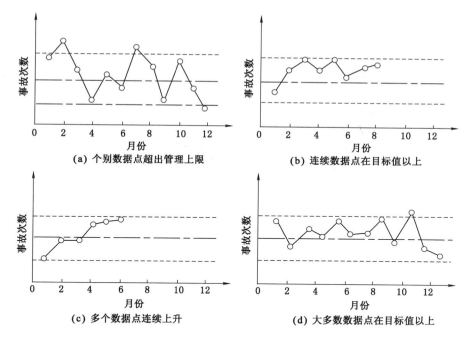

图 7-8　伤亡事故管理图

（二）事故统计主要指标

为了便于统计、分析、评价企业、部门伤亡事故的发生情况，需要规定一些通用的、统一的统计指标。在 1948 年 8 月召开的国际劳工组织会议上，确定了以伤亡事故频率和伤害严重率作为伤亡事故的统计指标。

1. 伤亡事故频率

生产过程中发生的伤亡事故次数与参加生产的职工人数、经历的时间及企业的安全状况等因素有关。在一定时间内，参加生产的职工人数在不变的情况下，伤亡事故发生次数主要取决于企业的安全状况。因此，可以用伤亡事故频率作为表征企业安全状况的指标，即：

$$a = \frac{A}{NT} \tag{7-3}$$

式中　a——伤亡事故频率；

　　　A——伤亡事故发生次数，次；

　　　N——参加生产的职工人数，人；

　　　T——统计期间。

一般来说，世界各国伤亡事故统计指标的规定不尽相同。我国的国家标准《企业伤亡事故分类》（GB 6441—86）规定，按千人死亡率、千人重伤率和伤害频率计算伤亡事故频率。

（1）千人死亡率：某时期内平均每千名职工中因工伤事故造成死亡的人数。

$$千人死亡率 = \frac{死亡人数}{平均职工数} \times 10^3 \tag{7-4}$$

（2）千人重伤率：某时期内平均每千名职工中因工伤事故造成重伤的人数。

$$千人重伤率 = \frac{重伤人数}{平均职工数} \times 10^3 \tag{7-5}$$

（3）伤害频率：某时期内平均每百万工时因工伤事故造成的伤害人数。

$$伤害频率 = \frac{伤害人数}{实际总工时数} \times 10^6 \qquad (7\text{-}6)$$

目前，我国仍然沿用劳动部门规定的工伤事故频率作为统计指标，在习惯上将它叫作千人负伤率。

$$工伤事故频率 = \frac{本时期内工伤事故人次}{本时期内在册职工人数} \times 10^3 \qquad (7\text{-}7)$$

而英国学者克莱兹（Kletz）提出以 108 工时中发生的事故死亡人数作为事故频率指标，称为死亡事故频率，简称 FAFR（fatal accident frequency rate）。

2. 事故严重率

我国的国家标准《企业伤亡事故分类》（GB 6441—86）规定，按伤害严重率、伤害平均严重率和按产品产量计算死亡率等指标计算事故严重率。

3. 伤害严重率

某时期内平均每百万工时因事故造成的损失工作日数称为伤害严重率，即：

$$伤害严重率 = \frac{总损失工作日数}{实际总工时数} \times 10^6 \qquad (7\text{-}8)$$

第六节 事故应急救援

在任何工业活动中都有可能发生事故，尤其是随着现代工业的发展，生产过程中存在着巨大能量和有害物质，一旦发生重大事故，往往造成惨重的生命、财产损失和环境破坏。由于自然或人为、技术等原因，当事故或灾害不可能完全避免时，建立重大事故应急救援体系，组织及时有效的应急救援行动，已成为抵御事故风险或控制灾害蔓延、降低危害后果的关键，甚至是唯一的手段。

事故应急救援的总目标是通过有效的应急救援行动，尽可能地降低事故的后果，包括人员伤亡、财产损失和环境破坏等。事故应急救援的基本任务包括：立即组织营救受害人员；组织撤离或者采取其他措施保护危害区域内的其他人员。迅速控制事态，并且对事故造成的危害进行检测、监测，测定事故的危害区域、危害性质及危害程度；消除危害后果，做好现场恢复；查清事故原因，评估危害程度。

尽管重大事故的发生具有突发性和偶然性，但是重大事故的应急管理不只限于事故发生后的应急救援行动。应急管理是对重大事故的全过程管理，贯穿于事故发生前、中、后的各个过程，充分体现了"预防为主，常备不懈"的应急思想。应急管理是一个动态的过程，包括预防、准备、响应和恢复 4 个阶段。尽管在实际情况中这些阶段往往是交叉的，但是每一个阶段都有其明确的目标，而且每一个阶段又是构筑在前一个阶段的基础之上。因此，预防、准备、响应和恢复的相互关联构成了重大事故应急管理的循环过程。

一、事故应急救援体系

（一）事故应急救援体系的基本构成

由于潜在的重大事故风险多种多样，所以每一类事故灾难的相应应急救援措施可能千差万别,但其基本应急模式是一致的。构建应急救援体系,应贯彻顶层设计和系统论的思想,以事件为中心,以功能为基础,分析和明确应急救援工作的各项需求,在应急能力评估和应急资源统筹安排的基础上科学地建立规范化、标准化的应急救援体系,保障各级应急救援体系的统一和协调。

一个完整的应急救援体系应由组织体制、运作机制、法治基础和保障系统4部分构成,如图7-9所示。

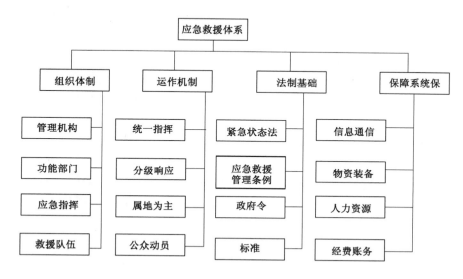

图7-9　应急救援体系基本框架结构

1. 组织体制

应急救援体系组织体制建设中的管理机构是指维持应急日常管理的负责部门;功能部门包括与应急活动有关的各类组织活动,如消防、医疗机构等;应急指挥是在应急预案启动后,负责应急救援活动场外与场内指挥的系统;而救援队伍则由专业人员和志愿人员组成。

2. 运作机制

应急救援活动一般划分为应急准备、初级反应、扩大应急和应急恢复4个阶段,应急运作机制与这4个阶段的应急活动密切相关。应急运作机制主要由统一指挥、分级响应、属地为主和公众动员这4个基本机制组成。

统一指挥是应急活动的最基本原则。应急指挥一般可分为集中指挥和现场指挥,或者场外与场内指挥等。无论采用哪一种指挥系统,都必须实行统一指挥的模式;无论应急救援活动涉及单位的行政级别或隶属关系如何,都必须在应急指挥部的统一组织协调下行动,有令则行,有禁则止,统一号令,步调一致。

分级响应是指在初级反应到扩大应急的过程中实行的分级响应的机制。扩大或提高应急级别的主要依据是事故灾难的危害程度、影响范围和控制事态能力。影响范围和控制事态能力是"升级"的最基本条件。扩大应急救援主要是提高指挥级别、扩大应急范围等。属地为主强调"第一反应"的思想和以现场应急、现场指挥为主的原则。公众动员机制是应急机制的基础,也是整个应急体系的基础。

3. 法制基础

法制建设是应急救援体系的基础和保障,也是开展各项应急活动的依据,与应急有关的法规可分为 4 个层次:由立法机关通过的法律,如紧急状态法、公民知情权法和紧急动员法等;由政府颁布的规章,如应急救援管理条例等;包括预案在内的以政府令形式颁布的政府法令、规定等;与应急活动直接有关的标准或管理办法等。

4. 保障系统

列于保障系统第一位的是信息通信系统,构筑集中管理的信息通信平台是应急救援体系最重要的基础建设。应急信息通信系统要保证所有预警、报警、警报、报告、指挥等活动的信息交流快速、顺畅、准确,并且保障信息资源共享;救援物资与装备不但要保证有足够的资源,而且还要实现快速、及时供应到位;人力资源保障包括专业队伍的加强、志愿人员及其他有关人员的培训教育;应急财务保障应建立专项应急科目,如应急基金等,以保障应急管理运行和应急反应中各项活动的开支。

(二)事故应急救援体系响应机制

重大事故应急救援体系应根据事故的性质、严重程度、事态发展趋势和控制能力实行分级响应机制,对不同的响应级别,相应地明确事故的通报范围,应急中心的启动程度,应急力量的出动,设备、物资的调集规模,疏散的范围,应急总指挥的职位等。典型的响应级别通常可分为 3 级。

1. 一级紧急情况

必须利用所有有关部门及一切资源的紧急情况,或者需要各个部门同外部机构联合处理的各种紧急情况,通常要宣布进入紧急状态。在该级别中,做出主要决定的通常是紧急事务管理部门。现场指挥部可在现场做出保护生命和财产以及控制事态所必需的各种决定。解决整个紧急事件的决定,应该由紧急事务管理部门负责。

2. 二级紧急情况

需要两个或多个部门响应的紧急情况。该事故的救援需要有关部门的协作,并且提供人员、设备或其他资源。该级响应需要成立现场指挥部来统一指挥现场的应急救援行动。

3. 三级紧急情况

能被一个部门正常可利用的资源处理的紧急情况。正常可利用的资源指在该部门权力范围内通常可以利用的应急资源,包括人力和物力等。必要时,该部门可以建立一个现场指挥部,所需的后勤支持、人员或其他资源增援均由本部门负责解决。

(三)事故应急救援体系响应程序

事故应急救援系统的应急响应程序按过程可分为接警、响应级别确定、应急启动、救援行动、应急恢复和应急结束,如图 7-10 所示。

1. 接警与响应级别确定

接到事故报警后,按照工作程序,对警情做出判断,初步确定相应的响应级别。如果事故不足以启动应急救援体系的最低响应级别,则响应关闭。

2. 应急启动

应急响应级别确定后,按所确定的响应级别启动应急程序,如通知应急中心有关人员到位、开通信息与通信网络、通知调配救援所需的应急资源(包括应急队伍、物资和装备等)、成立现场指挥部等。

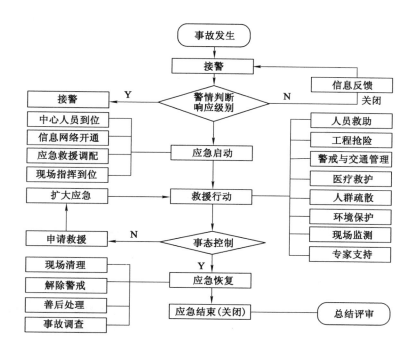

图 7-10 重大事故应急救援体系响应程序

3. 救援行动

有关应急队伍进入事故现场后,迅速开展事故侦测、警戒、疏散、人员救助、工程抢险等有关应急救援工作,专家组为救援决策提供建议和技术支持。当事态超出响应级别无法得到有效控制时,向应急中心请求实施更高级别的响应。

4. 应急恢复

救援行动结束后,进入临时应急恢复阶段。该阶段主要包括现场清理、人员清点和撤离、警戒解除、善后处理和事故调查等。

5. 应急结束

执行应急关闭程序,由事故总指挥宣布应急结束。

(四)现场指挥系统的组织结构

重大事故的现场情况往往十分复杂,且汇集了各方面的应急力量与大量的资源,应急救援行动的组织、指挥和管理成为重大事故应急工作所面临的严峻挑战。应急过程中存在主要问题包括:太多的人员向事故指挥官汇报;应急响应的组织结构各异,机构间缺乏协调机制,且术语不同;缺乏可靠的事故相关信息和决策机制,应急救援的整体目标不清或不明;通信不兼容或不畅;授权不清或机构对自身现场的任务、目标不清。

对事故势态的管理方式决定了整个应急行动的效率。为保证现场应急救援工作的有效实施,必须对事故现场的所有应急救援工作实施统一的指挥和管理,即建立事故指挥系统(ICS),形成清晰的指挥链,以便及时获取事故信息、分析和评估势态,确定救援的优先目标,决定如何实施快速、有效的救援行动和保护生命的安全措施,指挥和协调各方应急的行动,高效利用可获取的资源,确保应急决策的正确性及应急行动的整体性和有效性。

现场应急指挥系统的结构应当在紧急事件发生前就已建立,预先对指挥结构达成一致意见,将有助于保证应急各方明确各自的职责,并在应急救援过程中更好地履行职责。现场指挥系统模块化的结构由指挥、行动、策划、后勤以及资金/行政 5 个核心应急响应职能组成,如图 7-11 所示。

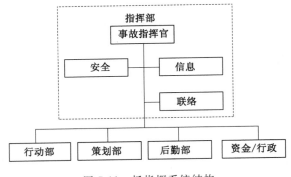

图 7-11　场指挥系统结构

1. 事故指挥官

事故指挥官负责现场应急响应所有方面的工作,包括确定事故目标及实现目标的策略,批准实施书面或口头的事故行动计划,高效地调配现场资源,落实保障人员安全与健康的措施,管理现场所有的应急行动。事故指挥官可将应急过程中的安全问题、信息收集与发布及与应急各方的通信联络分别指定相应的负责人,如安全负责人、信息负责人和联络负责人。各负责人直接向事故指挥官汇报。其中,安全负责人对可能遭受的危险或不安全情况提供及时、完善、详细、准确的危险预测和评估,制定并向事故指挥官建议确保人员安全和健康的措施,从安全方面审查事故行动计划、编制现场安全计划等;信息负责人负责及时收集、掌握准确完整的事故信息,包括事故原因、大小、当前的形势、使用的资源和其他综合事务,并向新闻媒体、应急人员及其他相关机构和组织发布事故的有关信息;联络负责人负责与有关支持和协作机构联络,包括到达现场的上级领导、地方政府领导等。

2. 行动部

行动部负责所有主要的应急行动,包括:消防与抢险、人员搜救、医疗救治、疏散与安置等。所有的战术行动都依据事故行动计划来完成。

3. 策划部

策划部负责收集、评价、分析及发布事故相关的战术信息,准备和起草事故行动计划,并且对有关的信息进行归档。

4. 后勤部

后勤部负责为事故的应急响应提供设备、设施、物资、人员、运输、服务等。

5. 资金/行政部

资金/行政部负责跟踪事故的所有费用并进行评估,承担其他职能未涉及的管理职责。

事故现场指挥系统模块化结构的一个最大优点是允许根据现场的行动规模,灵活启用指挥系统相应的模块,因为很多事故可能并不需要启动策划、后勤或资金/行政模块。需要注意的是,没有启用的模块的相应职能由现场指挥官承担,除非明确指定给某一负责人。当事故规模进一步扩大且响应行动涉及跨部门、跨地区或上级救援机构加入时,则可能需要开展联合指挥,即由各有关主要部门代表成立联合指挥部,该模块化的现场系统则可以很方便地扩展为联合指挥系统。

二、事故应急预案的策划与编制

（一）事故应急预案的作用及影响因素

事故应急预案在应急系统中起着关键作用，它明确了在突发事故发生之前、发生过程中以及刚刚结束之后，谁负责做什么、何时做以及相应的策略、资源准备等。它是针对可能发生的重大事故及其影响和后果的严重程度，为应急准备和应急响应的各个方面所预先做的详细安排，更是开展及时、有序和有效事故应急救援工作的行动指南。

1. 事故应急预案在应急救援中的重要作用

（1）应急预案明确了应急救援的范围和体系，使应急准备和应急管理不再是无据可依、无章可循，尤其是培训和演习工作的开展。

（2）制定应急预案有利于做出及时的应急响应，降低事故的危害程度。

（3）事故应急预案成为各类突发重大事故的应急基础。通过编制基本应急预案，可保证应急预案足够灵活，对事先无法预料到的突发事件或事故，也可以起到基本的应急指导作用，成为开展应急救援的"底线"。在此基础上，可以针对特定危害编制专项应急预案，有针对性地制定应急措施，进行专项应急准备和演习。

（4）当发生超过应急能力的重大事故时，便于与上级应急部门协调。

（5）有利于提高风险防范意识。

2. 策划应急预案时应考虑的因素

策划应急预案时应进行合理策划，做到重点突出，反映主要的重大事故风险，并避免预案相互孤立、交叉和矛盾。策划重大事故应急预案时应充分考虑下列因素：

（1）重大危险源普查结果，包括重大危险源的数量、种类及分布情况，重大事故隐患情况等。

（2）本地区的地质、气象、水文等不利的自然条件（如地震、洪水、台风等）及其影响。

（3）本地区以及国家和上级机构已制定的应急预案的情况。

（4）本地区以往灾难事故的发生情况。

（5）功能区布置及相互影响情况。

（6）周边重大危险源可能带来的影响。

（7）国家及地方相关法律法规的要求。

（二）重大事故应急预案的层次

基于可能面临多种类型的突发重大事故或灾害，为保证各种类型预案之间的整体协调性和层次，并实现共性与个性、通用性与特殊性的结合，对应急预案合理地划分层次，是将各种类型应急预案有机组合在一起的有效方法。事故应急预案一般可分为 3 个层次，如图7-12 所示。

1. 综合应急预案

综合预案相当于总体预案，从总体上阐述预案的应急方针、政策，应急组织结构及相应的职责，应急行动的总体思路等。通过综合预案，可以很清晰地了解应急的组织体系、运行机制

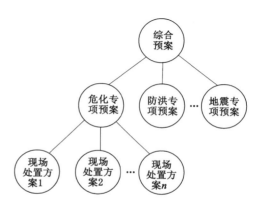

图 7-12　事故应急预案的层次

及预案的文件体系。更重要的是,综合预案可以作为应急救援工作的基础和"底线",对没有预料的紧急情况也能起到一般的应急指导作用。

2. 专项应急预案

专项预案是针对某种具体的、特定类型的紧急情况(如危险物质泄漏、火灾、某一自然灾害等方面应急)而制定的。

专项预案是在综合预案的基础上,充分考虑了某种特定危险的特点,对应急的形势、组织机构、应急活动等进行更具体的阐述,具有较强的针对性。

3. 现场处置方案

现场处置方案是在专项预案的基础上,根据具体情况编制的。它是针对特定的具体场所(以现场为目标),通常是该类型事故风险较大的场所、装置或重要防护区域等所制定的预案,如危险化学品事故专项预案下编制的某重大危险源的应急预案等。现场应急预案的特点是针对某一具体场所的该类特殊危险源及周边环境情况,在详细分析的基础上,对应急救援中的各个方面做出具体、周密而细致的安排,因而现场预案具有更强的针对性和对现场具体救援活动的指导性。

处置方案的另一特殊形式为单项预案。单项预案可以是针对一大型公众聚集活动(如经济、文化、体育、民俗、娱乐、集会等活动)或高风险的建设施工或维修活动(如人口高密度区建筑物的定向爆破、生命线施工维护等活动)而制定的临时性应急方案。随着这些活动的结束,预案的有效性也随之终结。单项预案主要是针对临时活动中可能出现的紧急情况,预先对相关应急机构的职责、任务和预防性措施做出的安排。

(三) 事故应急预案的基本结构

不同的应急预案由于各自所处的层次和适用的范围不同,因而在内容的详略程度和侧重点上会有所不同,但都可以采用相似的基本结构。图 7-13 为"1+4"预案编制结构,它由一个基本预案加上应急功能设置、特殊风险管理、标准操作程序和支持附件构成。

1. 基本预案

基本预案是应急预案的总体描述,主要阐述应急预案所要解决的紧急情况、应急的组织体系、方针、应急资源、应急的总体思路,并明确各应急组织在应急准备和应急行动中的职责以及应急预案的演练和管理等规定。

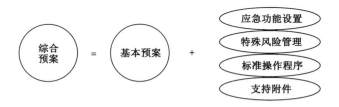

图 7-13 应急预案的基本结构

2. 应急功能设置

应急功能是指针对各类重大事故应急救援中通常采取的一系列的基本应急行动和任务,如指挥和控制、警报、通信、人群疏散与安置、医疗、现场管制等。因此,在设置应急功能时,应针对潜在重大事故的特点综合分析并将其分配给相关部门。对每一项应急功能都应明确其针对的形势、目标、负责机构和支持机构、任务要求、应急准备和操作程序等。应急预案中包含的应急功能的数量和类型,主要取决于所针对的潜在重大事故危险的类型以及应急的组织方式和运行机制等具体情况。表7-2直观地描述了应急功能与相关应急机构的关系。

表7-2　应急功能矩阵表

部门	接警与通知	警报和紧急公告	事态监测与评估	警戒与管制	人群疏散	医疗与卫生	消防和抢险
应急中心	R	R	S		S		
生产		S	S		S		S
消防	S	S	S	S	S	S	R
保卫	S			R	R	S	S
卫生			S			R	
安环	S	S	R		S	S	S
技术			S				S

注:R—负责部门;S—支持部门。

3. 特殊风险管理

特殊风险是指根据某类事故灾难、灾害的典型特征,需要对其应急功能做出针对性安排的风险。应该说明的是,处置此类风险应该设置的专有应急功能或有关应急功能所需的特殊要求,明确这些应急功能的责任部门、支持部门、有限介入部门及其职责和任务,为制定该类风险的专项预案提出特殊要求和指导。

4. 标准操作程序

由于基本预案、应急功能设置并不说明各项应急功能的实施细节,因此各应急功能的主要责任部门必须组织制定相应的标准操作程序,为应急组织或个人提供履行应急预案中规定职责和任务的详细指导。标准操作程序应保证与应急预案的协调和一致性,其中重要的标准操作程序可作为应急预案附件或以适当方式引用。

5. 支持附件

支持附件主要包括应急救援的有关支持保障系统的描述及有关的附图表,包括:危险分析附件,通信联络附件,法律、法规附件,机构和应急资源附件,教育、培训、训练和演习附件,技术支持附件,协议附件,其他支持附件等。

从广义上来说,应急预案是一个由各级文件构成的文件体系。它不仅是应急预案本身,也包括针对某个特定的应急任务或功能所制定的工作程序等。一个完整的应急预案的文件体系包括预案、程序、指导书、记录等,是一个四级文件体系。

(四)事故应急预案的编制过程

应急预案的编制应包括下面几个过程:

(1)成立由各有关部门组成的预案编制小组,指定负责人。

(2)危险分析和应急能力评估。辨识可能发生的重大事故风险,并进行影响范围和后果分析(危险识别、脆弱性分析和风险分析);分析应急资源需求,评估现有的应急能力。

(3)编制应急预案。根据危险分析和应急能力评估的结果,确定最佳的应急策略。

(4)应急预案的评审与发布。应急预案编制后应组织开展预案的评审工作,包括:内部评审和外部评审,以确保应急预案的科学性、合理性以及与实际情况的符合性。预案经评审完善后,由主要负责人签署发布,并按规定报送上级有关部门备案。

（5）应急预案的实施。预案经批准发布后，应组织落实预案中的各项工作，包括：开展应急预案宣传、教育和培训，落实应急资源并定期检查，组织开展应急演习和训练，建立电子化的应急预案，对应急预案实施动态管理与更新，并不断完善。

（五）重大事故应急预案核心要素及编制要求

应急预案是针对可能发生的重大事故所需的应急准备和应急响应行动而制定的指导性文件。其核心内容包括：对紧急情况或事故灾害及其后果的预测、辨识和评估；规定应急救援各方组织的详细职责；应急救援行动的指挥与协调；应急救援中可用的人员、设备、设施、物资、经费保障和其他资源，如社会和外部援助资源等；在紧急情况或事故灾害发生时保护生命、财产和环境安全的措施；现场恢复；其他，如应急培训和演练，法律、法规的要求等。

应急预案是整个应急管理体系的反映，它不仅包括事故发生过程中的应急响应和救援措施，而且还应包括事故发生前的各种应急准备和事故发生后的紧急恢复以及预案的管理与更新等。因此，一个完善的应急预案按相应的过程可分为6个一级关键要素，即方针与原则、应急策划、应急准备、应急响应、现场恢复、预案管理与评审改进。

这6个一级要素相互之间既相对独立又紧密联系，从应急的方针、策划、准备、响应、恢复到预案的管理与评审改进，形成了一个有机联系并持续改进的体系结构。根据一级要素中所包括的任务和功能，其中应急策划、应急准备和应急响应3个一级关键要素可进一步划分成若干个二级小要素。所有这些要素即构成了城市重大事故应急预案的核心要素，而这些要素是重大事故应急预案编制所应当涉及的基本方面。在实际编制时，可根据职能部门的设置和职责分配等具体情况，将要素进行合并或增加，以便于组织编写。

1. 方针与原则

应急救援体系首先应有一个明确的方针和原则来作为指导应急救援工作的纲领。方针与原则反映了应急救援工作的优先方向、政策、范围和总体目标，如保护人员安全优先，防止和控制事故蔓延优先、保护环境优先、此外，方针与原则还应体现事故损失控制、预防为主、常备不懈、统一指挥、高效协调以及持续改进的思想。

2. 应急策划

应急预案是有针对性的，具有明确的对象，其对象可能是某一类或多类可能的重大事故类型。应急预案的制定必须基于对所针对的潜在事故类型有一个全面系统的认识和评价，识别出重要的潜在事故类型、性质、区域、分布及事故后果；同时，根据危险分析的结果，分析应急救援的应急力量和可用资源情况并提出建设性意见。在进行应急策划时，应当列出国家、地方相关的法律法规，以作为预案的制定、应急工作的依据和授权。应急策划包括危险分析、资源分析和法律、法规要求3个二级要素。

（1）危险分析。危险分析的最终目的是要明确应急的对象（可能存在的重大事故）、事故的性质及其影响范围、后果严重程度等，为应急准备、应急响应和减灾措施提供决策和指导依据。危险分析包括危险识别、脆弱性分析和风险分析。危险分析应依据国家和地方有关的法律、法规要求，根据具体情况进行。危险分析的结果应能提供：

① 地理、人文（包括人口分布）、地质、气象等信息。

② 功能布局（包括重要保护目标）及交通情况。

③ 重大危险源分布情况及主要危险物质种类、数量及理化、消防等特性。

④ 可能的重大事故种类及对周边的后果分析。

⑤ 特定的时段（如人群高峰时间、度假季节、大型活动等）。

⑥ 可能影响应急救援的不利因素。

（2）资源分析。针对危险分析所确定的主要危险，明确应急救援所需的资源，列出可用的应急力量和资源，包括：各类应急力量的组成及分布情况；各种重要应急设备、物资的准备情况；上级救援机构或周边可用的应急资源。

通过资源分析，可为应急资源的规划与配备、与相邻地区签订互助协议和预案编制提供指导。

3. 应急准备

应急预案能否在应急救援中成功地发挥作用，这不仅取决于应急预案自身的完善程度，还取决于应急准备的充分与否。应急准备应当依据应急策划的结果开展，包括各应急组织及其职责权限的明确、应急资源的准备、公众教育、应急人员培训、预案演练和互助协议的签署等。

（1）机构与职责。为保证应急救援工作的反应迅速、协调有序，必须建立完善的应急机构组织体系，如城市应急管理的领导机构、应急响应中心以及各有关机构部门等。对应急救援中承担任务的所有应急组织，应明确相应的职责、负责人、候补人及联络方式。

（2）应急资源。应急资源的准备是应急救援工作的重要保障，应根据潜在事故的性质和后果分析，合理组建专业和社会救援力量，配备应急救援中所需的消防手段、各种救援机械和设备、监测仪器、堵漏和清消材料、交通工具、个体防护设备、医疗设备和药品、生活保障物资等，并定期检查、维护与更新，保证始终处于完好状态。另外，对应急资源信息应实施有效的管理与更新。

（3）教育、训练与演习。为全面提高应急能力，应急预案应对公众教育、应急训练和演习做出相应的规定，如内容、计划、组织与准备、效果评估等。

公众意识和自我保护能力是减少重大事故伤亡不可忽视的一个重要方面。作为应急准备的一项内容，应对公众的日常教育做出规定，尤其是位于重大危险源周边的人群，使他们了解潜在危险的性质和对健康的危害，掌握必要的自救知识，熟悉预先指定的主要及备用疏散路线和集合地点以及各种警报的含义和应急救援工作的有关要求。

应急训练的基本内容主要包括基础培训与训练、专业训练、战术训练及其他训练等。基础培训与训练的目的是保证应急人员具备良好的体能、战斗意志和作风，明确各自的职责，熟悉城市潜在重大危险的性质、救援的基本程序和要领，熟练掌握个人防护装备和通信装备的使用等；专业训练关系到应急队伍的实战能力，训练内容主要包括专业常识、堵源技术、抢运和清消及现场急救等技术；战术训练是各项专业技术的综合运用，使各级指挥员和救援人员具备良好的组织指挥能力和应变能力；其他训练应根据实际情况，选择开展如防化、气象、侦检技术、综合训练等项目的训练，以进一步提高救援队伍的救援水平。

预案演习是对应急能力的综合检验。应急演习包括桌面演习和实战模拟演习。组织由应急各方参加的预案训练和演习，使应急人员进入"实战"状态，熟悉各类应急处理和整个应急行动的程序，明确自身的职责，提高协同作战的能力；同时，应对演练的结果进行评估，分析应急预案存在的不足，并予以改进和完善。

（4）互助协议。当有关的应急力量与资源相对薄弱时，应事先寻求与邻近区域签订正式的互助协议，并做好相应的安排，以便在应急救援中及时得到外部救援力量和资源的援助。此外，也应与社会专业技术服务机构、物资供应企业等签署相应的互助协议。

4. 应急响应

应急响应包括应急救援过程中一系列需要明确并实施的核心应急功能和任务,这些核心功能具有一定的独立性,但相互之间又密切联系,构成了应急响应的有机整体。应急响应的核心功能和任务包括:接警与通知、指挥与控制、警报和紧急公告、通信、事态监测与评估、警戒与治安、人群疏散与安置、医疗与卫生、公共关系、应急人员安全、消防和抢险、泄漏物控制。

(1)接警与通知。准确了解事故的性质和规模等初始信息,是决定启动应急救援的关键。接警作为应急响应的第一步,必须对接警要求做出明确规定,保证迅速、准确地向报警人员询问事故现场的重要信息。接警人员接受报警后,应按预先确定的通报程序,迅速向有关应急机构、政府及上级部门发出事故通知,以采取相应的行动。

(2)指挥与控制。重大事故的应急救援往往涉及多个救援机构,对应急行动的统一指挥和协调则是应急救援有效开展的关键。因此,应建立分级响应、统一指挥、协调和决策程序,以便对事故进行初始评估,确认紧急状态,迅速有效地进行应急响应决策,建立现场工作区域,确定重点保护区域和应急行动的优先原则,指挥和协调现场各救援队伍开展救援行动,合理高效地调配和使用应急资源。

(3)警报和紧急公告。当事故可能影响到周边地区,对周边地区的公众可能造成威胁时,应及时启动警报系统,向公众发出警报,同时通过各种途径向公众发出紧急公告,告知事故性质、对健康的影响、自我保护措施、注意事项等,保证公众能够及时做出自我防护响应。决定实施疏散时,应通过紧急公告确保公众了解疏散的有关信息,如疏散时间、路线、随身携带物、交通工具及目的地等。

该部分应明确在发生重大事故时,如何向受影响的公众发出警报,包括什么时候、谁有权决定启动警报系统,各种警报信号的不同含义,警报系统的协调使用、可使用的警报装置的类型和位置以及警报装置覆盖的地理区域。如果可能,应指定备用措施。

(4)通信。通信是应急指挥、协调和与外界联系的重要保障,在现场指挥部、应急中心、各应急救援组织、新闻媒体、医院、上级政府和外部救援机构等之间必须建立畅通的应急通信网络。该部分应说明主要通信系统的来源、使用、维护以及应急组织通信需要的详细情况等,充分考虑紧急状态下的通信能力和保障,建立备用的通信系统。

(5)事态监测与评估。事态监测与评估在应急救援和应急恢复决策中具有关键的支持作用。在应急救援过程中,必须对事故的发展势态及影响及时进行动态的监测,建立对事故现场及场外进行监测和评估的程序。具体包括:由谁来负责监测与评估活动;监测仪器设备及监测方法;实验室化验及检验支持;监测点的设置;监测点的现场工作及报告程序等。

可能的监测活动包括:事故影响边界;气象条件;对食物、饮用水卫生以及水体、土壤、农作物等的污染;可能的二次反应有害物;爆炸危险性和受损建筑垮塌危险性以及污染物质滞留区等。

(6)警戒与治安。为保障现场应急救援工作的顺利开展,在事故现场周围建立警戒区域,实施交通管制,维护现场治安秩序是十分必要的。其目的是防止与救援无关的人员进入事故现场,保障救援队伍、物资运输和人群疏散等的交通畅通,并避免发生不必要的伤亡。此外,警戒与治安还应该协助发出警报、现场紧急疏散、人员清点、传达紧急信息、执行指挥机构的通告、协助事故调查等。对危险物质事故,必须列出警戒人员有关个体防护的准备。

(7)人群疏散与安置。人群疏散是减少人员伤亡扩大的关键,也是最彻底的应急响应。

应当对疏散的紧急情况和决策、预防性疏散准备、疏散区域、疏散距离、疏散路线、疏散运输工具、安全蔽护场所以及回迁等做出细致的规定和准备,应充分考虑疏散人群的数量、所需要的时间和可利用的时间、风向等环境变化以及老弱病残等特殊人群的疏散等问题。对已实施临时疏散的人群,要做好临时生活安置,保障必要的水、电、卫生等基本条件。

(8)医疗与卫生。对受伤人员采取及时有效的现场急救以及合理地转送医院进行治疗,是减少事故现场人员伤亡的关键。在该部分应明确针对城市可能的重大事故,为现场急救、伤员运送、治疗及健康监测等所做的准备和安排。具体包括:可用的急救资源列表,如急救中心、救护车和现场急救人员的数量;医院、职业中毒治疗医院及烧伤等专科医院的列表,如数量、分布、可用病床、治疗能力等;抢救药品、医疗器械、消毒、解毒药品等的城市内、外来源和供给;医疗人员必须了解城市内主要危险对人群造成伤害的类型,并经过相应的培训,掌握对危险化学品受伤害人员进行正确消毒和治疗的方法。

(9)公共关系。重大事故发生后,不可避免地会引起新闻媒体和公众的关注。因此,应将有关事故的信息、影响、救援工作的进展等情况及时向媒体和公众进行统一发布,以消除公众的恐慌心理,控制谣言,避免公众的猜疑和不满。该部分应明确信息发布的审核和批准程序,保证发布信息的统一性;指定新闻发言人,适时举行新闻发布会,准确发布事故信息,澄清事故传言;为公众咨询、接待、安抚受害人员家属做出安排。

(10)应急人员安全。城市重大事故,尤其是涉及危险物质的重大事故的应急救援工作危险性极大,必须对应急人员自身的安全问题进行周密的部署,如安全预防措施、个体防护等级、现场安全监测等,明确应急人员进出现场和紧急撤离的条件和程序,保证应急人员的安全。

(11)消防和抢险。消防和抢险是应急救援工作的核心内容之一,其目的是为尽快地控制事故的发展,防止事故的蔓延和进一步扩大,从而最终控制住事故,并积极营救事故现场的受害人员。尤其是涉及危险物质的泄漏、火灾事故,其消防和抢险工作的难度和危险性巨大。该部分应对消防和抢险工作的组织、相关消防抢险设施、器材和物资、人员的培训、行动方案以及现场指挥等做好周密的安排和准备。

(12)泄漏物控制。危险物质的泄漏以及灭火用的水由于溶解了有毒蒸气都有可能对环境造成重大影响,同时也会给现场救援工作带来更大的危险,因此必须对危险物质的泄漏物进行控制。该部分应明确可用的收容装备(包括泵、容器、吸附材料等)、洗消设备(包括喷雾洒水车辆)及洗消物资,并建立洗消物资供应企业的供应情况和通信名录,保证对泄漏物的及时围堵、收容、清消和妥善处置。

5. 现场恢复

现场恢复也称为紧急恢复,是指事故被控制住后所进行的短期恢复。从应急过程来说,意味着应急救援工作的结束,并且进入另一个工作阶段——将现场恢复到一个基本稳定的状态。大量的经验教训表明,在现场恢复的过程中仍存在潜在的危险,如余烬复燃、受损建筑倒塌等,应充分考虑现场恢复过程中可能的危险。该部分主要内容应包括:宣布应急结束的程序;撤离和交接程序;恢复正常状态的程序;现场清理和受影响区域的连续检测;事故调查与后果评价等。

6. 预案管理与评审改进

应急预案是应急救援工作的指导文件,具有法规权威性,所以应当对预案的制定、修改、更新、批准和发布做出明确的管理规定,并保证定期或在应急演习、应急救援后对应急预案进行评审,针对实际情况以及预案中所暴露出的缺陷,不断地更新、完善和改进。

三、应急预案的演练

应急预案的演练是检验、评价和保持应急能力的一个重要手段。其重要作用突出体现在以下几个方面:可在事故真正发生前暴露预案和程序的缺陷;发现应急资源的不足(包括人力和设备等);改善各应急部门、机构、人员之间的协调;增强公众应对突发重大事故救援的信心和应急意识;提高应急人员的熟练程度和技术水平;进一步明确各自的岗位与职责;提高各级预案之间的协调性;提高整体应急反应能力。

(一) 应急预案演练的类型

可采用不同规模的应急演练方法对应急预案的完整性和周密性进行评估,如桌面演练、功能演练和全面演练等。

1. 桌面演练

桌面演练是指由应急组织的代表或关键岗位人员参加的,按照应急预案及其标准工作程序,讨论紧急情况时应采取行动的演练活动。桌面演练的特点是对演练情景进行口头演练,一般是在会议室内举行。其主要目的是锻炼参演人员解决问题的能力,解决应急组织相互协作和职责划分的问题。

桌面演练一般仅限于有限的应急响应和内部协调活动,应急人员主要来自本地应急组织,事后一般采取口头评论形式收集参演人员的建议,并提交一份简短的书面报告,总结演练活动和提出有关改进应急响应工作的建议。桌面演练方法成本较低,主要为功能演练和全面演练做准备。

2. 功能演练

功能演练是指针对某项应急响应功能或其中某些应急响应行动举行的演练活动,主要目的是针对应急响应功能,检验应急人员及应急体系的策划和响应能力。例如,指挥和控制功能的演练,旨在检测、评价多个政府部门在紧急状态下实现集权式运行和响应的能力,演练地点主要集中在若干个应急指挥中心或现场指挥部,并开展有限的现场活动,调用有限的外部资源。

功能演练比桌面演练规模要大,需要动员更多的应急人员和机构,因而协调工作的难度也随着更多组织的参与而加大。演练完成后,除进行口头评论外,还应向地方提交有关演练活动的书面汇报,提出改进建议。

3. 全面演练

全面演练指针对应急预案中全部或大部分应急响应功能,检验、评价应急组织应急运行能力的演练活动。全面演练一般要求持续几个小时,采取交互式方式进行,演练过程要求尽量真实,调用更多的应急人员和资源,并开展人员、设备及其他资源的实战性演练,以检验相互协调的应急响应能力。与功能演练类似,演练完成后,除进行口头评论、书面汇报外,还应提交正式的书面报告。

应急演练的组织者或策划者在确定采取哪种类型的演练方法时,应考虑以下因素:

(1)应急预案和响应程序制定工作的进展情况。

(2)本辖区面临风险的性质和大小。

(3)本辖区现有应急响应能力。

(4)应急演练成本及资金筹措状况。

(5)有关政府部门对应急演练工作的态度。

（6）应急组织投入的资源状况。

（7）国家及地方政府部门颁布的有关应急演练的规定。

无论选择何种演练方法，应急演练方案都必须与辖区重大事故应急管理的需求和资源条件相适应。

（二）应急预案演练的参与人员

应急演练的参与人员包括参演人员、控制人员、模拟人员、评价人员和观摩人员。这5类人员在演练过程中都有着重要的作用，并且在演练过程中都应佩戴能表明其身份的辨识符。

1. 参演人员

参演人员是指在应急组织中承担具体任务，并在演练过程中尽可能对演练情景或模拟事件做出真实情景下可能采取的响应行动的人员，相当于通常所说的演员。参演人员所担的具体任务主要包括：

（1）救助伤员或被困人员。

（2）保护财产或公众健康。

（3）获取并管理各类应急资源

（4）与其他应急人员协同处理重大事故或紧急事件。

2. 控制人员

控制人员是指根据演练情景，控制演练时间进度的人员。控制人员根据演练方案及演练计划的要求，引导参演人员按响应程序行动，并不断给出情况或消息，供参演的指挥人员进行判断、提出对策。其主要任务包括：

（1）确保规定的演练项目得到充分的演练，以利于评价工作的开展。

（2）确保演练活动的任务量和挑战性。

（3）确保演练的进度。

（4）解答参演人员的疑问，解决演练过程中出现的问题。

（5）保障演练过程的安全。

3. 模拟人员

模拟人员是指演练过程中扮演、代替某些应急组织和服务部门，或者模拟紧急事件、事态发展的人员。其主要任务包括：

（1）扮演、替代正常情况或响应实际紧急事件时应与应急指挥中心、现场应急指挥所相互作用的机构或服务部门。由于各方面的原因，这些机构或服务部门并不参与此次演练。

（2）模拟事故的发生过程，如释放烟雾、模拟气象条件、模拟泄漏等。

（3）模拟受害或受影响人员。

4. 评价人员

评价人员是指负责观察演练进展情况并予以记录的人员。其主要任务包括：

（1）观察参演人员的应急行动，并记录观察结果。

（2）在不干扰参演人员的情况下，协助控制人员确保演练按计划进行。

5. 观摩人员

观摩人员是指来自有关部门、外部机构以及旁观演练过程的观众。

（三）应急演练实施的基本过程

由于应急演练是由许多机构和组织共同参与的一系列行为和活动，因此应急演练的组织与实施是一项非常复杂的任务。建立应急演练策划小组(领导小组)是成功组织开展应急演练工作的关键,策划小组应由多种专业人员组成,包括:来自消防、公安、医疗急救、应急管理、市政、学校、气象部门的人员以及新闻媒体、企业、交通运输单位的代表等;必要时,军队、核事故应急组织或机构也应派出人员参加策划小组。为确保演练的成功,参演人员不得参加策划小组,更不能参与演练方案的设计。

综合性应急演练的实施过程可划分为演练准备、演练实施和演练总结 3 个阶段,如图 7-14 所示。

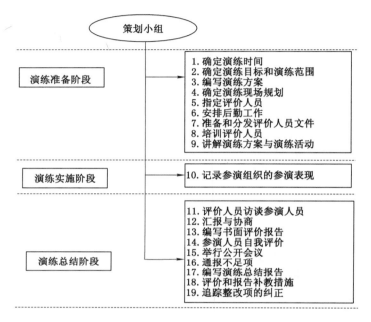

图 7-14   综合性应急演练实施的基本过程

(四)演练结果的评价

应急演练结束后应对演练的效果做出评价,并提交演练报告,详细说明演练过程中发现的问题。按照对应急救援工作及时有效性的影响程度,将演练过程中发现的问题分为不足项、整改项和改进项。

1. 不足项

不足项指演练过程中观察或辨识出的应急准备缺陷,可能导致在紧急事件发生时,不能确保应急组织或应急救援体系有能力采取合理应对措施,保护公众的安全与健康。不足项应在规定的时间内予以纠正。演练过程中发现的问题确定为不足项时,策划小组负责人应对该不足项进行详细说明,并给出应采取的纠正措施和完成时限。最有可能导致不足项的应急预案编制要素包括:职责分配;应急资源;警报、通报方法与程序;通信;事态评估;公众教育与公共信息;保护措施;应急人员安全;紧急医疗服务等。

2. 整改项

整改项指演练过程中观察或辨识出的,单独不可能在应急救援中对公众的安全与健康造成不良影响的应急准备缺陷。整改项应在下次演练前予以纠正。在以下两种情况下,整改项可列为不足项:一是某个应急组织中存在两个以上整改项,共同作用可影响保护公众安全与健康能力的;二是某个应急组织在多次演练过程中,反复出现前次演练发现的整改项问题的。

3.改进项

改进项指应急准备过程中应予改善的问题。改进项不同于不足项和整改项,它不会对人员安全与健康产生严重的影响,视情况予以改进,不必一定要求予以纠正。

复习思考题

1. 简述安全管理的定义及分类。

2. 简述安全管理的主要任务和内容。

3. 简述安全管理的基本原理原则。

4. 简述影响人不安全行为的生理、心理因素。

5. 简述人不安全行为的预防和控制措施。

6. 什么是安全设施,安全设施是如何分类的?

7. 什么是特种设备,特种设备是如何分类的?

8. 作业现场环境的危险和有害因素是如何分类的?

9. 作业现场环境安全管理有哪些措施?

10. 简述事故报告的时限和相应的部门?

11. 简述事故报告的内容有哪些?

12. 简述事故调查组的组成及职责?

13. 简述事故应急救援体系的基本构成。

14. 简述应急预案演练的类型?

第八章
安全管理制度

【知识框架】

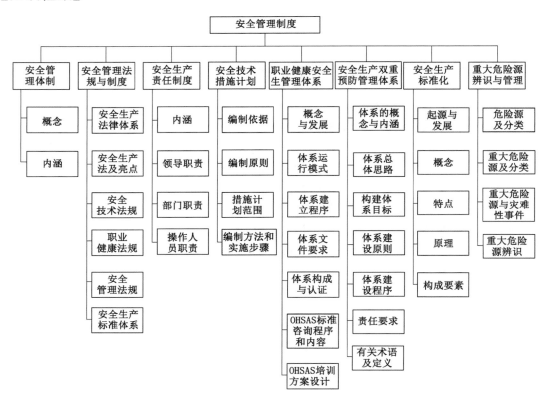

【学习目标】

  了解我国安全生产法律体系、安全生产法、安全技术法规、职业健康法规等安全管理法规与制度;掌握我国安全管理体制和安全生产责任制的内涵;重点掌握安全生产双重预防管理体系内涵与建设、安全生产标准化的原理及要素以及危险源与事故的关系、重大危险源辨识方法。

【重、难点梳理】

1. 我国安全管理体制及其内涵；
2. 安全生产标准化构成要素；
3. 安全生产双重预防管理体系的内涵及建设；
4. 重大危险源辨识与管理。

第一节 我国安全管理体制

一、安全管理体制的概念

体制是关于一个社会组织系统的结构组成、管理权限划分、事务运作机制等方面的综合概念。安全管理体制就是安全管理系统的结构组成、管理权限划分、事务运作机制等方面的综合概念。为贯彻"安全第一、预防为主、综合治理"方针，必须建立一个衔接有序、运作有效、保障有力的安全生产管理体制。

二、安全管理体制的内涵

《中华人民共和国安全生产法》规定我国安全管理体制是"生产经营单位负责、职工参与、政府监管、行业自律和社会监督"。

1. 生产经营单位负责

《中华人民共和国安全生产法》规定：生产经营单位的主要负责人是本单位安全生产第一责任人，对本单位的安全生产工作全面负责，其他负责人对职责范围内的安全生产工作负责。生产经营单位做出涉及安全生产的经营决策，应当听取安全生产管理机构以及安全生产管理人员的意见。生产经营单位不得因安全生产管理人员依法履行职责而降低其工资、福利等待遇，或者解除与其订立的劳动合同。危险物品的生产、储存单位以及矿山的安全生产管理人员的任免，应当告知主管的负有安全生产监督管理职责的部门。

2. 职工参与

生产经营单位的从业人员有依法获得安全生产保障的权利，并应当依法履行安全生产方面的义务。职工能够直接参与企业的决策。从业人员有权对本单位安全生产工作中存在的问题提出批评、检举、控告；有权拒绝违章指挥和强令冒险作业。从业人员发现直接危及人身安全的紧急情况时，有权停止作业或者在采取可能的应急措施后撤离作业场所。

3. 政府监管

国务院和县级以上地方各级人民政府应当根据国民经济和社会发展规划制定安全生产规划，并组织实施。国务院和县级以上地方各级人民政府应当加强对安全生产工作的领导，建立、健全安全生产工作协调机制，支持、督促各有关部门依法履行安全生产监督管理职责，及时协调、解决安全生产监督管理中存在的重大问题。乡、镇人民政府按照职责对本行政区域或管理区域内生产经营单位安全生产状况进行监督检查，协助人民政府有关部门或者按照受权依法履行安全生产监督管理职责。

4. 行业自律

行业管理是行业管理部门、生产管理部门和企业自身，按"管生产必须管安全"的原则，对企业生产进行安全管理、检查、监督和指导。行业管理是通过对安全工作的组织指挥、计划、决策和控制等过程来实现安全生产目标,它起到对安全管理的督导作用。

5. 社会监督

生产经营单位的工会依法组织职工参加本单位安全生产工作的民主管理和民主监督,维护职工在安全生产方面的合法权益。生产经营单位制定或者修改有关安全生产的规章制度,应当听取工会的意见。工会有权对建设项目的安全设施与主体工程同时设计、同时施工、同时投入生产和使用进行监督,提出意见。

任何单位或者个人对事故隐患或者安全生产违法行为,均有权向负有安全生产监督管理职责的部门报告或者举报。

居民委员会、村民委员会发现其所在区域内的生产经营单位存在事故隐患或者安全生产违法行为时,应当向当地人民政府或者有关部门报告。

县级以上各级人民政府及其有关部门对报告重大事故隐患或者举报安全生产违法行为的有功人员,给予奖励。具体奖励办法由国务院应急管理部门会同国务院财政部门制定。

新闻、出版、广播、电影、电视等单位有进行安全生产公益宣传教育的义务,有对违反安全生产法律、法规的行为进行舆论监督的权利。

第二节 安全管理法规与制度

一、我国安全生产法律体系

安全生产是一个系统工程,需要建立在各种支持基础之上,而安全生产的法规体系尤为重要。按照安全生产"十二字"方针,我家制定了一系列的安全生产、劳动保护的法律法规。据统计,目前我国颁布并在使用的有关安全生产、劳动保护的主要法律、法规300多项,内容包括综合类、安全卫生类、"三同时"类、伤亡事故类、女工保护类、职业培训考核类、特种设备类、防护用品类和检测检验类。其中以法的形式出现、对安全生产、劳动保护具有十分重要作用的有:《中华人民共和国安全生产法》《中华人民共和国矿山安全法》《中华人民共和国劳动合同法》《中华人民共和国煤炭法》《中华人民共和国职业病防治法》。与此同时,国家制定并颁布了数百余项安全卫生方面的国家标准。根据我国立法体系的特点以及安全生产法规调整的范围不同,安全生产法律法规体系由若干层次构成。

1. 宪法(全国人大及其常委会制定、颁布)

宪法的许多条文直接涉及安全生产和劳动保护问题,这些规定既是安全法规制定的最高法律依据,又是安全法律、法规的一种表现形式。

2. 法律(全国人大及其常委会制定、颁布,特别行政区的法律除外)

(1) 专门法律,如《中华人民共和国安全生产法》《中华人民共和国矿山安全法》。

(2) 相关法律,如《中华人民共和国煤炭法》《中华人民共和国矿产资源法》。

(3) 特别行政区的法律,如《中华人民共和国香港特别行政区基本法》。

3. 法规

(1) 行政法规(国务院制定、颁布),如《国务院关于特大安全事故行政责任追究的规定》。

(2) 地方法规(省级人大及其常委会制定、颁布),如《安徽省安全生产事故调查处理及行政责任追究暂行规定》。

4. 规章

（1）部门规章（国务院制定、颁布），如《严防企业粉尘爆炸五条规定》。

（2）地方政府规章（省级人民政府制定、颁布），如《广东省专职消防队建设管理规定》。

5. 自治条例和单行条例（由民族自治地方的人民代表大会常务委员会制定）

自治区的自治条例和单行条例，报全国人民代表大会常务委员会批准后生效。自治州、自治县的自治条例和单行条例，报省、自治区、直辖市的人民代表大会常务委员会批准后生效，如《云南省孟连傣族拉祜族佤族自治县自治条例》。

6. 法定标准

（1）国家标准，由国务院标准化行政主管部门颁布，如《危险化学品重大危险源辨识》。

（2）行业标准，如《安全评价通则》《煤矿建设项目安全预评价实施细则》。

（3）地方标准，如《山东省安全技术防范工程管理规范》。

（4）企业标准。

7. 国际条约（全国人民代表大会常务委员会批准）

国际条约是指国际法主体之间以国际法为准则而为确立其相互权利和义务而缔结的书面协议。国际条约包括一般性的条约和特别条约。本书中主要是指我国政府批准加入的国际劳工公约，如《矿山安全卫生公约》《建筑安全卫生公约》。

二、安全生产法

2014 年 12 月 1 日实施的《中华人民共和国安全生产法》（以下简称新法），于 2021 年修正，对安全生产方针、安全管理机制和机构做出了调整。

其中，第二十四条规定：矿山、金属冶炼、建筑施工、运输单位和危险物品的生产、经营、储存、装卸单位，应当设置安全生产管理机构或者配备专职安全生产管理人员。前款规定意外的其他生产经营单位，从业人员超过一百人的，应当设置安全生产管理机构或者配备专职安全生产管理人员；从业人员一百人以下的，应当配备专职或者兼职的安全生产管理人员。

根据原国家安全生产监督管理总局政策法规司对新法的解释，新法主要有以下 10 个亮点。

1. 坚持以人为本、生命至上

新法提出安全生产工作应当以人为本，对于坚守发展决不能以牺牲人的生命为代价这条红线，牢固树立以人为本、生命至上的理念，正确处理重大险情和事故应急救援中"保财产"还是"保人命"问题，具有重大意义。

2. 确立安全生产方针和工作机制

新法确立了安全生产工作的"十二字"方针，明确了安全生产的重要地位、主体任务和实现安全生产的根本途径。"安全第一"要求从事生产经营活动必须将安全放在首位，不能以牺牲人的生命、健康为代价换取发展和效益。"预防为主"要求将安全生产工作的重心放在预防上，强化隐患排查治理，打非治违，从源头上控制、预防和减少生产安全事故。"综合治理"要求运用行政、经济、法治、科技等多种手段，充分发挥社会、职工、舆论监督各个方面的作用，抓好安全生产工作。新法明确要求建立"生产经营单位负责、职工参与、政府监管、行业自律和社会监督"的机制，进一步明确各方安全生产职责。做好安全生产工作，落实生产经营单位主体责任是根本，职工参与是基础，政府监管是关键，行业自律是发展方向，社会监督是实现预防和减少生产安全事故目标的保障。

3. 落实"三个必须",明确安全监管部门职责和地位

按照"三个必须"(管业务必须管安全、管行业必须管安全、管生产经营必须管安全)的要求:

① 规定国务院和县级以上地方人民政府应当建立、健全安全生产工作协调机制,及时协调、解决安全生产监督管理中存在的重大问题。

② 明确国务院和县级以上地方人民政府安全生产监督管理部门实施综合监督管理,有关部门在各自职责范围内对有关行业、领域的安全生产工作实施监督管理,并将其统称负有安全生产监督管理职责的部门。

③ 明确各级安全生产监督管理部门和其他负有安全生产监督管理职责的部门作为执法部门,依法开展安全生产行政执法工作,对生产经营单位执行法律法规、国家标准或者行业标准的情况进行监督检查。

4. 明确乡镇、街道、开发区等的安全生产职责

乡镇街道是安全生产工作的重要基础,有必要在立法层面明确其安全生产职责,同时针对各地经济技术开发区、工业园区的安全监管体制不顺、监管人员配备不足、事故隐患集中、事故多发等突出问题,新法明确规定:乡、镇人民政府以及街道办事处、开发区管理机构等地方人民政府的派出机关应当按照职责,加强对本行政区域内生产经营单位安全生产状况的监督检查,协助上级人民政府有关部门依法履行安全生产监督管理职责。

5. 进一步强化生产经营单位的安全责任

做好安全生产工作,落实生产经营单位主体责任是根本。新法把明确安全责任、发挥生产经营单位安全生产管理机构和安全生产管理人员作用作为一项重要内容,做出以下重要规定:明确委托规定的机构提供安全生产技术、管理服务的,保证安全生产的责任仍然由本单位负责;明确生产经营单位的安全生产责任制的内容,规定生产经营单位应当建立相应的机制,加强对安全生产责任制落实情况的监督考核;明确生产经营单位的安全生产管理机构以及安全生产管理人员履行的 7 项职责;规定矿山、金属冶炼建设项目和用于生产、储存危险物品的建设项目竣工投入生产或者使用前,由建设单位负责组织对安全设施进行验收。

6. 完善事故预防和事故应急救援制度

新法将加强事前预防和事故应急救援作为一项重要内容:生产经营单位必须建立生产安全事故隐患排查治理制度,采取技术、管理措施及时发现并消除事故隐患,并向从业人员通报隐患排查治理情况的制度;政府有关部门要建立、健全重大事故隐患治理督办制度,督促生产经营单位消除重大事故隐患;对未建立隐患排查治理制度、未采取有效措施消除事故隐患的行为,设定了严格的行政处罚;赋予负有安全监管职责的部门对拒不执行执法决定、有发生生产安全事故现实危险的生产经营单位依法采取停电、停供民用爆炸物品等措施,强制生产经营单位履行决定;国家建立应急救援信息系统,生产经营单位应当依法制订应急预案并定期演练,参与事故抢救的部门和单位要服从统一指挥,根据事故救援的需要组织采取告知、警戒、疏散等措施。

7. 建立安全生产标准化制度

安全生产标准化是在传统的安全质量标准化基础上,根据当前安全生产工作的要求、企业生产工艺特点,借鉴国外现代先进安全管理思想,形成的一套系统的、规范的、科学的安全管理体系。《国务院关于进一步加强企业安全生产工作的通知》(国发〔2010〕23 号)和《国务院关于坚持科学发展安全发展促进安全生产形势持续稳定好转的意见》(国发〔2011〕40 号)均对安全

生产标准化工作提出了明确要求。近年来,矿山、危险化学品等高危行业企业安全生产标准化取得了显著成效,工贸行业领域的标准化工作正在全面推进,企业本质安全生产水平明显提高。

8. 推行注册安全工程师制度

为解决中小企业安全生产"无人管、不会管"问题,促进安全生产管理人员队伍朝着专业化、职业化方向发展,国家自 2004 年以来实施了全国注册安全工程师执业资格统一考试。新法确立了注册安全工程师制度,并从两个方面加以推进:危险物品的生产、储存单位以及矿山、金属冶炼单位应当有注册安全工程师从事安全生产管理工作,鼓励其他生产经营单位聘用注册安全工程师从事安全生产管理工作;建立注册安全工程师按专业分类管理制度,授权国务院有关部门制定具体实施办法。

9. 推进安全生产责任保险制度

新法总结近年来的试点经验,通过引入保险机制,促进安全生产,规定国家鼓励生产经营单位投保安全生产责任保险。安全生产责任保险具有其他保险所不具备的特殊功能和优势:

(1)增加事故救援费用和第三人(事故单位从业人员以外的事故受害人)赔付的资金来源,有助于减轻政府负担,维护社会稳定。目前,有的地区还提供了一部分资金作为对事故死亡人员家属的补偿。

(2)有利于现行安全生产经济政策的完善和发展。2005 年起实施的高危行业风险抵押金制度存在缴存标准高、占用资金大、缺乏激励作用等不足,目前湖南、上海等省市已经通过地方立法允许企业自愿选择责任保险或者风险抵押金,受到企业的广泛欢迎。

(3)通过保险费率浮动、引进保险公司参与企业安全管理,可以有效促进企业加强安全生产工作。

10. 加大对安全生产违法行为的责任追究力度

(1)规定了事故行政处罚和金额。

① 将行政法规的规定上升为法律条文,按照两个责任主体、四个事故等级,设立了生产经营单位及其主要负责人的八项罚款处罚明文。

② 大幅提高对事故责任单位的罚款金额。一般事故 30 万～100 万元,较大事故 100 万～200 万元,重大事故 200 万～1 000 万元,特别重大事故 1 000 万～2 000 万元。

③ 进一步明确主要负责人对重大、特别重大事故负有责任的,终身不得担任本行业生产经营单位的主要负责人。

(2)加大罚款处罚力度。结合水平、企业规模等实际,新法维持罚款下限基本不变,将罚款上限提高了 2～5 倍,并且大多数处罚则不再将限期整改作为前置条件;反映了"打非治违""重典治乱"的现实需要,强化了对安全生产违法行为的震慑力,也有利于降低执法成本、提高执法效能。

(3)建立了严重违法行为公告和通报制度。要求安全生产监督管理部门建立安全生产违法行为信息库,如实记录生产经营单位的违法行为信息;对违法行为情节严重的生产经营单位,应当向社会公告,并通报行业主管部门、投资主管部门、国土资源主管部门、证券监督管理部门和有关金融机构。

三、安全技术法规

安全技术法规是指国家为搞好安全生产,防止和消除生产中的灾害事故,保障职工人身安全而制定的法律规范。国家规定的安全技术法规是对一些比较突出或有普通意义的安全技问题规定其基本要求。针对一些较特殊的安全技术问题,国家有关部门也制定并颁布了专门的安全技术法规。

1. 设计、建设工程安全方面

《建设工程安全生产管理条例》第四条规定:建设单位、勘察单位、设计单位、施工单位、工程监理单位及其他与建设工程安全生产有关的单位,必须遵守安全生产法律、法规的规定,保证建设工程安全生产,依法承担建设工程安全生产责任。《中华人民共和国安全生产法》第三十一条规定:生产经营单位新建、改建、扩建工程项目的安全设施,必须与主体工程同时设计、同时施工、同时投入生产和使用。安全设施投资应当纳入建设项目概算。

2. 机器设备安全装置方面

对于机器设备的安全装置,国家职业安全卫生设施标准中有明确要求,如传动带、明齿轮、砂轮、电锯、联轴节、转轴、胶带轮等危险部位和压力机旋转部位有安全防护装置。机器转动部分设自动加油装置。起重机应标明吨位,使用时不准超速、超负荷,不准斜吊,禁止任何人在吊运物品上或者在下面停留或行走等。《中华人民共和国安全生产法》第三十六条规定:安全设备的设计、制造、安装、使用、检测、维修、改造和报废,应当符合国家标准或者行业标准。生产经营单位必须对安全设备进行经常性维护、保养,并定期检测,保证正常运转。维护、保养、检测应当做好记录,并由有关人员签字。生产经营单位不得关闭、破坏关系生产安全的监控、报警、防护、救生设备,或者篡改、隐瞒、销毁其相关数据、信息。餐饮等行业的生产经营单位适用燃气的,应当安装可燃气体报警装置,并保障其正常使用。

3. 特种设备安全措施方面

《特种设备安全监察条例》(2009年)规定:特种设备是指涉及生命安全、危险性较大的锅炉、压力容器(含气瓶)、压力管道、电梯、起重机械、客运索道、大型游乐设施和场(厂)内专用机动车辆,军事装备、核设施、航空航天器、铁路机车、海上设施和船舶以及矿山井下使用的特种设备、民用机场专用设备除外。

特种设备使用单位应当对特种设备作业人员进行特种设备安全、节能教育和培训,保证特种设备作业人员具备必要的特种设备安全、节能知识。特种设备检验检测机构进行特种设备检验检测,发现严重事故隐患或者能耗严重超标的,应当及时告知特种设备使用单位,并立即向特种设备安全监督管理部门报告。特种设备安全监督管理部门对特种设备生产、使用单位和检验检测机构进行安全监察时,发现有违反本条例规定和安全技术规范要求的行为或者在用的特种设备存在事故隐患、不符合能效指标的,应当以书面形式发出特种设备安全监察指令,责令有关单位及时采取措施,予以改正或者消除事故隐患。紧急情况下需要采取紧急处置措施的,应当随后补发书面通知。

4. 防火防爆安全规则方面

《中华人民共和国消防法》规定:地方各级人民政府应当将包括消防安全布局、消防站、消防供水、消防通信、消防车通道、消防装备等内容的消防规划纳入城乡规划,并负责组织实施;生产、储存、经营易燃易爆危险品的场所不得与居住场所设置在同一建筑物内,并应当与居住场所保持安全距离。

《危险化学品安全管理条例》规定:危险化学品安全管理,应当坚持"安全第一、预防为主、综合治理"的方针,强化和落实企业的主体责任。生产、储存、使用、经营、运输危险化学品的单位(以下统称危险化学品单位)的主要负责人对本单位的危险化学品安全管理工作全面负责。任何单位和个人不得生产、经营、使用国家禁止生产、经营、使用的危险化学品。危险化学品单位应当具备法律、行政法规规定和国家标准、行业标准要求的安全条件,建立、健全安全管理规章制度和岗位安全责任制度,对从业人员进行安全教育、法制教育和岗位技术培训。从业人员应当接受教育和培训,考核合格后上岗作业;对有资格要求的岗位,应当配备依法取得相应资格的人员。

5. 工作安全条件方面

《中华人民共和国安全生产法》第四十二条规定:生产、经营、储存、使用危险物品的车间、商店、仓库不得与员工宿舍在同一座建筑物内,并应当与员工宿舍保持安全距离。生产经营场所和员工宿舍应当设有符合紧急疏散要求、标志明显、保持畅通的出口、疏散通道。禁止占用、封锁、封堵生产经营场所或者员工宿舍的出口、疏散通道。

《工厂安全卫生规程》规定:对工作场所的通道、照明、安全标志、机器和工作台等设备的布置等做了比较全面的规定。《建筑安装安全技术规程》规定:施工现场应合乎安全卫生要求;工地内的沟、坑应填平,或设围栏、盖板;施工现场内一般不许架设高压线。《中华人民共和国矿山安全法》也对矿井的安全出口、出口之间的直线水平距离以及矿山与外界相通的运输和通信设施等做了规定。

6. 个体安全防护方面

《中华人民共和国安全生产法》第四十五条规定:生产经营单位必须为从业人员提供符合国家标准或者行业标准的劳动防护用品,并监督、教育从业人员按照使用规则佩戴、使用。个体防护用品按其制造目的和传递给人的能量来区分,有防止造成急性伤害和慢性伤害两种。《工厂安全卫生规程》中规定:电气操作人员应该由工厂按照需要分别供给绝缘靴、绝缘手套等;高空作业应由企业供给安全帽、安全带;产生大量有毒气体的工厂、车间应备有防毒救护用具。《中华人民共和国劳动法》《中华人民共和国煤炭法》《中华人民共和国矿山安全法》等国家法律、法规也都对企事业单位对劳动者提供必要的防护用品提出了明确要求。

四、职业健康法规

职业健康法规是指国家为了改善劳动条件,保护职工在生产过程中的健康,预防和消除职业病和职业中毒而制定的各种法规规范。这里既包括职业健康保障措施的规定,也包括有关预防医疗保健措施的规定。我国现行职业健康方面的法规和标准主要有:《中华人民共和国环境保护法》《中华人民共和国乡镇企业法》《中华人民共和国煤炭法》《工厂安全卫生规程》《中华人民共和国职业病防治法》《放射性同位素与射线装置防护条例》《防暑降温暂行办法》《化工系统健康监护管理办法》《乡镇企业劳动卫生管理办法》《职业病范围和职业病患者处理办法》以及《工业企业噪声卫生标准》《微波辐射暂行卫生标准》《工业企业设计卫生标准》(GBZ 1—2010)、《工业企业总平面设计规范》(GB 50187—2012)等。2011 年 12 月 31 日起施行的《职业病防治法》,使我国的职业病防治的法规管理提高到了一个新的高度和层次。与安全技术法规一样,国家职业健康法规也是对具有共性的工业卫生问题提出了具体要求。

《职业病分类和目录》(国卫疾控发〔2013〕48 号)将职业病分为 10 大类、132 个小项:① 职业尘肺病及其他呼吸系统疾病(19 项);② 职业性皮肤病(9 项);③ 职业性眼病(3 项);④ 职业性耳鼻喉口腔疾病(4 项);⑤ 职业性化学中毒(60 项);⑥ 物理因素所致职业病(7 项);⑦ 职业性放射性疾病(11 项);⑧ 职业性传染病(5 项);⑨ 职业性肿瘤(11 项);⑩ 其他职业病(3 项)。

1. 工矿企业设计、建设的职业健康方面

《工业企业设计卫生标准》(GBZ 1—2010)对工业企业设计过程中尘毒危害治理,对生产过程中不能消除的有害因素以及对现有企业存在的污染问题的预防和综合治理措施等提出了明确要求。《中华人民共和国环境保护法》中规定：散发有害气体、粉尘的单位，要积极采用密闭的生产设备和生产工艺，并安装通风除尘和净化、回收设备。生产及工作环境中的有害气体和粉尘含量，必须符合国家工业企业卫生标准的规定。《中华人民共和国职业病防治法》第四条至第七条规定：劳动者依法享有职业卫生保护的权利；用人单位应当为劳动者创造符合国家职业卫生标准和卫生要求的工作环境和条件，并采取措施保障劳动者获得职业卫生保护，工会组织依法对职业病防治工作进行监督，维护劳动者的合法权益；用人单位制定或者修改有关职业病防治的规章制度，应当听取工会组织的意见；用人单位应当建立、健全职业病防治责任制，加强对职业病防治的管理，提高职业病防治水平，对本单位产生的职业病危害承担责任；用人单位的主要负责人对本单位的职业病防治工作全面负责；用人单位必须依法参加工伤保险。

2. 防止粉尘危害方面

《国务院关于加强防尘防毒工作的决定》规定：各经济部门和企业、事业主管部门，对现有企业进行技术改造时，必须同时解决尘毒危害和安全生产问题。《尘肺病防治条例》规定：凡有尘作业的企业、事业单位应采取综合防尘措施和无尘或低尘的新技术、新工艺、新设备，使作业场所的粉尘浓度不超过国家标准。该条例还规定了警告、期限治理、罚款和停产整顿的各项条款。

《严防企业粉尘爆炸五条规定》要求：

① 必须确保作业场所符合标准规范要求，严禁设置在违规多层房、安全间距不达标厂房和居民区内。

② 必须按标准规范设计、安装、使用和维护通风除尘系统，每班按规定检测和规范清理粉尘，在除尘系统停运期间和粉尘超标时严禁作业，并停产撤人。

③ 必须按规范使用防爆电气设备，落实防雷、防静电等措施，保证设备设施接地，严禁作业场所存在各类明火和违规使用作业工具。

④ 必须配备铝镁等金属粉尘生产、收集、储存的防水防潮设施，严禁粉尘遇湿自燃。

⑤ 必须严格执行安全操作规程和劳动防护制度，严禁员工培训不合格和不按规定佩戴使用防尘、防静电等劳保用品上岗。

3. 防止有毒物质危害方面

《工厂安全卫生规程》对工作场所尘毒危害和危险物品治理提出了要求，如散放有害健康的蒸气、气体和粉尘的设备要严加密闭，必要时应安装通风、吸尘和净化装置。《工业企业设计卫生标准》(GBZ 1—2010)规定了我国各类工业企业设计的工业卫生基本标准，并且从工业企业的设计、施工到生产过程以及"三废"治理等多个环节提出了劳动卫生学的基本要求，并对111种化学毒物规定了车间空气中允许浓度的最高标准。

《中华人民共和国职业病防治法》第二十五条规定：产生职业病危害的用人单位，应当在醒目位置设置公告栏，公布有关职业病防治的规章制度、操作规程、职业病危害事故应急救援措施和工作场所职业病危害因素检测结果。对产生严重职业病危害的作业岗位，应当在其醒目位置设置警示标识和中文警示说明；警示说明应当载明产生职业病危害的种类、后果、预防以及应急救治措施等内容。第二十六条规定：对可能发生急性职业损伤的有毒、有害工作场所，用人单位应当设置报警装置，配置现场急救用品、冲洗设备、应急撤离通道和必要的泄险区。

4. 防止物理危害因素和伤害方面

《工厂安全卫生规程》对照明、温度、噪声等物理因素的治理做了明确规定。其中规定：新企业的噪声不得超过85 dB(A)，现有企业最高不得超过90 dB(A)。《微波辐射暂行卫生标准》

中对微波设备的出厂性能鉴定要求进行了严格的规定。

《矿山安全条例》规定:开采放射性矿物的矿井,应以有效措施减少氧气析出量。《放射性同位素工作卫生防护管理办法》中规定:放射性同位素应用单位开展工作前,要向所在省、市、自治区卫生部门申请许可,并向公安部门申请登记。《中华人民共和国职业病防治法》规定:对放射工作场所和放射性同位素的运输、储存,用人单位必须配置防护设备和报警装置,保证接触放射线的工作人员佩戴个人剂量计。对职业病防护设备、应急救援设施和个人使用的职业病防护用品,用人单位应当进行经常性的维护、检修,定期检测其性能和效果,确保其处于正常状态,不得擅自拆除或者停止使用;向用人单位提供可能产生职业病危害的化学品、放射性同位素和含有放射性物质的材料的,应当提供中文说明书;说明书应当载明产品特性、主要成分、存在的有害因素、可能产生的危害后果、安全使用注意事项、职业病防护以及应急救治措施等内容;产品包装应当有醒目的警示标识和中文警示说明;储存上述材料的场所应当在规定的部位设置危险物品标识或者放射性警示标识。

5. 劳动卫生个体防护方面

1956年,国务院发布的《工厂安全卫生规程》对不同工种应发放的劳动防护用品做了具体规定。1963年,劳动部发布的《国营企业职工个人防护用品发放标准》对发放防护用品的原则和范围、不同行业同类工种发放防护服的标准、行业性的主要工种发放防护服的标准、发放防寒服的标准以及其他防护用品的发放标准等做了具体规定。1996年4月,劳动部颁布了《劳动防护用品管理规定》,对劳动防护用品的研制、生产、经营、发放、使用和质量检验等做了规定。2000年,国家经济贸易委员会颁布了《劳动保护用品配备标准(试行)》,对工业企业各种工种工人的劳动保护用品配备标准做了明确、具体的规定。《中华人民共和国职业病防治法》第二十三条规定:用人单位必须采用有效的职业病防护设施,并为劳动者提供个人使用的职业病防护用品。第二十六条规定:对可能发生急性职业损伤的有毒、有害工作场所,用人单位应当设置报警装置,配置现场急救用品、冲洗设备、应急撤离通道和必要的泄险区。对放射工作场所和放射性同位素的运输、贮存,用人单位必须配置防护设备和报警装置,保证接触放射线的工作人员佩戴个人剂量计。对职业病防护设备、应急救援设施和个人使用的职业病防护用品,用人单位应当进行经常性的维护、检修,定期检测其性能和效果,确保其处于正常状态,不得擅自拆除或者停止使用。

6. 工业卫生辅助设施方面

《工厂安全卫生规程》规定:工厂应根据需要,设置浴室、厕所、更衣室、休息室、妇女卫生室等辅助设施。《工业企业设计卫生标准》(GBZ 1—2010)对辅助用室基本卫生做了特别要求。《中华人民共和国职业病防治法》第十五条规定:产生职业病危害的用人单位的设立除应当符合法律、行政法规规定的设立条件外,其工作场所应当有配套的更衣间、洗浴间、孕妇休息间等卫生设施。

7. 女职工劳动卫生特殊保护方面,国家根据女职工的生理机能和身体特点,以妇女劳动卫生学为科学依据,先后制定了《女职工保健工作暂行规定(试行草案)》《女职工劳动保护规定》《女职工禁忌劳动范围的规定》《中华人民共和国妇女权益保障法》等。

五、安全管理法规

安全管理法规是国家为了搞好安全生产、加强安全生产和劳动保护工作,保护职工的安全健康所制定的管理规范。从广义上来讲,国家的立法、监督、监督检查和教育等方面都属于管理范畴。安全生产管理是企业经营管理的重要内容之一,因此管生产的必须管安全。《中华人民共和国宪法》规定,加强劳动保护,改善劳动条件,是国家和企业管理劳动保护工作的基本原则。劳动保护管理制度是各类工矿企业为了保护劳动者在生产过程中的安全、健康,根据生产实践的客观规律总结和制定的各种规章。概括地讲,这些规章制度一方面属于生产行政管理制度,另一方面属于生产技术管理制度。这两类规章制度经常是密切联系、互相补充的。

重视和加强安全生产的制度建设,是安全生产和劳动保护法制的重要内容。《中华人民共和国劳动法》第五十二条规定:用人单位必须建立、健全劳动安全卫生制度,严格执行国家劳动安全卫生规程和标准,对劳动者进行劳动安全卫生教育,防止劳动过程中的事故,减少职业危害。《中华人民共和国企业法》第四十一条规定:企业必须贯彻安全生产制度,改善劳动条件,做好劳动保护和环境保护工作,做到安全生产和文明生产。此外,在《中华人民共和国矿山安全法》《中华人民共和国乡镇企业法》《中华人民共和国煤炭法》《中华人民共和国职业病防治法》《全民所有制工业交通企业设备管理条例》《危险化学品管理条例》等多部法律、法规中,都对不断完善劳动保护管理制度提出了要求。

1. 安全生产责任制

在《国务院关于加强企业生产中安全工作的几项规定》中,对安全生产责任制的内容及实施方法做了比较全面的规定。经过多年的劳动保护工作实践,这一制度得到了进一步的完善和补充,在国家相继颁布的《中华人民共和国企业法》《中华人民共和国环境保护法》《中华人民共和国矿山安全法》《中华人民共和国煤炭法》《中华人民共和国职业病防治法》等多项法律、法规中,安全生产责任制都被列为重要条款,成为国家安全生产管理工作的基本内容。

2. 安全教育制度

新中国成立以来,各级人民政府和各产业部门为加强企业的安全生产教育工作陆续颁发了一些法规和规定。《中华人民共和国劳动法》不仅规定了用人单位开展职业培训的义务和职责,同时规定了"从事技术工种的劳动者,上岗前必须经过培训"。《中华人民共和国企业法》将"企业应当加强思想政治教育、法制教育、国防教育、科学文化教育和技术业务培训,提高职工队伍素质"作为企业必须履行的义务之一。《中华人民共和国矿山安全法》规定:矿山企业必须对职工进行教育、培训,未经安全教育、培训的不得上岗作业;矿山企业安全生产的特种作业人员必须接受专门培训,经考核合格取得操作资格证书的,方可上岗作业。《中华人民共和国煤炭法》《中华人民共和国乡镇企业法》《中华人民共和国职业病防治法》等其他法律法规中,也都对劳动保护教育制度予以规定。

《国家安全监管总局关于修改〈生产经营单位安全培训规定〉等11件规章的决定》规定:生产经营单位主要负责人和安全生产管理人员应当接受安全培训,具备与所从事的生产经营活动相适应的安全生产知识和管理能力;煤矿、非煤矿山、危险化学品、烟花爆竹等生产经营单位主要负责人和安全生产管理人员,必须接受专门的安全培训,经安全生产监管监察部门对其安全生产知识和管理能力考核合格,取得安全资格证书后,方可任职。

3. 安全生产检查制度

多年的安全生产工作实践,使群众性的安全生产检查逐步成为劳动保护管理的重要制度之一,在《国务院关于加强企业生产中安全工作的几项规定》中对安全生产检查工作提出了明确要求。1980年4月,经国务院批准,将每年5月份定为"全国安全月",以推动安全生产和文明生产,并使之经常化、制度化。"全国安全月"从1980年一直持续到1984年。从1991年开始,全国安委会开始在全国组织开展"安全生产周"活动。从2002年开始,我国将"安全生产周"改为"安全生产月"。

4. 伤亡事故报告处理制度

1956 年,国务院颁布了《工人职员伤亡事故报告规程》。1991 年 2 月 22 日,国务院发布了《企业职工伤亡事故报告处理规定》,对企业职工伤亡事故的报告、调查、处理等提出了具体要求。1989 年 3 月,为了保证特别重大事故调查工作的顺利进行,国务院发布了《生产安全事故报告和调查处理条例》。原劳动部依据国家法律、法规的有关规定,对职工伤亡事故的统计、报告、调查和处理等程序进行了规定。为履行安全生产群众监督检查职责,全国总工会对各级工会组织进行职工伤亡事故的统计、报告、调查和处理等也做出了规定。2007 年 6 月 1 日起施行《生产安全事故报告和调查处理条例》(国务院令第 493 号);2011 年 9 月,国家安全生产监督管理总局通过了关于修改《〈生产安全事故报告和调查处理条例〉罚款处罚暂行规定》部分条款的决定。

5. 劳动保护措施计划

1978 年,国务院重申的《关于加强企业生产中安全工作的几项规定》中明确要求"企业单位必须在编制生产、技术、财务计划的同时,必须编制安全生产技术措施计划"。1979 年,国家计划委员会、国家经济体制改革委员会、国家建设委员会又联合发布了《关于安排落实劳动保护技措经费的通知》;同年,国务院发出了第 100 号文件,重申"每年在固定资产更新和技术改造资金中提取 10%～20%(矿山、化工、金属冶炼企业应大于 20%)用于改善劳动条件,不得挪用"。为了加快我国矿山企业设备的更新和改造,《中华人民共和国矿山安全法》规定:矿山企业安全技术措施专项费用必须全部用于改善矿山安全生产条件,不得挪作他用。同时,该法规定了对"未按照规定提取或使用安全技术措施专项经费"的罚则。

6. 建设工程项目的安全卫生规范

1977 年 8 月 24 日发布的《关于加强有计划改善劳动条件工作的联合通知》中第四条提出:有新建、扩建、改建企业时,必须按照《工业企业设计卫生标准》(GBZ 1—2010)的要求进行设计和施工,一定要做到主体工程和防尘防毒技措同时设计、同时施工、同时投产。1978 年发布的《关于加强厂矿企业防尘防毒工作的报告》明确规定:新的建设项目,要认真做到劳动保护设施主体工程同时设计、同时施工、同时投产;同时,设计、制造新的生产设备,要有符合要求的安全卫生防护设施。《中华人民共和国劳动法》第五十三条要求:新建、改建、扩建工程的劳动安全卫生设施必须与主体工程同时设计、同时施工、同时投入生产和使用。关于这方面的法律法规还有:《中共中央关于认真做好劳动保护工作的通知》(1978)、《关于生产性建设工程项目职业安全卫生监督的暂行规定》(1988)、《建设项目(工程)竣工验收办法》(1990)、《建设项目(工程)职业安全卫生监督规定》(1996)、《建设项目(工程)职业安全卫生预评价管理办法》(1998)等。

7. 安全生产监督制

安全生产监督是国家授权特定行政机关设立的专门监督机构,以国家名义并利用国家行政权力,对各行业安全生产工作实行统一监督。在我国,国家授权行政主管部门(现为应急管理部)行使国家安全生产监督权。国家安全生产监督制度由国家安全生产监督法规制度、监督组织机构和监督工作实践构成体系,这一体系还与企业、事业单位及其主管部门的内部监督以及工会组织的群众监督相结合。1978—1979 年,国务院责成有关部门着手进行锅炉、矿山安全的立法和监督工作,并于 1982 年 2 月发布了《锅炉压力容器安全监督暂行条例》;同年,国务院发布了《矿山安全监察条例》。1983 年 5 月,国务院批转劳动人事部、国家经济委员会、全国总工会《关于加强安全生产和劳动保护安全监督工作的报告》,同意对其他行业全面实行国家劳动安全监督制度和违章经济处罚办法。1997 年 1 月,劳动部发布了《建设项目(工程)职业安全卫生监督规定》,明确了任何建设项目(工程)必须接受职业安全卫生监督和验收。

8. 工伤保险制度

1993 年,党的十四届三中全会通过《中共中央关于建立社会主义市场经济体制若干问题的决定》中提出了"普遍建立企业工伤保险制度"的要求。1996 年 10 月,劳动部发布了《企业职工工伤保险试行办法》。2002 年,国务院发布了《工伤保险条例》,标志着我国探索建立符合社会保险通行原则的工伤保险工作进入了新阶段。1996 年,国家发布了《职工工伤与职业病致残程度鉴定标准》(GB/T16180—1996),为工伤的鉴定提供了技术规范。目前,我国的工伤保险制度仍然贯彻了工伤保险与事故预防相结合的指导思想和改革思路,将过去企业自管的被动的工伤补偿制度改革成社会化管理的工伤预防、工伤补偿、职业康复三项任务有机结合的新型工伤保险制度。2010 年,国务院对 2004 年《工伤保险条例》进行了修改,修订案自 2011 年 1 月 1 日起实施。

《最高人民法院关于审理工伤保险行政案件若干问题的规定》(以下简称《规定》)于 2014 年 9 月 1 日起施行,《规定》细化了工伤认定中的"工作原因、工作时间和工作场所""因工外出期间""上下班途中"等问题,还对双重劳动关系、派遣、指派、转包和挂靠关系 5 类特殊的工伤保险责任主体做了明确规定。

《规定》第四条规定:社会保险行政部门认定四种情形为工伤的,人民法院应予支持。具体包括:职工在工作时间和工作场所内受到伤害,用人单位或者社会保险行政部门没有证据证明是非工作原因导致的;职工参加用人单位组织或者受用人单位指派参加其他单位组织的活动受到伤害的;在工作时间内,职工来往于多个与其工作职责相关的工作场所之间的合理区域因工受到伤害的;其他与履行工作职责相关,在工作时间及合理区域内受到伤害的。《规定》第六条规定:对社会保险行政部门认定下列情形为"上下班途中"的,人民法院应予支持:在合理时间内往返于工作地与住所地、经常居住地、单位宿舍的合理路线的上下班途中;在合理时间内往返于工作地与配偶、父母、子女居住地的合理路线的上下班途中;从事属于日常工作生活所需要的活动,且在合理时间和合理路线的上下班途中;在合理时间内其他合理路线的上下班途中。

9. 注册安全工程师执业资格制度

2002 年,人事部、国家安全生产监督管理总局发布了《注册安全工程师执业资格制度暂行规定》和《注册安全工程师执业资格认定办法》,从而推行了我国的注册安全工程师执业资格制度,这一制度的实施将对提高我国安全专业人员的专业素质水平发挥重要的作用。为适应中小企业安全生产管理工作的实际需要,根据《国务院关于进一步加强安全生产工作的决定》有关精神,经人事部、国家安全生产监督管理总局研究决定,在注册安全工程师制度中增设助理级资格。根据《中华人民共和国劳动法》的有关规定,为了进一步完善国家职业标准体系,为职业教育、职业培训和职业技能鉴定提供科学、规范的依据,劳动和社会保障部组织有关专家,制定了《安全评价师国家职业标准(试行)》。

六、我国安全生产标准体系

1. 按标准的法律效力分类

(1)强制性标准。为改善劳动条件,加强劳动保护,防止各类事故发生,减轻职业危害,保护职工的安全健康,建立统一协调、功能齐全、衔接配套的劳动保护法律体系和标准体系,强化职业安全卫生监督,必须强制执行。在国际上,环境保护、食品卫生和职业卫生问题,越来越引起各国有关方面的重视,制定了大量的安全卫生标准,或者在国家标准、国际标准中列入了安全卫生要求,这已成了标准化的主要目的之一。这些标准在世界各国都有明确规定,并且用法律强制执行,同时经济上的考虑往往居第二位。

(2)推荐性标准。从国家和企业的生产水平、经济条件、技术能力和人员素质等方面考虑,在全国、全行业强制性统一执行有困难时,此类标准作为推荐性标准执行,如《职业健康安全管理体系》(OHSAS 18001)是一种推荐性标准。

2. 按标准对象特性分类

(1)基础标准。基础标准是对职业安全卫生具有最基本、最广泛指导意义的标准。由于基础标准具有最一般的共性,因而是通用性很广的那些标准,如名词、术语等。

(2)产品标准。产品标准是对职业安全卫生产品的类型、尺寸、主要性能参数、质量指标、使用、维修等所制定的标准。

(3)方法标准。一切属于方法、程序规程性质的标准都可以归入方法标准,如试验方法、检验方法、分析方法、测定方法、设计规程、工艺规程、操作方法等。

3. 安全生产标准的体系

我国安全生产标准属于强制性标准,是安全生产法规的延伸与具体化,其体系由基础标准、管理标准、安全生产技术标准、其他综合类标准组成,见表 8-1。

表 8-1　职业健康安全卫生标准体系

类别		举例
基础标准	专业基础标准	职业卫生术语、标准编制指南等
	通用规划	企业设计卫生标准、工业场所警示标识等
	限值标准	化学因素、生物因素、物理因素、粉尘、劳动生理、生物接触限值、应急响应限值等
管理标准	用人单位管理	作业分级标准、作业管理标准、特殊危害控制标准、行业职业病防治指南等
	技术机构管理	基本条件、服务行为规范等
技术标准	方法基础标准	要样规范、检测方法、毒性鉴定、质量控制等
	评价标准	风险评估、工业场所综合评价、职业危害预评导则、职业危害控评导则等
	产品标准	个体防护标准、防护设施效果、采样仪器、报警仪器等

安全标准虽然处于安全生产法规体系的底层,但其调整的对象和规范的措施最具体。安全标准的制定和修订由国务院有关部门按照保障安全生产的要求,依法及时进行。安全标准由于它的重要性,生产经营单位必须执行。这在安全生产法中以法律条文加以强制规范。《中华人民共和国安全生产法》第十一条规定:国务院有关部门应当按照保障安全生产的要求,依法及时制定有关的国家标准或者行业标准,并根据科技进步和经济发展适时修订。生产经营单位必须执行依法制定的保障安全生产的国家标准或者行业标准。

第三节　安全生产责任制度

为了实施安全对策,必须首先明确由谁来实施的问题。在我国,在推行全员安全管理的同时,实行安全生产责任制度。所谓安全生产责任制度,就是各级领导应对本单位事故预防工作所负的总的领导责任以及各级工程技术人员、职能科室和生产工人在各自的职责范围内对事故预防工作应负的责任。

安全生产责任是根据"管生产必须管安全"的原则,对企业各级领导和各类人员明确地规定了在生产中应负的安全责任。这是企业岗位责任制的一个组成部分,也是企业中最基本的一项安全制度,更是安全管理规章制度的核心。

一、企业各级领导的责任

企业领导在管理生产的同时,必须负责管理事故预防工作。在计划、布置、检查、总结、评比生产的时候,同时计划、布置、检查、总结、评比事故预防工作(简称"五同时")。事故预防工作必须行政第一把手负责,厂、车间、班、工段、小组的各级第一把手都负第一位责任。各级的副职根据各自分管业务工作范围负相应的责任。他们的任务是贯彻执行国家有关安全生产的法令、制度和保持管辖范围内的职工的安全和健康。凡是严格认真地贯彻了"五同时",就是尽了责任,反之就是失职。如果因此而造成事故,那就要视事故后果的严重程度和失职程度,由行政乃至司法机关追究法律责任。

1. 厂长的安全生产职责

厂长是企业安全生产的第一责任者,对本单位的安全生产负总的责任。既要支持分管事故预防工作的副厂长开展工作,又要督促分管其他工作的副厂长做好分管范围内的事故预防工作。

(1)贯彻执行安全生产方针、政策、法规和标准;审定、颁发本单位的安全生产管理制度;提出本单位安全生产目标并组织实施;定期或不定期召开会议,研究、部署安全生产工作。

(2)牢固树立"安全第一"的思想,在计划、布置、检查、总结、评比生产时,同时计划、布置、检查、总结、评比事故预防工作;对重要的经济技术决策,负责确定保证职工安全、健康的措施。

(3)审定本单位改善劳动条件的规划和年度安全技术措施计划,及时解决重大隐患。对本单位无力解决的重大隐患,应按规定权限向上级有关部门提出报告。

(4)在安排和审批生产建设计划时,将安全技术、劳动保护措施纳入计划,按规定提取和使用劳动保护措施费用;审定新的建设项目(包括挖潜、革新、改造项目)时,遵守和执行安全卫生设施与主体工程同时设计、同时施工和同时验收投产的"三同时"规定。

(5)组织对重大伤亡事故的调查分析,按"三不放过"(事故原因分析不清不放过,事故责任者和群众没有受到教育不放过,没有采取切实可行的防范措施不放过)的原则严肃处理;并对所发生的伤亡事故调查、登记、统计和报告的正确性、及时性负责。

(6)组织有关部门对职工进行安全技术培训和考核。坚持新工人入厂后的厂、车间、班组三级安全教育和特种作业人员持证上岗作业。

(7)组织开展安全生产竞赛、评比活动,对安全生产的先进集体和先进个人予以表彰或奖励。

(8)接到劳动行政部门发出的《劳动保护监察指令书》后,在限期内妥善解决问题。

(9)有权拒绝和停止执行上级违反安全生产法规、政策的指令,并及时提出不能执行的理由和意见。

(10)主持召开安全生产例会,定期向职工代表大会报告安全生产工作情况,认真听取意见和建议,接受职工群众监督。

（11）搞好女工的特殊保护工作,抓好职工个人防护用品的使用和管理。

2. 分管生产、事故预防工作的副厂长的安全生产职责

（1）协助厂长做好本单位事故预防工作,对分管范围内的事故预防工作负直接领导责任;支持安全技术部门开展工作。

（2）组织干部学习安全生产法规、标准及有关文件,结合本单位安全生产情况,制定保证安全生产的具体方案,并组织实施。

（3）协助厂长召开安全生产例会,对例会决定的事项负责组织贯彻落实。主持召开生产调度会,同时布置安全生产的有关事项。

（4）主持编制、审查年度安全技术措施计划,并组织实施。

（5）组织车间和有关部门定期开展专业性安全检查、季节性安全检查、安全操作检查。对重大隐患,组织有关人员到现场确定解决,或者按规定权限向上级有关部门提出报告,在上报的同时,应制定可靠的临时安全措施。

（6）主持制定安全生产管理制度和安全技术操作规程,并组织实施,定期检查执行情况;负责推广安全生产先进经验。

（7）发生重伤及死亡事故后,应迅速察看现场,及时准确地向上级报告;同时主持事故调查,确定事故责任,提出对事故责任者的处理意见。

3. 分管其他工作的副厂长的安全生产职责

分管计划、财务、设备、福利等工作的副厂长应对分管范围内的事故预防工作负直接领导责任。

（1）督促所管辖部门的负责人落实安全生产职责。

（2）主持分管部门会议,确定、解决安全生产方面存在的问题。

（3）参加分管部门重伤及死亡事故的调查处理。

4. 总工程师的安全生产职责

总工程师负责具体领导本单位的安全技术工作,对本单位的安全生产负技术领导责任。副总工程师在总工程师领导下,对其分管工作范围内的安全生产工作负责。

（1）贯彻上级有关安全生产方针、政策、法令和规章制度,负责组织制定本单位安全技术规程并认真贯彻执行。

（2）定期主持召开车间、科室领导干部会议,分析本单位的安全生产形势,研究解决安全技术问题。

（3）在采用新技术、新工艺时,研究和采取安全防护措施;设计、制造新的生产设备,要有符合要求的安全防护措施;新建工程项目,要做到安全措施与主体工程同时设计、同时施工、同时验收投产,把好设计审查和竣工验收关。

（4）督促技术部门对新产品、新材料的使用、储存、运输等环节提出安全技术要求;组织有关部门研究解决生产过程中出现的安全技术问题。

（5）定期布置和检查安技部门的工作。协助厂长组织安全大检查,对检查中发现的重大隐患,负责制订整改计划,并组织有关部门实施。

（6）参加重大事故调查,并做出技术鉴定。

（7）对职工进行经常性的安全技术教育。

（8）有权拒绝执行上级安排的严重危及安全生产的指令和意见。

5. 车间主任的安全生产职责

（1）车间主任负责领导和组织本车间的事故预防工作，对本车间的安全生产负总的责任。

（2）在组织管理本车间生产过程中，具体贯彻执行安全生产方针、政策、法令和本单位的规章制度。切实贯彻安全生产"五同时"，对本车间职工在生产中的安全与健康负全面责任。

（3）在总工程师领导下，制定各工种安全操作规程；检查安全规章制度的执行情况，保证工艺文件、技术资料和工具等符合安全方面要求。

（4）在进行生产、施工作业前，制定贯彻作业规程、操作规程的安全措施，并经常检查执行情况。组织制定临时任务和大、中、小修的安全措施，经主管部门审查后执行，并负责现场指挥。

（5）经常检查车间内生产建筑物、设备、工具和安全设施，组织整理工作场所，及时排除隐患。发现危及人身安全的紧急情况，立即下令停止作业，撤出人员。

（6）经常向职工进行劳动纪律、规章制度和安全知识、操作技术教育。对特种作业人员，要经考试合格，领取操作证后，方准独立操作；对新工人、调换工种人员在其上岗工作之前进行安全教育。

（7）发生重伤、死亡事故，立即报告厂长，组织抢救，保护现场，参加事故调查。对轻伤事故，负责查明原因和制订改进措施。

（8）召开安全生产例会，对所提出的问题应及时解决，或按规定权限向有关领导和部门提出报告。组织班组安全活动，支持车间安全员工作。

（9）做好女工特殊保护的具体工作。

（10）教育职工正确使用个人劳动防护用品。

6. 工段长的安全生产职责

（1）认真执行上级有关安全技术、工业卫生工作的各项规定，对本工段工人的安全、健康负责。

（2）将事故预防工作贯穿到生产的每个具体环节中去，保证在安全的条件下进行生产。

（3）组织工人学习安全操作规程，检查执行情况。对严格遵守安全规章制度、避免事故者，提出奖励意见；对违章蛮干造成事故的，提出惩罚意见。

（4）领导本工段班组开展安全活动，经常对工人进行安全生产教育，推广安全生产经验。

（5）发生重伤、死亡事故后，保护现场，立即上报，积极组织抢救，参加事故调查，提出防范措施。

（6）监督检查工人正确使用个体防护用品。

7. 班组长的安全生产职责

（1）认真执行有关安全生产的各项规定，模范遵守安全操作规程，对本班组工人在生产中的安全和健康负责。

（2）根据生产任务、生产环境和工人思想状况等特点，开展事故预防工作。对新调入的工人进行岗位安全教育，并在熟悉工作前指定专人负责其安全。

（3）组织本班组工人学习安全生产规程，检查执行情况，教育工人在任何情况下不违章蛮干。发现违章作业，应当立即制止。

（4）经常进行安全检查。发现问题及时解决。对不能根本解决的问题,要采取临时控制措施,并及时上报。

（5）认真执行交接班制度。遇有不安全问题,在未排除之前或责任未分清之前不交接。

（6）发生工伤事故,要保护现场,立即上报,详细记录,并组织全班组工人认真分析,吸取教训,提出防范措施。

（7）对事故预防工作中的好人好事及时表扬。

二、各业务部门的职责

企业单位中的生产、技术、设计、供销、运输、教育、卫生、基建、机动、情报、科研、质量检查、劳动工资、环保、人事组织、宣传、外办、企业管理、财务等有关专职机构,都应在各自工作业务范围内,对实现安全生产的要求负责。

1. 安全部门的安全生产职责

（1）安全部门是企业领导在事故预防工作方面的助手,负责组织、推动和检查督促本企业安全生产工作的开展。

（2）监督检查本企业贯彻执行安全生产政策、法规、制度和开展事故预防工作的情况,定期研究分析伤亡事故、职业危害趋势和重大事故隐患,提出改进事故预防工作的意见。

（3）制订本企业安全生产目标管理计划和安全生产目标值。

（4）了解现场安全情况,定期进行安全生产检查,提出整改意见,督促有关部门及时解决不安全问题,有权制止违章指挥、违章作业。

（5）督促有关部门制定和贯彻安全技术规程和安全管理制度,检查各级干部、工程技术人员和工人对安全技术规程的熟悉情况。

（6）参与审查和汇总安全技术措施计划,监督检查安全技术措施费用使用和安全措施项目完成情况。

（7）参加审查新建、改建、扩建工程的设计、工程的验收和试运转工作。发现不符合安全规定的问题有权要求解决;有权提请安全监察机构和主管部门制止其施工和生产。

（8）组织安全生产竞赛,总结、推广安全生产经验,树立安全生产典型。

（9）组织三级安全教育和职工安全教育。配合安全监察机构进行特种作业人员的安全技术培训、考核、发证工作。

（10）制订年、季、月事故预防工作计划,并负责贯彻实施。

（11）负责伤亡事故统计、分析,参加事故调查,对造成伤亡事故的责任者提出处理意见。

（12）督促有关部门做好女职工的劳动保护工作;对防护用品的质量和使用进行监督检查。

（13）组织开展科学研究,总结、推广安全生产科研成果和先进经验。

（14）在业务上接受地方劳动部门和上级安全机构的指导。在向领导报告工作的同时,向当地劳动部门和上级安全机构如实反映情况。

2. 生产计划部门的安全生产职责

（1）组织生产调度人员学习安全生产法规和安全生产管理制度。在召开生产调度会以及组织经济活动分析等项工作中,应同时研究安全生产问题。

（2）编制生产计划的同时,编制安全技术措施计划。在实施、检查生产计划时,应同时实施、检查安全技术措施计划完成情况。

（3）安排生产任务时，要考虑生产设备的承受能力，有节奏地均衡生产，控制加班加点。

（4）做好企业领导交办的有关安全生产工作。

3. 技术部门的安全生产职责

（1）负责安全技术措施的设计。

（2）在推广新技术、新材料、新工艺时，考虑可能出现的不安全因素和尘毒、物理因素危害等问题；在组织试验过程中，制定相应的安全操作规程；在正式投入生产前，做出安全技术鉴定。

（3）在产品设计、工艺布置、工艺规程、工艺装备设计时，严格执行有关的安全标准和规程，充分考虑到操作人员的安全和健康。

（4）负责编制、审查安全技术规程、作业规程和操作规程，并监督检查实施情况。

（5）承担安全科研任务，提供安全技术信息、资料，审查和采纳安全生产技术方面的合理化建议。

（6）协同有关部门加强对职工的技术教育与考核，推广安全技术方面的先进经验。

（7）参加重大伤亡事故的调查分析，从技术方面找出事故原因和防范措施。

4. 设备动力部门的安全生产职责

（1）设备动力部门是企业领导在设备安全运行工作方面的参谋和助手，对本企业设备安全运行负有具体指导、检查责任。

（2）负责本企业各种机械、起重、压力容器、锅炉、电气和动力等设备的管理，加强设备检查和定期保养，使之保持良好状态。

（3）制定有关设备维修、保养的安全管理制度及安全操作规程，并负责贯彻实施。

（4）执行上级部门有关自制、改造设备的规定，对自制和改造设备的安全性能负责。

（5）确保机器设备的安全防护装置齐全、灵敏、有效。凡安装、改装、修理、搬迁机器设备时，安全防护装置必须完整有效，方可移交运行。

（6）负责安全技术措施项目所需的设备的制造和安装。列入固定资产的设备，应按固定设备进行管理。

（7）参与重大伤亡事故的调查、分析，做出因设备缺陷或故障而造成事故的鉴定意见。

5. 劳动工资部门的安全生产职责

（1）把安全技术作为对职工考核的内容之一，列入职工上岗、转正、定级、评奖、晋升的考核条件。在工资和奖金分配方案中，包含安全生产方面的要求。

（2）做好特种作业人员的选拔及人员调动工作。

（3）参与重大伤亡事故调查，参加因工丧失劳动能力的人员的医务鉴定工作。

（4）关心职工身心健康，注意劳逸结合，严格审批加班加点。

（5）组织新录用职工进行体格检查；通知安全部门教育新职工，新职工经过三级安全教育后，方可分配上岗。

三、生产操作工人的安全生产职责

（1）遵守劳动纪律，执行安全规章制度和安全操作规程，听从指挥，和一切违章作业的现象做斗争。

（2）保证本岗位工作地点和设备、工具的安全、整洁，不随便拆除安全防护装置，不使用自己不该使用的机械和设备，正确使用保护用品。

（3）学习安全知识，提高操作技术水平，积极开展技术革新，提合理化建议，改善作业环境和劳动条件。

（4）及时反映、处理不安全问题，积极参加事故抢救工作。

（5）有权拒绝接受违章指挥，并对上级单位和领导人忽视工人安全、健康的错误决定和行为提出批评或控告。

第四节　安全技术措施计划

安全技术措施计划是企业计划的重要组成部分，是有计划地改善劳动条件的重要手段，也是做好事故预防工作，防止工伤事故和职业病的重要措施。

在社会主义生产建设过程中，有计划地改善劳动条件是党和国家的一贯政策。早在1953年，中央财经委员会就向各企业主管部门提出编制安全技术措施计划的建议，要求各地区、产业和企业单位在编制生产财务计划时编制安全技术措施计划。为了使劳动保护工作更好地适应国家有计划的经济建设需要，1954年劳动部又发出了《关于企业厂矿编制安全技术劳动保护措施计划的通知》，要求企业单位认真做好这项工作。

编制安全技术措施计划，对于保证安全生产，提高劳动生产率，加速国民经济的发展，都是非常必要的。通过编制和实施安全技术措施计划，可以将改善劳动条件工作纳入国家和企业的生产建设计划中，有计划有步骤地解决企业中一些重大安全技术问题，使企业劳动条件的改善逐步走向计划化和制度化；也可以更合理地使用资金，使国家在改善劳动条件方面的投资发挥最大的作用。

安全技术措施所需要的费用、设备器材以及设计、施工力量等纳入了计划，就可以统筹安排、合理使用。编制安全技术措施计划是一项领导与群众相结合的工作。一方面，企业各级领导对制订实施安全技术措施计划要负总的责任；另一方面，又要充分发动群众，依靠群众，群策群力，才能使改善劳动条件的计划得以很好地实现。在计划执行的过程中，既鼓舞了职工群众的劳动热情，也是一种更好地吸引职工群众参加安全管理，发挥职工群众监督作用的好办法。

一、编制安全技术措施计划的依据

根据国家颁布的安全法规编制安全技术措施计划。1963年，国务院在《关于加强企业生产中安全工作的几项规定》中明确规定，企业在编制生产技术、财务计划的同时，必须编制安全技术措施计划。企业的领导人应对安全技术措施计划的编制和贯彻执行负责。

1977年，国家计划委员会、财政部、国家劳动总局在《关于加强有计划改善劳动条件工作的联合通知》中规定，要把改善劳动条件的问题列入发展国民经济的长远规划和年度计划，采取行之有效的措施，认真予以解决。1979年，国家计划委员会、国家经济委员会、国家建设委员会在《关于安排落实劳动保护措施费用的通知》中规定，在制订年度和长远的生产建设计划以及老企业改造计划时，都要保障安全生产，治理解决安全生产和尘毒危害问题所需资金、设备、材料都必须一并安排落实。国家劳动总局、全国总工会颁布的《安全措施计划的项目总名称表》对安全技术措施计划的范围做了明确的规定。编制安全技术措施计划的依据有下列5点：国家公布的安全生产法令、法规和各产业部门公布的有关安全生产的各项政策、指示等；安全检查中发现的隐患；职工提出的有关安全、工业卫生方面的合理化建议；针对伤亡事故、职业病发生的主要原因所采取的措施；采用新技术、新工艺、新设备等应采取的安全措施。

二、编制安全技术措施计划的原则

编制安全技术措施计划要根据需要和可能两方面的因素综合考虑,对拟安排的安全技术措施项目要进行可行性分析,并根据安全效果好、花钱尽可能少的原则综合选择确定。主要应考虑当前的科学技术水平是否能够做到;结合本单位生产技术、设备以及发展远景考虑;本单位人力、物力、财务是否允许;安全技术措施产生的安全效益和经济效益。

根据国家规定,企业安全技术措施费用是从企业更新改造资金中划拨出来的。企业更新改造资金主要包括 6 项:

(1) 固定资产的折旧费,其计算公式为:折旧费＝固定资产原值(万元)×折旧率。

(2) 企业报废的与有偿调出的固定资产的变价收入。

(3) 出租固定资产的租金收入。

(4) 矿业、林业等企业按产品量提取的更改资金。

(5) 留给企业的治理"三废"产品的净利润。

(6) 固定资产遭受意外损失后收到的保险赔款。

按照《国务院批转国家劳动总局、卫生部关于加强厂矿企业防尘防毒工作的报告》和《国务院关于加强防尘防毒工作的决定》的精神,各企业要在每年更新改造资金中提取 10%～20%(矿山、化工、冶金企业要大于 20%作为安全技术措施费用)用于改善劳动条件。例如,资金仍不敷需要,企业可以税后留利或利润留成等自有资金中补充一部分。安全技术措施费用要在财务上单独立账,专款专用,不得挪用。

三、安全技术措施计划的范围

安全技术措施计划的范围包括以改善企业劳动条件、防止伤亡事故和职业病为目的的一切技术措施,可分为 6 个方面:

(1) 安全技术措施。以防止事故为目的的各种技术措施,如防护、保险、信号等装置或设施。

(2) 工业卫生技术措施。以改善作业环境和劳动条件,防止职业中毒和职业病为目的的各种技术措施,如防尘、防毒、防噪声及通风、降温、防寒等。

(3) 辅助房屋及设施。确保生产过程中职工安全卫生方面所必需的房屋及一切设施,如淋浴室、更衣室、消毒室、妇女卫生室、休息室等;但集体福利设施,如公共食堂、浴室、托儿所、疗养所等不在其内。

(4) 宣传教育。购买和印刷安全教材、书报、录像、电影、仪器,举办安全技术训练班、安全技术展览会,安全教育室所需的费用。

(5) 安全科学研究与试验设备仪器。

(6) 减轻劳动强度等其他技术措施。

四、编制方法和实施步骤

企业一般应在每年的第三季度开始着手编制下一年度的生产、技术、财务计划的同时,编制安全技术措施计划。编制时,应根据本厂情况分别向各生产车间提出具体要求,进行布置。各车间负责人同有关人员和工会制订车间的具体安全计划,由厂安全部门审查汇总,生产计划部门负责综合平衡,在厂长召集有关部门领导、车间主任、工会主席或安全生产委员会参加的会议上确定项目,明确设计、施工负责人,规定完成期限,经厂长批准正式下达计划。对于重大的安全措施项目,还应提请厂职工代表大会审议讨论通过,然后报请上级主管部门核定批准后与生产计划同时下达到有关部门。

第五节　职业健康安全管理体系

世界卫生组织报告中指出,健康不仅仅是没有疾病和衰弱的表现,而是生理上、心理上和社会适应方面的一种完好的状态。现代人健康的 10 条标准是:精力充沛,不感觉疲劳、处世乐观,敢于承担责任、善于休息,睡眠良好、适应环境,应变能力强、能抵御一般性感冒和传染性疾病、体重适中,身材匀称、眼睛明亮,没有炎症、牙齿清洁,无龋齿和痛感、头发有光泽,无头屑、肌肤丰满有弹性,走路轻松均匀。只有真正健康的人,才能充满激情,乐观活跃,洞彻事理,意欲温和,散发平静欢愉的气质和无限能量,成为人群中最闪亮的焦点,而这些不是身份与财富能代替的。

一、职业健康安全管理体系概述

职业健康安全管理体系是指为建立职业健康安全方针和目标以及实现这些目标所制订的一系列相互联系或相互作用的要素。它是职业健康安全管理活动的一种方式,包括影响职业健康安全绩效的重点活动与职责以及绩效测量的方法。职业健康安全管理体系的运行模式可以追溯到一系列的系统思想,最主要的是 PDCA(即策划、实施、评价、改进)概念。在此概念的基础上结合职业健康安全管理活动的特点,不同的职业健康安全管理体系标准提出了基本相似的职业健康安全管理体系运行模式,其核心都是为生产经营单位建立一个动态循环的管理过程,通过

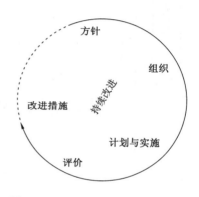

图 8-1　ILO/OSH 2001 的运行模式

周而复始地进行"计划、实施、监测、评审"活动,使体系功能不断加强。

它要求组织在实施职业健康安全管理体系时始终保持持续改进意识,对体系进行不断修正和完善,最终实现预防和控制工伤事故、职业病及其他损失的目标,如《职业安全健康管理体系导则》(ILO/OSH 2001)的运行模式(图 8-1)。《职业健康安全管理体系》(OHSAS 18001)的运行模式为职业健康安全方针、策划、实施与运行、检查与纠正措施、管理评审。

建立与实施职业健康安全管理体系有助于生产经营单位建立科学的管理机制,采用合理的职业健康安全管理原则与方法,持续改进职业健康安全包括整体或某一具体职业安全健康绩效);有助于生产经营者积极主动地贯彻执行相关职业健康安全法律、法规,并满足其要求;有助于大型生产经营单位(如大型现代联合企业)的职业健康安全管理功能一体化;有助于生产经营单位对潜在事故或紧急情况做出响应;有助于生产经营单位满足市场要求;有助于生产经营单位获得注册或认证。

完善的 OHSAS 法律、法规体系,如图 8-2 所示。20 世纪 80 年代末,一些发达国家率先开展了研究及实施职业健康安全管理体系的活动,国际标准化组织(ISO)及国际劳工组织(ILO)研究和讨论了职业健康安全管理体系标准化问题,许多国家也相应建立了自己的工作小组,开展这方面的研究,并在本国或所在地区发展这一标准,以适应全球日益增加的职业健康安全管理体系认证需求。

OHSAS 18000 系列标准是由英国标准协会(BSI)、挪威船级社(DNV)等 13 个组织于 1999

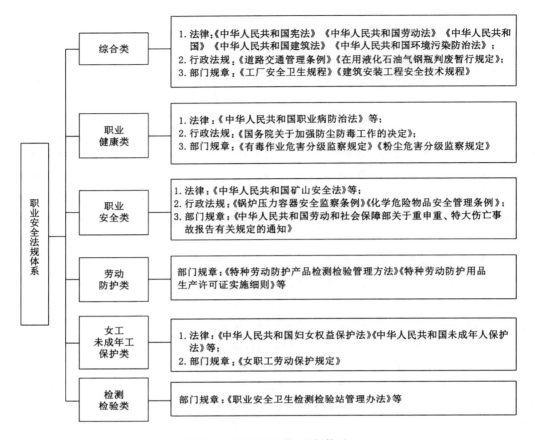

图 8-2　OHSAS 法律、法规体系

年联合推出的国际性标准。其中,OHSAS 18001 标准是认证性标准,它是组织(企业)建立职业健康管理安全体系的基础,也是企业进行内审和认证机构实施认证审核的主要依据。我国已于 2000 年 11 月 12 日转化为推荐性国家标准《职业健康安全管理体系 规范》(GB/T 28001—2001),同年 12 月 20 日国家经济贸易委员会也推出了《职业安全健康管理体系审核规范》并在我国开展起职业健康安全管理体系认证制度。《职业健康安全管理体系 要求及使用指南》(GB 45001—2020)于 2020 年 3 月 6 日实施。

目前,职业健康安全管理体系已被广泛关注,包括组织的员工和多元化的相关方(如居民、社会团体、供方、顾客、投资方、签约者、保险公司等)。标准要求组织建立并保持职业安全与卫生管理体系,识别危险源并进行安全评价,制定相应的控制对策和程序,以达到法律、法规要求并持续改进。在组织内部,体系的实施以组织全员(包括派出的职员,各协力部门的职员)活动为原则,并在一个统一的方针下开展活动,这一方针应为职业健康安全管理工作提供框架和指导作用,同时要向全体相关方公开。

二、职业健康安全体系常用知识要点

1. 概念和术语

(1) 安全生产方针:安全第一、预防为主、综合治理。

(2) 安全生产原则:管生产必须管安全。

（3）"三同时"：新建、改建、扩建工程项目的劳动安全健康设施必须与主体工程同时设计、同时施工、同时投入生产和使用。

（4）"五同时"：生产和安全同时计划、布置、检查、总结、评比。

（5）"三级教育"：对新员工（含实习人员）进行的安全教育包括公司级、车间级、班组级。

（6）"三不放过"：事故原因分析不清不放过，事故责任者和其他员工没有受到教育不放过，没有采取切实可行的防范措施不放过。

2. 建立该体系的程序

该体系建立需要的程序包括危险源辨识，法律与其他要求，培训意识与能力，信息交流，文件管理，运行控制，应急准备和响应，监测，事故、事件、不符合、纠正与预防措施，记录及记录管理，审核。

3. 编写体系文件的意义

（1）文件化是职业健康安全管理体系的特点之一。

（2）对 OHSAS 的所有程序在规定文件中固定下来。

（3）有助于组织活动的长期一致性和连贯性。

（4）有助于员工对体系的了解并明确自己的职责。

（5）作为体系审核评审和认证的基本依据。

（6）展示本组织职业健康安全管理体系的全貌。

（7）体系文件结构，如图 8-3 所示（图中 HSE 是指健康、安全和环境三位一体的管理体系）。

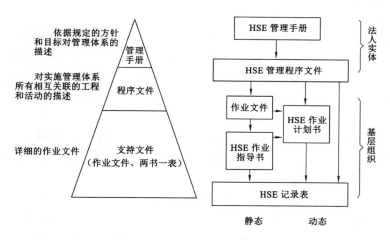

图 8-3　OHSAS 体系文件结构

4. 体系文件的要求

（1）文件的系统性：层次清楚，接口明确，结构合理。

（2）文件的权威性：遵循标准，内部性法规。

（3）文件的见证性：适用性证据，有效性证据。

（4）文件的适宜性：适应法规的更新，适应组织的变化。

（5）文件的符合性：标准要求的要写到，写到的要做到，做到的要有效。

5. 体系构成与认证

2003 年以来，我国陆续出台了不同行业的系列指导文件，包括《建筑企业职业安全健康管理体系实施指南》《金属非金属矿山企业职业安全健康管理体系实施指南》《化工企业职业安全健康管理体系实施指南》《小企业职业安全健康管理体系实施指南》《煤矿企业职业安全健康管理体系实施指南》等,这一系列文件的指导思想是预防和控制工作事故职业病。

(1) OHSAS 标准构成。1999 年,国家经济贸易委员会颁布的 OHSAS 试行标准由范围、术语和定义、职业健康安全管理体系要素 3 部分组成。

① 范围:提出了对职业健康安全管理体系的基本要求,目的是使组织能够控制其职业健康安全危险,持续改进职业安全健康绩效。

② 术语和定义:提出了事故、危害、危害辨识、危害评价等 25 个术语和定义。

③ 职业健康安全管理体系由 28 个要素组成。

(2) 获得认证的条件及其实施意义。企业要想获得 OHSAS 18001 认证,应满足以下条件:

① 按 OHSAS 18001 标准要求建立文件化的职业健康安全管理体系。

② 体系运行 3 个月以上,覆盖标准的全部 28 个要素。

③ 遵守适用的安全法规,事故率低于同行业平均水平,接受国家认可委托授权的认证机构第三方审核并获通过。

企业获得认证的意义在于:通过实施认证可全面规范、改进企业职业健康安全管理,保障企业员工的职业健康与生命安全,保障企业的财产安全,提高工作效率;可改善与政府、员工、社区的公共关系,提高企业声誉;提供持续满足法律要求的机制,降低企业风险,预防事故发生;克服产品及服务在国内外贸易活动中的非关税贸易壁垒,取得进入市场的通行证;提高金融信贷信用等级,降低保险成本;提高企业的综合竞争力等。

(3) 认证主要流程。建立职业健康安全管理体系一般要经过 OHSAS 标准培训、制订计划、职业健康安全管理现状的评估(初始评审)、职业健康安全管理体系设计、职业健康安全管理体系文件编写、体系运行、内审、管理性复查(管理评审)、纠正不符合规定的情况、外部审核等基本步骤,认证主要流程如图 8-4 所示。流程主要包括以下 6 个方面:

① 领导决策与准备:领导决策、提供资源、任命管代、宣贯培训。

② 初始安全评审:识别并判定危险源、识别并获取安全法规、分析现状、找出薄弱环节。

③ 体系策划与设计:制定职业健康安全方针、目标、管理方案、确定体系结构、职责及文件框架。

④ 编制体系文件:编制职业健康安全管理手册、有关程序文件及作业文件。

⑤ 体系试运行:各部门、全体员工严格按体系要求规范自己的活动和操作。

⑥ 内审和管理评审:体系运行 2 个多月后,进行内审和管理评审,自我完善改进。

6. OHSAS 标准咨询程序和内容

(1) 标准宣贯。咨询组对被咨询企业(以下简称企业)的领导层、管理层和骨干层进行集中动员和培训,主要内容包括:

① OHSAS 标准的产生、发展和现状。

② 企业建立和推行职业健康安全管理体系标准的意义。

③ OHSAS 标准的基本内容、特点和运行模式。

④ OHSAS 标准、ISO 14000 标准与 ISO 9000 标准的相互关系。

⑤ 建立 OSHAS 体系的基本过程和重点、难点。

⑥ 各部门和各级领导在建立和实施 OHSAS 标准中的职责。

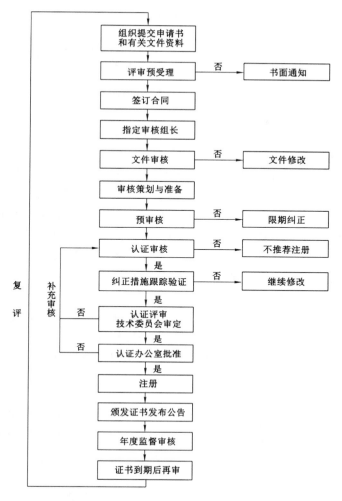

图 8-4 OHSAS 18001 认证流程

（2）内审员培训。对企业选定的内审员进行系统培训，包括：

① 职业安全健康管理体系标准讲解及练习。

② 审核程序讲解。

③ 审核技巧、方法、要求、案例练习。

④ 复习及考试（考试合格者颁发内审员合格证书）。

（3）初始状态评审指导。咨询组向企业体系建立工作小组讲解初始状态评审的内容方法并与工作小组一起对企业进行初始状态评审，主要内容包括：

① 辨识组织活动、产品或服务中的危险源，进行安全评价分级。

② 明确适用于组织的职业健康安全法律、法规和其他要求。

③ 评价组织对于职业健康安全法律、法规的遵循情况。

④ 评审过去的事故经验、赔偿经验、失败结果和有关职业健康安全方面的评价。

⑤ 评价投入到职业健康安全管理的现存资源的作用和效率。

⑥ 识别现存管理体系与标准之间的差距。

（4）职业安全健康管理体系策划。

① 根据初始状态评审的结果对职业健康安全管理体系的关键要素进行策划。

② 确定职业健康安全管理组织机构和职责。

③ 确定职业健康安全方针、重大危险源分级、制定职业健康安全目标和指标、职业健康安全管理方案。

（5）体系文件编写指导。咨询组对企业文件编写小组讲解如何编写职业安全健康管理体系文件。

① 讲解 OHSAS 文件的基本要求和内容，手册、程序文件编写的内容和方法。

② 实例分析和讨论。

（6）文件评审及修改。文件编写小组通过咨询师的指导进行文件编写。在完成第一稿文件后，咨询师将会在预定的时间内对文件初稿进行修改，并提交文件修改意见，与企业有关人员进行讨论并修订。体系文件最终同时提交企业领导和咨询委员会进行审定并定稿。

（7）体系开始试运行。文件定稿后企业最高领导者正式发布文件，体系开始进入试运行阶段。企业在咨询师指导下，对各部门各级人员进行职业健康安全管理体系和文件相关内容的培训。各部门根据文件要求进行体系试运行，同时做好运行记录。

（8）内审指导及协助整改。体系通过 3 个月左右的试运行后，咨询师指导企业内审员制订内部审核计划并实施内审。内审结果将提交管理层。在认证审核前应至少做 2 次内审。对内审中发现的问题，企业在咨询师指导下进行整改。

（9）管理评审。根据内审结果和文件的要求，企业进行管理评审。管理评审应由最高管理者主持，对体系的有效性和充分性进行评审，提出改进意见，使得企业职业健康安全管理体系不断完善。

（10）模拟审核和认证准备。咨询委员会将组织模拟审核小组，按照认证机构的审核程序和要求对企业职业健康安全管理体系进行全面审核，尽可能找出体系中的问题，同时提出整改意见。根据模拟审核的结果，协助企业做认证审核前期的有关工作，使认证审核能够顺利通过。

建立职业健康安全管理体系对企业的意义：提升企业形象，扩大企业美誉度、消除危险源，鼓励员工士气、杜绝事故发生，降低经营成本、改善人权形象，扩大市场占有率、打破贸易壁垒，开拓国际市场。

7. OHSAS 培训方案设计

OHSAS 18001 培训课程设计见表 8-2。

表 8-2 OHSAS 18001 培训课程设计

OHSAS 18001 基础知识	什么是 OHSAS 18001 标准
	OHSAS 18001 与 ISO 9001 和 ISO 14001 标准的关系
	OHSAS 18001 标准条文解析
职业安全健康法律、法规介绍	我国职业健康安全与管理体系
	职业健康安全管理制度
	女职工的职业健康安全
	职业健康安全标准

表8-2(续)

OHSAS 18001 体系文件编写指导	文件与策划
	文件编写格式与风格
	文件与 ISO 9001 和 ISO 14001 的关系
OHSAS 18001 标准内审员培训	职业健康安全内审员概述
	职业健康安全案例分析
	职业健康安全审核技巧

第六节　安全生产双重预防管理体系

一、双重预防管理体系概述

1. 双重预防管理体系提出背景

近年来,全国接连发生多起重特大生产安全事故,比如"2013 年青岛输油管道泄露爆炸事故,2014 年昆山中荣爆炸事故,2015 年天津港火灾爆炸事故,2016 年江西丰城发电厂冷却塔坍塌事故等",暴露出当前安全生产领域"认不清、想不到"的问题突出,为预防这些重特大伤亡事故的再次发生,国家开始从整体层面思考和定位当前的安全监管模式和企业事故预防水平问题。党中央、国务院高度重视重特大生产安全事故防范工作,2016 年 1 月 6 日,习近平总书记在中共中央政治局常务委员会会议上发表重要讲话,强调加强安全生产工作的五点要求,首次提到"风险分级管控与隐患排查治理双重预防机制"。

为了贯彻落实习近平总书记对安全生产的重要指示精神和党中央、国务院的决策部署,坚决遏制重特大事故的发生,解决当前安全生产领域存在的薄弱环节和突出问题,2016 年国务院相继发布了《国务院安委会办公室关于印发标本兼治遏制重特大事故工作指南的通知》(安委办〔2016〕3 号)和《国务院安委会办公室关于实施遏制重特大事故工作指南构建双重预防机制的意见》(安委办〔2016〕11 号),提出了"着力构建安全风险分级管控和隐患排查治理双重预防性工作机制"的要求。2021 年 9 月 1 日,修正后的《中华人民共和国安全生产法》开始实施,将建立并落实安全风险分级管控和隐患排查治理双重预防工作机制,正式列为生产经营单位主要负责人的职责之一。

2. 双重预防管理体系及内涵

安全风险分级管控和隐患排查治理双重预防工作机制(俗称"双体系"),就是要准确把握安全生产的特点和规律,以风险为核心,坚持超前防范、关口前移,从风险辨识入手,以风险管控为手段,将风险控制在隐患形成之前。通过隐患排查,及时找出风险控制过程中可能出现的缺失、漏洞,将隐患消灭在事故发生之前。

双重预防机制就是指在全面推行安全风险分级管控的基础上,进一步强化隐患排查治理,突出风险预控、关口前移,推进事故预防工作科学化、信息化、标准化。在"安全风险"与"隐患排查治理"之间,在"隐患排查治理"与"发生事故"之间,构建预防事故发生的两道"防火墙"。第一道是管风险,防止风险点向隐患转变,从源头上系统辨识风险、分级管控风险,努力把各类风险控制在可接受范围内,杜绝和减少事故隐患;第二道是治隐患,防止隐患向事故转变,以隐患排查和治理为手段,认真排查风险管控过程中出现的缺失、漏洞和风险控制失效环节,坚决将隐患消灭在事故发生之前。切实将每一个风险都控制在可接受范围内,将每一个隐患都治理在形成之初,将每一起事故都消灭在萌芽状态,以达到全面遏制事故发生的工作目标。双重预防机制着眼于安全风险的有效控制,紧盯事故隐患的排查治理,是一个常态化运行的安全生产管理系统,可以有效提升安全生产整体预控能力,夯实遏制重特大事故的工作基础。可以说,安全风险管控到位就不会形成事故隐患,隐患一经发现及时治理就不可能酿成事故。双重预防机制是将以往安全管理理念以事故为重点向以风险为重点的转变,由事后处理向事前预防的转变。

风险分级管控和隐患排查治理,两者是相辅相成、相互促进的关系。风险分级管控是隐患排查治理的前提和基础。通过强化风险分级管控,从源头上消除、降低或控制相关风险,进而降低事故发生的可能性和后果的严重性。隐患排查治理是风险分级管控的强化与深入。通过隐患排查治理工作,查找风险管控措施的失效、缺陷或不足,采取措施予以整改。同时,通过隐患排查治理工作开展的实际情况能验证各类危险有害因素辨识评估的完整性和准确性,进而完善风险分级管控措施,减少事故的发生,提升企业本质安全水平。

3. 双重预防管理体系总体思路

以风险辨识和分级管控为基础,以隐患排查和治理为手段,把风险控制在隐患前面,从源头系统识别风险、控制风险,并通过隐患排查,及时寻找出风险控制过程中可能出现的缺失、漏洞及风险控制失效环节,把隐患消灭在事故发生之前;全面辨识和排查岗位、企业、区域、行业、城市安全风险和隐患,采用科学方法进行评估和分级,建立安全风险与事故隐患信息管理系统,重点关注重大风险和重大隐患,采取工程、技术、管理等措施有效管控和治理隐患;构建形成点、线、面有机结合持续改进的安全风险分级管控和隐患排查治理双重预防性工作机制,推进事故预防工作科学化、智能化,切实提高防范和遏制重特大事故的能力和水平。

4. 构建双重预防管理体系目标

构建双重预防体系就是针对安全生产领域"认不清、想不到"的突出问题,强调安全生产的关口前移,从隐患排查治理前移到安全风险管控。要强化风险意识,分析事故发生的全链条,抓住关键环节采取防范措施,防范安全风险管控不到位变成事故隐患、隐患未及时被发现和治理演变成事故。形成有效管控风险、排查治理隐患、防范和遏制重特大事故的思想共识,推动建立企业安全风险自辨自控、隐患自查自治、政府领导有力、部门监管有效、企业责任落实、社会参与有序的工作格局,促使企业形成常态化运行的工作机制,政府及相关部门进一步明确工作职责,切实提升安全生产整体预控能力,夯实遏制重特大事故的坚实基础。

5. 有关术语及定义

(1)双重预防。为了将风险控制在隐患形成之前、将隐患消灭在事故之前,所开展的安全风险分级管控和隐患排查治理的工作制度和规范。

(2)风险:生产安全事故或健康损害事件发生的可能性和严重性的组合。可能性是指事故(事件)发生的概率。严重性是指事故(事件)一旦发生后,将造成的人员伤害和经济损失的严重程度。

(3)风险点:在生产经营过程中有风险存在的地方包括风险伴随的设备设施、部位、工作场所和区域等,以及在设备设施、部位、工作场所和区域等实施的伴随风险的作业活动或以上两者的组合。

(4)危险源:可导致人身伤害、健康损害、财产损失的根源、状态或行为,或者是它们的组合。

（5）重大危险源：长期地或临时地生产、加工、使用或储存危险物品，且危险物品的数量等于或超过临界量的单元（包括场所和设施）。

（6）重大隐患：危害和整改难度较大，应当全部或者局部停产停业，并经过一定时间整改治理方能排除的隐患，或者因外部因素影响致使生产经营单位自身难以排除的隐患。

（7）风险评价：对危险源导致的风险进行分析、评估、分级，对现有控制措施的充分性加以考虑，以及对风险是否可接受予以确定的过程。

（8）风险分级：通过采用科学、合理方法对危险源所伴随的风险进行定性或定量评价，根据评价结果划分等级。根据有关文件及标准，风险定为"红、橙、黄、蓝"4 个等级。

（9）风险管理：组织对其面临的风险，运用各种风险管理策略和技术手段所做的一切处理过程。风险管理是指在一个有风险的环境里将风险降至最低可能的控制过程，包括对风险的度量、评估和应变策略。简单地说，风险管理就是利用安全知识和技术手段对生产过程中存在的、可能造成人员损伤或物的损失进行管理。

（10）风险分级管控：按照风险不同级别、所需管控资源、管控能力、管控措施复杂及难易程度等因素而确定不同管控层级的风险管控方式。风险分级管控遵循风险越高管控层级越高的原则。在现实工作中对，风险分级管控是安全生产管理的核心部分，风险分级管控的有效落实能够降低事故发生的概率，保障企业的运行安全。

（11）事故隐患：企业违反安全生产、企业卫生法律、法规、规章、标准、规程和管理制度的规定，或者因其他因素在生产经营活动中存在可能导致事故发生或导致事故后果扩大的物的危险状态、人的不安全行为和管理上的缺陷。

（12）隐患排查：企业组织安全生产管理人员、工程技术人员、岗位员工以及其他相关人员依据国家法律法规、标准和企业管理制度，采取一定的方式和方法，对照风险分级管控措施的有效落实情况，对本单位的事故隐患进行排查的工作过程。

（13）隐患治理：消除或控制隐患的活动或过程。

二、企业安全生产双重预防管理体系建设

1. 建设原则

企业安全生产双重预防管理体系建设坚持风险管控、系统过程、全员参与和持续改进相结合的原则。

（1）风险管控原则：以风险管控为主线，将全面辨识评估风险和严格管控风险作为安全生产的第一道防线，切实解决"认不清、想不到"的突出问题。

（2）系统过程原则：基于"人、机、料、法、环"5 个方面，从企业生产经营全流程、生命周期全过程开展工作，努力将风险管控挺在隐患之前，将隐患排查治理挺在事故之前。

（3）全员参与原则：将双重预防机制建设各项工作责任分解落实到企业的各层级领导、各业务部门和每个具体工作岗位，确保责任明确。

（4）持续改进原则：持续进行风险分级管控与更新完善，持续开展隐患排查治理，实现双重预防机制不断深入、深化，促使机制建设水平不断提升。

2. 建设程序

企业可参照图 8-5 所示的基本流程，逐步推进本企双重预防机制建设工作。

（1）成立工作机构。企业应在现有安全管理组织架构基础上，根据自身情况专门或合署成立落实双重预防机制的责任部门，并以企业正式文件的形式予以明确机构和相关人员的工作职责。该部门牵头组织各部门分岗位、分工种全面开展危险源辨识和风险评

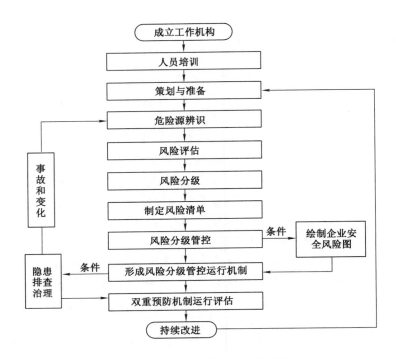

图 8-5　企业双重预防机制建设流程图

估,并在企业内部逐步建立长文工作机制。企业应配备相应的专职人员具体落实各项工作。在企业自身技术力量或人员能力暂时不足的情况下,可聘请外部机构或专家帮助开展相关工作。

（2）人员培训。通过参加专题培训、企业间交流观摩等方式加强对企业专职人员的培训,使专职人员具备双重预防机制建设所需的相关知识和能力。通过员工三级安全教育和日常班组会议等方式组织对全体员工开展风险意识、危险源辨识、风险评估和防控措施等内容的培训,使全体员工掌握危险源辨识和风险评估的基本方法。

（3）策划与准备:

① 制定建设实施方案。制定企业双重预防机制建设总体实施方案及年度实施方案,明确要实现的工作目标、实施步骤及经费预算等。

② 基础资料收集。在开展危险源辨识与评估前,需要收集企业相关资料,应包括但不限于:

——相关法规、政策规定和标准。

——相关工艺、设施的法定检测报告。

——详细的工艺、装置、设备说明书和工艺流程图。

——设备试运行方案、操作运行规程、维修措施、应急处置措施;工艺物料的理化性质说明书或危险化学品安全技术说明书;本企业及相关行业事故资料。

（4）危险源辨识:

① 辨识内容。危险源的内容一般按照"两个类型、四个状态、九个方面"进行辨识,见表 8-3。

表 8-3　危险源辨识内容

分类	方面	举例和解释
危险根源	能量	如机械能(动能和势能)、热能、电能、化学能、原子能、辐射能、声能、生物能等
	危险物质	如氧气、乙炔、汽油、油漆等大量有毒有害的气、液、固态等化学物质
危险状态	物的不安全状态	如电气设备绝缘损坏、保护装置失效,控制系统失灵,通风装置故障,超载限制或起升安全装置失效,围栏缺损、安全带及安全网质量低劣等
	人的不安全行为	如设计不合理、制造缺陷、指挥失误、操作失误、未戴劳保防护、未见警示标志等
	管理缺陷	计划、制度、组织、协调、监督、检查等管理工作中的缺陷
	环境不良	室内外作业环境不良都会引起设备故障或人员失误,是发生失控的间接因素
九个方面辨识	地理位置	活动场所的地质地貌、自然灾害、居民分布、周围环境、自然气象、风俗民情、水文水质、资源交通、抢险救治等
	平面布局	功能分区布置、危险品设施布置、作业流程布置、施工机具、吊车站位布置、临时建筑物布置、风向、安全距离、卫生防护距离、运输线路及库房等
	基础设施	建(构)筑物的结构、防火、防爆、朝向、采光、运输、通道、开门;应急、消防、急救、逃生、劳保、警示、防护、监视、报警设备设施等;生活服务配套设施和服务
	作业环境	毒物、粉尘、噪声、振动、辐射、高低温、通风不良、照明不良、空间狭窄、地面湿滑、烟雾弥漫、色彩等,以及野外作业可能存在的大风、大雾、雷电、雨雪等不良天气
	生产工艺	温度、压力、速度、作业及控制条件、事故及失控状态
	物料性质	主要包括爆炸品、压缩气体和液化气体、易燃液体、易燃固体、自燃物品和遇湿易燃物品、氧化剂和有机过氧化物、有毒品和腐蚀品等危险化学品的安全说明书和急救与防护措施
	设施设备	化工设备装置:高温、低温腐蚀、高压、振动、管件部位的备用设备、控制、操作、检修和故障、失误时的紧急异常情况;机械设备:运动零部件、操作条件、检修作业、误运转和误操作;电气设备:断电、触电、火灾、爆炸、误运转和误操作,静电、雷电;危险性较大设备、高处作业设备;特殊单体设备、装置:锅炉房、乙炔站、氧气站、石油库、危险品库、手持电工动具等
	人员活动	各项有计划的正常工作,如设计开发、加工制造、采购供应、仓储运输、后勤保障等;能开展临时性的活动,如开工、停工、搬迁、维护检修、应急等;临时访问者、供方、运输方、合同方、承包方等其他所有相关方人员的活动
	管理制度	安全管理制度,如审批制度、作业票制度、出入厂制度等;职业健康管理制度,如工时制度、休假制度、女员工劳动保护、劳保用品制度等;各类体系文件、操作规程、应急计划等

② 辨识范围。危险源辨识范围应包括:

——规划、设计、建设、投产、运行等阶段;

——常规和非常规作业活动;

——事故及潜在的紧急情况;

——所有进入作业场所人员的活动;

——原(辅)材料、产品的运输和使用过程;

——作业场所的设施、设备、车辆、安全防护用品;

——工艺、设备、管理、人员等变更;

——丢弃、废弃、拆除与处置；

——气候、地质及环境影响等。

③ 辨识方法。危险源辨识可采用安全检查表(SCL)、工作安全分析法(JSA)、预先危险性分析(PHA)、作业危害分析法(JHA)、事故树分析(ETA)、事件树分析(FTA)和危险与可操作性分析法(HAZOP)等系统安全分析方法。其中，对于设备设施类危险源辨识可采用安全检查表分析(SCL)等方法；对于作业活动危险源辨识可采用作业危害分析法(JHA)等方法；对于复杂的工艺可采用危险与可操作性分析法(HAZOP)或类比法、事故树分析法等方法进行危险源辨识。

④ 辨识要求。企业危险源辨识必须以科学的方法，全面、详细地剖析生产系统，确定危险源存在的部位、存在的方式、事故发生的途径及其变化的规律，并予以准确描述。

——对于设施、部位、场所、区域类，应遵循大小适中、便于分类、功能独立、易于管理、范围清晰的原则；

——对于操作及作业活动，应涵盖生产经营全过程所有常规和非常规的作业活动；

——辨识危险源也可以从能量和物质的角度进行提示。其中从能量的角度可以考虑机械能、电能、化学能、热能和辐射能等；

——在辨识过程中，充分考虑分析"三种时态"和"三种状态"下的危险有害因素，分析危害出现的条件和可能发生的事故或故障模型。

这里的"三种时态"是指过去时态、现在时态、将来时态。过去时态主要是评估以往残余风险的影响程度，并确定这种影响程度是否属于可接受的范围；现在时态主要是评估现有的风险控制措施是否可以使风险降低到可接受的范围；将来时态主要是评估计划实施的生产活动可能带来的风险影响程度是否在可接受的范围。"三种状态"是指人员行为和生产设施的正常状态、异常状态、紧急状态。人员行为和生产设施的正常状态即正常生产活动，异常状态是指人的不安全行为和生产设施故障，紧急状态是指将要发生或正在发生的重大危险。

（5）风险评估。企业可以根据自身实际情况选用适当的风险评估方法，表8-4列出了一些常用的评估方法及其适用范围。

选取风险评估方法时应根据评估的特点、具体条件和需要，针对评估对象的实际情况和评估目标，经认真分析比较后选用。必要时，可选用几种评估方法对同一评估对象进行评估，互相补充、互为验证，以提高评估结果的准确性。

表 8-4 常用风险评估方法

评估方法	评估目的	适用范围	定性或定量	可提供的评估结果			
				事故原因	事故频率/概率	事故后果	风险分级
安全检查表法	危害分析、风险等级	设备设施管理活动	定性	不能	不能	不能	不能
头脑风暴法	危害分析、事故原因	设备设施管理活动	定性	提供	不能	提供	不能
因果分析图法（鱼刺图法）	危害分析、事故原因	设备设施管理活动	定性	提供	不能	提供	不能
情景分析法	危害分析、事故原因	设备设施管理活动	定性	提供	不能	提供	不能

评估方法	评估目的	适用范围	定性或定量	可提供的评估结果			
				事故原因	事故频率/概率	事故后果	风险分级
预先危险性分析法	危害分析、风险等级	项目的初期阶段、维修、改扩建、变更	定性	提供	不能	提供	提供
事故树分析法	事故原因、事故概率	已发生的和可能发生的事故、事件	定量	提供	提供	不能	概率分级
故障类型及影响分析法	故障原因、影响程度、风险等级	设备设施系统	定性	提供	提供	提供	事故后果分级
危险与可操作性	偏离原因、后果及其对系统研究法	复杂工艺系统	定性	提供	提供	提供	事故后的影响
风险矩阵法	风险等级	设备管理及人员管理	半定量	不能	提供	提供	提供
作业活动风险评估法	风险等级	作业活动	半定量	提供	提供	提供	提供
作业条件危险性分析法	风险等级	作业活动	半定量	不能	提供	提供	提供
人员可靠性分析方法	人员失误	人员行为	定量	提供	提供	不能	不能
危险度评价法	风险等级	装置单元和设备	定量	不能	不能	不能	提供
道化学公司火灾、爆炸危险指数评价法	火灾爆炸、毒性及系统整体风险等级	化工类工艺过程	定量	不能	不能	提供	提供
ICI公司蒙德火灾、爆炸、毒性指标法	火灾爆炸、毒性及系统整体风险等级	化工类工艺过程	定量	不能	不能	提供	提供
易燃、易爆、有毒重大危险源评价法	火灾爆炸、毒性及系统整体风险等级	化工类工艺过程	定量	不能	不能	提供	提供
事故后果模拟分析方法	事故后果	区域及设施	定量	不能	提供	提供	提供

（6）风险分级。企业可根据实际情况,选择适用的风险评估方法,依据统一标准对本企业的安全风险进行有效的分级。

为使企业风险分级工作相对统一,便于各级政府和有关部门掌握辖区内重大风险分布,对存在重大风险的企业进行重点监管,切实落实遏制重特大事故的目标任务,按照重点关注事故后果和暴露人群的基本工作思路,推荐采用 LEC 评价法（格雷厄姆评价法）、风险判定矩阵法等方法对危险源进行风险分级,确定安全风险等级。从高到低依次划分为重大风险、较大风险、一般风险和低风险四级,分别采用红、橙、黄、蓝 4 种颜色标示。

① LEC 评价法。LEC 评价法用与系统风险有关的 3 种因素指标值的乘积来评价风险大小,分别是:L(likelihood,事故发生的可能性)、E(exposure,人员暴露于危险环境中的频繁程度)和 C(consequence,发生事故可能造成的后果)。给三种因素的不同等级分别确定不同的分值,再以 3 个分值 D(danger,危险性)来评价风险大小,即:

$$D = L \times E \times C \tag{8-1}$$

表 8-5　事故发生的可能性 L

分数值/分	事故发生的可能性	分数值/分	事故发生的可能性
10	完全可以预料	0.5	很不可能
6	相当可能	0.2	极不可能
3	可能,但不经常	0.1	实际不可能
1	可能性小		

表 8-6　人员暴露的频繁程度 E

分数值/分	人员暴露的频繁程度	分数值/分	人员暴露的频繁程度
10	连续暴露	1	每月一次暴露
6	每天工作时间内暴露	0.5	每年几次暴露
3	每周一次或偶然暴露		

表 8-7　发生事故后果的严重性 C

分数值/分	发生事故产生的后果	分数值/分	发生事故产生的后果
100	10 人以上死亡	7	严重
40	3～9 人死亡	3	重大,伤残
15	1～2 人死亡	1	引人注意

表 8-8　风险等级判定表

分数值/分	风险程度	标志色	分数值/分	风险程度	标志色
≥320	极高	红色	160>R≥120	中等	黄色
320>R≥160	高	橙色	120>R≥70	低	蓝色

注:各企业可结合自身特点,确定红、橙、黄、蓝风险等级风险值数值范围。

② 风险判定矩阵法。风险判定矩阵考虑事故发生的可能性和事故后果严重程度两个维度,其中事故发生的可能性分为 5 个等级(表 8-9)。

表 8-9　事故发生的可能性

可能性等级	说明	可能性等级	说明
A 级	很可能	D 级	很不可能,可以设想
B 级	可能,但不经常	E 级	极不可能
C 级	可能性小,完全意外		

事故后果严重程度分为 4 个等级(表 8-10)。

表 8-10　事故后果严重程度

严重度等级	说明	严重度等级	说明
I	灾难,可能发生重特大事故	III	轻度,可能发生一般事故
II	严重,可能发生较大事故	IV	轻微,可能发生人员轻伤事故

风险等级划分为 4 个等级(表 8-11)。

表 8-11　风险判定矩阵

可能性	严重程度			
	I级(灾难)	II级(严重)	III级(轻度)	IV则(轻微)
A	重大风险	重大风险	较大风险	一般风险
B	重大风险	重大风险	较大风险	一般风险
C	重大风险	较大风险	一般风险	低风险
D	较大风险	一般风险	一般风险	低风险
E	一般风险	一般风险	一般风险	低风险

判定事故发生的可能性和事故后果严重程度,需要选择适用的定性或定量风险评估方法进行科学判定。如对事故发生的可能性,可采用事故统计分析方法、事件树分析等分析方法来判定;事故后果的严重程度,可采用事故统计分析和事故后果定量模拟计算等方法来判定。

鉴于企业类型千差万别,企业风险管理水平各不相同,特别是对于一些风险较低的企业,虽然按照统一标准没有构成重大风险,仍然要按照风险管理的原则,抓住影响本企业安全生产的突出问题和关键环节,研究确定本企业可接受风险程度。

(7)制定风险清单。企业在风险辨识评估和分级之后,应建立风险清单。风险清单应至少包括风险名称、风险位置、风险类别、风险等级、管控主体、管控措施等内容。企业应将重大风险进行汇总,登记造册,并对重大风险存在的作业场所或作业活动、工艺技术条件、技术保障措施、管理措施、应急处置措施、责任部门及工作职责等进行详细说明。对于重大风险,企业应及时上报属地负有安全生产监督管理职责的部门。

(8)风险分级管控:

① 管控要求。要建立安全风险分级管控工作制度,制定工作方案,明确安全风险分级管控原则和责任主体,分别落实领导层、管理层、员工层的风险管控职责和风险管控清单,分类别、分专业明确公司、部门、车间、班组、岗位的安全风险管控措施。对于操作难度大、技术含量高、风险等级高、可能导致严重后果的作业活动、设备设施、场所应进行重点管控。上一级负责管控的风险,下一级必须同时负责管控,并逐级落实具体措施。

② 风险管控措施类别。风险管控措施类别应包含但不限于以下措施:

——工程技术措施:采用本质安全设计,隔离、封闭、关闭、连锁、故障-安全设计减少故障等措施预防、减弱和隔离风险。

——管理措施:健全机构,明确职责;建立、健全规章制度和操作规程;全员培训,提高技能和意识;完善作业许可制度;建立监督检查和奖惩机制;制定应急预案并演练。

——培训教育措施。

——个体防护措施:根据危害因素和危险、危害作业类别配备具有相应防护功能的个人防护用品,作为补充对策。

——应急处置措施:企业应根据特定风险制定应急预案,配备应急救援物资,定期进行演练,提高风险事故的防范能量。

③ 管控措施制定原则。企业在选择风险管控措施时应充分考虑可行性、安全性、可靠性,以及重点突出人的因素。风险控制措施在实施前应针对以下内容进行充分论证:

——措施的有效性和可靠性。

——是否使风险降低至可接受水平。

——是否会产生新的危险源或危险有害因素。

——是否已选定最佳的解决方案。

④ 风险告知。企业应在重点区域的醒目位置设置重大风险公告栏,制作岗位安全风险告知卡,标明主要安全风险、可能引发事故隐患类别、事故后果、管控措施、应急措施及报告方式等内容;同时,企业应以岗位安全风险及防控措施、应急处置方法为重点,强化风险教育和技能培训。

⑤ 重大风险管控措施。企业应对重大风险重点管控,制定有效的管理控制措施。通过工程技术措施和(或)技术改造才能控制的风险,应制定控制该类风险的具体方案,落实防控经费。属于经常性或周期性工作中的重大风险,不需要采取工程技术措施的,可以采取制(修)定文件(程序或作业文件)来有效控制风险。企业可根据自身条件和实际需要,建立重大风险监测预警系统,开展重大风险分级预警和事故应急响应,做到风险预警准确,事故应急响应及时。

(9) 绘制企业安全风险图。企业在确定安全风险清单,制定安全风险管控措施之后,应建立安全风险数据库。至少绘制安全风险四色分布图和作业安全风险比较图。

企业应使用"红、橙、黄、蓝"4种颜色,将生产设施、作业场所等区域存在的不同等级风险,标示在总平面布置图或地理坐标图中(图8-6)。

部分作业活动、生产工序、关键任务,由于其风险等级难以在平面布置图、地理坐标图中标示,应利用统计分析的方法,采取柱状图、曲线图或饼状图等,将不同作业的风险按照从高到低的顺序标示出来,实现对重点环节的重点管控(图8-7)。

(10) 形成风险分级管控运行机制:

① 运行效果评价。通过风险分级管控体系建设,企业应在以下方面有所改进:

——每一轮风险辨识和评价后,应使原有管控措施得到改进,或者通过增加新的管控措施提高安全可靠性。

——完善重大风险场所、部位的警示标志。

——涉及重大风险部位的作业、属于重大风险的作业建立了专人监护制度。

——员工对所从事岗位的风险有更充分的认识,安全技能和应急处置能力进一步提高。

——保证风险控制措施持续有效地得到改进和完善,风险管控能力得到加强。

——根据改进的风险控制措施,完善隐患排查项目清单,使隐患排查工作更有针

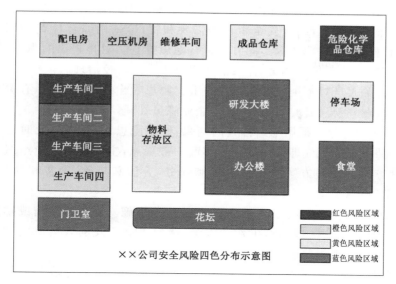

图 8-6 安全风险 4 色分布示意图

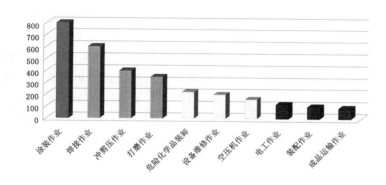

图 8-7 作业安全风险比较示意图

对性。

② 闭环管理机制。对本企业风险防控措施运行效果进行评估,现有控制措施不能使风险控制在可接受范围内时,应通过强化安全风险辨识和分级管控,从源头上避免和消除事故隐患,进而降低事故发生的可能性;另外,通过强化隐患排查,分析其规律特点,相应查找风险辨识的遗漏与缺失,查找风险管控措施的薄弱环节,进而完善风险分级管控制度。

(11) 隐患排查治理。具体内容如下:

① 建立完善隐患排查治理制度。企业应建立、健全隐患排查治理制度,逐渐建立并落实从主要负责人到每位从业人员的隐患排查治理和防控职责,并按照有关规定组织开展隐患排查治理工作,及时发现并消除隐患,实行隐患闭环管理。

② 隐患排查。企业应依据有关法律、法规、标准、规范等,组织制定各部门、岗位、场所、设备设施的隐患排查治理标准或排查清单,明确隐患排查的时限、范围、内容和要求,并组织开展相应的培训。隐患排查的范围应包括所有与生产经营相关的场所、人员、设

备设施和活动,还应包括承包商和供应商等相关服务范围。

企业应按照有关规定,结合安全生产的需要和特点,采用综合检查、专业检查、季节性检查、节假日检查、日常检查等不同方式进行隐患排查。对排查出的隐患,按照隐患的等级进行记录,建立隐患信息档案,并按照职责分工实施监控治理。

企业组织有关人员对本企业可能存在的重大隐患做出认定,并按照有关规定进行管理,并应将相关方排查出的隐患统一纳入本企业隐患管理。

③ 隐患治理。企业应根据隐患排查的结果,制定隐患治理方案,及时对隐患进行治理。企业应按照责任分工立即或限期组织整改一般隐患,主要负责人应组织制定并实施重大隐患治理方案。治理方案应包括目标和任务、方法和措施、经费和物资、机构和人员、时限和要求、应急预案。

企业在隐患治理过程中,应采取相应的监控防范措施。隐患排除前或排除过程中无法保证安全的,应从危险区域内撤出作业人员,疏散可能危及的人员,设置警戒标志,暂时停产停业或停止使用相关设备、设施。

④ 评估验收。隐患治理完成后,企业应按照有关规定对治理情况进行评估、验收。重大隐患治理完成后,企业应组织本企业的安全管理人员和有关技术人员进行验收或委托依法设立的为安全生产提供技术、管理服务的机构进行评估。

⑤ 信息记录、通报和报送。企业应如实记录隐患排查治理情况,至少每月进行统计分析,及时将隐患排查治理情况向从业人员通报。企业应运用隐患自查、自改、自报信息系统,通过信息系统对隐患排查、报告、治理、销账等过程进行电子化管理和统计分析,并按照当地安全监管部门和有关部门的要求,定期或实时报送隐患排查治理情况。

(12)双重预防机制运行评估。组织外部技术专家、企业内部技术人员和一线员工,至少每年对企业双重预防机制运行情况进行评估,及时修正发现问题和偏差,确保双重预防机制不断完善,持续保持有效运行。重点评估以下方面内容:

——双重预防机制是否按计划有效开展。

——双重预防机制是否符合本企业实际情况。

——双重预防机制是否取得实际效果。

——双重预防机制体系文件是否健全完善等。

(13)持续改进。具体内容如下:

① 定期更新。企业应根据实际情况,每年至少进行一次全面的危险源辨识和风险评价工作,以有效管控风险。除此之外,当出现以下情况时,应当重新开展风险评估:

——法规、标准等增减、修订变化所引起风险程度的改变。

——政府规范性文件提出新要求。

——企业生产工艺流程和关键设备设施发生变更。

——企业组织机构及安全管理机制发生重大调整。

——企业发生伤亡事故。

——企业自身提出更高要求。

——事故事件、紧急情况或应急预案演练结果反馈的需求。

——知识或方法有所进步认为有必要时。

企业应根据风险再评估结论,每年至少更新一次风险清单、事故隐患清单、安全风险图。

② 管理机制的融合。企业应将安全生产标准化创建工作与安全风险辨识、评估、管控，以及隐患排查治理工作有机结合起来，在安全生产标准化体系的创建、运行过程中开展安全风险辨识、评估、管控和隐患排查治理。

企业应强化安全生产标准化创建和年度自评，根据人员、设备、环境和管理等因素变化，持续进行风险辨识、评估、管控与更新完善，持续开展隐患排查治理，实现双重预防机制的持续改进。

已经开展安全生产标准化创建的企业应按照《企业安全生产标准化基本规范》（GB/T 3000—2016）的要求，补充双重预防机制建设内容；未开展安全生产标准化创建的企业应按照基本规范和标准要求，全面开展安全生产标准化创建及双重预防机制建设。

3. 责任要求

企业是双重预防机制建设的主体，要落实体系建设责任。企业要全方位、全过程深入排查本单位生产系统、环境条件、职业健康、操作行为、安全管理等方面存在的风险因素，建立双重预防机制体系。企业主要负责人要将其作为重要工作部署，发动职工全员参与，层层分解落实责任，保障体系建设所需资源和资金投入，加强内部管理考核。企业负责双重预防机制的责任部门要负责监督检查体系建设与运行成效，并定期组织绩效评估。

第七节　安全生产标准化体系

安全生产标准化是为了使安全生产活动获得最佳秩序，保证安全管理及生产条件达到法律、行政法规、部门规章和标准等要求制定的规则，是落实企业安全主体责任、建立安全生产长效机制、实现企业本质安全的重要手段和有效途径。

一、安全生产标准化的起源与发展

2004 年，国务院印发了《国务院关于进一步加强安全生产工作的决定》（国发〔2004〕2 号），第一次提出了"安全质量标准化"的要求，要求制定和颁布重点行业、领域安全生产技术规范和安全生产质量工作标准，其中对安全生产技术规范的提法在我国安全工作的历史上，是一个新的起点；文件明确要求在全国所有工矿商贸、交通运输、建筑施工等企业普遍开展安全质量标准化活动。

在矿山、危险化学品、机械等行业安全质量标准化试点工作的基础上，国家安全生产监督管理总局于 2010 年发布了《企业安全生产标准化基本规范》（AQ/T 9006—2010），正式明确了"安全生产标准化"的定义为"通过建立安全生产责任制，制定安全管理制度和操作规程，排查治理隐患和监控重大危险源，建立预防机制，规范生产行为，使各生产环节符合有关安全生产法律法规和标准规范的要求，人、机、物、环处于良好的生产状态，并持续改进，不断加强企业安全生产规范化建设"。该规范还规定了各行业安全生产标准化标准应涵盖的 13 个核心要求，并规定企业安全生产标准化工作实行企业自主评定、外部评审的方式；安全生产标准化评审分为一级、二级、三级，一级为最高。

2010 年，《国务院关于进一步加强企业安全生产工作的通知》（国务院 23 号文）指出：全国生产安全事故逐年下降，安全生产状况总体稳定、趋于好转，但形势依然十分严峻；文件进一步要求企业"深入开展以岗位达标、专业达标和企业达标为内容的安全生产标准化建设"。所谓建设,就是要求企业将安全生产标准化作为一项长期的、持续改进的基础工作。

根据国务院的要求,国务院安全生产委员会 2011 年 5 月发了《关于深入开展企业安全生产标准化建设的指导意见》,明确要求全面推进企业安全生产标准化建设,并要求冶金、机械、烟草等工贸行业(领域)规模以上企业要在 2013 年年底前,规模以下企业要在 2015 年前实现达标。随后,国家安全生产监督管理总局于当年 6 月 7 日下发了《国家安全监管总局关于印发全国冶金等工贸企业安全生产标准化考评办法的通知》(安监总管四〔2011〕84 号),制定了考评发证、考评机构管理及考评员管理等实施办法,进一步规范工贸行业企业安全生产标准化建设工作。

2011 年 8 月 2 日,国家安全生产监督管理总局进一步下发《国家安全监管总局关于印发冶金等工贸企业安全生产标准化基本规范评分细则的通知》(安监总管四〔2011〕128 号),发布《冶金等工贸企业安全生产标准化基本规范评分细则》,规范了冶金等工贸企业的安全生产。2013 年 1 月 29 日,国家安全生产监督管理总局等部门又下发《国家安全监管总局等部门关于全面推进全国工贸行业企业安全生产标准化建设的意见》(安监总管四〔2013〕8 号),提出要进一步建立、健全工贸行业企业安全生产标准化建设政策法规体系,加强企业安全生产规范化管理,推进全员、全方位、全过程安全管理。力求通过努力,实现企业安全管理标准化、作业现场标准化和操作过程标准化,2015 年年底前所有工贸行业企业实现安全生产标准化达标,企业安全生产基础得到明显强化。2014 年,新修订的《中华人民共和国安全生产法》,进一步提出企业推进安全生产标准化建设的要求。

2014 年,《国家安全监管总局关于印发企业安全生产标准化评审工作管理办法(试行)的通知》(安监总办〔2014〕49 号)要求各级安全监管部门要将企业安全生产标准化建设和隐患排查治理体系建设的效果,作为实施分级分类监管的重要依据,实施差异化的管理,将未达到安全生产标准化等级要求的企业作为安全监管重点,加大执法检查力度,督促企业提高安全管理水平。

2016 年 12 月 13 日,国家质量监督检验检疫总局、国家标准委员会批准发布了《企业安全生产标准化基本规范》(GB/T 33000—2016),该标准于 2017 年 4 月 1 日实施。该标准适用于工矿企业开展安全生产标准化建设工作,有关行业制修订安全生产标准化标准、评定标准,并且对标准化工作的咨询、服务、评审、科研、管理和规划等。

二、安全生产标准化的概念、特点及原理

1. 安全生产标准化的概念和特点

安全生产标准化是指通过建立安全生产责任制,制定安全管理制度和操作规程,排查治理隐患和监控重大危险源,建立预防机制,规范生产行为,使各生产环节符合有关安全生产法律法规和标准规范的要求,人、机、物、环处于良好的生产状态,并持续改进,不断加强企业安全生产规范化建设。

安全生产标准化体现了"安全第一、预防为主、综合治理"的方针和"以人为本"的科学发展观,强调企业安全生产工作的规范化、科学化、系统化和法制化,强化风险管理和过程控制,注重绩效管理和持续改进,符合安全管理的基本规律,代表了现代安全管理的发展方向,是先进安全管理思想与我国传统安全管理方法、企业具体实际的有机结合,能有效提高企业安全生产水平,从而推动我国安全生产状况的根本好转。

安全生产标准化具有以下特点:

（1）先进性。安全生产标准化吸收了管理体系的思想，采用了国际通用的计划（P，plan）、实施（D，do）、检查（C，check）、改进（A，action）动态循环的现代安全管理模式，以实现自我检查、自我纠正和自我完善，达到持续改进的目的，具有管理方法上的先进性。

（2）系统全面性。安全生产标准化的内容涉及安全生产的各个方面，从安全目标，组织机构和职责，安全生产投入，法律法规与安全管理制度，教育培训，生产设备设施，作业安全，隐患排查和治理，重大危险源监控，职业健康，应急救援，事故报告、调查和处理，绩效评定和持续改进13个方面提出了比较全面的要求，具有系统性和全面性。

（3）可操作性。企业在贯彻安全生产标准化中，根据体系中13个要素具体、细化的内容要求，全员参与规章制度、操作规程的制定，并进行定期评估检查，这样使得规章制度、操作规程与企业的实际情况紧密结合，避免"两张皮"情况的发生，有较强的可操作性，便于企业实施。

（4）管理量化性。安全生产标准化吸收了传统标准化分级管理的思想，有配套的评分细则，在企业自主建立和外部评审定级中，根据对比衡量，得到量化的评价结果，能够较真实地反映自身的安全管理水平和改进方向，便于企业进行有针对性地改进、完善。量化的评价结果也是监管部门分类监管的依据。

（5）强调预测预警。安全生产标准化要求企业应根据生产经营状况及隐患排查治理情况运用定量的安全生产预测预警技术，建立体现企业安全生产状况及发展趋势的预警指数系统。

企业应根据安全生产标准化的评定结果和安全生产预警指数系统所反映的趋势，对安全生产目标、指标、规章制度、操作规程等进行修改完善，持续改进，不断提高安全绩效。

2.安全生产标准化的基本原理

现代安全管理体系的基本思想是"以人为本，遵守法律法规，风险管理，持续改进，可持续发展"，管理的核心是系统中导致事故的根源即危险源，强调通过危险源辨识、风险评价和风险控制来达到控制事故、实现系统安全的目的。

安全管理体系的运行基础是戴明循环（PDCA循环）：

计划（P）：确定组织的方针、目标配备必要资源；建立组织机构，规定相应职责、权限和相互关系；识别管理体系运行的相关活动或过程，并规定活动或过程的实施程序和作业方法。

实施（D）：按照计划所规定的程序（如组织机构程序和作业方法等）加以实施。实施过程与计划的符合性及实施的结果决定了组织能否达到预期目标，因此保证所有活动在受控状态下进行是实施的关键。

检查（C）：为了确保计划的有效实施，需要对计划实施效果进行检查，并采取措施修正、消除可能产生的行为偏差。

改进（A）：管理过程不是一个封闭的系统，因而需要随着管理活动的深入，针对实践中发现的缺陷、不足、变化的内外部条件，不断对管理活动进行调整、完善。

三、安全生产标准化的构成要素

安全生产标准化包含目标职责、制度化管理、教育培训、现场管理、安全风险管控及隐患排查治理、应急管理、事故管理和持续改进8个方面，见表8-12。

表 8-12　安全生产标准化的构成要素

序号	一级要素	二级要素
1	目标职责	目标;机构和职责;全员参与;安全生产投入;安全文化建设;安全生产信息化建设
2	制度化管理	法规标准识别;规章制度;操作规程;文档管理
3	教育培训	教育培训管理;人员教育培训
4	现场管理	设备设施管理;作业安全;职业健康;警示标志
5	安全风险管控及隐患排查治理	安全风险管理;重大危险源辨识的管理;隐患排查治理;预测预警
6	应急管理	应急准备;应急处置;应急评估
7	持续改进	绩效评定;持续改进

1. 目标职责

（1）目标。企业应根据自身安全生产实际,制定文件化的总体和年度安全生产与职业卫生目标,并纳入企业总体生产经营目标。明确目标的制定、分解、实施、检查、考核等环节要求,并按照所属基层单位和部门在生产经营活动中所承担的职能,将目标分解为指标,确保落实。企业应定期对安全生产与职业卫生目标、指标实施情况进行评估和考核,并结合实际及时进行调整。

（2）机构和职责:

① 机构设置。企业应落实安全生产组织领导机构,成立安全生产委员会,并应按照有关规定设置安全生产和职业卫生管理机构,或配备相应的专职或兼职安全生产和职业卫生管理人员,按照有关规定配备注册安全工程师,建立、健全从管理机构到基层班组的管理网络。

② 主要负责人及领导层职责。企业主要负责人全面负责安全生产和职业卫生工作,并履行相应责任和义务;分管负责人应对各自职责范围内的安全生产和职业卫生工作负责;各级管理人员应按照安全生产和职业卫生责任制的相关要求,履行其安全生产和职业卫生职责。

（3）全员参与。企业应建立、健全安全生产和职业卫生责任制,明确各级部门和从业人员的安全生产和职业卫生职责,并对职责的适宜性、履职情况进行定期评估和监督考核。

企业应为全员参与安全生产和职业卫生工作创造必要的条件,建立激励约束机制,鼓励从业人员积极建言献策,营造自下而上、自上而下全员重视安全生产和职业卫生的良好氛围,不断改进和提升安全生产和职业卫生管理水平。

（4）安全生产投入。企业应建立安全生产投入保障制度,按照有关规定提取和使用安全生产费用,并建立使用台账。企业应按照有关规定,为从业人员缴纳相关保险费。企业宜投保安全生产责任保险。

（5）安全文化建设。企业应开展安全文化建设,确立本企业的安全生产和职业病危害防治理念及行为准则,并教育、引导全体人员贯彻执行。

企业开展安全文化建设活动,应符合《企业安全文化建设导则》（AQ/T 9004—2008）的规定。

（6）安全生产信息化建设。企业应根据自身实际情况，利用信息化手段加强安全生产管理工作，开展安全生产电子台账管理、重大危险源监控、职业病危害防治、应急管理、安全风险管控和隐患自查自报、安全生产预测预警等信息系统的建设。

2. 制度化管理

（1）法律标准识别。企业应建立安全生产和职业卫生法律法规、标准规范的管理制度，明确主管部门，确定获取的渠道、方式，及时识别和获取适用、有效的法律法规、标准规范，建立安全生产和职业卫生法律、法规、标准、规范清单和文本数据库。

企业应将适用的安全生产和职业卫生法律法规、标准规范的相关要求及时转化为本单位的规章制度、操作规程，并及时传达给相关从业人员，确保相关要求落实到位。

（2）规章制度。企业应建立、健全安全生产和职业卫生规章制度，并征求工会及从业人员意见和建议，规范安全生产和职业卫生管理工作。企业也应确保从业人员及时获取制度文本。

企业安全生产和职业卫生规章制度包括但不限于下列内容：目标管理；安全生产和职业卫生责任制；安全生产承诺；安全生产投入；安全生产信息化；四新（新技术、新材料、新工艺、新设备设施）管理；文件、记录和档案管理；安全风险管理、隐患排查治理；职业病危害防治；教育培训；班组安全活动；特种作业人员管理；建设项目安全设施、职业病防护设施"三同时"管理；设备设施管理；施工和检查维修安全管理；危险物品管理；危险作业安全管理；安全警示标志管理；安全预测预警；安全生产奖惩管理；相关方安全管理；变更管理；个体防护用品管理；应急管理；事故管理；安全生产报告；绩效评定管理。

（3）操作规程。企业应按照有关规定，结合本企业生产工艺、作业任务特点以及岗位作业安全风险与职业病防护要求，编制齐全适用的岗位安全生产和职业卫生操作规程，发放到相关岗位员工，并严格执行。企业应确保从业人员参与岗位安全生产和职业卫生操作规程的编制和修订工作。企业应在新技术、新材料、新工艺、新设备设施投入使用前，组织制修订相应的安全生产和职业卫生操作规程，确保其适宜性和有效性。

（4）文档管理：

① 记录管理。企业应建立文件和记录管理制度，明确安全生产和职业卫生规章制度、操作规程的编制、评审、发布、使用、修订、作废以及文件和记录管理的职责、程序和要求，并建立和保存有关记录的电子档案，支持查询和检索，便于自身管理使用和行业主管部门调取检查。

② 评估。企业应每年至少评估一次安全生产和职业卫生法律法规、标准规范、规章制度、操作规程的适宜性、有效性和执行情况。

③ 修订。企业应根据评估结果、安全检查情况、自评结果、评审情况、事故情况等，及时修订安全生产和职业卫生规章制度、操作规程。

3. 教育培训

（1）教育培训管理。企业应建立、健全安全教育培训制度，按照有关规定进行培训。培训大纲、内容、时间应满足有关标准的规定。企业安全教育培训应包括安全生产和职业卫生的内容。企业应明确安全教育培训主管部门，定期识别安全教育培训需求，制定并实施安全教育培训计划，并保证必要的安全教育培训资源。企业应如实记录全体从业人员的安全教育和培训情况，建立安全教育培训档案和从业人员个人安全教育培训档案，并对培训效果进行评估和改进。

（2）人员教育培训。具体内容如下：

① 主要负责人和安全管理人员。企业的主要负责人和安全生产管理人员应具备与本企业所从事的生产经营活动相适应的安全生产和职业卫生知识与能力。企业应对各级管理人员进行教育培训，确保其具备正确履行岗位安全生产和职业卫生职责的知识与能力。

法律法规要求考核其安全生产和职业卫生知识与能力的人员，应按照有关规定经考核达到合格标准。

② 从业人员。企业应对从业人员进行安全生产和职业卫生教育培训，保证从业人员具备满足岗位要求的安全生产和职业卫生知识，熟悉有关的安全生产和职业卫生法律法规、规章制度、操作规程，掌握本岗位的安全操作技能和职业危害防护技能、安全风险辨识和管控方法，了解事故现场应急处置措施，并根据实际需要，定期进行复训考核。未经安全教育培训合格的从业人员，不应上岗作业。

煤矿、非煤矿山、危险化学品、烟花爆竹、金属冶炼等企业应对新上岗的临时工、合同工、劳务工、轮换工、协议工等进行强制性安全培训，保证其具备本岗位安全操作、自救互救以及应急处置所需的知识和技能后，方能安排上岗作业。企业的新入厂（矿）从业人员上岗前应经过三级安全培训教育，岗前安全教育培训学时和内容应符口国家和行业的有关规定。

在新工艺、新技术、新材料、新设备设施投入使用前，企业应对有关从业人员进行专门的安全生产和职业卫生教育培训，确保其具备相应的安全操作、事故预防和应急处置能力。

从业人员在企业内部调整工作岗位或离岗一年以上重新上岗时，应重新进行车间（工段、区、队）和班组级的安全教育培训。

从事特种作业、特种设备作业的人员应按照有关规定，经专门安全作业培训，考核合格，取得相应资格后，方可上岗作业，并定期接受复审。

企业专职应急救援人员应按照有关规定，经专门应急救援培训，考核合格后，方可上岗，并定期参加复训。其他从业人员每年应接受再培训，再培训时间和内容应符合国家和地方政府的有关规定。

③ 外来人员。企业应对进入企业从事服务和作业活动的承包商、供应商的从业人员和接收的中等职业学校、高等学校实习生，进行入厂（矿）安全教育培训，并保存记录。

外来人员进入作业现场前，应由作业现场所在单位对其进行安全教育培训，并保存记录。主要内容包括：外来人员入厂（矿）有关安全规定、可能接触到的危害因素、所从事作业的安全要求、作业安全风险分析及安全控制措施、职业病危害防护措施、应急知识等。

企业应对进入企业检查、参观、学习等外来人员进行安全教育，主要内容包括：安全规定、可能接触到的危险有害因素、职业病危害防护措施、应急知识等。

4. 现场管理

（1）设备设施管理。具体内容如下：

① 设备设施建设。企业总平面布置应符合《工业企业平面设计规范》（GB 50187—2019）的规定，建筑设计防火和建筑灭火器配置应分别符合 2018 年版《建筑设计防火规范》（GB 50016—2014）和《建筑灭火器配置设计规范》（GB 50140—2019）的规定；建设项目的安全设施和职业病防护设施应与建设项目主体工程同时设计、同时施工、同时投入生产和使用。

企业应按照有关规定进行建设项目安全生产、职业病危害评价，严格履行建设项目安全设施和职业病防护设施设计审查、施工、试运行、竣工验收等管理程序。

②设备设施验收。企业应执行设备设施采购、到货验收制度，购置、使用设计符合要求、质量合格的设备设施。设备设施安装后企业应进行验收，并对相关过程及结果进行记录。

③设备设施运行。企业应对设备设施进行规范化管理，建立设备设施管理台账。企业应有专人负责管理各种安全设施以及检测与监测设备，定期检查维护并做好记录。

企业应针对高温、高压和生产、使用、储存易燃、易爆、有毒、有害物质等高风险设备，以及海洋石油开采特种设备和矿山井下特种设备，建立运行、巡检、保养的专项安全管理制度，确保其始终处于安全可靠的运行状态。

安全设施和职业病防护设施不应随意拆除、挪用或弃置不用；确因检维修拆除的，应采取临时安全措施，检维修完毕后立即复原。

④设备设施检维修。企业应建立设备设施检维修管理制度，制订综合检维修计划，加强日常检维修和定期检维修管理，落实"五定"原则，即定检维修方案、定检维修人员、定安全措施、定检维修质量、定检维修进度，并做好记录。

检维修方案应由作业安全风险分析、控制措施、应急处置措施及安全验收标准。检维修过程中应执行安全控制措施，隔离能量和危险物质，并进行监督检查，检维修后应进行安全确认。

⑤检测检验。特种设备应按照有关规定，委托具有专业资质的检测、检验机构进行定期检测、检验。涉及人身安全、危险性较大的海洋石油开采特种设备和矿山井下特种设备，应取得矿用产品安全标志或相关安全使用证。

⑥设备设施拆除、报废。企业应建立设备设施报废管理制度。设备设施的报废应办理审批手续，在报废设备设施拆除前应制定方案，并在现场设置明显的报废设备设施标志。报废、拆除涉及许可作业的，应按照作业环境和作业条件标准执行，并在作业前对相关作业人员进行培训和安全技术交底。报废、拆除应按方案和许可内容组织、落实。

（2）作业安全：

①作业环境和作业条件。企业应事先分析和控制生产过程及工艺、物料、设备设施、器材、通道、作业环境等存在的安全风险。生产现场应实行定置管理，保持作业环境整洁，并配备相应的安全、职业病防护用品（具）及消防设施与器材，按照有关规定设置应急照明、安全通道，并确保安全通道畅通。

企业应对临近高压输电线路作业、危险场所动火作业、有（受）限空间作业、临时用电作业、爆破作业、封道作业等危险性较大的作业活动，实施作业许可管理，严格履行作业许可审批手续。作业许可应包含安全风险分析、安全及职业病危害防护措施、应急处置等内容。作业许可实行闭环管理。企业应对作业人员的上岗资格、条件等进行作业前的安全检查，做到特种作业人员持证上岗，并安排专人进行现场安全管理，确保作业人员遵守岗位操作规程和落实安全及职业病危害防护措施。

企业应采取可靠的安全技术措施，对设备能量和危险有害物质进行屏蔽或隔离。两个以上作业队伍在同一作业区域内进行作业活动时，不同作业队伍相互之间应签订管理协议，明确各自的安全生产、职业卫生管理职责和采取的有效措施，并指定专人进行检查与协调。

危险化学品生产、经营、储存和使用单位的特殊作业应符合《危险化学品特殊作业安全规范》（GB 30871—2022）的规定。

② 作业行为。企业应依法合理进行生产作业组织和管理,加强对从业人员作业行为的安全管理,对设备设施、工艺技术以及从业人员作业行为等进行安全风险辨识,采取相应的措施,控制作业行为安全风险。

企业应监督、指导从业人员遵守安全生产和职业卫生规章制度、操作规程,杜绝违章指挥、违规作业和违反劳动纪律的"三违"行为。

企业应为从业人员配备与岗位安全风险相适应的、符合《个体防护装备选用规范》(GB/T 11651—2008)规定的个体防护装备与用品,并监督、指导从业人员按照有关规定正确佩戴、使用、维护、保养和检查个体防护装备与用品。

③ 岗位达标。企业应建立班组安全活动管理制度,开展岗位达标活动,明确岗位达标的内容和要求。

从业人员应熟练掌握本岗位安全职责、安全生产和职业卫生操作规程、安全风险及管控措施、防护用品使用、自救互救及应急处置措施。

各班组应按照有关规定开展安全生产和职业卫生教育培训、安全操作技能训练、岗位作业危险预知、作业现场隐患排查、事故分析等工作,并做好记录。

④ 相关方。企业应建立承包商、供应商等安全管理制度,将承包商、供应商等相关方的安全生产和职业卫生纳入企业内部管理,对承包商、供应商等相关方的资格预审、选择、作业人员培训、作业过程检查监督、提供的产品与服务、绩效评估、续用或退出等进行管理。

企业应建立合格承包商、供应商等相关方的名录和档案,定期识别服务行为安全风险,并采取有效的控制措施。企业不应将项目委托给不具备相应资质或安全生产、职业病防护条件的承包商、供应商等相关方。企业应与承包商、供应商等签订合作协议,明确规定双方的安全生产及职业病防护的责任和义务。

企业应通过供应链关系促进承包商、供应商等相关方达到安全生产标准化要求。

(3) 职业健康:

① 基本要求。企业应为从业人员提供符合职业卫生要求的工作环境和条件,为接触职业病危害的从业人员提供个人使用的职业病防护用品,建立、健全职业卫生档案和健康监护档案。

产生职业病危害的工作场所应设置相应的职业病防护设施,并符合《工业企业设计卫生标准》(GBZ 1—2010)的规定。

企业应确保使用有毒、有害物品的作业场所与生活区、辅助生产区分开,工作场所不应住人;将有害作业与无害作业分开,高毒工作场所与其他工作场所隔离。对可能导致发生急性职业危害的有毒、有害工作场所,应设置检验报警装置,制定应急预案,配置现场急救用品、设备,设置应急撤离通道和必要的泄险区,定期检查监测。

企业应组织从业人员进行上岗前、在岗期间、特殊情况应急后和离岗时的职业健康检查,将检查结果书面告知从业人员并存档。对检查结果异常的从业人员,应及时就医,并定期复查。企业不应安排未经职业健康检查的从业人员从事接触职业病危害的作业;不应安排有职业禁忌的从业人员从事禁忌作业。从业人员的职业健康监护应符合《职业健康监护技术规范》(GBZ 188—2019)的规定。

各种防护用品、各种防护器具应定点存放在安全、便于取用的地方,建立台账,并有专人负责保管,定期校验、维护和更换。涉及放射工作场所和放射性同位素运输、储存的企业,应配置防护设备和报警装置,为接触放射线的从业人员佩带个人剂量计。

② 职业危害告知。企业与从业人员订立劳动合同时,应将工作过程中可能产生的职业危害及其后果和防护措施如实告知从业人员,并在劳动合同中写明。

企业应按照有关规定,在醒目位置设置公告栏,公布有关职业病防治的规章制度、操作规程、职业病危害事故应急救援措施和工作场所职业病危害因素检测结果。对存在或产生职业病危害的工作场所、作业岗位、设备、设施,应在醒目位置设置警示标识和中文警示说明;使用有毒物品作业场所,应设置黄色区域警示线、警示标识和中文警示说明,高毒作业场所应设置红色区域警示线、警示标识和中文警示说明,并设置通信报警设备。高毒物品作业岗位职业病危害告知应符合《高毒物品作业岗位职业病危害告知规范》(GBZ/T 203—2007)的规定。

③ 职业病危害申报。企业应按照有关规定,及时、如实向所在地安全生产监督管理部门申报职业病危害项目,并及时更新信息。

④ 职业病危害检测与评价。企业应改善工作场所职业卫生条件,控制职业病危害因素浓(强)度不超过《工作场所有害职业接触限值 第 1 部分:化学有害因素》(GBZ 2.1—2019)、《工作场所有害因素职业接触限值 第 2 部分:物理因素》(GBZ 2.2—2019)规定的限值。企业应对工作场所职业病危害因素进行日常监测,并保存监测记录。存在职业病危害的,应委托具有相应资质的职业卫生技术服务机构进行定期检测,每年至少进行一次全面的职业病危害因素检测;职业病危害严重的,应委托具有相应资质的职业卫生技术服务机构,每 3 年至少进行一次职业病危害现状评价。检测、评价结果存入职业卫生档案,并向安全监管部门报告,向从业人员公布。

定期检测结果中职业病危害因素浓度或强度超过职业接触限值的,企业应根据职业卫生技术服务机构提出的整改建议,结合本单位的实际情况,制定切实有效的整改方案,立即进行整改。整改落实情况应有明确的记录并存入职业卫生档案备查。

(4) 警示标志。企业应按照有关规定和工作场所的安全风险特点,在有重大危险源、较大危险因素和严重职业病危害因素的工作场所,设置明显的、符合有关规定要求的安全警示标志和职业病危害警示标识。具体要求见《道路交通标志和标线》(GB 5768—2009)、《安全色》(GB 2893—2008)、《安全标志及其使用导则》(GB 2894—2008)、《工业管道的基本识别色、识别符号和安全标识》(GB 7231—2016)等。安全警示标志和职业病危害警示标识应标明安全风险内容、危险程度、安全距离、防控办法、应急措施等内容,在有重大隐患的工作场所和设备设施上设置安全警示标志,标明治理责任、期限及应急措施;在有安全风险的工作岗位设置安全告知卡,告知从业人员本企业、本岗位主要危险有害因素、后果、事故预防及应急措施、报告电话等内容。

企业应定期对警示标志进行检查维护,确保其完好有效。企业应在设备设施施工、吊装、检维修等作业现场设置警戒区域和警示标志,在检维修现场的坑、井、渠、沟、陡坡等场所设置围栏和警示标志,进行危险提示、警示,告知危险的种类、后果及应急措施等。

5. 安全风险管控及隐患排查治理

(1) 安全风险管理:

① 安全风险辨识。企业应建立安全风险辨识管理制度,组织全员对本单位安全风险进行全面、系统的辨识。

安全风险辨识范围应覆盖本单位的所有活动及区域,并考虑正常、异常和紧急 3 种状态及过去、现在和将来3种时态。安全风险辨识应采用适宜的方法和程序，且与现场实际相符。

企业应对安全风险辨识资料进行统计、分析、整理和归档。

② 安全风险评估。企业应建立安全风险评估管理制度，明确安全风险评估的目的、范围、频次、准则和工作程序等。企业应选择合适的安全风险评估方法，定期对所辨识出的存在安全风险的作业活动、设备设施、物料等进行评估。在进行安全风险评估时，至少应从影响人、财产和环境3个方面的可能性和严重程度进行分析。矿山、金属冶炼和危险物品生产、储存企业，每3年应委托具备规定资质条件的专业技术服务机构对本企业的安全生产状况进行安全评价。

③ 安全风险控制。企业应选择工程技术措施、管理控制措施、个体防护措施等，对安全风险进行控制。

企业应根据安全风险评估结果及生产经营状况等，确定相应的安全风险等级，对其进行分级分类管理，实施安全风险差异化动态管理，制定并落实相应的安全风险控制措施。

企业应将安全风险评估结果及所采取的控制措施告知相关从业人员，使其熟悉工作岗位和作业环境中存在的安全风险，掌握、落实应采取的控制措施。

④ 变更管理。企业应制定变更管理制度，变更前应对变更过程及变更后可能产生的安全风险进行分析，制定控制措施，履行审批及验收程序，并告知和培训相关从业人员。

（2）重大危险源辨识和管理。企业应建立重大危险源管理制度，全面辨识重大危险源，对确认的重大危险源制定安全管理技术措施和应急预案。涉及危险化学品的企业应按照《危险化学品重大危险源辨识》（GB 18218—2018）的规定，进行重大危险源辨识和管理。企业应对重大危险源进行登记建档，设置重大危险源监控系统，进行日常监控，并按照有关规定向所在地安全监管部门备案。重大危险源安全监控系统应符合《危险化学品重大危险源安全监控通用技术规范》（AQ 3035—2010）的规定。含有重大危险源的企业应将监控中心（室）视频监控数据、安全监控系统状态数据和监控数据与有关安全监管部门监管系统联网。

（3）隐患排查治理：

① 隐患排查。企业应建立隐患排查治理制度，逐级建立并落实从主要负责人到每位从业人员的隐患排查治理和防控责任制，并按照有关规定组织开展隐患排查治理工作，及时发现并消除隐患，实行隐患闭环管理。企业应根据有关法律法规、标准规范等，组织制定各部门、岗位、场所、设备设施的隐患排查治理标准或排查清单，明确隐患排查的时限、范围、内容和要求，并组织开展相应的培训。隐患排查的范围应包括所有与生产经营相关的场所、人员、设备设施和活动，包括承包商和供应商等相关服务范围。

企业应按照有关规定，结合安全生产的需要和特点，采用综合检查、专业检查、季节性检查、节假日检查、日常检查等不同方式进行隐患排查。对排查出的隐患，按照隐患的等级进行记录，建立隐患信息档案，并按照职责分工实施监控治理。组织有关专业技术人员对本企业可能存在的重大隐患做出认定，并按照有关规定进行管理。

企业应将相关方排查出的隐患统一纳入本企业隐患管理。

② 隐患治理。企业应根据隐患排查的结果，制定隐患治理方案，对隐患及时进行治理。企业应按照责任分工立即或限期组织整改一般隐患。主要负责人应组织制定并实施重大隐患治理方案。治理方案应包括目标和任务、方法和措施、经费和物资、机构和人员、时限和要求、应急预案。

企业在隐患治理过程中，应采取相应的监控防范措施。隐患排除前或排除过程中无法保证安全的，应从危险区域内撤出作业人员，疏散可能危及的人员，设置警戒标志，暂时停产停业或停止使用相关设备、设施。

③ 验收与评估。隐患治理完成后,企业应按照有关规定对治理情况进行评估、验收。重大隐患治理完成后,企业应组织本企业的安全管理人员和有关技术人员进行验收或委托依法设立的为安全生产提供技术、管理服务的机构进行评估。

④ 信息记录、通报和报送

企业应如实记录隐患排查治理情况,至少每月进行统计分析,及时将隐患排查治理情况向从业人员通报。企业应运用隐患自查、自改、自报信息系统,通过信息系统对隐患排查、报告、治理、销账等过程进行电子化管理和统计分析,并按照当地安全监管部门和有关部门的要求定期或实时报送隐患排查治理情况。

(4) 预测预警。企业应根据生产经营状况、安全风险管理及隐患排查治理、事故等情况,运用定量或定性的安全生产预测预警技术,建立体现企业安全生产状况及发展趋势的安全生产预测预警体系。

6. 应急管理

(1) 应急准备。具体内容如下:

① 应急救援组织。企业应按照有关规定建立应急管理组织机构或指定专人负责应急管理工作,建立与本企业安全生产特点相适应的专(兼)职应急救援队伍。按照有关规定可以不单独建立应急救援队伍的,应指定兼职救援人员,并与邻近专业应急救援队伍签订急应救援服务协议。

② 应急预案。企业应在开展安全风险评估和应急资源调查的基础上,建立生产安全事故应急预案体系,制定符合《生产经营单位生产安全事故应急预案编制导则》(GB/T 29639—2020)规定的生产安全事故应急预案,针对安全风险较大的重点场所(设施)制定现场处置方案,并编制重点岗位、人员应急处置卡。

企业应按照有关规定将应急预案报当地主管部门备案,并通报应急救援队伍、周边企业等有关应急协作单位。企业应定期评估应急预案,及时根据评估结果或实际情况的变化进行修订和完善,并按照有关规定将修订的应急预案及时报当地主管部门备案。

③ 应急设施、装备、物资。企业应根据可能发生的事故种类特点,按照规定设置应急设施,配备应急装备,储备应急物资,建立管理台账,安排专人管理,并定期检查、维护、保养,确保其完好、可靠。

④ 应急演练。企业应按照《生产安全事故应急演练基本规范》(AQ/T 9007—2019)的规定定期组织公司(厂、矿)、车间(工段、区、队)、班组开展生产安全事故应急演练,做到一线从业人员参与应急演练全覆盖,并按照 AQ/T 9009 的规定对演练进行总结和评估,根据评估结论和演练发现的问题,修订、完善应急预案,改进应急准备工作。

⑤ 应急救援信息系统建设。矿山、金属冶炼等企业,生产、经营、运输、储存、使用危险物品或处置废弃危险物品的生产经营单位,应建立生产安全事故应急救援信息系统并与所在地县级以上地方人民政府负有安全生产监督管理职责部门的安全生产应急管理信息系统互联互通。

(2) 应急处置。发生事故后,企业应根据预案要求,立即启动应急响应程序,按照有关规定报告事故情况,并开展先期处置:

发出警报,在不危及人身安全时,现场人员采取阻断或隔离事故源、危险源等措施;严重危及人身安全时,迅速停止现场作业,现场人员采取必要的或可能的应急措施后撤离危险区域。

立即按照有关规定和程序报告本企业有关负责人,有关负责人应立即将事故发生的时间、地点、当前状态等简要信息向所在地县级以上地方人民政府负有安全生产监督管理职责的有关部门报告,并按照有关规定及时补报、续报有关情况;情况紧急时,事故现场有关人员可以直接向有关部门报告;对可能引发次生事故灾害的,应及时报告相关主管部门。

研判事故危害及发展趋势,将可能危及周边生命、财产、环境安全的危险性和防护措施等告知相关单位与人员;遇有重大紧急情况时,应立即封闭事故现场,通知本单位从业人员和周边人员疏散,采取转移重要物资、避免或减轻环境危害等措施。

请求周边应急救援队伍参加事故救援,维护事故现场秩序,保护事故现场证据。准备事故救援技术资料,做好向所在地人民政府及其负有安全生产监督管理职责的部门移交救援工作指挥权的各项准备。

(3)应急评估。企业应对应急准备、应急处置工作进行评估。矿山、金属冶炼等企业,生产、经营、运输、储存、使用危险物品或处置废弃危险物品的企业,应每年进行一次应急准备评估。

完成险情或事故应急处置后,企业应主动配合有关组织开展应急处置评估。

7. 事故查处

(1)报告。企业应建立事故报告程序,明确事故内外部报告的责任人、时限、内容等,并教育、指导从业人员严格按照有关规定的程序报告发生的生产安全事故。

企业应妥善保护事故现场以及相关证据。事故报告后出现新情况的,应当及时补报。

(2)调查和处理。企业应建立内部事故调查和处理制度,按照有关规定、行业标准和国际通行做法,将造成人员伤亡(轻伤、重伤、死亡等人身伤害和急性中毒)和财产损失的事故纳入事故调查和处理范畴。企业发生事故后,应及时成立事故调查组,明确其职责与权限,进行事故调查。事故调查应查明事故发生的时间、经过、原因、波及范围、人员伤亡情况及直接经济损失等。

事故调查组应根据有关证据、资料,分析事故的直接、间接原因和事故责任,提出应吸取的教训、整改措施和处理建议,编制事故调查报告。

企业应开展事故案例警示教育活动,认真吸取事故教训,落实防范和整改措施,防止类似事故再次发生。企业应根据事故等级,积极配合有关人民政府开展事故调查。

(3)管理。企业应建立事故档案和管理台帐,将承包商、供应商等相关方在企业内部发生的事故纳入本企业事故管理,并且应按照《企业职工伤亡事故分类》(GB 6441—86)、《事故伤害损失工作日标准》(GB/T 15499—1995)的有关规定和国家、行业确定的事故统计指标开展事故统计分析。

8. 持续改进

(1)绩效评定。企业每年至少应对安全生产标准化管理体系的运行情况进行一次自评,验证各项安全生产制度措施的适宜性、充分性和有效性,检查安全生产和职业卫生管理目标、指标的完成情况。企业主要负责人应全面负责组织自评工作,并将自评结果向本企业所有部门、单位和从业人员通报。自评结果应形成正式文件,并作为年度安全绩效考评的重要依据。

企业应落实安全生产报告制度,定期向业绩考核等有关部门报告安全生产情况,并向社会公示。企业发生生产安全责任死亡事故,应重新进行安全绩效评定,全面查找安全生产标准化管理体系中存在的缺陷。

(2)持续改进。企业应根据安全生产标准化管理体系的自评结果和安全生产预测预警系统所反映的趋势以及绩效评定情况,客观分析企业安全生产标准化管理体系的运行质量,及时调整完善相关制度文件和过程管控,持续改进,不断提高安全生产绩效。

第八节　重大危险源辨识与管理

一、重大危险源与灾难性事件

1. 危险源及其分类

简单地说,危险源是导致事故的根源。根据能量意外释放论,事故是能量或危险物质的意外释放。能量或危险物质不能孤立存在,它们必须处于一定的载体中,而该载体也必须处于一定的环境中。为此,将系统中存在的、可能发生意外释放能量或危险物质的设备、设施或场所称为危险源。影响危险源安全性的因素种类繁多、非常复杂,它们在导致事故发生、造成人员伤害和财物损失方面所起的作用很不相同。根据危险源在事故发生、发展中的作用,将危险源划分为两大类:第一类危险源和第二类危险源。

（1）第一类危险源。作用于人体的过量的能量或干扰人体与外界能量交换的危险物质是造成人员伤害的直接原因。于是,人们将系统中存在的、可能发生意外释放的能量或危险物质称为第一类危险源,实际工作中往往将产生能量的能量源或拥有能量的能量载体看作第一类危险源来处理,如带电的导体、奔驰的车辆等。常见的第一类危险源如下:

① 产生、供给能量的装置、设备。

② 使人体或物体具有较高势能的装置、设备、场所。

③ 能量载体。

④ 一旦失控可能产生巨大能量的装置、设备、场所,如强烈放热反应的化工装置等。

⑤ 一旦失控可能发生能量蓄积或突然释放的装置、设备、场所,如各种压力容器等。

⑥ 危险物质,如各种有毒、有害、可燃烧爆炸的物质等。

⑦ 生产、加工、储存危险物质的装置、设备、场所。

⑧ 人体一旦与之接触将导致人体能量意外释放的物体。

第一类危险源具有的能量越多,一旦发生事故其后果越严重;相反,第一类危险源处于低能量状态时比较安全。同样,第一类危险源包含的危险物质的量越多,干扰人的新陈代谢越严重,其危险性越大。

（2）第二类危险源。在生产和生活中,为了利用能量,让能量按照人们的意图在系统中流动、转换和做功,必须采取措施约束、限制能量,即必须控制危险源。约束、限制能量的屏蔽应该可靠地控制能量,防止能量意外地释放。实际上,绝对可靠的控制措施并不存在。在许多因素的复杂作用下,约束、限制能量的控制措施可能失效,能量屏蔽可能被破坏而发生事故。导致约束、限制能量措施失效或破坏的各种不安全因素称为第二类危险源。

从系统安全的观点来考察,使能量或危险物质的约束、限制措施失效、破坏的原因因素,即第二类危险源,包括人、机、环境3个方面的问题。

① 人失误可能直接破坏对第一类危险源的控制,造成能量或危险物质的意外释放。例如,合错了开关使检修中的线路带电;误开阀门使有害气体泄放等。人失误也可能造成物的故障,物的故障进而导致事故。例如,超载起吊重物造成钢丝绳断裂,发生重物坠落事故。

② 物的因素问题可以概括为物的故障。物的故障可能直接使约束、限制能量或危险物

质的措施失效而发生事故,如管路破裂使其中的有毒有害介质泄漏等。有时一种物的故障可能导致另一种物的故障,最终造成能量或危险物质的意外释放。例如,压力容器的泄压装置故障,使容器内部介质压力上升,最终导致容器破裂。物的故障有时会诱发人失误;人失误会造成物的故障,实际情况比较复杂。

③ 环境因素主要指系统运行的环境,包括温度、湿度、照明、粉尘、通风、噪声、振动等物理环境和企业、社会等软环境。不良的物理环境会引起物的故障或人失误。例如,潮湿的环境会加速金属腐蚀而降低结构或容器的强度;工作场所强烈的噪声影响人的情绪,分散人的注意力而发生人失误。企业的管理制度、人际关系或社会环境影响人的心理,可能引起人失误。

(3) 危险源与事故。一起事故的发生是两类危险源共同起作用的结果。第一类危险源的存在是事故发生的前提,没有第一类危险源就谈不上能量或危险物质的意外释放,也就无所谓事故。另外,如果没有第二类危险源破坏对第一类危险源的控制,也不会发生能量或危险物质的意外释放。第二类危险源的出现是第一类危险源导致事故的必要条件。

在事故的发生、发展过程中,两类危险源相互依存、相辅相成。第一类危险源在事故时释放出的能量是导致人员伤害或财物损坏的能量主体,决定事故后果的严重程度。第二类危险源出现的难易决定事故发生的可能性的大小。两类危险源共同决定危险源的危险性。

2. 重大危险源与灾难性事件

(1) 重大危险源及其分类。危险化学品是最常见的一类危险物质。危险物质在生产装置中被生产出来,作为原料在生产装置中又用来生产其他产品,在管道或储罐等储运设施中处于储运状态。一个(套)生产装置、设施或场所,或同属于一个工厂的且边缘距离小于500 m的几个(套)生产装置、设施或场所称为单元。在这些装置和设施中,危险物质的数量和性质可能不同,因此所导致的事故后果也存在差别。对于同一种危险物质来说,其数量越大,导致的事故后果就越严重。当大到特定量,一旦发生事故,则会导致灾难性事件,造成严重的事故后果。该特定量称为临界量,它是国家法律法规、标准规定的一种或一类特定危险物质的数量。超过该数量,有关的装置和设施即被确定为重大危险源。《危险化学品重大危险源辨识》(GB 18218—2018)中给出了重大危险源的定义及其分类。

长期地或临时地生产、加工、搬运、使用或储存危险物质,且危险物质的数量等于或超过临界量的单元,该单元称为重大危险源。它分为生产场所重大危险源和储存区重大危险源两类。在生产过程中工艺条件相对复杂,储存过程中工艺条件相对稳定,所以同等数量的危险物质在生产过程中和储存状态下的危险性不同。为此,将重大危险源分为生产场所重大危险源和储存区重大危险源两类。前者是指生产场所中危险物质的数量超过其临界量;后者是指储存区中危险物质的数量超过其临界量。由于工艺条件不同,所以生产场所重大危险源和储存区重大危险源危险物质的临界量不同。

上述重大危险源的定义和分类的出发点是物质的危险性及其数量。这样做的目的是为了重大危险源的辨识同国际接轨。在国际上,大多数国家和国际组织(国际劳工局、欧共体)均是采用限定某种物质及其数量的方法。

实际上,储存有非危险物质、能够释放出大量能量的高温高压容器和大型蒸汽锅炉,一旦发生事故,同样会造成大量的人员伤亡和财产损失,它们也属于重大危险源。如前所述,系统中存在的、可能发生意外释放能量或危险物质的设备、设施或场所称作危险源。那么按照该定义,重大危险源则是系统中存在的、可意外释放的能量或危险物质大于临界量的设备、设施或场所。危险物质的释放有可能伴随着能量的释放,例如易燃易爆物质可以着火或爆炸;而能量的释放则不一定伴随危险物质的泄漏,如高压空气罐的爆炸。因此,全面考虑能量和危险物质释放的重大危险源的定义更为准确。

(2)重大危险源与灾难性事件。重大危险源一旦发生事故,就会伴随着大量能量或危险物质的释放,从而造成大量的人员伤亡和财产损失,形成灾难性事件,危险物质是指具有一定的物理和化学特性,易导致火灾、爆炸或中毒的物质。最常见的一类危险物质是危险化学品,生产、使用、储存危险化学品的行业最易造成灾难性事件,从其类别上看,主要是火灾、爆炸、中毒和窒息。在危险化学品生产和使用过程中,工人接触有毒有害的危险化学品是难以避免的。危险化学品泄漏以后,极有可能引起火灾和爆炸事故。而火灾和爆炸事故往往会引起一系列的连锁反应,从而造成更大的泄漏,引发更为严重的火灾和爆炸事故。火灾和爆炸事故能导致人员伤亡和财产损失,危险化学品泄漏后还会污染大气和水源,造成人员中毒,其事故案例不胜枚举。可见,重大危险源是导致灾难性事件的根源。

二、重大危险源辨识

为了预防灾难性事件的发生,就必须控制重大危险源。为控制重大危险源,就必须辨识重大危险源,从而使得重大危险源的控制具有针对性。

重大危险源辨识方法有多种,但是应用最多的是对照标准法。它是指将危险源的危险物质及其数量与有关危险物质临界量标准相对照来辨识重大危险源。英国是世界上最早系统研究重大危险源控制技术的国家。1976 年,英国重大危险咨询委员会(Advisory Committee on Major Hazards,ACMH)就提出了重大危险源辨识标准,ACMH 和其他机构在重大危险源辨识、评价方面极富成效的工作促使欧洲共同体在 1982 年 6 月颁布了《工业活动中重大事故危险法令》(82/501/EEC),简称为《塞韦索法令》。该法令列出了 180 种物质及其临界量标准,其中 19 类重点控制的危险物质及其临界量见表 8-13。

表 8-13 欧共体用于重大危险源辨识的重点控制危险物质

物质危险性	物质名称	临界量/t	物质危险性	物质名称	临界量/t
一般性易燃物质	易燃气体	200	特殊毒性物质	二氧化硫	250
	极易燃液体	50 000		硫化氢	50
特殊易燃物质	氢气	50		氰化物	20
	环氧乙烷	50		二氧化碳	200
特殊爆炸性物质	硝铵	2 500		氟化氢	50
	硝化甘油	10		氯化氢	250
	TNT	50		三氧化硫	75
特殊毒性物质	丙烯腈	200	极毒物质	甲基异氰酸盐	0.15
	氨气	500		光气	0.75
	氯气	25			

为实施《塞韦索法令》,英、荷、德、法、意、比等国家都颁布了有关重大危险源控制规程,要求对工厂进行重大危险源辨识、评价,提出相应的事故预防和应急计划措施,并向主管当局提交详细描述重大危险源状况的安全报告。

国际经济合作与发展组织也列出了 20 种重点控制的危险物质,见表 8-14。

表 8-14　OECD 用于重大危险源辨识的重点控制危险物质

物质危险性	物质名称	限量/t	物质危险性	物质名称	限量/t
易燃、易爆或易氧化物质	易燃气体(包括液化气)	200	毒物	甲基异氰酸盐	0.15
	极易燃气体	50 000		二氧化硫	250
	环氧乙烷	50		丙烯腈	200
	氢酸钠	250		光气	0.75
	硝酸铵	2 500		甲基溴化物	200
毒物	氨气	500		四乙铅	50
	氯气	25		己拌磷	0.1
	氰化物	20		硝苯硫磷脂	0.1
	氟化物	50		杀鼠灵	0.1
				涕灭威	0.1

1992 年,美国政府颁布的《高度危险化学品处理过程的安全管理》(PSM)标准,列出130 多种化学物质及其临界量。

随后,美国环境保护署(EPA)颁布了《预防化学泄漏事故的风险管理程序》(RMP)标准,对重大危险源辨识提出了规定,给出了 77 种危险物质及其临界量。

我国十分重视对重大危险源的评价和控制,将"重大危险源评价和宏观控制技术研究"列入国家"八五"时期科技攻关项目,并取得重要成果。1997 年,劳动部在北京、上海、天津、青岛、深圳和成都等 6 城市进行了重大危险源普查试点工作。在此基础上,原国家经济贸易委员会安全科学技术研究中心制定了国家标准《危险化学品重大危险源辨识》(GB 18218—2018)。该标准给出了生产场所重大危险源和储存区重大危险源 4 类物质的临界量,见表 8-15 至表 8-18。

表 8-15　爆炸性物质名称及临界量

序号	物质名称	临界量/t	
		生产场所	储存区
1	雷(酸)汞	0.1	1
2	硝化丙三醇	0.1	1
3	二硝基重氮酚	0.1	1
4	二乙二醇二硝酸酯	0.1	1
5	脒基亚硝氨基脒基四氮烯	0.1	1
6	迭氮(化)钡	0.1	1
7	迭氮(化)铅	0.1	1
8	三硝基间苯二酚铅	0.1	1
9	六硝基二苯胺	5	50
10	2,4,6-三硝基苯酚	5	50
11	2,4,6-三硝基苯甲硝胺	5	50

表8-15(续)

序号	物质名称	临界量/t	
		生产场所	储存区
12	2,4,6-三硝基苯胺	5	50
13	三硝基苯甲醚	5	50
14	2,4,6-三硝基苯甲醚	5	50
15	二硝基(苯)酚	5	50
16	环三次甲基三硝胺	5	50
17	2,4,6-三硝基甲苯	5	50
18	季戊四醇四硝酸酯	5	50
19	硝化纤维素	10	100
20	硝酸铵	25	250
21	1,3,5-三硝基苯	5	50
22	2,4,6-三硝基氯(化)苯	5	50
23	2,4,6-三硝基间苯二酚	5	50
24	环四次甲基四硝胺	5	50
25	六硝基-1,2-二苯乙烯	5	50
26	硝酸乙酯	5	50

表 8-16　易燃物质名称及临界值

序号	类别	物质名称	临界值/t	
			生产物质	储存区
1	闪点<28 ℃的液体	乙烷	2	20
2		正戊烷	2	20
3		石脑油	2	20
4		环戊烷	2	20
5		甲醇	2	20
6		乙醇	2	20
7	闪点<28 ℃的液体	乙醇	2	20
8		甲酸甲酯	2	20
9		甲酸乙酯	2	20
10		乙酸甲酯	2	20
11		汽油	2	20
12		丙酮	2	20
13		丙烯	2	20

表8-16(续)

序号	类别	物质名称	临界值/t	
			生产物质	储存区
14	28℃≤闪点<60℃的液体	煤油	10	100
15		松节油	10	100
16		2-丁烯-1-醇	10	100
17		3-甲基-1-丁醇	10	100
18		二(正)丁醚	10	100
19		乙酸正丁酯	10	100
20		硝酸正戊酯	10	100
21		2,4-戊二酮	10	100
22		环己胺	10	100
23		乙酸	10	100
24		樟脑油	10	100
25		甲酸	10	100
26	爆炸下限≤10%气体	乙炔	1	10
27		氢	1	10
28		甲烷	1	10
29		乙烯	1	10
30		1,3-丁二烯	1	10
31		环氧乙烷	1	10
32		一氧化碳和氢气混合物	1	10
33		石油气	1	10
34		天然气	1	10

表 8-17 活性化学物资名称及临界值

序号	物资名称	临界值/t	
		生产场所	储存区
1	氯酸钾	2	20
2	氯酸钠	2	20
3	过氧化钾	2	20
4	过氧化钠	2	20
5	过氧化乙酸叔丁酯(浓度≥70%)	1	10
6	过氧化异丁酸叔丁酯(浓度≥80%)	1	10
7	过氧化顺式丁烯二酸叔丁酯(浓度≥80%)	1	10
8	过氧化异丙基碳酸叔丁酯(浓度≥80%)	1	10
9	过氧化二碳酸二苯甲酯(盐度≥90%)	1	10
10	2,2-双-(过氧化叔丁基)丁烷(浓度≥70%)	1	10

表8-17（续）

序号	物资名称	临界值/t	
		生产场所	储存区
11	1,1-双-(过氧化叔丁基)环己烷(浓度≥80%)	1	10
12	过氧化二碳酸二异丙酯(浓度≥80%)	1	10
13	2,2-过氧化二氢丙烷(浓度≥30%)	1	10
14	过氧化二碳酸二正丙酯(浓度≥80%)	1	10
15	3,3,6,6,9,9-六甲基-1,2,4,5-四氧环壬烷	1	10
16	过氧化甲乙酮(浓度≥60%)	1	10
17	过氧化异丁基甲基甲酮(浓度≥60%)	1	10
18	过乙酸(浓度≥60%)	1	10
19	过氧化异丁酰(浓度≥50%)	1	10
20	过氧化二碳酸二乙酯(浓度≥30%)	1	10
21	过氧化新戊酸叔丁酯(浓度≥77%)	1	10

表 8-18　有毒物质名称及临界值

序号	物资名称	临界值/t	
		生产场所	储存区
1	氨	40	100
2	氯	10	25
3	碳酰氯	0.3	0.75
4	一氧化碳	2	5
5	二氧化硫	40	100
6	三氧化硫	30	75
7	硫化氢	2	5
8	羰基硫	2	5
9	氟化氢	2	5
10	氯化氢	20	50
11	砷化氢	0.4	1
12	锑化氢	0.4	1
13	磷化氢	0.4	1
14	硒化氢	0.4	1
15	六氟化硒	0.4	1
16	六氟化碲	0.4	1
17	氰化氢	8	20
18	氯化氰	8	20
19	乙撑亚胺	8	20
20	二硫化碳	40	100

表8-18（续）

序号	物资名称	临界值/t	
		生产场所	储存区
21	氮氧化物	20	50
22	氟	8	20
23	三氟化氯	0.4	1
24	三氟化硼	8	20
25	三氯化磷	8	20
26	氧氯化磷	8	20
27	二氯化硫	8	20
28	溴	0.4	1
29	硫酸（二）甲酯	40	100
30	氯甲酸甲酯	20	50
31	八氟异丁烯	8	20
32	氯化烯	0.3	0.75
33	2-氯-1,3-丁二烯	20	50
34	三氯乙烯	20	50
35	六氟丙烯	20	50
36	3-氨丙烯	20	50
37	甲苯-2,4-二异氰酸酯	20	50
38	异氰酸甲酯	40	100
39	丙烯腈	0.3	0.75
40	乙腈	0.4	100
41	丙酮氰醇	0.4	100
42	2-丙烯-1-醇	0.4	100
43	丙烯醛	0.4	100
44	3-氨基丙烯	0.4	100
45	苯	0.4	100
46	甲基苯	20	50
47	二甲苯	40	100
48	甲醛	40	100
49	烷基铅类	20	50
50	碳基镍	20	50
51	乙硼烷	0.4	1
52	戊硼烷	0.4	1
53	3-氯-1,2-环氧丙烷	20	50
54	四氯化碳	20	50
55	氯甲烷	20	50
56	溴甲烷	20	50

表8-18(续)

序号	物资名称	临界值/t	
		生产场所	储存区
57	氯甲基甲醚	20	50
58	一甲胺	20	50
59	二甲胺	20	50
60	N,N-二甲基甲酰胺	20	50
61	氨	40	100

单元内存在危险物质的数量等于或超过表8-5至表8-8的临界量,即被定为重大危险源。单元内存在危险物质的数量根据处理物质种类的多少区分为以下两种情况。

(1)单元内存在的危险物质为单一品种,则该物质的数量即为单元内危险物质的总量,若等于或超过相应的临界量,则定为重大危险源。

(2)单元内存在的危险物质为多品种时,则按下式计算:

$$\frac{q_1}{Q_2} + \frac{q_2}{Q_2} + \cdots + \frac{q_n}{Q_n} \geqslant 1. \tag{8-2}$$

式中　$q_1,q_2,\cdots,q_n$——每种危险物质实际存在量,t;

　　　$Q_1,Q_2,\cdots,Q_n$——与各种物质相对应的生产场所或储存区的临界量,t。

若满足此式,则定为重大危险源。

复习思考题

1. 简述我国安全管理体制的含义。
2. 简述安全生产标准化的基本原理。
3. 简述安全技术措施计划的范围。
4. 安全生产双重预防机制的内涵。
5. 简述风险分级管控与隐患排查治理的关系。
6. 简述重大危险源辨识的方法。

第九章
安全经济学原理

【知识框架】

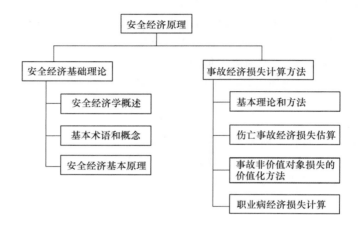

【学习目标】

了解安全经济的基本术语及概念；掌握安全经济的基本原、掌握事故经济损失的计算方法、掌握事故非价值对象损失的价值化方法以及掌握职业病经济损失计算方法。

【重、难点梳理】

重点：安全经济的基本术语和概念、安全经济的基本原理、事故经济损失的基本理论与方法、事故非价值对象损失的价值化方法。

难点：安全经济的基本原理、事故经济损失计算方法。

第一节　安全经济基础理论

随着人类社会的发展和经济水平的不断提高，一方面公众和社会对安全的期望越来越高，希望用合理的投入来实现令人满意的安全水平，另一方面人类的科学技术水平和经济承受能力却是有限的。由于灾害、事故的成因与过程越来越复杂，系统中的能量、人员、设施越来越集中，一旦发生事故，往往造成难以估量的经济损失和人员伤亡。这种有限的安全投入与极大化的安全水平期望的矛盾，是安全经济学产生与发展的动力。用社会有限的投入，去实现人类尽可能高的安全水准，在人类可接受的安全水平下，尽量节约社会的安全投入，这是现代社会对安全科学技术提出的要求。

本章主要介绍安全经济的形式、内容、作用以及运行的过程和特性,简要阐明安全经济分析、评价的技术、理论和方法。

一、安全经济学概述

安全需要投入,怎样高效率地使用安全投资、合理配置安全资源、避免浪费、提高安全活动效益,这些是安全工作者关心的重要课题,也构成了安全经济学研究的内容。为此,根据科学哲学、科学学、系统学、知识工程等基础理论,通过借鉴一般经济学及其相关应用经济学的应用基础理论和方法,从而介绍和讨论安全经济的基本理论和应用技术等问题。

人类的安全水平很大程度上取决于经济水平,经济问题是安全问题的重要根源之一。这种客观存在决定了"安全"具有相对性的特征,安全标准具有时效性的特征。安全活动离不开经济活动的支撑,安全经济活动贯穿于安全科学技术活动的理论和应用范畴。安全经济学的提出既为安全科学丰富了基本理论,也为安全科学增添了应用方法。为了解决安全问题,既要涉及自然现象,又要涉及社会现象;既需要工程技术手段,又需要法制和管理等手段。因此,安全科学是自然科学和社会科学相互交叉的领地。安全经济学是研究和解决安全经济问题的,它既是一门应用经济学(社会科学),又是一门以安全工程技术活动为特定应用领域的应用学科。有的学者将安全经济学定义为:研究安全的经济(利益、投资、效益)形式和条件,通过对人类安全活动的合理组织、控制和调整,达到人、技术、环境的最佳安全效益的科学。它是研究安全活动与经济规律的科学,以经济科学理论为基础,以安全领域为阵地,为安全经济活动提供理论指导和实践依据。总之,安全经济学是研究安全领域中理性人的决策行为的科学。

安全经济的研究对象是根据安全实现与经济效果对立统一的关系,从理论与方法上研究如何使安全活动(安全法规与政策的制定、安全教育与管理的进行、安全工程与技术的实施等),以最佳的方式与人的劳动、生活、生存合理的结合起来,最终达到安全生产、安全生活、安全生存的可行和经济合理的目的,从而使社会、企业取得较好的综合效益。

二、安全经济的基本术语和概念

(1)经济:泛指社会生产、再生产和节约以及收益、价值等。经济通常用实物、人员劳动时间、货币来进行计量。

(2)效用:从消费某种物品或服务中所得到的主观上的享受、用处或满足。效用是一种简单的分析结构,它可以被用来解释有理性的消费者如何将他们有限的收入分配在能给他带来满足或实用的各种物品或服务上。

(3)效率:生产要素的投入与产品的质量和数量之比,即劳动消耗与成果之比。提高效率的目的是以一定的投入获得最大的产出,或以较小投入取得一定的产出。效率计算式为:

$$效率 = (产出量 / 投入量) \times 100\% \tag{9-1}$$

(4)经济效率:经济系统输出的经济能量和经济物质与输入的经济能量和经济物质之比。经济效率的计量一般是用实物、劳动时间和货币为计量单位。通常用投入产出比、所得与所费之比或效果与劳动消耗之比来衡量经济效率。

(5)效益:泛指事物对社会产生的效果及利益。效益反映投入产出的关系,即产出量大于投入量所带来的效果或利益。效益计算式为:

$$效益 = [(产出量 - 投入量) / 产出量] \times 100\% \tag{9-2}$$

（6）效果：泛指劳动或活动中实际产出与期望（或应有）产出的比较，它反映实际效果相对计划目标的实现程度。效果计算式为：

$$效果 =（实际产出量／应有产出量）\times 100\%$$　　　　　　　　（9-3）

（7）经济学：研究稀缺资源如何配置和利用的科学。经济学包括理论经济学和应用经济学两部分。安全经济学属于应用经济学范畴。

（8）安全成本：泛指实现安全所消耗的人力、物力和财力的总和。它是衡量安全活动消耗的重要尺度。安全成本包括实现某一安全功能所能支付的直接和间接的费用。

（9）安全投资：以一定的人力、物力、财力为前提的，对安全活动所做出的一切人力、物力和财力的投入总和，称为安全投资。引入安全投资的概念，对安全效益的评价和安全经济决策有着重要的实用意义。

（10）安全收益（产出）：安全的实现不但能减少或避免伤亡和损失，而且能维护和保护生产力，促进经济生产的增值。安全收益具有潜在性、间接性、迟效性等特点。

（11）安全效益：安全收益与安全投入的比较，它反映了安全产出与安全投入的关系，是安全经济决策所依据的重要指标之一。

三、安全经济基本原理

（一）安全的自然属性原理

1. 安全的相对性

怎样安全才算安全呢？多大的安全度才是安全的？这是一些很难回答的问题。因为安全具有相对性，某一安全性在某种条件下认为是安全的，但在另一条件下就不一定会被认为是安全的了，甚至可能被认为是很危险的。因此，这一问题只能用一阈值来回答，安全阈由安全程度的最大值和最小值之差来表述。绝对的安全，即 100% 的安全性是安全性的最大值，这是很难的，甚至是不可能达到的，但却是社会和人们应努力追求的目标。此外，在实践中，人们或社会客观上自觉或不自觉地认可或接受了某一安全性（水平），当实际状况达到这一水平，人们就认为是安全的，低于这一水平，则认为是危险的。这一水平下的安全性就是相对安全的最小值（安全阈下限）。实际生活中也用这一值的补值（危险性）来表述，称为"风险值"。风险是生产、生活和生存活动中客观存在的不安全的程度。安全经济学就是要根据社会的技术和经济客观能力以及相应的社会对危险和事故的承受能力，为不同的生产、生活、环境或产业过程提供和确认这一"最低"安全值，作为制定安全标准、检查评价的依据。从另一侧面理解安全这一概念，可以认为安全的相对性是指免除风险（危险）和损失的相对状态和程度。

2. 安全的极向性

这一属性有以下 3 层含义：

（1）安全科学的研究对象（事故、危害与安全保障）是一种"零-无穷大"事件，或者称为"稀少事件"。事故或危害事件具有如下特点：一是事故发生的可能性很小（趋向零），而后果却十分严重（趋向无穷大），如煤矿瓦斯爆炸；二是危害事件的作用强度很小，但危害涉及的范围或人数却广而多，如煤矿井下粉尘。

（2）描述安全特征的两个参量（安全性与危害性）具有互补关系：安全性＝1－危害性。当安全性趋于极大值时，危害性趋于最小值；反之亦然。

（3）人类在从事安全活动时，总是希望以最小的投入获得最大的安全。

3. 避免事故或危害有限性

避免事故或危害有限性这一属性包含两层含义：

（1）各种生产和生活活动过程中事故或危害事件是可以避免的，但难以完全避免。

（2）各种事故或危害事件的不良作用、后果及影响可能避免，但难以完全避免。

安全经济学要从安全的角度或着眼点研究安全与经济的相互关系这一特定领域的问题。安全的经济投入及意义和价值、社会经济效益及其实现它们匹配的最佳状态的理论和方法，是安全经济学的重要研究内容。要研究这些基本理论问题，就需要对上述基本原理有足够的认识。

（二）安全效益规律及安全利益规律初步分析

1. 安全功能分析

安全具有两大基本功能：直接减轻（免除）事故（危害事件）给人、社会和自然造成的损伤，实现保护人类财富、减少无益损耗（损失）的功能；保障劳动条件和维护经济增值过程，实现其间接为社会增值的功能。

第一种功能称为"拾遗补缺"，可利用损失函数 $L(S)$ 来表达，即：

$$L(S) = L \cdot \exp(l/S) + L_0 \tag{9-4}$$

第二种功能称为"本质增益"，用增值函数 $I(S)$ 表示，即：

$$I(S) = I \cdot \exp(-i/S) \tag{9-5}$$

式中，L, l, I, i, L_0——统计常数。

增值函数随安全性 S 的增大而增大，但 $I(S)$ 值是有限的，最大值取决于技术系统本身功能。损失函数 $L(S)$ 随安全性 S 的增大而减小。当系统无任何安全性（$S=0$）时，从理论上讲损失趋于无穷大，该值取决于机会因素；当 S 趋于 100％ 时，损失趋于零，如图 9-1 所示。

无论是本质增益（安全创造正效益）还是"拾遗补缺"（安全减少负效益），都表明安全创造了价值。后一种可称为"负负得正"或"减负为正"。

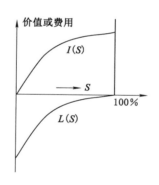

图 9-1　安全减损与增值函数

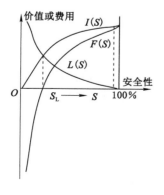

图 9-2　安全功能函数

以上两种基本功能构成了安全的总体经济功能，可用安全功能函数 $F(S)$ 来表达

$$\begin{aligned} F(S) &= I(S) + [-L(S)] \\ &= I(S) - L(S) \end{aligned} \tag{9-6}$$

如图 9-2 所示，当安全性趋于零，即技术系统毫无安全保障，系统不但毫无利益可言，还将出现趋于无穷大的负利益（损失）；当安全性到达 S_L 点，由于正负功能抵消，系统功能为零，因而 S_L 是安全性的基本下限；当 $S > S_L$ 后，系统出现正功能，并随着 S 的增大，功能递增；当 S 趋近 100％ 时，功能增加的速率

逐渐降低,并最终局限于技术系统本身的功能水平。安全不能改变系统本身创值水平,但保障和维护了系统创值功能,从而体现了安全自身价值。

2. 安全效益规律初步分析

安全功能函数反映了安全系统输出状况。显然,提高或改变安全性需要投入(输入),即付出代价或成本。安全性要求越高,需要成本越大。从理论上讲,要达到100%的安全,所需投入趋于无穷大。由此可推出安全的成本函数$C(S)$为:

$$C(S) = C \cdot \exp[C/(1-S)] + C_0 \tag{9-7}$$

安全成本曲线如图9-3所示。从图中可看出,实现系统的初步安全所需成本是较小的,随S的提高,成本增大,速增率也越来越大;当S趋于100%时,成本趋向无穷大;当S达到接近100%的某一点S_U时,安全的功能与成本相抵消,系统毫无效益。S_L和S_U是安全的经济盈亏点,它们决定了S理论值的上、下限。从以上分析可以看出,在S_0点附近,能取得最佳安全效益。由于S从$S_0 - \Delta S$增至S_0时,成本增值C_1大大小于功能增值F_1,因而当$S < S_0$时,提高S是值得的;当S从S_0增至$S_0 + \Delta S$时,成本增值C_2则数倍于功能增值F_2,因而$S > S_0$后,增加S就不合算了。

$F(S)$函数与$C(S)$函数之差就是安全效益,用安全效益函数$E(S)$来表达,即:

$$E(S) = F(S) - C(S) \tag{9-8}$$

$E(S)$曲线如图9-4所示,S_0点的$E(S)$取值最大。

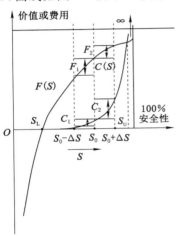

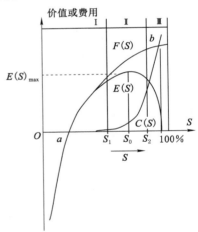

图9-3　安全功能与成本函数　　　　图9-4　安全功能与效益函数

安全的发展必须以人类科学技术水平和经济能力为基础,但人类的这两种能力是有限的。因此,在进行各种安全活动时,就必须讲求其经济效益和效率,即需要研究安全经济效益规律。安全的目的首先是减少事故造成的人员伤亡与病残,减少财产损失以及环境危害。为此,人们不仅关心哪一方案或措施能获得最大安全,而且关心哪一方案或措施的实现最省时、投入少,以求综合的最佳效益,实现系统的最佳安全经济性。

安全经济效益的类型如下:

① 内部经济效益和外部经济效益。

② 直接经济效益和间接经济效益。减少生产过程的无益消耗和事故损失、保障和维护生产或价值的形成,是安全的直接效益;对劳动者生理、心理能力的保护及其素质的提高,资

源环境质量的保护、产品的可靠与安全声誉以及对社会稳定的贡献等,是安全的间接效益。

③ 社会的经济效益和企业的经济效益。

3. 安全利益规律初步分析

认识安全利益规律,是建立正确的安全经济意识和判断方法以及指导安全决策的前提。安全利益规律主要是指在实施安全对策过程中,所发生的人与人、人与社会、个人与企业、社会与企业间的安全经济利益的关系以及不同条件下的安全经济利益规律。

从空间上分析,安全经济利益有如下层次关系:以国家或社会为代表的所有者利益,安全与否影响其财富与资金积累,甚至安定局势的好坏;以企业为代表的经管者利益,安全与否影响其生产资料能力的发挥以及产品质量与经济效益的得失;以个人为代表的个体利益,安全与否影响其本人的生命、健康、智力与心理、家庭及收入的得失。安全经济利益从时间上分析,一般经历负担期(投资无利期,Ⅰ)——微利期(Ⅱ)——持续强利期(Ⅲ)——利益萎缩期(Ⅳ)——无利期(失效期,Ⅴ)的层次循环,如图 9-5 所示。

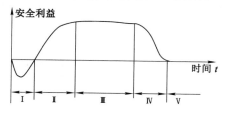

图 9-5　安全经济利益规律

(三)安全经济投入的优化原理

安全经济学的实用意义之一在于指导安全经济决策,确定最佳安全投入。下面将探讨安全投资合理性评价的基本原则和一种安全经济投入优化方法。

安全经济投入的优化准则有安全经济消耗最低和安全经济效益最大。前者要求最低消耗,后者是讲最大效益。

1. 安全经济投入最低消耗原理

安全涉及两种经济消耗:事故损失和安全成本。二者之和表明了人类的安全经济负担总量。用安全负担函数 $B(S)$ 表示,即:

$$B(S) = L(S) + C(S) \tag{9-9}$$

$B(S)$ 反映了安全经济总消耗,其规律如图 9-6 所示。

安全经济最优化的一个目标是使 $B(S)$ 取最小值。由图 9-6 可看出,在 S_0 处有 B_{min},而 S_0 可由下式求得:

$$dB(S)/dS = 0 \tag{9-10}$$

2. 安全投资最大效益原理

安全效益函数 $E(S)$ 表达了安全效益的规律。由图 9-4 可看出,S_0 点处有 E_{max},此时 S_0 点可由下式求得:

$$dE(S)/dS = 0 \tag{9-11}$$

由此可做如下分析:

(1)在 a、b 两点处,无安全效益,说明安全性无论较低或较高,系统总体效益均不高。

(2)根据最大效益原理,可将安全性取值划分为 3 个范围(图 9-4):

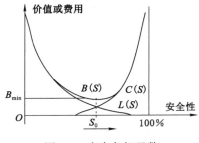

图 9-6　安全负担函数

① $S < S_1$，投入小，但损失大，综合效益差，需要增加安全投入、改善安全技术，以提高效益。

② S 在 S_1 与 S_2 之间，接近 S_0 点有较好的安全综合效益，是优选范围。

③ $S > S_2$，虽然损失小，但安全成本高，综合效益也较差，需要力求保持安全性，降低成本，以改善综合效益。

3. 安全经济投入的合理评价

基于价值工程原理，安全投资项目的合理性和有效性可用投资方案的功能-成本比或效益-成本比来评价。评价模型如下：

$$\mathrm{SIRD}_j = 安全效果 / 安全投入 = \sum P_i L_i R_i / C_j \tag{9-12}$$

式中　SIRD_j——第 j 种方案安全投资合理度；

　　　P_i——投资系统中第 i 种危险的发生概率；

　　　L_i——投资系统中第 i 种危险的最大损失后果；

　　　R_i——投资后对第 i 种危险的消除程度；

　　　C_j——第 j 种方案的安全工程总投资。

$$\begin{cases} P_i L_i R_i = 安全投资后的总效果 \\ P_i L_i = 系统危险度 \end{cases} \tag{9-13}$$

鉴于不同的投资方案具有不同的安全效果和投资量，其投资合理度也不同。于是，依据 SIRD_j 值的大小可选出最优方案，实现方案优选。

第二节　事故经济损失计算方法

一、事故经济损失计算基本理论和方法

（一）基本概念

（1）事故：指可能造成人员伤害和（或）经济损失的、非预谋性的意外事件。

（2）事故损失：指意外事件造成的生命或健康的丧失，物质或财产的毁坏，时间的损失，环境的破坏。

（3）事故直接经济损失：指与事件当时的、直接相联系的、能用货币直接估价的损失，如事故导致的资源、设备、设施、材料、产品等物质或财产的损失。

（4）事故间接经济损失：指与事故事件间接相联系的、能用货币直接估价的损失如事故导致的处理费用、赔偿费、罚款、时间损失、停产损失等。

（5）事故直接非经济损失：指与事故事件当时的、直接相联系的、不能用货币直接定价的损失，如事故导致人的生命与健康、环境的毁坏等难以直接价值化的损失。

（6）事故间接非经济损失：指与事故事件间接相联系的、不能用货币直接定价的损失，如事故导致的工效影响、声誉损失、政治与安定影响等。

（7）事故直接损失：指与事故事件直接相联系的、能用货币直接或间接定价的损失，包括事故直接经济损失和事故直接非经济损失。

（8）事故间接损失：指与事故间接相联系的、能用货币直接或间接定价的损失，包括事故间接经济损失和事故间接非经济损失。

（二）事故损失分类

1. 按损失与事故事件的关系

按损失与事故事件的关系可分为直接损失和间接损失。美国安全专家海因里希和《企业职工伤亡事故分类》（GB 6441—86）都采用了这种分类方法，但具体分类有所差异。

2. 按损失的经济特征分

按损失的经济特征可分为经济损失（价值损失）和非经济损失（非价值损失）。前者指可直接用货币测算的损失，后者指不可直接用货币进行计算，只能通过间接的转换技术对其进行测算。

3. 按损失与事故的关系和经济的特征进行综合分类

按综合分类可分为直接经济损失、间接经济损失、直接非经济损失和间接非经济损失。其中包含的内容见上述基本概念的定义，这种分类方法把事故损失的口径做了严格的界定，有助于准确地对事故损失进行测算。

4. 按损失的承担者划分

按损失的承担者可分为个人损失、企业（集体）损失和国家损失。

5. 按损失的时间特性划分

按损失的时间特性可分为当时损失、事后损失和未来损失。当时损失是指事件当时造成的损失；事后损失是指事件发生后随即伴随的损失，如事故处理、赔偿、停工和停产等损失；未来损失是指事故发生后相隔一段时间才会显现出来的损失，如污染造成的危害、恢复生产和原有的技术功能所需的设备（设施）改造及人员培训费用等。

（三）国外事故损失计算方法

国外事故损失计算方法中具有代表性的方法是美国的海因里希方法。该方法把事故的损失划分为两类：由生产公司申请、保险公司支付的金额划分为直接损失，把除此以外的财产损失和因停工使公司受到的损失划分为间接损失；并且对一些事故的损失情况进行了调查研究，得出直接损失与间接损失的比例为 1∶4。以上说明，事故发生造成的间接损失远比直接损失大。该方法对间接损失的界定为：负伤者的时间损失；非负伤者帮助负伤者而受到的时间损失；工长、管理干部及其他人员因营救负伤者、调查事故原因、分配人员代替负伤者继续进行工作、挑选并培训代替负伤者工作人员、提出事故报告等的时间损失；救护人员、医院的医护人员及不受保险公司支付的时间损失，机械、工具、材料及其他财产的损失；由于生产阻碍不能按期交货而支付的罚金以及其他由此而受到的损失；职工福利保健制度方面遭受的损失；负伤者返回车间后由于工作能力降低而在相当长的一段时间内照付原工资而受到的损失；负伤者工作能力降低而遭受的损失；由于发生了事故，操作人员情绪低落，或者由于过分紧张而诱发其他事故而受到的损失；负伤者即使停工也要支付的照明、取暖以及其他与此类似的每人的平均费用损失。根据这种理论,事故的总损失可用直间比的规律来进行估算,先计算出事故直接损失,再按 1:4(其他比值)的规律,以 5 倍(其他的倍数)的直接损失数量作为事故总损失的估算值。

(四) 国内事故损失计算方法

1. 一般计算方法

我国制定了《企业职工伤亡事故经济损失统计标准》(GB 6721—86)。该标准将伤亡的经济损失分为直接经济损失和间接损失两部分。因事故造成人身伤亡的善后处理支出的费用和毁坏财产的价值,是直接经济损失;导致产值减少、资源破坏等受事故影响而造成的其他经济损失为间接经济损失。直接经济损失和间接经济损失的统计范围如图 9-7 所示。

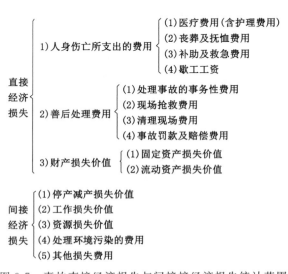

图 9-7　事故直接经济损失与间接接经济损失统计范围

例如,武汉某公司修罐库于 1982 年 8 月 6 日上午 10 时 30 分发生一起铁水爆炸事故,死亡 10 人。事故经过:1982 年 8 月 6 日上午 10 点多,该公司运输部有关人员将装满铁水的重罐误送入修罐库,由于修罐库未做检查,贸然将此重罐起吊,在吊至罐坑上方尚未对准坑位时,因吊车严重超负荷,铁水罐迅速下坠,罐底坠到罐坑边沿,罐体骤然倾倒,铁水急速流入坑内,与罐坑大量积水相遇而引起爆炸。

(1) 直接经济损失。医疗费 879 222.47 元,抚恤 34 471.20 元,丧葬费 2 098.20 元,补助费 410.00 元,善后处理费 84 446.07 元,固定资产损失 710 700.00 元,流动资产损失 16 002.00 元。这次爆炸事故使 76.2 t 铁水报废,按 210 元/t 计,约损失 16 002.00 元。

(2) 间接经济损失。按死亡 1 人所损失的工作日数为 6 000 日计算,6 000×100＝600 000.00 元(100 元是该企业 1 名职工工作 1 日所创造的税利),即工作损失价值 600 000.00 元。

2. 理论计算方法

上述计算方法在于主要考虑了有价损失(可由货币直接计算的损失),并未考虑无价损失。因此,其理论计算法如下

$$事故总损失 L = 经济损失 + 非经济损失$$
$$= 直接经济损失 A + 间接经济损失 B + 直接非经济损失 C + \qquad (9-14)$$
$$间接非经济损失 D$$

（1）事故直接经济损失 A。事故直接经济损失 A 包括以下几项内容：

① 设备、设施、工具等固定资产损失 $L_设$。固定资产全部报废时，$L_设 =$ 资产净值 — 残存价值；国定资产可修复时，$L_设 =$ 修复费用 × 修复后设备功能影响系数。

② 材料、产品等流动资产的物质损失 $L_物$。$L_物 = W_1 + W_2$，其中：W_1 为原材料损失，按账面值减残值计算；W_2 为成品、半成品、再制品损失，按本期成本减去残值计算。

③ 资源（如矿产、水源、土地、森林等）遭受破坏的价值损失 $L_资$。$L_资 =$ 损失（破坏）量资源的市场价格。

（2）事故间接经济损失 B。事故间接经济损失 B 包括以下几项内容：

① 事故现场抢救与处理费用，根据实际开支统计。

② 事故事务性开支，根据实际开支统计。

③ 人员伤亡的丧葬、抚恤、医疗及护理、补助及救济费用等，根据实际开支统计。其中，医疗费用为：

$$M = M_b + M_b \cdot D_C/P \qquad (9-15)$$

式中　M——被伤亡职工的医疗费，万元；

　　　M_b——事故结案日前的医疗费，万元；

　　　P——事故发生之日至结案之日的天数，日；

　　　D_C——延续医疗天数，指事故结案后还继续医治的时间（日），由企业劳资、安技部门以及工会等按医生诊断意见确定。

上述公式是测算 1 名被伤害职工的医疗费。若一次事故中有多人被伤害，医疗费应累计计算。

④ 休工的劳动价值损失 $L_日$。劳动价值损失的含义是指受伤害人由于丧失一定的劳动能力而少为企业创造的价值。其计算方法如下：第一，按工资总额计算，损失价值 $L_{日1} = D_L P_{E1}/(NH)$；第二，按净产值计算，损失价值 $L_{日2} = D_L P_{E2}/(NH)$；第三，按企业税利计算，损失价值 $L_{日3} = D_L P_{E3}/(NH)$。式中，D_L 为企业总损失工作日数；N 为上年度职工人数；H 为企业全年法定工作日总数；P_{E1} 为企业全年工资总额；P_{E2} 为企业全年净产值；P_{E3} 为企业全年税利。

⑤ 事故罚款、诉讼费及赔偿损失，根据实际支出统计。

⑥ 减产及停产的损失，可按减少的实际产量价值核算。

⑦ 补充新职工的培训费用，如技术工人的培训费用，技术人员的培训费用，补充其他人员的培训费用等。

（3）事故直接非经济损失 C。事故直接非经济损失 C 包括以下几项内容：

① 人的生命与健康的价值损失，对于健康的影响，可用工作能力的影响来估算，即

$$健康价值损失 = (1 - K)dV \qquad (9-16)$$

式中　d——复工后至退休的劳动工日数，可用"复工后的可工作年数 × 250"计；

　　　K——健康的身体功能恢复系数，$K < 1$；

　　　V——考虑了劳动工日价值增值的工作日价值。

② 环境破坏的损失，按环境污染处理的花费及其未恢复的环境价值计算。

（4）事故间接非经济损失 D：

① 工效影响。由于事故影响职工心理状态，从而导致工作效率降低，可用时间效率系数法计算，工效影响损失＝影响时间（日）×工作效率（产值/日）×影响系数。式中，影响系数根据涉及的职工人数和影响程度确定，以小数计。

② 声誉损失，可用企业产品经营效益的下降量来估算，包含产品质量和事故对产品销售的影响损失，可用系数法来计算，即：声誉损失＝原有的销售价值×事故影响系数。

③ 政治与社会安定的损失。这是一种潜在的损失，可用占事故的总经济损失比例（或占事故间接非经济的部分损失比例）来估算。

二、伤亡事故经济损失估算方法

（一）估算的基本理论

事故经济估算的基本方法是：首先计算出事故的直接经济损失以及间接经济损失；然后应用各类事故的非经济损失估算技术（系数比例法），估算出事故非经济损失，二者之和即为事故的总损失。

$$\begin{cases} 事故经济损失 = \sum L_{1i} + \sum L_{2i} \\ 事故非经济损失 = 比例系数 \times 事故经济损失 \\ 事故总损失 = 事故经济损失 + 事故非经济损失 \end{cases} \tag{9-17}$$

式中 L_{1i}——第 i 类事故的直接经济损失；

L_{2i}——第 i 类事故的间接经济损失。

（二）事故损失估算的技术基础

人员伤亡事故的价值估算方法可分为伤害分级比例系数法和伤害分类比例系数法。

1. 伤害分级比例系数法

首先把人员伤亡分级，并研究分析其严重度关系，从而确定各级伤害程度的比重关系系数。根据国外和我国按休工日数对事故伤害分级的方法，采用休工日规模权重法作为伤害级别的经济损失系数的确定依据，即把伤害类型分为 14 级，以死亡作为最严重级，并作为基准级，取系数为 1。根据休工日的规模比例，确定各级的经济损失比例系数，其中考虑到伤害的休工日数与经济损失程度并非主线性关系，因此比例系数的确定按非线性关系处理，见表 9-1。

表 9-1　各类伤亡情况直接经济损失系数

级别	1	2	3	4	5	6	7	8	9	10	11	12	13	14
休工日	死亡	7 500	5 500	4 000	3 000	2 200	1 500	1 000	600	400	200	100	50	<50
系数	1	1	0.9	0.75	0.55	0.40	0.25	0.15	0.10	0.08	0.05	0.03	0.02	0.01

第二步，实际损失的估算。有了表 9-1 的系数，估算一起事故由于人员伤亡造成的损失则可用下式进行：

$$伤亡损失 = V_M \sum_{i=1}^{14} K_i N_i \tag{9-18}$$

式中 K_i——第 i 级伤亡类型的系数；

N_i——第 i 级伤亡类型的人数；

V_M——死亡伤害的基本经济消费,即人生命的经济价值,按我国工业领域目前的有关数据取定,例按劳动人身保险费死亡 1 人损失 90 万元,如果是对 1 年或一段时期的事故伤亡损失进行估算,则可将 N_i 的数值用全年或整个时期的伤害人数代替即可。

例 9-1 某企业在过去的一年里发生伤亡事故 12 起,共造成 1 人死亡,1 人重伤致残(休工估计 7 800 d),3 人重伤(估计休工日分别为 4 500 d、3 000 d、3 000 d),8 人轻伤住院(休工日 200 d 的有 2 人、150 d 的有 4 人、50 d 的有 2 人),15 人轻伤未住院(休工日均在 10 d 左右),试估算 12 起事故造成的损失。

采用上述公式计算:

$$伤亡损失 = 90 \times (1 \times 2 + 0.75 \times 1 + 0.55 \times 2 + 0.05 \times 2 + 0.03 \times 4 + 0.02 \times 2 + 0.01 \times 15)$$
$$= 383.4(万元)$$

2. 伤害分类比例系数法

如果不知道各类伤害人员的休工日,难以确定其伤害级别,而只知其伤害类型时,可采取"伤害类型比例系数法"进行估算。其基本思想与"伤害级别比例系数法"是一致的。但需经过两步来完成:

第一步,根据表 9-2,用下式计算伤亡的直接损失,即:

$$伤亡直接损失 = V_L \sum_{i=1}^{5} K_i N_i \tag{9-19}$$

式中 K_i——第 i 类伤亡类型的系数值;

N_i——第 i 类伤亡类型的人数;

V_L——伤而未住院的伤害的基本经济消费。

表 9-2 各类伤亡情况损失比例系数

伤害类型	1	2	3	4	5
	死亡	重伤已残	重伤未残	轻伤住院	轻伤未住院
系数	40~50	20~25	10~15	3~5	1

第二步,根据直接损失与间接损失的比例系数求出间接损失,即根据表 9-3 所列的比例系数,按下式求伤亡间接损失(万元),即:

$$伤亡间接损失 = V_L \sum_{i=1}^{5} n_i K_i N_i \tag{9-20}$$

式中 n_i——第 i 类伤亡类型的直间比系数。

表 9-3 各类伤亡情况损失比例系数

伤害类型	1	2	3	4	5
	死亡	重伤已残	重伤未残	轻伤住院	轻伤未住院
系数	1:10	1:8	1:6	1:4	1:2

(三)非经济损失的价值估算

对于潜在的、物质的非经济的损失,即上述定义的事故直接非经济损失和事故间接非经济损失,也可以采用"直间比系数法"来进行估算。为此,首先要掌握各种事故的直接损失与间接损失的比例关系;然后按上述的"伤害分类比例系数法"的程序进行事故总损失的估算。

三、事故非价值对象损失的价值化方法

事故及灾害导致的损失后果因素,根据其对社会经济的影响特征,可分为两类:一是可用货币直接测算的事物,如对实物、财产等有形价值因素;二是不能直接用货币来衡量的事物,如生命、健康、环境等。为了对事故造成的社会经济影响做出全面、精确的评价,安全经济学不但需要对有价值的因素进行准确的测算,而且需要对非价值因素的社会经济影响做出客观的测算和评价。为了对两类事物的综合影响和作用能进行统一的测算,便于对事故和灾害进行全面综合的考查,同时考虑到安全经济系统本身与相关系统(如生产系统等)的联系,以货币价值为统一的测定标量是最基本的方法。因此,需要研究事故非价值因素损失的价值化技术问题。

安全最基本的意义就是保障生命与健康。对于生命价值的评定,长期以来一直是经济学家关注的一个问题,其研究和认识已经历了几个阶段。起初,一些经济学家简单地主张,用一个人有生之年的可能收入来评价人的生命价值;20世纪70年代以来,一些经济学家利用统计方法来研究不同行业的政策和制度或者社会上人们对某种安全问题的效用的态度等,从中测算出特定环境及条件下 社会或行业客观上对人的生命价值的现行估价,或潜在的理解、意识和接受的水平。目前,对人的生命经济价值的估计方法基本上可以分为两大类:人力资本法和支付意愿法。这两种方法可以单独使用,也可以同时相互补充使用。

人力资本表示了社会中一个人可生产的财富或社会产生一个劳动者的边际代价,即以未来工资收入的总和贴现后来衡量人的生命价值,这主要由个人的年龄、教育、职业和经验等因素决定。在计算中,一般用工资或收入来代表一个人的生产量,把反映资金时间价值的贴现率考虑进来,就可以参照当年的年工资或收入来计算任何年龄段上人的生命经济价值。当一个人年老退休后,要用他的消费水平来估算生命价值。这种方法完全取决于个人一生的收入,不考虑个人愿望,不能计算无职业的社会成员。人力资本法除了按人均工资收入或人均消费水平来估计人的生命经济价值,也可按人均国民生产总值或人均国民收入来估算人的生命经济价值。

支付意愿法表示了社会为挽救一个生命所愿意付出的代价。这种方法来自于对个人偏好的估计,用人们为减少危险和死亡概率所愿意支付的金额作为评价人的生命价值的基础,或用一个人由于死亡概率的增加而接受的最小补偿量来表示。这类方法一般分为两种:一种是意外评价法,通过人们对减少工作或交通事故中的死亡风险所愿意支付的费用得出;另一种是质量改进法,通过人们对安全条件和环境,如空气的质量,有所要求而愿意的支付来估计。估价人的生命价值,并不是估价一个具体的人的价值,而是估价降低一定的死亡概率的价值。

(一)国外的理论

(1)美国经济学家泰勒和罗森,对死亡风险较大的一些职业进行了研究,考察了随安全性变化社会预付工资的差别,采用回归技术来推断社会(人们)对生命价值的接受水平。其结果如下:由于有生命危险,人们自然要求雇主支付更多的生命保险,在一定的死亡风险水平下,似乎人们接收到一定的生命价值水平,将其换算为解救一个人的生命,大约价值为34万美元。

（2）英国学者斯马德尔（Smadel）利用本国国家统计数字研究了 3 种不同工业部门为防止工伤事故而花费的费用，从效果成本分析中得出了人生命的内涵估值，即用防止一个人员死亡所花费的代价（表 9-4）推断人的生命价值。

表 9-4　英国三种行业的安全代价及生命估算

行业	年平均风险/1 000 工人			年均支出 /（英磅·人）	生命估值 /万英磅
	轻伤	重伤	死亡		
农业	25.7	44.4	0.197	3（1966～1968）	1.5
钢铁业	72.7	9.22	0.216	50（1969）	23
制药业	25	0.42	0.02	210（1968）	1 050

（3）国外比较通行的是延长生命年法，即一个人的生命价值就是他每延长生命一年所能生产的经济价值之和，这主要由年龄、教育、职业和经验等决定。在计算中，一般用工资来代表一个人的生产量。如果把反映时间序列的贴现率考虑进来，就可以参照当年的年工资率来计算任何年龄段上人的生命价值。例如，一个 6 岁孩子的生命价值，就要看他的家庭经济水平，他的功课状况，预期他将接受多少教育以及可能从事哪一职业。假设他 21 岁时将成为会计师，年薪 2 万美元，由此可用贴现率计算他在 6 岁时的生命经济价值。

（二）国内的理论

（1）我国的一些经济学家在进行公路投资可行性论证时，当考虑到减少伤亡所带来的效益，从而计算投资经济效益比时，对人员伤亡的估价为死亡一个人价值 90 万元，受伤一人 1.4 万元。

（2）在我国，人们普遍感到经济赔偿标准定得太低，死一个人只赔偿亲属几十万元，并且是长期稳定不变。由于理论上说不清是对人的生命中经济价值损失的赔偿，还是对人的生命本身的赔偿，使得计算方法和模型难以科学地确立，只能按惯例处理。结果造成事故赔偿成本过低，企业对事故赔偿习以为常，安全自我约束机制难以建立。

为此有人给出一种生命价值的近似计算公式：

$$V_h = D_h \cdot P_{v+m}/(ND) \tag{9-21}$$

式中　V_h——人生命价值，万元；

D_h——人的一生平均工作日，可按 10 000 d（即 40 年）计算；

P_{v+m}——企业上年净产值，万元；

N——企业上年平均职工人数；

D——企业上年法定工作日数，一般取 250 d。

人身保险的赔偿也需要对人的价值进行客观、合理的定价。它客观上是用保险金额来反映一个人的生命价值，它是根据投保人自报金额，并参照投保人的经济情况、工作地位、生活标准、缴付保险费的能力等因素来加以确定的，如认为合理且健康情况合格，就接受承保。保险金额的标准只能是需要与可能相结合的标准，如我国民航人身保险，丧失生命保险赔偿 30 万元，其他身体部分伤残按一定比例给予赔偿。

（3）我国的企业在进行安全评价时，考虑事故的严重度，对经济损失和人员伤亡等评分定级时,做了这样的视同处理:财产损失10万元视同死亡一人,分值为15分;损失3.3万元视同重伤一人,分值为5分;损失0.1万元视同轻伤一人,分值为0.2分。这种做法客观上对人的生命及健康的价值用货币做了界定。

(4) 1999年,有学者与卫生保健有关的人的经济价值是人力资本和伤病救治支付意愿的和,定为20万元较为适中。随着社会经济及法治水平的提高,一次赔偿受害者(未亡)精神损失费5万元的地方法规已见诸报刊。

四、职业病经济损失计算

职业病患者劳动期间的工资、治疗费、抚恤费、丧葬费及由于对健康的影响所造成的劳动能力的降低,从而少为国家企业创造的财富等是职业病给企业带来的经济损失的主要内容。目前,我国对职业病经济损失的计算还缺乏统一标准。根据专家有关调查分析,职业病经济损失可以用下列公式估算:

$$L_{职} = \sum M_i(L_{直} + L_{间}) = Px + Ej + (F+y)t + G(t+j) \tag{9-22}$$

式中　$L_{职}$——总经济损失,元;

　　　M_i——患职业病人数,人;

　　　$L_{直}$——直接经济损失,元;

　　　$L_{间}$——间接经济损失,元;

　　　P——平均每年的抚恤费,元;

　　　x——抚恤时间,年;

　　　E——发现职业病至死亡时间内平均每年费用,元;

　　　y——患者损失劳动能力期间年均医药费,元;

　　　j——发现职业病至死亡的时间,年;

　　　F——患者损失劳动时间平均工资,元;

　　　t——患者实际损失劳动时间,年;

　　　G——年均创劳动效益,元。

例 9-2　以云南某锡矿的资料为例,说明职业病造成的企业经济负担。

(1) 由于职工在工作期间吸氡子体而诱发肺癌,从发现肺癌到死亡一般需要重点治疗,时间为2年,在这期间每年的费用不少于30 000元。

(2) 一个工人的终生工作时间一般从18~55岁,其从开始参加工作到发病时间一般是15~20年。如果取其均值,则诱发期平均为17年;如果最终导致肺癌,则最大的劳动时间损失为20年。在这期间,企业还需照发每年工资48 000元,医药护理等7 000元。

(3) 按当时云南省某锡矿肺癌死亡后的抚恤政策执行,抚恤家属小孩10年,抚恤费按矿工的年工资1/2计算,每年为24 000元。

(4) 由于患者发病后不能参加生产,每年少创造劳动效益32 850元。

根据上述几项的费用,一名肺癌患者给企业造成的经济损失为:

① 直接经济损失:30 000×2+24 000×10+(48 000+7 000)×20=129(万元)。

② 间接经济损失:32 850×20=65.7(万元)。

③ 总经济损失:194.7万元。

复习思考题

1. 安全经济投入的优化原理有哪些以及如何对安全经济投入进行优化？
2. 现行的直接经济损失和间接经济损失统计包括哪些内容？
3. 事故的非经济损失有哪些？
4. 简述人的生命价值评定的主要方法。

参 考 文 献

[1] 程磊,何俊.安全科学基础[M].北京:煤炭工业出版社,2018.

[2] 邓奇根,高建良,刘明举.安全系统工程(双语)[M].徐州:中国矿业大学出版社,2011.

[3] 冯肇瑞,崔国璋.安全系统工程[M].北京:冶金工业出版社,1987.

[4] 何学秋.安全工程学[M].徐州:中国矿业大学出版社,2000.

[5] 何学秋.安全科学与工程(上)[M].徐州:中国矿业大学出版社,2008.

[6] 金龙哲.安全学原理[M].北京:冶金工业出版社,2018.

[7] 景国勋,施式亮.系统安全评价与预测[M].徐州:中国矿业大学出版社,2016.

[8] 景国勋,石琴谱,牛国庆.安全系统工程在煤矿中的应用[J].中国安全科学学报,1996(3):20-25.

[9] 景国勋,杨玉中.安全管理学[M].2版.北京:中国劳动社会保障出版社,2017.

[10] 李树刚.安全科学原理[M].西安:西北工业大学出版社,2008.

[11] 李新东.矿山安全系统工程[M].北京:煤炭工业出版社,1995.

[12] 林柏泉.安全学原理[M].北京:煤炭工业出版社,2002.

[13] 林柏泉,张景林.安全系统工程[M].北京:中国劳动社会保障出版社,2007.

[14] 刘铁民.安全生产管理知识[M].北京:中国大百科全书出版社,2006.

[15] 罗云,等.安全经济学[M].北京:化学工业出版社,2000.

[16] 罗云,许铭.现代安全管理[M].3版.北京:化学工业出版社,2016

[17] 罗云.注册安全工程师手册[M].北京:化学工业出版社,2020.

[18] 饶国宁,娄柏.安全管理[M].2版.南京:南京大学出版社,2021

[19] 沈斐敏.安全系统工程基础与实践[M].北京:煤炭工业出版社,1991.

[20] 沈斐敏等.安全系统工程[M].北京;机械工业出版社,2022.

[21] 隋鹏程,陈宝智,隋旭.安全原理[M].北京:化学工业出版社,2005.

[22] 田水承,景国勋.安全管理学[M].2版.北京:机械工业出版社,2016

[23] 王洪德.安全系统工程[M].北京:国防工业出版社,2013.

[24] 吴穹,许开立.安全管理学[M].2版.北京:煤炭工业出版社,2016

[25] 谢振华,等.安全系统工程[M].北京:冶金工业出版社,2011.

[26] 袁东升,程磊.安全工程学[M].徐州:中国矿业大学出版社,2018.

[27] 张景林.安全系统工程[M].2版.北京:煤炭工业出版社,2014.

[28] 张景林,崔国璋.安全系统工程[M].北京:煤炭工业出版社,2002.

［29］中国安全生产科学研究院.安全生产管理（2022版）［M］.北京:应急管理出版社,2022.

［30］中国就业培训技术指导中心,中国安全生产协会.安全评价师［M］.2版.北京:中国劳动社会保障出版社,2010

［31］周波,谭芳敏.安全管理［M］.北京:国防工业出版社,2015

［32］周世宁,林柏泉,沈斐敏.安全科学与工程导论［M］.徐州:中国矿业大学出版社,2005.